ジェームズ・ダイソン
川上純子＝訳

インベンション
僕は未来を創意する

Invention: A Life
James Dyson

dyson

日本経済新聞出版

INVENTION:A LIFE

本書をディアドリーに捧ぐ。

彼女の愛、勇気、助言、寛大な心、そして忍耐がなければ、何一つ実現しなかったはずだ。

そして、エミリー、ジェイク、サム、それから僕たちの素晴らしい孫たちにも。

彼らは誰よりも親しい家族であり、ものづくりへの熱意を見事に開花させている。

インベンション
僕は未来を創意する
Contents

イントロダクション

一九八三年、四年をかけてプロトタイプ五一二七個をこの手で作り、テストし続けた後に、僕はようやくサイクロン掃除機の発明《インベンション》に成功した。たぶん、拳を突き上げ、大声を上げ、「わかったぞ《ユーレカ》！」と思いっきり叫びながら、作業場から道路に走り出すべき場面だったはずだ。ところが、有頂天――五一二六個の失敗の後だから確かに舞い上がって当然だが――にはほど遠く、不思議なくらいに気分は凹《へこ》んでいた。

なぜそんなふうだったのか？

失敗にこそ、答えがあるからだ。来る日も来る日も、借金返済に追われながら、僕は気流から効率よくホコリを集塵・分離するサイクロンの開発に邁進《まいしん》していた。毎日数個のサイクロンを作り、使用電力を最小に抑えながら、〇・五ミクロン――人毛の太さは五〇～一〇〇ミクロンの間だ――の塵《チリ》や細かなホコリを集める効率性を確認するため、プロトタイプを一個ずつテストしていた。

他人には退屈で面白くない話だろう。それはわかる。しかし、達成すれば既存の技術や製品に画期的な解決策をもたらしうる目標を立てると、人は没頭し、夢中になり、そのこと以外考えられなくなるものなのだ。

世間では、発明とは才気のひらめきであるかのように語られる。例の「ユーレカ！」の瞬間だ。だが、残念ながら、そういう発明はめったにない。発明の本質とは、成功の瞬間に至るまで、失敗を受け入れ続けることにある。奇妙なことだが、発明が得意なエンジニアは、自分の直近の創造物には決して満足しないものである。いぶかしげな眼差しでそれを眺め、「さて、どうやったら、もっといいものにできるんだろう」と口走るわけだが、この姿勢にこそ素晴らしいチャンスがある！　ここがさらなる発明の出発点になり、性能の飛躍的な向上が実現するからだ。

例えば、アルツハイマー病の治療法の開発とは「アルキメデスのユーレカ」的ひらめきではなく、むしろ地道な研究の積み重ねによる知的探求であることを、発明家志望の若者が理解したならば、研究には才能が不可欠だ、と思い込んでやる気を削がれることが減るかもしれない。研究とは、科学に則って得られた理論に従い実験を繰り返し、失敗を受け入れるどころか喜びさえし、さらに実験を続けることである。発明には、ひらめきよりも、持続力や忍耐強い観察のほうが重要だ。

ダイソン大学《インスティテュート》の第一期生たちが卒業式を迎える今、僕は自分の物語を共有したいと考えていた——彼らのために、そして好奇心の追求、学び、そしてものづくりに打ち込む僕たち全員のために。ものを創り、開発してきた一人の人間の人生を通して語られる物語であり、若者たちに対し、エンジニアになって、僕たちが現在そして未来に抱える問題への解決策を創り出そう、と行動を呼びかける物語でもある。

僕は五二年前にロイヤル・カレッジ・オブ・アート（RCA＝Royal College of Art、王立美術大学院大学）を卒業した。エンジニアや科学者になる教育を受けたわけではなく、最初は美術を勉強していたのだが、インダストリアルデザインで学位を取得して卒業することになった。いつか自分が設計《デザイン》を手伝った製品が生産されるんだと思い、とてもわくわくしていたのを覚えているが、製造業やマーケティングについてはまったく無知だった。僕は世間知らずだったが、学びたいという気持ちが強くあったし、慣例に従わず、専門家に挑戦し、懐疑主義者どもは無視してやるという向こう見ずな気質があった。また、僕にはブレイクスルーを求めてコツコツとプロトタイプを作り続ける覚悟もある。僕のようなスロースターターが成功できたのだから、きっと他の人の励みにもなるだろうと思う。

今では、僕だけが急激な学習曲線を実感するのではない。とてつもない才能を備え、新しい技術を開発し、世界中の何百万人という顧客に届けるべく邁進するチームから、僕は刺激を受けている。僕たちは自分の道を切り開くという信念を共有し、困難を克服するという同じ決意を持っている。彼らの忠誠心と献身こそが、ダイソンをグローバル・テクノロジー・カンパニーにした。

四二年前、目詰まりする紙パックなしで、微細なホコリを分離できるサイクロン・システムを開発するんだと決意したとき、僕の掃除機の物語は始まった。ほとんどの研究開発と同じく、初めのうちは確実な大きさや形を見出すためのプロトタイプを作ってテストする日々だった。これが技術を学ぶために必要不可欠な基礎固めとなり、そこから、量子的飛躍のような思いがけない進歩につながるかもしれない実験が始まる。今日こそきっと新しいことが見つかり、少しは前に進めるはず、という希望を抱いていたから、僕は仕事に行くのが楽しみだった。

いつもホコリまみれになりながらも、失敗を重ねるのがだんだん楽しくなっていった。「ちょっと待てよ、うまくいくはずだったのに、なぜダメなんだ?」と頭を掻き、途方に暮れたが、問題解決につながるかもしれない実験のアイデアが新たに湧いてきた。借金はどんどん膨らんでいたけれど、僕は幸せだったし、夢中だった。家庭生活をリスクに晒《さら》すことを許してくれた妻のディアドリーや、親切にも資金を貸してくれた銀行のおかげである。ギリギリの状況下で、妻も子供たちも僕を励まし、愛し、理解してくれた。そうでなければ、そして親しい友人たちの心からの支えがなければ、僕は諦めてしまっていたことだろう。

若者たちが、地球を救い、環境を改善し、生命を脅かす病気の治療法を見つけることに情熱を傾けている今、発明はとても重要だ。どの問題も、研究開発を懸命に続けることで解決できると僕は信じている。もっとたくさんの小中高生や大学生が、ブレイクスルーを求めてエンジニアや科学者を志す姿を見たいと思う。僕たちは、若者が行動する人になるよう励まし、よりよい未来を目指して問題解決に邁進する彼らの努力を後押しすべきだ。

僕は、キャリアを通して、世界をよりよい場所にする力を持つ若者たちを探し求め続けてきた。若者だからこそ達成できる奇跡を僕は目の当たりにしてきた。本書の目的は、彼らを勇気づけることにある。彼らの中から、この先に登場する僕のヒーローたち——発明家、エンジニア、デザイナー——の後継者になる人も現れるだろう。ヒーローたちがそうであったように、若者たちにとっても、発明や創造は簡単ではないし、続けていくには強い意志とスタミナが必要になるだろう。必死になって、走りに走っていかねばならないだろう。僕の人生の物語もそんなふうに始まったのだった……。

第 1 章

Growing Up

少年時代

ノーフォーク北部（イングランド東部に位置する）の浜辺には、海と空と砂丘が溶け合い、水平線が果てしなく広がる瞬間——長い瞬間——がある。上げ潮が浜に寄せ始め、足元の大地が巨大な鏡のように大空を映すとき、境目や果ては見えなくなり、幽玄な世界を走り抜けているかのような気がしてくる。

初めて自分が得意だと気づいたこと、一〇代の学生時代に独学で身につけたのは、長距離走だった。苦しさの壁を越えてしまうと、走り続けるぞという決意、あるいは根性が湧いてきた。朝早く、あるいは夜更けに、心に残るあの美しい景色の中を走るのは、日々の鍛錬以上の意味があった。それは学校からの逃避であり、自分には何だって、どんなことだってできるんだという思いを抱かせてくれた。

自分の考えがはっきりと定まっていたわけではない。一八歳で高校を卒業するとき、ロージー・ブルース＝ロックハート校長は母宛ての手紙に「ジェームズと別れるのは残念です。頭がよくないとは思えませんから、きっとどこかで何らかの形で才能が開花するでしょう」と書いた。そして僕宛ての手紙には、「大学は重要だと口では言いましたが、実はそう大きな問題ではないのです。学位を取るためにたくさんの退屈な授業を受け、机上の学問に追われることもないので、かえっていいでしょう。美術学校《アートスクール》での健闘を祈ります」と書いてくれた。当時の僕には、母宛ての手紙にあった「頭がよくないとは思えない」という二重否定が嬉しかったし、校長が言う何らかの才能がきっと開花するはずという期待はあったのだが、それがどんな分野になのかは見当もつかなかった。後に振り返ってみれば、人生は学校の成績がすべてではない、と校長が言いきってくれて、本当に晴れやかな気持ちになれた。
ロージー・ブルース＝ロックハート校長は、心優しく、陽気で、ウィットに富んでいて、この上なく素晴らしい人だった。音楽と鳥と水彩画を描くことを愛した真のカントリーマンであり、スコットランドのために五つの「ラガー・カップ」を勝ち取り、近衛騎兵隊の一員となり、第二次世界大戦末期には激戦地ドイツに装甲車で進軍した。彼は僕の生涯の友となった。最後に会ったのは、彼が亡くなる直前の二〇二〇年のことだった。

　学校はホルトにあるパブリックスクールのグレシャム校だった。ホルトはノーフォーク州の片田舎の美しいマーケットタウン（歴史的な商業集積地域）であり、当時は自動車の乗り入れがほぼ禁止されていた。この学校で、父は古典学（古代ギリシャ語・ラテン語で書かれた著作を対象とする科目）の主任教師を務めていた。「血まみれの《ブラッディ》」メアリーと呼ばれた女王の治世に創立された学校は――とりわけ戦間期には――極めて個性的で型破りな若者たちを山ほど輩出した。その中には、詩人のＷ・Ｈ・オーデンやスティーブン・スペンダー、作曲家のベンジャミン・ブリテン、アーティストのベン・ニコルソンと、その弟で才能ある建築家でありながら一九四八年にグライダーの事故で落命したクリストファー・ニコルソン、そして悪名高きスパイのドナルド・マクリーンが含まれる。ＢＢＣを設立したリース卿もグレシャム校で学んだ。有名なエンジニアや発明家も何人かいる。例えば、今日では世界中の病院や研究室に欠かせないＭＲＩ（磁気断層共鳴画像法）の開発につながる全身超電導磁石を開発したサー・マーティン・ウッド、ホバークラフトの発明で知られるサー・クリストファー・コッカレルがそうだ。それから世界一パワーのない動力付き滑空機、あの軽量を誇った一九三五年式カーデン＝バーンズ補助機を考案した航空エンジニア、レスリー・バーンズもそうだ。

だが、一九六〇年代初め、一〇代だった僕は学業に身が入らなくなった。怠惰だったからではない。その逆だ。学業以外のことならほとんどどんなことでも打ち込んだ。スポーツ全般、音楽もそうだ。九歳でバスーン（木管楽器の一種）を吹く選択をしたのは、聞いたことのない楽器だったし、難しい楽器だし、新しい挑戦になるに違いないと思ったからだ。

それから、役者として、また舞台美術家として、演劇に打ち込んだ。もっとも、学校でのシェリダンの「批評家」の上演に際し、プログラムを僕がデザインしたが、評判はあまりよくなかった。一八世紀後半の時代の雰囲気を感じさせたいと思い、紙を折り畳んだプログラムをやめて、模造羊皮紙の巻物にしようと思ったのだ。だが、寮監は「ダイソン、君のプログラムは学校に泥を塗るものだ」と言った。「プログラムというものは地味であるべきなんだ」。それでおしまいだった。学校演劇に最後に関わったのは「テンペスト」で、ティム・イウォート――後のＩＴＶ「ニュース・アット・テン」のアンカー――がキャリバンを演じ、僕はトリンキュローを演じた。

学校では、アートはあまり重視される科目ではなかった。六年生のとき、職業指導教官――カイゼル髭を生やした元空軍兵士――との面接で、屋外活動が好きなら不動産業者になったらどうか、とすすめられた。あるいは――これは僕から口にしたのだが――外科医はどうだろうか、とも思った。僕は実際にケンブリッジのとある不動産業者に会いに行ったのだが、出てきた相手は、僕にアーティストになるべきだと言った。その頃、ハイド・パーク・コーナーのセントジョージ病院にも見学に行き、そこでもアートの道に進んだほうが幸せになれるんじゃないか、と言われた。

外科医を目指す考えは、すぐ消えたとはいえ、確かに魅力的だった。しかし、長距離走を除けば、僕が最も愛していたのはアートだった。思うに八歳か九歳の頃から、真剣に絵を描いていた。本当にやりたいことは、美術学校《アートスクール》に行くことだった。グレシャムでの空軍出身の職業指導教官との出会い以来、僕はアドバイスを受ける場合も与える場合も、慎重を期している。よかれと思ってのアドバイスでも、しばしば間違うものだ。アドバイスは励ましとは別物だ。僕の見解としては、アドバイスが受け手の直感に響いたなら、よいアドバイスになるかもしれない。自信を後押ししてくれるはずだからだ。

とはいえ、アートは義務教育後の僕の進路として教師たちが想定していたものとは違っていた。父のアレックは古典学教師、兄のトムはケンブリッジ大学の古典学者、姉のシャニーも同じくらい成績優秀だったから、少なくとも僕が学問の道に進むのは定められた運命という感じがあった。それに、僕はラテン語が得意だったし、ギリシャ語も古代史も本当に楽しく勉強していた。しかし、僕は三番目の子供だったし、三番目の子供の多くと同じく、我が道を進んで自分らしさを発揮したいという気持ちが病的といっていいほど強かった。

僕の父は奨学生としてケンブリッジ大学で学び、ケニヤで教鞭をとり、アビシニアで戦い、ビルマ・スリム将軍が率いる「忘れられた」第一四軍のノーサンプトンシャー連隊とともにビルマ（現在のミャンマー）に従軍し、一九四六年に歯と髪を失った姿で帰郷した。ビルマ戦線は極めて厳しい戦いであり、父――殊勲報告書にその名が二度掲載された――は、インパールでの戦闘や狙撃兵だらけのジャングルの中を生き延びた。父はインド、アフリカ、中国、米国の部隊と行動をともにし、シャン族、チン族、カチン族、カレン族、ナガ族の民兵たちとも一緒に戦った。英国軍は、ヨーロッパ以外の地域からやってきた連合軍とともにビルマのナガ丘陵の日本軍を破った。英国人はその中では少数派だった。

僕の記憶にある父は、いつも朗らかで博識な人だった。少佐として学生連隊を組織し、ホッケーとラグビーのコーチをし、ノーフォーク・ブローズ国立公園の湿地帯で僕にディンギーの操縦を教えてくれた。海岸沿いのモーストンで大潮をつかまえようと早朝に僕を起こしてくれたものだ。一九五四年のこと、嵐の一夜が明け、満潮がノーフォーク北部の干潟や湿地、谷一面を水浸しにしたときもそうだった。ボートを探すには、車に飛び乗って駆けつければいいわけではなかった。うちの車は古いスタンダード12で、確か駆動エンジンはジャガーで、乱暴に蹴飛ばしてからハンドクランクで始動する必要があったし、頻繁に故障した。それだけで一つの冒険だった。

父はあるグループでテナーリコーダーを吹き、学校演劇をプロデュースし――余白に父の書き込みのあるシェイクスピアの豆本を僕は今でも持っている――、アトリエでは鋳型に溶融鉛を流し込んでミニチュア兵士を作ったり木工をしたりして楽しんでいた。チャーミングな水彩画のイラストを添えた、インドについての子供向けの本も書いた。『王子と魔法の絨毯』というタイトルだった。幸せなことに、僕の孫たちは僕がこの本を読み聞かせするのが大好きで、「ダーリー・ダーリー・ウーパー・ジョウ」という魔法の呪文を一緒に唱えてくれる。父には際どい滑稽五行詩《リメリック》をさりげなく繰り出す才能もあった。グレシャム校のスタッフの一人は弔辞の中で、「しばしばラブレー風に傾いていく彼のユーモアをどれほどみんなを楽ませたことか」と述べた。父はアマチュア写真家で、自分で写真を焼き、凝ったアルバムに貼っていた。鶏の餌やりのために車の踏板から身を乗り出すのを許してくれるとか、グレシャム校の生徒が演じるための舞台づくりとか、いつも僕たちと一緒に楽しむ活動を準備してくれた。

僕の父が、ケンブリッジシャー州のフォウルミアという少々辺鄙《へんぴ》な地区の教区牧師である父親と、見事な水彩画を描くまさに芸術家肌の母親の娘である僕の母メアリーに初めて会ったとき、彼女はまだ一七歳だった。小中学校の校長を引退した僕の父方の祖父は気品のある人物で、祖母と近くのスリプロウという村で暮らしていた。僕の両親は一九四一年に地元の社交イベントで出会い、戦時下の縁談はあっという間にまとまった。ハネムーンは短いものだった。父はもちろん軍隊にいた。大学進学の機会を失い、ケンブリッジにあったパース校——母の両親がどうやって授業料を工面したのかはわからない——に通っていた母は、婦人補助空軍に志願した。ウェスト・サセックスにあるタングメア空軍基地に勤務し、大きなヨーロッパの地図に飛行機の位置をピンで留める仕事をしていた。ブリテンの戦い以降の重要な飛行場であったタングメアは、バルコニーからその地図を眺めるウィンストン・チャーチルの姿とともに、戦争映画を通してよく知られるようになった。

僕の姉のアレクサンドラ（シャニー）は一九四二年、兄のトムは一九四四年生まれである。二人とも戦中生まれだ。僕は一九四七年に生まれた。ノーフォークの家には平和が戻ったが、テレビはなく、暖房も不充分で、新しいおもちゃもなく、消費財はあってもわずかなものだった。うちにはギリギリやっていけるお金しかなかった。緊縮財政の時代であり、僕が七歳になるまでは食料配給手帳が配られる時代でもあった。家庭菜園で野菜を育て、鶏を飼って卵を収穫した。ときどき、家族でホルトの「リーガル座」まで歩いて出かけ、映画を観た。しかし、子供にとっては、もっと愉快な、まさにお金で買えない楽しみがあった。休みの日はずっと、グレシャム校のグラウンドを自由に走り回り、野原やテニスコートやプールで遊んだ。グレシャム校は生徒の数よりエーカー数のほうが多いと言われていた。ノーフォークの広大でほとんど人の来ない浜辺も近くにあった。

ヴィクトリア朝様式の広い家には三家族が暮らしていた。僕も含め、子供たちはみな、英国の子供ならたいてい知っている児童文学作品であるイーニッド・ブライトンの『五人といっぴきの探偵団』や『ひみつクラブと仲間たち』、そしてとりわけアーサー・ランサムの『ツバメ号とアマゾン号』に夢中だった。全員がグレシャムの教師の子供たちだった。僕は確かいちばん年下で、ちょっと変わったところがあったのだと思う。それに、僕は仲間内でも学校のクラスでもいちばん背が低かった。一五歳になると、急に背が伸びた。子供時代の僕たちは、今なら危険すぎるといって禁止されそうな遊びをしていた——危険なトンネルを掘り、登りにくそうな木に登り、たいていいつも、泥だらけ、擦り傷だらけで息を切らしていた。トンネルは、まず一人ひとりが自分の穴を掘り、それから塹壕《ざんごう》を掘ってつないで作った。塹壕には丸太や木材を渡し、その上に錆《さ》びたトタン板を載せた。構造についての興味深いレッスンだったし、素晴らしいことに誰も生き埋めにならずにすんだ。あの頃は実にのどかな時代だった。

一九五五年、八歳のとき、僕たちはコーンウォール州のポルゼスで浜辺の休日を過ごし、車で帰途についた。この休日についてては、あの瞬間のことまでは、お尻に不快なできものがあったこともよく覚えている。ダートムーアで車を駐めて、ピクニックをした。僕は一人で、背の高いシダの茂みを掻き分け、小道を進んだ。すると、すぐ近くで、ひどく具合が悪そうにしている父の姿を見つけた。僕が口を開く間もなく「母さんには言うなよ」と父が言った。不安を与えたくないという、いかにも父らしい態度だった。二人でみんなのところへ戻る道すがら、僕は父の計り知れないほど大きな愛と思いやりを感じていた。

父は翌年、一九五六年に亡くなった。父はまだ四〇歳だった。ビルマから帰還したとき、父は三〇歳だった。その三年後、がんと診断された。喉と肺だ。学校では拡声器を使って授業をした。当時の教え子のジム・ウィルソンは、同窓会誌『オールド・グレシャミアン・マガジン』二〇一六年号の中で、「振り返ってみれば、声を大きく響かせるためにマイクとスピーカーを使って教え続けていた先生の勇気は誰の目にも明らかだった。当時、この行動に必要とされた先生の勇気や決意を僕たちはしっかりと理解していただろうか?」と回想している。

父は最期のときをロンドンのウェストミンスター病院で迎えた。別れのとき、父は小さな革のスーツケースを持っていた。僕たちは裏口で手を振って見送った。父はホルト駅に向かい、ロンドン行きの蒸気機関車に乗った。姿を見たのはあの日が最後だった。あの場面を思い出すたび、勇敢で朗らかな父の姿が目に浮かんで胸が詰まる。ロンドンで死ぬかもしれないと知りながら、手を振って家族に別れを告げた父の心中は、想像を絶する。

六〇年が経った今でも、この思い出はつらいし、父は三人の子供たちが成長して素晴らしい伴侶を得たことを喜ばしく思う機会を持てなかったのだという悲しみが和らぐことはない。父の孫は七人いるが、生きていたらどんなふうに楽しく遊んだことだろうか。僕の孫の一人のミックが父を亡くしたときの僕と同じ年になると、その姿を見て、ますます心が痛んだ。ミックは愛情深く、頭の回転が速く、落ち着いた少年だが、その年齢になっても寝るときにはヨレヨレの柔らかい子犬のおもちゃと一緒だった。この子は父親を亡くすにはあまりにも傷つきやすすぎる、と思った。ミックがクリエイティブで愛情あふれる父イアンと卓球を楽しむ姿を見ながら、僕はどれほど自分の父を恋しく思っているのかを思い知った。

一九五六年のその日、兄のトムと母と僕がホルトの自宅でアスパラガスのスープを飲んでいるときに、電話が鳴った。母が電話に出ると、僕は虫の知らせを感じ取った。驚くべきことだった。というのも、僕はがんが治療の難しい病気であることを知らなかったからだ。僕たちは、寄宿学校にいる才能あふれる姉シャニーを心配した。たった一人でこの知らせを受け止めることなどできるだろうか、と。

当時、グレシャム校に通い始めたばかりだった僕は、数日後、半ズボンから節くれだった膝をのぞかせながら、学校の礼拝堂で行われる父の告別式に出席した。いまだになぜだかわからないのだが、僕は家族席ではなく、他の生徒――同級生たち――と同じ列の席にいた。彼らは告別式に引っ張り出された理由がよくわかっておらず、時間の無駄だと考えていた。僕にとっては心が深く傷ついた体験だった。今でも、考えるだけで不快な気持ちになる。無礼を働くつもりはなかったのだろうが、僕にとっては父親の告別式だったのだ。

父を失い、彼の愛やユーモア、教えてもらったさまざまなことを思い、僕は打ちのめされていた。父のいない未来を思うと怖かった。その少し前に寄宿生になった僕は、家族と離れ、急に一人ぼっちになっていた。それでも、泣くことも感情をあらわにすることもなく、くじけずに頑張った。以来ずっと、僕はどこか、父との痛ましく不当な別れや父が失った年月の埋め合わせをしてきた部分がある。おそらく、自分のことは自分で決め、自立し、進んでリスクをとる生き方をすばやく身につけざるをえなかった。父が亡くなったとき、これよりひどいことなんてないはずだと思った。

寛大なロージー・ブルース＝ロックハート校長と心優しいジョー夫人は、母が外に働きに出られるよう、トムと僕をわずかな寄宿代で受け入れてくれた。母はまず洋服の仕立ての仕事をし、それから教師になるための勉強をした。その後、成人の大学生としてケンブリッジ大学に通い、英文学の学位を取得した。父の死後、僕を育て、僕の子供時代の学びに影響を与えたのは母だった。両親の結婚生活は一五年間だったが、家で一緒に暮らしたのは父ががんと診断されるまでのわずか三年間だった。だからこそ母は、三人の子育てをしながら、二つの高等教育の学位を取るために学業を続け、自立して生きる力を身につけるほかなかったのだろう。

母は身長が一八〇センチあった。常に自制心を失わない人だった。僕にとっては、穏やかで、力強く愛情あふれる、優しい母だったが、お金には厳しかった。無駄遣いするお金はなかった。力強く励ましてくれる人だった。読書家で、グレシャム校の学者たちにも引けを取らない教養があり、フランスに一度も行ったことがないのに完璧なフランス語を話した。ついにフランスに行くことになると、家族をモーリス・マイナーに乗せ、自分で運転した。安物のリッジテントでキャンプをしながら、シャルトル大聖堂のフライング・バットレス、ヴェズレーの平瓦の屋根の連なり、ル・トロネ修道院の美しくも簡素なシトー会修道院など、宝物のような場所をたくさん見せてくれた。ドルドーニュ川のほとりにテントを張り、川で泳いだ。フランスのこの地域には近年英国人がたくさん移住してきたが、それよりもはるか前の話だ。

なるべくお金を使わず楽しく暮らそうと決めた僕たちは、スティフキー塩沼でサムファイア(セリの一種)を摘んだり、砂の中にいるザルガイを掘って取ったりした。サフォークに住んでいたベンジャミン・ブリテンのオペラの初期の上演(本人の指揮)も見に行った。母はオペラ歌手のキャスリーン・フェリアやピーター・ピアーズのLPレコードをかけてくれた。僕たちは読書をし、言葉当て遊びを楽しみ、いろんなものを作った。僕が作るのは、鉛の兵隊やグライダー、ディーゼルエンジン搭載機の模型だった。兵隊人形で遊んだり、収集したりはしなかった。僕が楽しんだのはものづくりであり、父の道具を使って、るつぼの中で鉛を溶かし、危険な溶融鉛を型の中に流し込んだ。

一九五七年、母は自分の天職を見定め、ノーウィッチ教員養成大学の二年コースに通い始めた。おそらく奨学金をもらったのだろう。最初はシェリングハム・セカンダリー・モダンという学校で教え、次にラントン・ヒル校で教えた。ラントン・ヒル校は優秀な女子校のパブリックスクールで、母に教職と新しい寮の寮監の職を提供してくれた。母に会うには女子寄宿学校を訪問しなければいけないというのも、僕は気に入った。

一九六八年、僕が寄宿学校に進学するために家を離れて三年が経ち、母はケンブリッジ大学の「ニュー・ホール」（現在のマレー・エドワーズ・カレッジ）で学位を取るために学ぶ決意をした。戦争花嫁だった母は中等教育を修了できず、僕の父や兄のようにケンブリッジに進む機会がなかったことを後悔していたに違いない。とはいえ、再び奨学金でのカツカツの暮らしをし、ロンドン時代の僕のように地下の貸間で暮らすのは、気の滅入ることだったに違いない。病気になり、最終試験まで入院していたが、それでも優秀な成績を収めた。その後はフェイクナム・グラマースクールで五年にわたって英語の教師として幸せな日々を送った。この学校では、学校演劇をプロデュースすることを心から楽しんでいた。しかし、運命は過酷なもので、一九七八年に肝臓がんと診断され、瞬く間に世を去った。

僕の妻の主張によれば、僕の意志の強さと戦士気質は母親譲りだそうだ。確かに、母は大きな志を持って生きていた。また、とても心の広い人で、あらゆる年齢層にわたる幅広い友達がいた。どんな話題でも会話を楽しんだし、モダンな価値観を持っていた。時代に先駆けて、あらゆる階層、社会的地位の人々を寛大に受け入れていた。どんなことでも喜んで議論した。教区牧師の信心深い娘にしては奇妙に思えるかもしれない。しかし、以前は身につけていたかもしれないエドワード朝の生き方は、おそらくすべて、戦争がもたらした苦難や社会の平準化によって変化してしまったのだろう。

母は、僕が幅広い文化に目を向け、理解するようにうまく仕向けた。演技やバスーンの演奏、絵を描くことなど、僕がやると決めたことはどれも後押ししてくれた。僕が好きなスポーツをしているのを見にくることもあった。おそらく、スポーツが持つ子供への教育効果を彼女は本能的に理解していたのだろう。僕の学業成績を見てがっかりしすぎることもなかった。また、父と同じくアマチュアのアーティストであった母は、子供の一人がアーティストになるかもしれないと、心密かに喜んでもいた。後に、僕が製造業とデザインの両方に手を広げたとき、母は興味をそそられた様子だった。

母とロージー校長は、共通する教育観を持っていた。学業成績は教育のいちばんの目的だが、学校が教えられることは他にもある。僕はアカデミックな世界に触れ、それなりに楽しんだが、その世界で優位に立てるとは思えなかった。だからその世界を離れ、スポーツや、人生におけるクリエイティブな側面に目を向けた。一三歳になり、科学か芸術のどちらかの選択を迫られた。父と兄の影響で古典を選び、Oレベル（中等教育修了一般試験）が終わった後、一五歳でラテン語とギリシャ語と古代史を専攻した。これらの科目よりも他の科目のほうが魅力的に映ったが、後知恵で、得意な数学や科学のコースに進むべきだったと言うのはたやすいことだ。しかし、当時は僕にそんな選択を期待する人はいなかった。結局、僕は教師たちにとって不満の種であり、彼らは僕に失望していた。後に、僕はもちろんアカデミックな世界を受け入れたし、アートスクール（美術学校）やロイヤル・カレッジ・オブ・アート（RCA）では懸命に勉強し、能力を発揮した。今日では、僕は数学やエンジニアリングだけでなく歴史の本の熱心な読者だし、執筆は日常生活の一部だ。

しかし、懸命に練習することやチームワークと戦術を理解することの必要性を教えてくれたのは、ゲームをすることだった。相手を出し抜く戦術の立て方、状況適応能力は、人生において重要だ。こうした力は、アカデミックな生活では身につけられないし、丸暗記の勉強で学べるものでももちろんない。僕は演技することを非常に楽しんだし、それを通じてキャラクターというものを学び、考えを表現し、ドラマティックな強調を交えて語りかける方法を身につけた。長距離走は、自分以外の誰にも頼らず、ノーフォークの自然のなかを彷徨《さまよ》う自由を与えてくれた。また、走ることは「苦しさの壁」を乗り越えることを教えてくれた。他のみんなが疲れ果ててしまったときこそ、どんな痛みやつらさも乗り越えてスピードを上げると、レースに勝つチャンスになる。越えられそうにない困難を克服するのに必要なのは、スタミナと強い意志、そして創造性である。

学校が創造性とは何かを教え損ねていることは、心配だ。今日では人生にますます創造性が必要とされている。一見歯が立たなさそうな諸問題に対して斬新な解決策を見出し、新しいソフトウエアを作り、グローバル経済の中で競争するための唯一無二の個性を創り出す必要がある。僕たちが長い間頼りにしてきた西洋の優位性は、どんどん小さくなっている。ほぼすべての国が技術開発を行い、世界にそれを輸出しているのだから、僕たちは最高レベルのエンジニアや科学者を育成しながら、開発した先端技術をこれまでより速いペースで応用していく必要がある。先を行くためには、ますます自分たちの創造性にフォーカスする必要がある。

学校とは別に、家庭生活もたくさんのことを僕たちに教えてくれる。僕にとっては、確かにそうだった。八歳のときからひとり親家庭で育ち、大量の家事を分担せざるをえなかった。一九五〇年代、崩れかけたヴィクトリア朝様式の家の一部を借りていた僕たちは、ガーデニングや農耕作業用の機械を持っていなかった。かなり大きな庭の手入れをするための手押し芝刈り機と、菜園を耕す鋤《すき》はあった。洗濯機は洗うものをつけ置きするだけのボイラーで水流はなく、家事用シンクですすいだ後は、回しづらい手動絞り機にかけた。うちにあったモーター付きの機械といえば、ハンドルに布製バッグがぶらさがっている古いアップライト型掃除機だけだった。壁付き電源コンセントがなかったので、スツールに乗ってプラグを各部屋中央の照明用コンセントに挿していたし、掃除機がコードを強く引っ張りすぎないようにしないといけなかった。掃除機は臭くて、ホコリっぽくて、効率が悪かった。掃除機は、何年にもわたって僕を悩ませていたのだ！

家事全般をしっかり仕込んでくれたのだから、母に感謝する理由は充分にある。母は僕に裁縫、編み物、ラグづくり、そして料理を教えてくれた。父は僕にヨットの操縦を教えてくれた。僕は父が大工仕事をする姿を眺めた。飛行機の模型を作り、エンジンをかけ、飛ばすことや、自転車の修理は独学で学んだ。たいていは独学で、何でも不安なく手を動かすのが、僕の習性になっていた。ものづくりを通した学びは、学校の勉強を通しての学びと同じくらい重要だ。理屈抜きに身体で得る経験は、力強い教師である。おそらく僕たちは、こうした学びの形にもっと注意を払うべきだ。誰も彼もが同じように学ぶわけではない。

僕は、失敗を経験しながら、自分のやり方を見つけてものが動くようにする、そういう独学が好きな人間だ。八歳のとき以来、ものごとのやり方を教えてくれる父親なしで育ったせいだ、とも言えるだろう。しかし、僕は自分の息子たちにも同じ特徴があることに気づいている。僕が使う姿を見せる前から、ジェイクは旋盤を使い始めた。サムは独学のミュージシャンだ。一方、エミリーはスキーのレッスンを受けてスタイリッシュに滑る技を身につけたが、ジェイク、サム、そして僕は受けなかった。自分に合った方法だと理解し納得するためには、実際にやってみて、身体で感じる体験が必要だ。試行錯誤、あるいは実験による学びは刺激的なものだし、学んだことが深く根付く。失敗からの学びは、知識を得るには際立ってよい方法だ。失敗は、避けるどころかむしろ歓迎すべきものだ。失敗は学びの一部である。エンジニアであれ科学者であれ、もちろんそれ以外の誰にとっても、恐れるべきものではない。

やはり父を恋しく思う気持ちはあった。何年も後になって、ロバート・ウォルポールからジョン・メージャーまでの歴代英国首相の八五%、またジョージ・ワシントンからバラク・オバマまでの米国大統領のうち一二人が、子供時代に父親を失っていることをヴァージニア・アイアンサイドの著書で知り、興味をそそられた。父親の死は、引き換えに成功をもたらすチケットだ、ととらえるのは間違いだろう。おそらく、人生の初期に体験する喪失が、大いなる達成へ人を駆り立てることがある、ということではないだろうか？

とはいえ、製造業《ものづくり》と技術《テクノロジー》をめぐる僕自身の冒険は、僕よりずっと賢い兄や姉の冒険とは違ったものになった。兄は教師になり、姉は看護師になった。僕の中に、もっと遠くへと走れ、航海しろと駆り立てる何かがあった。子供時代の僕は、アーサー・ランサムの『ツバメ号とアマゾン号』に出てきた電報文に大いに興味をそそられた。ウォーカー家の子供たちが、ツバメ号で湖の島に行って子供たちだけでキャンプをしたいと言うと、航海中の海軍士官の夫から夫人宛てに電報で届いた返事が「オボレロノロマハノロマデナケレバオボレナイ」だった。僕はノロマになる気はなかった。

父の死後、学校の休みになると、仲間たちと一緒に『ツバメ号とアマゾン号』のような生活を送り続けた。家事を手伝い、バルサ材で飛行機を作り、いくつかには小さなディーゼルエンジンをつけた。寄宿生だったから、家にいられるのは休みのときだけだった。当時は学期の中間休暇といったものはなかったし、近くにあるはずの家がはるか遠くに思われた。あの時代、男の子は感情を表に出してはいけなかった。不正やいじめ、憐憫《れんびん》に心が揺れても抑え込んだ。当時はどこでもそうだったが、教師たちは残酷なくらい辛辣な皮肉屋だったし、若者たちの感情的側面についてはまるで無神経だった。一四週間は、逃げ場も、話を聴いて心配するなと言ってくれる親もいなかった。僕は休暇がとても待ち遠しかった。

学校生活には浮き沈みがあったものの、僕は一九五〇年代の英国、そしてそれよりもっと広い世界に目を向けていた。ロジャー・バニスターが世界で初めて一マイル走（一・六キロ）で四分を切った。エドモンド・ヒラリーとテンジン・ノルゲイがエヴェレストの頂上にユニオンジャック（英国旗）を立てた。ピーター・ツィスが超音速機フェアリーデルタ2《ツー》を操縦し、世界で初めて時速一〇〇〇マイル（一六〇〇キロ）を超えて飛行した。ジャガー・Dタイプが三大会連続でル・マンを制した。クリックとワトソンがDNAを解明した。失業率は低く、緊縮財政を脱し、「これほどいい時代はなかった」という標語とともに、ハロルド・マクミラン首相が登場した。同時に、コモンウェルス（イギリス連邦）は、かつて学校の世界地図上の陸地の四分の一をピンクに染めていた大英帝国の気高い代替物であるように見えた。

『イーグル』は大部数を誇る少年漫画雑誌であり、素晴らしいイラストをふんだんに載せていた。毎週、テクニカルイラストレーターのレスリー・アッシュウェル・ウッドによる新型ジェット機やタービン機関車、原子力発電所など、さまざまな発明物のカラー断面図を中央の見開きに掲載し、呼び物にしていた。昔はこれらの発明物を生み出す工場や作業場や実験室が英国には掃いて捨てるほどあったが、いつしかブルドーザーで整地され、今では代わりにつまらない新築住宅団地や味気ないスーパーマーケットが立っている。面白いことに、僕は九歳のとき、ノーフォークの海辺、ブレイクニーポイントの風景を描いた油彩画で、一九五七年度『イーグル』絵画コンクールの優勝を勝ち取った。父の死から間もない頃の僕にとっては、心が浮き立つ出来事だった。自分の絵が全国レベルで認められたし、それにデイヴィッド・ホックニーとジェラルド・スカーフの二人も『イーグル』誌上でデビューしたことを知ったからだ。『イーグル』は、アートとエンジニアリングと大地や海中や宇宙への大胆な冒険が、想像力あふれるページ構成に分け隔てなく盛り込まれている雑誌だった。

学生時代の僕たちは、英国人が世界一だと信じて疑わなかった。なんといっても、英国人はドイツ人と日本人を敵とする戦争に勝ったばかりだったし、平時になってもさまざまな記録や発明、勝利を成し遂げる力があるのは明白だった。たとえ、家庭では洗濯機や冷蔵庫どころか新品の服を買う余裕もなく、貧弱な石炭ストーブでは温かい風呂用のお湯もせいぜい深さ数センチ分しか沸かせなかったとしても、だ。

英国車への支持も高く、我が家も最高の英国車のうち二つを続けて所有した。モーリス・マイナーとミニだ。どちらも僕の大好きなエンジニアリングのヒーローの一人、アレック・イシゴニスがデザインを手がけていたが、当時の僕は彼の名前も知らなかった。どちらの車もステアリング、ロードホールディング、サスペンション、視認性において優れていたし、当時、真の意味でこれに匹敵する外国車のライバルはフォルクスワーゲン（VW）・ビートルだけだったと今も確信している。伝統を踏まえ、どちらの車にも装飾的な木枠がついていて、モダンなエンジニアリングのたまものであるにもかかわらず、車輪のついた小さな田舎家といった趣があった。

一度、母のモーリス・トラベラーに一三人の生徒を詰め込んだことがあった。ちょっとした記録だったはずだ。我が家の自動車はエンジニアリング視点から見ても興味深い自動車だったが、「デザイン」という言葉は当時の僕にとってなんの意味もなかった。あの頃、ノーフォーク北部は結構な僻地《へきち》だったし、今でも辺鄙《へんぴ》な、そして魅力的な場所である。

学校では、学業に専念していなかったにもかかわらず、成績はかなりよかった。アカデミックの道に進まざるをえない可能性があったからだ。美術、数学、ラテン語、ギリシャ語、フランス語、英語、歴史のOレベル（一四歳から一六歳の間に受ける中等教育修了一般試験）に合格し、一、二年後に美術、古代史、一般教養はAレベル（高校卒業および大学入学資格）に合格した。休暇になると、地元の仕事はどんなものでも引き受けた。ジャガイモを詰めた冷たい湿った袋をトラックに運んだり、氷のように冷たい芽キャベツを摘んだり、バケツ一杯につき二シリング（一〇ペンス）でブラックカラントを摘んだり、摘んだパセリを当時は超モダンで、大西洋の東側ではこの手の工場としては最大だったキャンベル・スープのキングス・リン工場に運んだりした。

　グレシャム校での授業に、母が教えていたラントン・ヒル校の女子学生たちが参加すると、学生生活はますますエキサイティングなものになった。ラントン・ヒル校はアカデミックな向上心のある学校だった。ここの学生だった僕の当時のガールフレンド、キャロライン・リッカビーはケンブリッジ大学で首席となり、ダラム大学の博士課程に進み、ジョン王とそのフランス人補佐官との関係や、結果としてジョン王がその後いかに誤解されてきたかを研究した。僕は歴史への関心を失ったことはない。しかし、ご覧のとおり、僕の才能は別のところにあった。

第 2 章

Art School

アートスクール

友人たちは大学入学前にギャップイヤー（入学や卒業の前後に社会体験をするための猶予期間）を取ったが、僕はまだやりたいことがはっきりしていなかった。アートスクールが自分に合っているかどうかを見極めようと過ごした一年が、僕のギャップイヤーだった。一九六五年の秋、バイアム＝ショー美術学校《アートスクール》の基礎課程に入学するため、僕はホンダ50に乗ってロンドンのケンジントンに向かった。自立するのだと思うとなおさらわくわくした。ロンドンで頼れる人は一人もいなかった。自分で家を探し、自分の道を行く必要があった。一方で、ハーンヒルというロンドン南西部にあるヴィクトリア朝様式の郊外のワンルームと、動き回るためのモーターバイクを手に入れた僕には、何にも縛られない自由があった。

あの時期、自分が乗り回していた小さなホンダについて、もう少し考えをめぐらせるべきだったと思う。一九五八年に登場したホンダ50、日本ではスーパーカブと呼ばれるこのバイクは、史上最もたくさん生産されたモーター付きの車である。二〇一七年、ホンダ（本田技研工業）は、世界一五カ所にある製造工場の一つにおいて、一億台目のスーパーカブを組み立てた。エンジニアである本田宗一郎――取り憑《つ》かれたかのように製品の改良を続けた彼の姿勢を僕は大変尊敬している――とセールスマンの藤澤武夫が発明したスーパーカブは、所有して乗ることのシンプルさを極めた製品だった。

駆動チェーンを覆い隠したプラスチック製のボディやレッグガードのクリーンな見た目、九五〇〇という高速回転数で四・五馬力を出す小さな四九ccの四ストロークエンジンによるきびきびとした走り。これこそ、独創的発明力のある製造業者が既存製品――この場合はローコストのモーターバイク――に取り組み、当時のどんな製品よりもはるかに優れた魅力的な製品に作り変えてしまった、早期の例である。本田宗一郎と藤澤武夫の才能は、継続的な改良にフォーカスし、常識に逆らって思考することにあった。また、基本部品の生産は下請けに任せ、社内ではよそで作れない部品の発明と生産に労力を集中した。例えば、ホンダは独自の効率的な変速機（ギアボックス）を創り出した。改良と技術革新を目指し、収益のうちかなりの部分を研究開発に投資し続けた。

バイアム＝ショーでは、色彩および色彩間の関係をオプティカルアーティストのブリジット・ライリーとピーター・セッジリーから教わった。新しい方法を取り入れる（イノベートする）ことを学びつつ、スケッチをうまく描く方法も教えてもらった。僕にとって、スケッチは今でも基礎的かつ必要不可欠なスキルだ。しかし、同じくらい重要だったのは、校長であるモーリス・ド・ソーマレズの熱意のこもった目に見守られながら教育を受けたことだ。おそらくモーリスは五〇代前半だっただろう。生まれながらの優れた画家であり、難解な思考を明快でわかりやすい言葉で語る能力を備えた知的な人物だった。美術界や他の業界の専門用語で煙に巻いたりはしなかった。彼は、アーティストたち――ピーター・セッジリー、ナウム・ガボ、ブリジット・ライリー、ベン・ニコルソン、そしてヘンリー・ムーア――のインタビューを数多く出版していた。モーリスのインタビューには、才能あふれる芸術家たちが彼と語り合ううちに考えを明確化していくように促す力があった。

絵を描くことに加え、モーリスは教育にも情熱を傾けていたし、教えるのがとてもうまかった。

モーリスには、一人ひとりの学生が得意なことを、本人がまったく気づいていなくても見抜いてしまう、不思議にして確かな天賦の才能があった。内なる才能を信じて自然に熱中していれば、あとは正しい扉さえ開けば輝きだす、だから自分を信じなさい、と励ましてくれた。僕が一度たりとも忘れたことはない教えである。

バイアム＝ショーでの一年が終わる頃、モーリスは僕と面談し、デザインなら興味が湧くのではないか、と勧めてくれた。「デザインって何ですか？」と僕は尋ねた。バイアム＝ショーではスケッチや絵を描くことしか教えていない。一九六五年当時「デザイン」が雑誌や新聞で取り上げられることはなく、もちろん店で見かけるものでもなかった。おそらく、戦後間もないあの時期には、人々はものを買えるだけでありがたく感じており、デザインにまで頭が回らなかった。へイマーケットにあった「デザイン・センター」が、優れたデザインを展示する唯一の展覧会場だったが、ケンジントンでファインアートに夢中になっていた僕には、同センターの取り組みはいまだ眼中になかった。

「ファッションデザインもあるし、インダストリアルデザイン、家具デザイン……」と説明するモーリスを、僕は遮った。少なくとも、椅子がどんなものかは僕だって知っている。「椅子の形を決めて、自分で作れるようになるんだ」とモーリスは勧めた。だから家具デザインだって？考える必要があった。自分では画家になりたいと思っていたし、芸術家とはそういうものだと思っていた。しかし、自分がものづくりが好きなことも自覚していたし、愛用の椅子は壊してしまったのを自分で修理したものだった。ならば、椅子のデザインだってできるかも。たぶん、もっといい椅子を？
ロイヤル・カレッジ・オブ・アート（ＲＣＡ）は、大学卒の学位がないと入学できない大学院大学だが、モーリスは戦前にここを卒業しており、同校が毎年三人だけ大学卒の学位のない学生を受け入れて、他の学生と比較する実験を行っていることを知っていた。僕は応募し、試験に臨み、面接を受け、家具の木材について乏しい知識しか持ち合わせていなかったにもかかわらず、入学の許可が出た。同期はやはり専攻を変えることになる彫刻家のリチャード・ウェントワースとチャールズ・ディロンだった。チャールズは、独創的なデザインを生み出した。カイト（凧）のような布を天井から吊り、中に照明を吊り下げたカイト・ライトは、ＲＣＡの仲間だった妻のジェーンと手がけたプロジェクトだが、チャールズは若くして悲劇的な死を遂げた。

大学卒の学位なしでＲＣＡに入学するには、条件が一つあった。通常は三年の課程を四年かけて学ぶことだが、必ずしも受け入れがたい難条件ではなかった。魅惑的なチャンスに恵まれたわけだが、この頃に起きた「青天の霹靂《へきれき》」のような出来事に比べれば、その輝きも霞《かす》んで見えた。僕は恋に落ちたのだ。そして、五〇年以上経った今もその思いは変わらない。ディアドリーは、一九六〇年代らしい装いの、誰よりも可愛らしさのある女性だった。「Ｂｉｂａ《ビバ》（当時、若者に人気を誇ったブランド）」の服をよく着ていた。控えめだけれど才能にあふれていたし、バイアム＝ショーでは僕よりはるかにうまい絵を描いていた。人生に対する尽きることのない好奇心と熱意を備えており、僕がこれまで出会ったなかで最も温かい心を持つ人だ。他者の気持ちを直感的に理解する力が不思議なくらい鋭く、どこまでも愛にあふれる人である。いや、話がフライングしてしまった。馴れ初めはどうだったのか？

バイアム＝ショーでは、ロンドン中心部のさまざまな面白い場所に出かけてスケッチ――自然史博物館の恐竜、ロンドンの公園を歩く人々、ランバート・バレエ団のダンサーたち、ベイズウォーターにあるクイーンズ・アイスリンクのスケーターたち――を描く遠足が行われていた。くるくる回転するスケーターのスケッチを描いてみようって思ったことある？――僕はグループ内でなんとかディアドリーのそばを陣取り、筆を動かすとき以外はずっと話しかけていた。

運は僕の味方だった。二人ともロンドン南西部から通っていて、ときどき地下鉄のサークル・ラインでばったり会ったし、最高にロマンティックな場所とはいえないけれど、言葉をかわすチャンスになった。ロンドン動物園にスケッチに出かけたときには、サルの檻《おり》の前でごく自然に山場が訪れた。思い切ってディアドリーの手を握ったのだ。その前につかんだサルの手とは違い、彼女は僕の手を振り払わなかった。でも、あのときは心底びっくりした、と彼女は言っている。

初めてのデートでは、ホンダ50の代わりに古いスタータ―レスのモーリス・オックスフォードを運転して、ノッティング・ヒルの素敵なレストラン「箱舟《アーク》」に出かけた。このレストランは今でも同じ場所にあり、名前は「納屋《ザ・シェッド》」に変わってしまったけれど、今でも箱舟のような雰囲気だ。その夜は上首尾にいったようで、その後もデートを重ねた。パブリックスクールの学生に毛が生えたような未熟な僕とつきあうために、ディアドリーは持ち前の理解力を発揮した。僕が若くして恋に落ちたことに母は大いに驚いたが、すぐにディアドリーを可愛がるようになった。

二人とも奨学金で生活していたが、一九六七年に結婚を決意した。いくぶん早計に思われるかもしれないが、大学卒業までの五年は長いし、僕たちには待つなんて無理だった！　一九六〇年代は、誰も今ほど仕事の心配をしていなかった。どっちにしろ二人とも定職などなかったし、家を買うという考えもなかった。それはそれは貧しくて、結婚生活を奨学金だけで送るのはきつくて、食料を買ったり家賃を払ったりするため、二人ともアルバイトをした。結婚生活を通じて借金はどんどん積み上がり、一万ポンドという天文学的レベルに膨れ上がった。現在なら五万ポンド（約七八五万円、一ポンド＝一五七円で換算）に相当する金額だ。借金をすべて返済し終えたのは四八歳のときで、そのときには金額は六五万ポンド（約一億二〇〇〇万円）に達していた。よいことに使うためなら借金は素晴らしい、と考えるのが僕は好きだ。

ディアドリーはエミリー、ジェイク、そしてサムという三人の愛情と才能にあふれた子供たちを育てながら、この上なく創造的な生活を送ってきた。幸いなことに、子供たちは彼女の並外れた感情的知性と思いやりを受け継いでいる。三人ともアーティスティックなキャリアに邁進し、エミリーはファッションデザイナー、ジェイクはデザイナー、そしてサムはミュージシャン（これはディアドリーから受け継いだ才能だ）になっている。早い時期からディアドリーは『ヴォーグ』のために洋服や小物のイラストを描いていて、結婚生活の間も継続的に絵を描き、展示してきた。彼女には彼女にしか描けない独自のスタイルがある。大きなスケールにたくさんの主題を美しく、しかも素晴らしい色づかいで描く。ディアドリーが売ってしまった絵をもっと手元に残しておけばよかったのにと思う。

ディアドリーにはラグのデザイナーおよびサプライヤーとしての第二のキャリアもある。キングス・ロードにギャラリーを構えてスタートし、パリのサンジェルマン・デ・プレにもショールームを持っているが、彼女の著書『ウォーキング・オン・アート』からもわかるように、この仕事は彼女の見事な色彩感覚を示している。『ワールド・オブ・インテリア』誌は、彼女を英国の主要なカーペットデザイナーの一人に挙げている。これほどクリエイティブなパートナーとともに暮らし、彼女が手がけたアーティスティックなシルクのラグの上を裸足で歩き、壁にかけられた彼女の絵画を眺め、彼女が選んだ繊細な色彩の壁に囲まれている僕は、世界一幸運な男だ。彼女が歌うオペラが素晴らしいことも述べておきたい。

かなり最近まで、ディアドリーは常にお金に不自由する生活を耐え忍んできた。自分の服は自分で作り、ときには子供たちの服を作ることもあった。お金を節約するため、野菜も育てた。そういうことが「地球に優しい」と言われるようになる以前の話だ。極め付きは、結婚生活が始まって三〇年間、夫婦の全所有物を担保にすると記した銀行の保証書が次々と届いたことだ。そのたびに、実に彼女らしいことだが、自分のことなど顧みず、事務弁護士の目の前で署名し続けてくれた。銀行からの借金を払えなかったら、自宅から立ち退くほかなかったはずだ。彼女は冷静で礼儀正しい人だが、負けず嫌いで諦めない人でもある。

ディアドリーの育った家庭環境は、僕とはかなり違う。彼女はロンドン南部の郊外、ロワー・シデナムで生まれ育った。彼女いわく、こぎれいなセミデタッチドハウス（二軒並びの一戸建）が並び、規則正しい生活を送る通勤者たちが暮らす街だ。ロンドン南部を走るあの緑色の電車はみな、轟《とどろ》くような音を立て、サードレールから火花を散らしながら、キャットフォード・ブリッジとチャリング・クロスへ向かう。ディアドリーの母は弁護士の秘書として働き、父は一九四三年から一九四五年にかけてイタリアを進軍した英国第八軍の戦車を操縦していた。また彼は、当時高いギャラを稼いでいた大スター、ジョージ・フォーンビーのバンドでトロンボーンを吹いていた。

彼女が通っていた小さな学校はシデナム校という女子校に統合された。同校は英国で最初期に作られた統合制中等学校（コンプリヘンシブスクール）の一つで、あらゆる生徒に開かれているタイプの学校だ。当時の国の価値観や女性に対する姿勢がよく表れており、社会的包摂《ソーシャルインクルージョン》や男女均等を謳いつつも、女生徒たちに家事労働や秘書業の準備をさせる学校だった。彼女は洋裁と速記と家政学を学んだ。訪問者があると、ずらりと並んだシンガー社のミシンやピカピカの電動タイプライターを誇らしげに見せる学校だった。

しかし、ディアドリーがなりたかったのは、芸術家だった。親切な校長は、絵の道の危うさを説いた。タイプと速記さえ勉強していれば、メモを取ったり、タイプしたり、裁縫や料理をしたりと、シデナム校出身の若い女性として理想的な資格を身につけて卒業できるだろうというのだが、やがて一九六〇年代になり、世間の慣習、ライフスタイルやアートのほとんどが、一変してしまった。ディアドリーは一つの譲歩を勝ち取った。八科目のＲＳＡ試験（王立技芸協会が運営する実務試験）を受けると同時に、Ｏレベルの芸術の試験を受けることも許されたのだ。ＲＳＡ試験については、Ｏレベル試験と同等だと言い聞かされていた。しかし、ＲＳＡ試験には芸術はなかった。

おそらく、不思議な運のめぐり合わせなのだが、Oレベル試験での優秀な成績に加え、速記とタイプの技が、ディアドリーが美術学校に進む扉を開けてくれた。シデナム校卒業後に勤めた二つ目の仕事は秘書で、高い評価を受けていたチェンバリン・パウエル・ボン建築設計事務所が職場であり、ロンドン市の大プロジェクトであるバービカン・エステートの設計と施工で多忙を極めていた。バービカンのプロジェクトを仕切っていた主要な建築家の一人は、パリのル・コルビュジエのもとで修行したレオポルド・ルビンスタインだった。この事務所は、僕の母の母校であるケンブリッジ大学ニュー・ホールの設計でも素晴らしい仕事をした。

ディアドリーは、常にスケッチせずにはいられない性質だった。雇い主が彼女のスケッチに目を留め、美術学校に行くべきだと勧めてくれた。彼女にとっては嬉しい言葉だったが、大学はRSA試験の成績を認めないと知り、驚いた。彼女を受け入れてくれそうな独自の学位認定プログラムを運営している学校が、バイアム＝ショー美術学校だった。だが、お金の問題があった。ディアドリーは懸命に貯蓄していたが、バイアム＝ショーの一年の学費にはまったく足りなかった。そこへモーリス・ド・ソーマレズ校長が救いの手を差し伸べてくれた。

彼の秘書は速記ができなかった。毎日午後四時にオフィスに来て速記をしてくれるなら、学費を免除するというのだ。そして夜学に通って、足りないOレベルの科目を取ることになった。バイアム＝ショーを卒業してからも、速記とタイピングは、彼女が前進するために必要不可欠な技能になった。RSA試験の科目はすべて合格していたが、RCAのカレッジの一つである旧ウィンブルドン・スクール・オブ・アートの学位認定コースに入学するには、Oレベルとしてこれらの科目を取り直す必要があった。

ロイヤル・カレッジ・オブ・アート（RCA）は、いろんな意味で、まさに僕の目を開いてくれた。僕は家具デザインのコースに登録したが、コースを変更したり、他のコースの科目を取ったりすることが可能で、そうするうちに魅力的な人たちと出会い、たくさんのことを学んだ。RCAの考え方はラディカルだった。当時、エンジニアがデザイナーを兼ねるのは、常識に反していた。職業を行ったり来たりするものではない時代だった。デザイナーはコンサルタントのようなものであって、手が汚れるようなことはやらないし、機能より見た目を気にかける人たちだと思われていた。デザイナーは、ものに構造を与え、それがちゃんと動くようにする白衣のエンジニアたちとはまったくかけ離れた存在だった。僕がRCAで過ごした時期を愛おしく思うのは、同校の活気と想像力に満ちた学際的なアプローチだけが理由ではない。ここで研鑽を積むうちに、アートと科学、発明することとものを作ること、考えることと行動することは同一であると悟ったのだ。僕は大胆にも、エンジニアとデザイナーと製造者に同時になることが可能かもしれないという夢を抱いたのだった。

一九五九年に、科学者で小説家のC・P・スノーは、理系と文系の学問の間に不健全な断絶が広がり続けていることについて、「二つの文化と科学革命」と題した有名な講演を行った。スノーは自身の論点を、次のように見事に展開している。


私はよく（伝統文化のレベルから言って）教育の高い人たちの会合に出席したが、彼らは科学者の無学について不信を表明するという趣味嗜好を持っていた。どうにもこらえきれなくなった私は、あなたがたのうち何人が熱力学の第二法則について説明できますか、と尋ねたことがある。反応は冷ややかで、しかも、説明できる人はいなかった。「あなたはシェイクスピアを読んだことがありますか?」というのと同じレベルの質問を科学についてしていたわけだが。（C・P・スノー著、松井巻之助訳『二つの文化と科学革命』みすず書房より）

スノーの見るところ、問題は英国の教育制度にあった。ヴィクトリア朝時代以来、科学は人文学、とりわけギリシャ語およびラテン語教育の影に隠れていた。ドイツと米国の学校が科学とテクノロジーを重視していたのに、イギリス人はこれらの科目、そして産業について、はっきり言わないにせよ、どことなく卑しいもの、そしてどことなく教養がなく、反知性的ですらあるとして見下す傾向があった。C・P・スノーよ、残念ながら、事情は今もあまり変わっていない。それどころか、科学とエンジニアリングは、今日ますます見下されている。

RCAには能ある鷹は爪を隠すタイプの優秀な男女がたくさんいて、知的探求は楽しい上に生産性をもたらしうることを彼らから学んだ。この啓示を最初にもたらしたのは、一年生のときに出会ったデザイン担当のチューターで、まさに歩く百科事典というべきバーナード・マイヤーズだった。彼は、アートと科学とエンジニアリングとデザインをかけ合わせ、融合させ、テクノロジーという価値を生み出すことにとりわけ熱中していた。実際、彼はRCAだけでなく、インペリアル・カレッジ・ロンドンのエンジニアたちにも、インダストリアルデザインとエンジニアリングを教えていた。
バーナードは、とことん真面目な人だった。初めてマンツーマンの個人指導を受けたとき、彼は僕に言った。「何かをデザインするときには、すべてに目的がなければなりません。理由がなければならないのです」。イシゴニスのミニ、ノーマン・フォスターとリチャード・ロジャースが手がけた新しい建築、そして米国の発明家バックミンスター・フラーのラディカルなデザインを思い浮かべ、バーナードは正しいと思った。このとき以来、この教え——技術とエンジニアリングを反映した、実直で目的に適《かな》うデザイン——を僕はあらゆる自分のデザインの基礎としている。

同時に、当時は新しいアート、デザイン、ファッション、色彩、そして音楽が素晴らしい花を咲かせた、まさに何でもありの時代だった。体制に同調しないことが称賛されていた。僕は髪を伸ばし、花柄のシャツとベルボトムのズボンを身に着け始めた。お香とパチョリの香りが立ち込め、色とりどりの洋服があふれるケンジントン・マーケットにぴったりの装いだった。

あの頃、洋服を買う場所といえば、カーナビー・ストリートの「クレプトマニア」であり、一九六〇年代中頃のロンドンで八面六臂の活躍を見せていたアートスクールの卒業生たちが創り出した幻影のような世界の頂点の一つだった。たまたま、彼らの多くはRCA出身で、クリエイティブになれと励まされた若者たちが、アーティストであれ、デザイナーであれ、起業家であれ、あるいはその三つに同時になった者であれ、まばゆい活躍ぶりを見せていた。オリジナルなデザイン、イノベーション、そして起業家精神の融合は、以来僕をずっと魅了し、駆り立ててきたものだ。緊縮財政時代が終わり、新しい繁栄と新しい自由の時代が訪れた一九六〇年代初頭に、デイヴィッド・ホックニー、ファッションデザイナーのオジー・クラーク、映画監督のリドリー・スコットの後輩としてRCAで学べたのは幸運だった。大学ではピンク・フロイドが演奏し、教育は無料で、学生は異議申し立てを表明する一方、海辺のリゾートにはモッズやロッカーが集結していた。第二次世界大戦下で耐乏生活を送った両親の世代とは違っていた。僕たちは新しいチャンスの到来を感じていた。

RCAの同級生ジョン・ウィーレンスはドライパウダーのヘアシャンプーの愛用者で、そのことが後にある製品の開発につながるヒントを与えてくれたのだが、彼はケンジントンのビルの複数階を占めるトミー・ロジャースの店「ミスター・フリーダム」をデザインしていた。ここは、ジェーン・ヒル（RCA出身）のテキスタイル、ジョンがPVC（ポリ塩化ビニール）とフェイクファーで作った偽歯の椅子（フォールス・ティース・チェア）、ジム・オコナー（RCA出身）が手がけてエルトン・ジョンがひいきにしていたワイルドなメンズウエアが買える店だった。下の階には、やはりRCAの学生だったジョージ・ハーディーのポップなグラフィックで内装されたレストラン「ミスター・フィーデム」があった。ハーディーはデザインの道に進み、デザイン・アートグループのヒプノーシスとともにレッド・ツェッペリンやピンク・フロイドのアルバムカバーを手がけた。

キングス・ロードは流行の震源地になっていた。一九六七年には、個性あふれるブティック――「アクエリアス」「バザール」「チェルシー・ガール」「ガルボ」「グラニー・テイクス・ア・

トリップ」「ハング・オン・ユー」「アイ・ワズ・ロード・キッチュナーズ・シング」「ジャスト・ルッキング」「キキ・バーン」「ロード・ジョン」「メイツ・クォラム」「ザ・スクワイア・ショップ」「テイク6《シックス》」「トップ・ギア」「トッパー」——がひしめき、その並びには僕が髪を切ってもらっていたヘアサロン「ジャスト・メン」もあった。RCAの学生たちの興味深い点は、サイケデリックな文化、実験、享楽的な日々を満喫する一方で、テレンス・コンランの「ハビタ」が展開していたムーブメントやル・コルビュジエ、チャールズ・イームズ、そしてジョエ・コロンボのインダストリアルデザインや真面目な家具にも熱中していた点だ。ケンジントンの「ミスター・フリーダム」のデザインを手がける前、ジョン・ウィーレンスは建築家のノーマン・フォスターのもとで働いていた。やはり同じ時期にRCAの学生だったロジャー・ディーンは、非常に空想的な新しい家具をデザインしていたが、今では画家として著名になり、プログレッシブ・ロックのバンド、イエスのアルバムのジャケットの作品が最も知られている。

先輩にあたる卒業生に、デイヴィッド・ホックニーと同時期に学生生活を送り、エロティックな家具をデザインしていたアレン・ジョーンズがいる。RCAは彼への学位授与を拒否した。デイヴィッド・ホックニーとともに、自分たちはアーティストであって文筆家ではないし、そもそも学者たちは絵を描かなくてもいいのだからと主張して、一般教養科目のレポートを提出しなかったためだ。何年も後のことだが、RCAの総長になった僕は、教学委員会に対してジョーンズに名誉博士号を授与するよう求めた。無駄だった。絵画の担当教授は彼の作品をただの「ポップアート」にすぎないとして退けたのだ。その頃、ロイヤル・アカデミーでは彼の大規模な回顧展が開催されていたにもかかわらずである。誤りは正されなかった。

RCAが与えてくれるものは何でも貪欲に飲み込んでいた僕は、同級生たちの活動に魅せられていたし、ベトナム戦争と学生の抗議運動にも深い関心を持っていたが、反乱分子になったことは一度もなかった。家計のためにスタッフや学部学生社交室にワインを供給する商売を手がけ、夜はガソリンスタンドで働いた。路上にはまだ駐車禁止の黄色い線はない時代だったので、車はハイド・パークに駐めていた。ディアドリーと僕をフランスやスペインに連れて行ってくれたオースチン・ヒーレー100/4、スプリット・スクリーンのモーリス・マイナー、それからミニ・ヴァンをここに駐めていた。これらの車を乗り換えるうちに、僕は家具デザインからインテリアデザインにコースを変更したが、当時も今もインテリアデザイン(内装設計)とインテリアデコレーション(室内装飾)は別物だ。インテリアデザインは、もっと建築に近いものである。

当時、RCAの学生たちは、アクリルやPVC、ポリエステルなどの新素材を使った実験的な活動に取り組む傍《かたわ》ら、折り畳んで運べる段ボールの椅子や使い捨て可能な紙製のドレスなども制作していた。そして、あの時代の開放的な気分に乗って、彼らは、そして僕も、RCAの学科を渡り歩いた。アート、デザイン、ファッション、そして建築までもが、一つの連続体と見なされていた。

ケンジントンで過ごしたあの高揚の日々で、僕たち全員が学んだことが一つある。アートとデザインは、独創的で、機能的で、エキサイティングなものを創り出せるし、それは質を妥協することなく新境地を切り開こうとする営みだということだ。また僕は、さまざまな専門職、分野、職種において「経験」として伝承されているものが、おそらく無意識のうちに、時を経るにつれて狭量さに陥りがちであることも学んだ。ダイソン社内では、こうした経験に特別な価値を置かない。経験は、ある状況においてなすべきことや、最も避けるべきことを教えてくれる。「すべきでない」とされることへの興味をそそられているときにも、「なすべきこと」を訴えてくる。画期的な技術を生み出すには未知の世界に足を踏み入れる必要があるが、経験はそんなときに僕たちの足かせになりかねない。

ＲＣＡの話に戻ると、家具デザインからインテリアデザインへのコース変更を後押ししてくれたチューターは、一九五一年の「英国祭」の建築ディレクターとしてその名を高めたサー・ヒュー・カッソンだった。サー・ヒューの黒板に明晰なスケッチを描く能力や、熱心な態度に僕は魅了された。彼は僕に不可能なことなどないと思わせてくれたし、それはまさに彼が一九五一年にサウス・バンクで開催された英国祭でやってのけたことでもあった。彼はラルフ・タブスの「ドーム・オブ・ディスカバリー」、パウエル＆モヤの「スカイロン」のようなフレッシュで大胆な建築物や建築的彫刻をディレクションした。時間も資金も資材も足りず、悪天候に見舞われ、労働ストや総じて敵対的な報道にさらされながら、これらを実現した。片足をエスタブリッシュメントの最高ランクに、もう片足をコンテンポラリー・デザインと建築に置いたサー・ヒューには、人を楽しませ、熱中させる才能があった。街ではミニを、ソレントにあるカントリーホームから来るときは古いロールス・ロイスを運転する彼の姿は、颯爽《さっそう》としていて人目を引いた。

彼のいるインテリアデザイン学科は、建築に深く関わっていた。僕が在学していた頃、ＲＣＡ

には建築学科がなかったが、インテリアデザイン学科の学科長はミーシャ・ブラックだった。ブラックも参画していたデザインリサーチユニットは、ロンドン交通局のすっきりと機能的な新しいヴィクトリア・ラインのデザインコンサルタントを務めていた。ヴィクトリア・ラインはロンドン地下鉄が五五年ぶりに開設する新線だった。一九六八年九月にエリザベス女王の臨席のもと開業したが、落ち着いたグレーのつや消しステンレススチールの美学は、RCAの卒業生たちがカーナビー・ストリートやキングス・ロードで追い求めたものとは正反対だった。

インテリアデザイン学科で僕を指導してくれた教師の一人が、才能あふれる建築構造エンジニアのトニー・ハントだった。当時三〇代だったトニーは、僕にとって他の誰よりもエンジニアリングへの関心を掻き立て、デザイン、エンジニアリング、アート、そして科学を結びつけてくれた人だ。彼は構造の作用や計算方法だけでなく、その美学にも情熱を傾けていた。実際、これらはすべてつながっている。スウィンドンにあるリライアンス・コントロールズ社の斬新な工場兼社屋など、初期のハイテク建築作品においてノーマン・フォスターやリチャード・ロジャースと協働した優秀なイノベーターであるトニーにとっては、構造計算よりもまずコンセプトが重要だった。構造を創り出し、建築をデザインすべく新しいエキサイティングな方法を考え、発明し、それから数学や対数表や計算尺（計算機が発明される前はこれで計算していた）を駆使して計算したが、一九六〇年代以降は、コンピュータを使うようになった。

構造こそ建築である、とトニーは教えてくれた。パリのポンピドゥー・センターやロンドンのロイズ・ビルなど、過去半世紀に造られたモダン建築の不朽の名作も、中世のカテドラルやローマのパンテオンのような古代の建築も、その個性を創り出しているのは被覆材や様式ではなく、建築を支える構造だ。また、僕はバックミンスター・フラーの作品に心底夢中になった。彼の存在は当時ロンドンでホットなニュース——ノーマン・フォスターと協働するため、一九六七年に来英していた——であり、特に彼が考案した「ジオデシックドーム」は、建築と構造が確かに同義であることを示していた。

RCAにおける「バッキー」（バックミンスター・フラーの愛称）の最も熱狂的な支持者の一人が、僕の同級生のアントン・ファーストだった。衝動的だがとてつもなくクリエイティブな才能を備えていた彼は、ニール・ジョーダン監督の「狼の血族」やスタンリー・キューブリック監督の「フルメタル・ジャケット」の撮影セット——ロンドン東部のベックトン・ガス工場跡地にベトナムの地獄を再現してみせた——をデザインし、ティム・バートンの恐ろしく陰鬱な「バットマン」のセットでアカデミー賞を受賞した。アントンのRCA在学中に、精神的に不安定でアルコール依存症を抱えていた彼の父が亡くなった。以来ヴァリウム（精神安定剤）に依存していたアントン自身も、一九九一年にロサンゼルスの駐車場ビルの屋上から飛び降りて自ら命を絶った。

バックミンスター・フラーは、永遠に生きるつもりでいるほどの徹底的な楽観主義者であり、彼の考え方もまた素晴らしかった。彼の目標は建築や住宅、自動車、土地利用や人々の暮らし方をめぐる常識を覆すことだった。フラーは機械の軽量化が求められる航空機産業から多くのインスピレーションを得ていた。「とにかく軽くしよう」はフラーの決まり文句《マントラ》になっていた。この発想が軽やかなジオデシック・ドームを生み出した。これは最小限の表面積で最大の体積を持つ三角グリッド構造の半球で、一九五四年に特許を取得していた。強靭で、風にも——雪にも——耐えるジオデシック・ドームは、軍事基地や極地調査基地、展示会に活用されたが、フラーが望んだように住宅として量産されることはなかった。住宅ローン融資会社を含め、多くの人々が従来型の住宅を好んだのが主因だろう。

トニー・ハントの講義を通してバックミンスター・フラーを知り、構造が可能にするもの、そして純粋構造やデザインエンジニアリングのエキサイティングな可能性に対する僕の目が開かれた。僕には、構造エンジニアリングが建築を左右する未来が見えた。また、プロダクトにおいてもそうで、インダストリアルデザインでも、外側の見た目よりもテクノロジーやエンジニアリングが重要になるだろうと理解していた。

RCAのインテリアデザイン課程で学ぶ僕は、幸運な偶然から、ますますエンジニアリングにのめり込むことになった。ある集会で、僕は演出家のジョーン・リトルウッドに紹介された。当時のクラーケンウェルはファッショナブルとはとてもいえない地区だった。すでに「現代演劇の母」として有名だったジョーンは、シアターワークショップの創立者兼主宰者であり、このワークショップは一九五〇年代初頭から荒れ果てたストラトフォード——有名なストラトフォード＝アポン＝エイヴォン（シェイクスピアの故郷）のほうではなくロンドン東部（下町）のストラトフォードだ——を本拠地にしていた。彼女は自ら演出・出演したブレヒトの「肝っ玉おっ母とその子供たち」のロンドン初演で高い評価を受け、一九六〇年代初頭には「Fings Ain't Wot They Used T' Be」と「素晴らしき戦争」の二つのミュージカルで大衆的な人気と批評家からの評価の両方を勝ち取っていた。

出会った当時、ジョーンはストラトフォードに子供のための劇場を新規に建てたいと考えていた。僕は、フラーの影響を強く受け、アルミチューブで組んだ三角形で球面を構成したマッシュルーム型の構造を持つ建築を考案した。楽しい試みだし、建築許可も取れたが、結局製図板の上で終わり、実現しなかった。しかし、これが縁となってジェレミー・フライと知り合った。他の誰よりも僕を励まし、自分を信じて「とにかくやれ《ジャスト・ドゥ・イット》」と背中を押してくれた発明家兼エンジニアだ。

劇場のデザインは、エンジニアリングのコングロマリットであるヴィッカース社が特許を取得している「トライオデティック構造システム」をベースにしていた。同社のロンドン本社は、ミルバンクのテート・ギャラリーのほど近くにある、スチールとガラスの摩天楼の傑作、ヴィッカーズ・タワーにあった。ロナルド・ウォード・アンド・パートナーズの設計

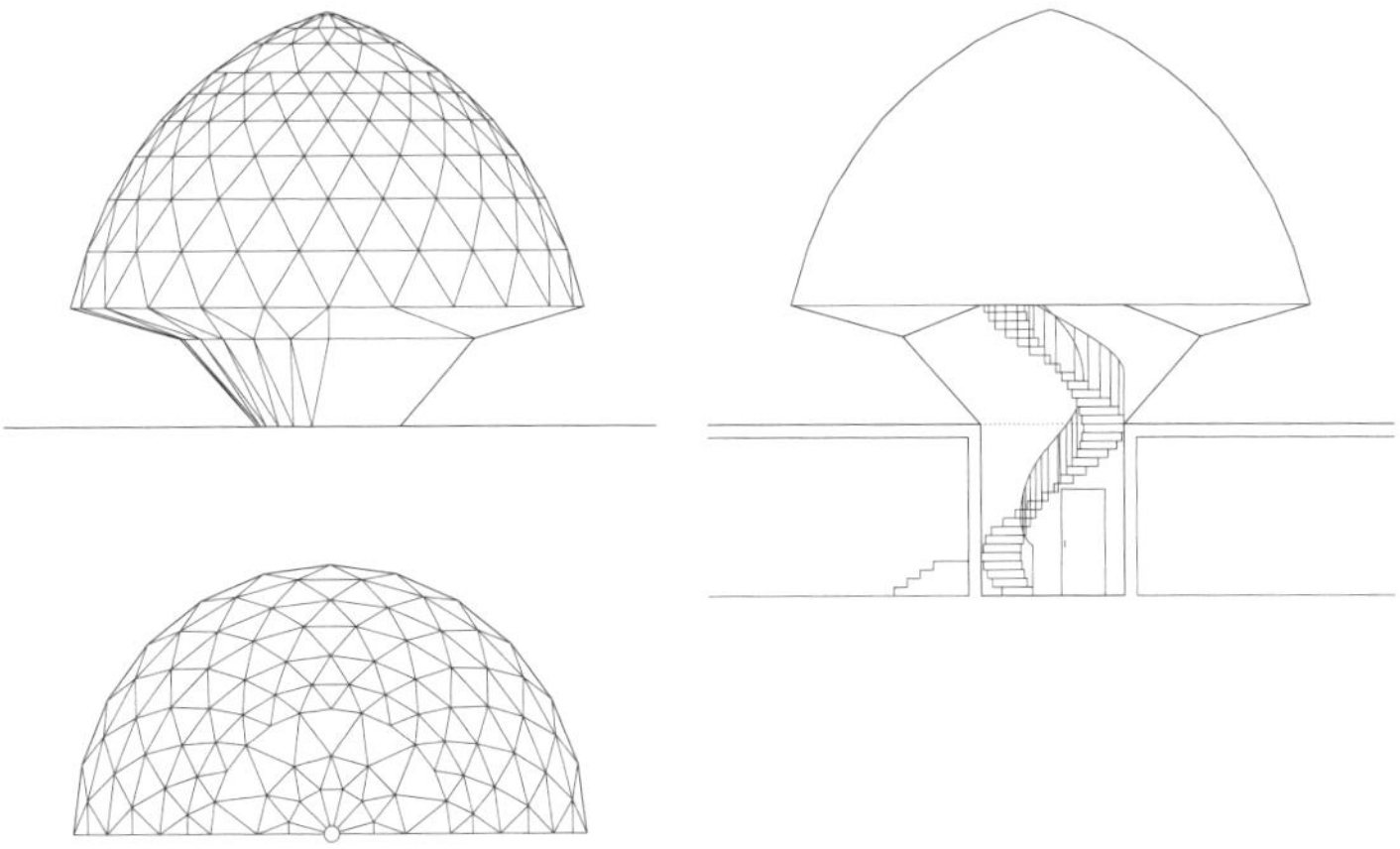

子供のための劇場の初期設計

により一九六三年に開業した高層ビルだ。ここで僕は、トライオデティック構造システムで自社工場の屋根を施工する様子をとらえたモノクロ映像を見せられた。たった一人で新工場のアルミチューブの屋根を滑車で持ち上げている人が映っていた。この人は誰ですか、と僕は尋ねた。ロトルク社のジェレミー・フライだった。

一九六七年、僕は彼の友人を通じてジェレミーとの面会を取り付けた。ヒーレー100／4に劇場の模型を載せ、ウィクーム屋敷に向かった。イングランド南部のバースにある、ジェレミーが所有する初期ジョージアン様式の豪邸だ。カリスマ然とした屋敷の主は、ウィスキーグラスを片手に、劇場建設の資金援助はしないが一緒に他のプロジェクトに取り組むのはどうか、と提案してきた。その一つが、チョーク・ファームにある「ラウンドハウス」のホールと座席をデザインする仕事だった。こけら落としとして、演劇・映画監督のトニー・リチャードソンの演出でニコル・ウィリアムソン主演の「ハムレット」が上演されることになっていた。ジョーン・リトルウッドのために僕が設計したマッシュルーム型劇場の案は実現しそうになかったが、ここで注目作の上演のために円形ホールを設計することになった。

一九六六年にオープンしたラウンドハウスは、元はロンドン・バーミンガム鉄道の機関車庫だった。「大円形機関車庫《ラウンドハウス》」は、竣工当時は最先端の素晴らしくラディカルなデザインで、白いサフォーク産レンガを使い、無駄な装飾の一切ない、非常に機能的な円形構造物の内部には、中央のターンテーブルを取り囲むように二四本の機関車用線路が引き込まれていた。ターンテーブルの周囲に円——正確には多角形——を描くように配置された二四本の鋳鉄柱が円錐屋根を支え、屋根の頂部はガラスの入っていないランタンのごとく蒸気と煙を吐き出していた。設計の合理性とエンジニアリングは非の打ちどころがなかったが、この施設はすぐに使われなくなった。百年以上もの間、単なる倉庫として使用され、記憶に残ることといえば、ギルビー社のジンの倉庫だったことくらいだ。友人で、いつだって楽天的な起業家であるトークィル・ノーマンがこの建物を購入し、パフォーミングアーツの上演会場として見事に改修したのだった。

ジェレミーに依頼された初仕事は、彼の八歳の娘が「イエスのように水上を歩ける一組の浮き具」――つまり水上スキー――を作ることだった。これは普通の人が想像するよりも難しいことだ。というのも、スキーは水の上では開いてしまうからだ。二本の脚には隙間があり、自重による下向きの力は常に両側に分散しようとする。床面であれ水面であれ、しっかり「グリップ」できていなければ、二本の脚が両側に開き、流れてしまう。伸縮性のあるコードでスキーを結ぶことで、僕はこの問題を解決した。

次のプロジェクトは、自転車の後輪のスポークにパドルをつけた、円形の足漕ぎボートを作ることだった。僕は前輪を外し、代わりに舵をつけた。船体をバルサ材で作り、底の面にはディアドリーが華やかな色彩で亀《タートル》の絵を描いた。サントロペのパンペロンヌ・ビーチで試走すると、見事に亀のようにひっくり返った《ターン・タートル》。何度もだ。一九六八年当時、パンペロンヌ・ビーチは華やかな場所だったが、カフェが一つあるきりで、屋根のあるところはほとんどなかった。そこで、屋根を作った。グロスターシャーで合板の箱を真っ二つにカットし、ディアドリーと僕でプロヴァンスまで車で運び、現場でボルトで留めて屋根にした。

ある晩、ジェレミーが僕に、彼が発案した上陸用高速艇、またの名を「シートラック（Sea Truck）」の設計をしてみたくはないか、と聞いてきた。泡を立てながら水の上を滑るように進む船だ。僕たちはこれを「空気で滑る船体」と呼んでいた。ジェレミーは合板製のシートラックをすでに数隻作っていたが、腐ったり虫に食われたりしていた。ジェレミーは船体にもっと適した素材であるグラスファイバーを使ったバージョンを作りたいと思っていた。問題は、シートラックのように船殻《ハル》が大きく平底の場合には、しなやかで割れにくい合板のほうが適した素材だということだった。普通の船は、カーブの多い卵のような形をしていて、この形が強さを生み出すし、その場合はグラスファイバーがうってつけの素材だった。実際、概念としては卵の殻と似ていなくもない。問題は、予想される高速航行に必要な軽量さを確保しつつ、シートラックの大きな平底の形に対して必要となるねじれ剛性を与えることだった。この問題は、船殻とデッキの間に十字形の軽量シャシーを加えることで解決した。

ジェレミーは、グラスファイバー製のシートラックを設計し、プロトタイプを作り、販売しないか、と僕に聞いてきた。アートスクールの学生で卒業はまだ二年先の僕に、ロトルクのような成功したエンジニアリング企業が新設する船舶部門を率いる仕事をオファーしたのである。僕はこのチャンスに飛びついた。しかし、ジェレミーは学位はちゃんと取得すべきだと強く主張し、僕はＲＣＡでの三年次のプロジェクトとしてシートラックのエンジニアリング設計に取り組むことになった。建築とインテリアデザインを勉強しているはずの学生にしては、おそらく風変わりなプロジェクトだったはずだ。

しかし、いつだって頭の柔軟なサー・ヒュー・カッソンは、シートラックの設計を完成させるために必要なプロセスを許可し、さらにシートラックのプロトタイプを建造中だった最終学年次には、ジェレミーの別のプロジェクトに取り組むことも概ね快く受け入れてくれた。新プロジェクトは「ホイールボート」の開発だった。プロペラではなくドラムのような車輪で推進力と浮力を生み出す水陸両用船で、クリストファー・コッカレルが発明したホバークラフトとは似て非なるものだった。

アイデアの出発点は、シートラックを含め、船は水の上で使えるが、陸地は走れないことだった。つまり、船は水、特に塩水による継続的腐食によって損傷を受けやすいものである。しかし、普段は陸用で必要なときだけ水に入る船なら、腐食する可能性は限られるどころか、なくなりさえする。既存の水陸両用車がすぐに頭に浮かんだが、性能がいまいちだったし、今もそうだ。陸上でも水上でも遅い。

一方で、海上における推進力は、外輪船が最も有力だ。流れが穏やかな日なら、外輪船は効率性においてプロペラ船を上回る。しかし、外輪を速く回せないところでは速度に問題が生じたし、荒海ではパドル車輪が水面上に出てしまうため推進力を失う。ジェレミーは、車輪付きで水に浮かび、その車輪で進むもの、例えば巨大車輪付きジープみたいなものでうまくいかないだろうかと考えていた。それが出発点になった。本来なら建築設計に取り組むところだが、僕はこれを最終年度のプロジェクトにした。魅力あふれるサー・ヒュー・カッソンは、もちろん寛大に受け入れ、励ましてくれた。

ジェレミーと僕は、車高の高いジープタイプのボディにサスペンションアームで大きな車輪を四つ取りつけ、車輪に組み込んだパドルが浮力と推進力を生む、というイメージを持っていた。最初の仕事は浮力を出すのに必要な車輪のサイズを考えること、次は縮尺模型を使ってこの車輪で推進力を生む方法を開発することだった。テスト用タンクはウィクーム屋敷の庭の「池」を使った。実際、池というより小さな湖のような場所だ。僕はエンジンの重さ、推進システム、車体と車重を踏まえて浮力を計算し、車輪は約三メートルにする必要があることを突きとめた。次に、テスト用の縮尺模型を組み立てた。

三脚《トライポッド》のテスト装置を作り、足元は湖底に設置した。トライポッドの中央に回転するブーム式アームをつけ、アームの片側の端には車輪を、反対側の端には駆動モーターを取り付けた。駆動モーターと車輪を駆動軸でつなぎ、ブーム式アームが駆動軸と駆動モーターを支えた。モーターはブリッグス・アンド・ストラットンの芝刈り機のエンジンから駆動軸につなぐVベルトを外して使った。車輪は側面を船体用合板で、水が当たる外周部はプラスチックで作った。パドルは車輪の外周部にスクリューで留めた。

湖底になんとかスチール製の三脚を設置し、石を重りにした。来る日も来る日も、エンジンにガソリンを満タンにし、その日のテスト用にパドルの形を直し、ブーム式アームを取り出して小さなプラスチックのボートにつけた。しかし、ボートを岸に戻し係留するには漕ぐしかなかった。そうしないと、ブーム式アームは三脚のまわりを回り続けてしまうからだ。そのため、モーターを引っ張ってスタートするには三脚まで泳いで戻り、ストップウォッチでテストを行うことになった。回転するブーム式アームの向こうにある三脚のまわりには慎重に近づかなければならなかった。そうしないと、アームに殴られてしまう。幸い四月だったので、水中テストを始めるのに寒すぎはしなかった。

木箱に入れた車輪に重さを変えて荷重をかけ、パドルの厚さや幅、羽根の数もさまざまに変えてテストを行い、モーターのスピードとパワーを一定にした状態で得られるスピードを見極めた。この段階で、パドルは放射状につけていたが、開発を続けて一三年後には大きく変わることになった。この結果は、第一に、違う科目を専攻した僕が大学院の学位を得るほどに、第二に、僕たちが一九八三年にこのプロジェクトを復活させるほどに、充分興味深いものだった。

一九六九年にＲＣＡを卒業すると、同級生たちはデザイナーの道を歩み始めた。才能にあふれるヨットデザイナーのジョン・バネンバーグがエキサイティングなデザイン職をオファーしてくれたが、僕には別の考えがあった。ＲＣＡでシートラックのエンジニアリングを設計したのだから、卒業したらこれを作って売るつもりだった。

第 3 章

Sea Truck

シートラック

シートラックの開発と販売という任務をジェレミー・フライが僕に任せてくれたことは、今でも驚くべきことに思える。デザイナー兼エンジニアとしての僕にどれほどの知識と実力があっただろうか？　ジェレミーは、いちいち言葉にしなくても、毎日が学びであることを教えてくれた。実際、僕自身の学びは、ジェレミーやロイヤル・カレッジ・オブ・アート（ＲＣＡ）の寛大なヒュー・カッソンのようなメンターたち、そして偶然がもたらす幸運《セレンディピティ》に負うところが大きかった。二〇代後半で独立し、デュアルサイクロン掃除機の開発に成功するまで、ものすごくたくさんのことを独学しなければならなかった。実家にいた頃は模型飛行機などのものづくりが大好きだったのだから、学校や大学で科学やエンジニアリングを専攻していれば、もっと早く成功できたのではないかと思われるかもしれない。しかし、よい学校に通い、科学やエンジニアリングや数学や技術では優秀な成績を収めたものの、家系からすれば僕は文系の学問、もちろん古典学や教育に向いているはずだった。僕がエンジニアリングに向いているとは誰も思っていなかった。

ＲＣＡでの最終日、僕は開通したばかりの高速道路Ｍ４を通ってロンドンからバースへ向かっていた。仕事を始めるときがやってきた。僕はロトルク海洋事業部のゼネラルマネージャーであり、二五〇〇ポンドの給料をもらい、モーリス１１００を社用車として与えられ、シートラックを製造・販売するのが仕事だった。ものづくりについては知っていたが、販売については無知だという自覚があった。しかし、ジェレミー・フライに上手におだてられ、自分がこの仕事に最適任の若者だと信じていた。「君はシートラックのことならナットやボルト一本一本にいたるまで知り尽くしている。君があれを作ったんだ。販売するのも君が最適だ」。続く五年間で、このときが最良のときだった。

当時の僕といえば「ジャスト・メン」の花柄シャツ、フレアのズボン、パープルのレインコートでめかし込んだ若造だったが、上陸用高速艇を作り、陸軍准将や経験豊富な建設会社の幹部《エグゼクティブ》や百戦錬磨の石油会社のマネージャー相手に売っていた。デザインではなく製造や販売の仕事をしてたのか、と言う人もいるだろう。自分でもそう思った。何しろ、デザイナーになるための勉強に五年も費やしていたのだし。だが、製造の試練や販売の手応えを身をもって経験すれば、デザイナーの仕事にも役立つはずというのが僕の持論だった。

しかし、もっと大事なことがあった。RCA時代の後半に、本当にやりたいのは製造業《ものづくり》だという決意が固まったのだ。僕は新しいもの——見た目は変わっているかもしれないもの——を創りたかった。売れるとわかっているから作るのではないものだ。独創的でまったく新しい製品をデザインして作って売ることこそ究極の挑戦である、と僕は考える。これを実現するためには、しっかり教育を受けただけではだめで、単なるデザイナーやエンジニアを超える何者かになる必要がある。僕が模範とする本田宗一郎やアンドレ・シトロエン、そしてソニーのウォークマンを生み出した盛田昭夫のように、プロセス全体をコントロールする必要がある。

ロトルク海洋事業部に就職して「ゼネラルマネージャー」という肩書で働くという当時の僕の決断は、RCAの学位を無駄にし、デザイン界での輝ける未来の可能性を投げ捨てる道に見えたかもしれない。しかし、デザイナーたちが製造業者やクライアントの言うがままにデザインする姿を目の当たりにしていたし、それには何の魅力も感じなかった。むしろ意気揚々と、テクノロジーを開発し、製品のエンジニアリングとデザインを手がけ、製品にして販売する人になるぞと決意していた。

天才的なメンターであるジェレミーを相手に、アンドレ・シトロエンといった二人の共通のヒーローたちが革命的な新製品をどうやってデザインし成功させたのかを語り合えたのは、なんと幸運なことだったろう。成功するにはデザインが非常に重要だ、とも語り合った。アレック・イシゴニスの革命的なミニ・クーパーもそうだ。イシゴニスがデザインし、ラリーに勝ってカルト的な人気を集めたミニは、さりげないスタイルでありながらタイムレスな魅力を備えていた。自分なりのやり方でイシゴニスやシトロエンのようなデザイナー兼エンジニアになりたいという燃えるような野望が湧いてきて、ジェレミーに向かって、ここで五年働いたら独立するんだと宣言するほどだった。

とはいえ、英国では、製造業が見下されており、おそらく販売業《セールス》はさらに下の商売とされていることも充分認識していた。片や節くれだった手で「金属を叩き」、「油まみれ」になる世界、片や洒落《しゃれ》たスーツに身を包んでフォード・コーティナを乗り回し、口八丁で世渡りする世界。どちらもミドルクラスの大卒なら小馬鹿にして避ける下流の世界だった。ものづくりは汚くて、ものを売るのは下品な行為だという考え方は、僕が働き始めた一九七〇年代初頭の英国経済の誤りを明白に示していた。

ある意味では、事情は今もほとんど変わっていない。ダイソンを含め、さまざまな企業が国外で生産するのはなぜかと問われれば、答えは複雑になるが、要約すれば、製造業が奨励される国はドイツからシンガポールまで世界中にたくさんあるという事実に尽きる。こうした国々では、製造業は重要でエキサイティングなものだと見なされているのだから、なおさらである。何年も後になり、僕がダイソンの生産拠点をマレーシアに移し、最終的に本社機能をシンガポールに移したのには複数の理由があるが、現地の政府や起業家が示すものづくりへの真摯な熱意は、ものづくりの現場や製造業を見下す英国流の態度とは正反対に、素晴らしいものだ。

どれほど独創的でエキサイティングな発明であっても、エンジニアリングやデザインを通してニーズを刺激しそれを満たし、売れる製品という形になるまでは、概ね無用の長物である。魅力的で、謎めいていて、実用性がなくて、実現不可能なぶっとんだ発想やデザインは、眺めている分には素敵かもしれないが、ボールペンからハリアー・ジャンプ・ジェット戦闘機にいたるまで、最も価値があり、世界を変える発明は、製造販売のプロセスがあればこそ成功した。

僕はたまたま、ものづくりの現場や生産ラインがロマンあふれる場所に見えるたちである。本当にエキサイティングな場所だと思う。チッペナムに掃除機の製造拠点を開業したとき、僕は二週間にわたって生産ラインで働いた。プロセスを理解し、技術的合理性をチェックしたかっただけでなく、楽しかったからだ。僕はものづくりが好きだし、よき製造業者になるには、そうあらねばならない。

しかし、共産主義者が労働者代表になって我が物顔に振る舞い、経営者は精彩を欠き、ものづくりの質が劣化していた一九七〇年代の英国では、製造業の主流にはエキサイティングな場所は見当たらなかった。第二次世界大戦中、生死のかかったプレッシャーのもとで独創的な機械や製品の優れた製造能力を発揮した英国が、どうしたことか、平時になるとものづくりへの関心を失ってしまった。おそらく、戦前に逆戻りしてしまっていたのである。凡庸な製品でも大英帝国の領土内ではたやすく売れるため、イノベーションを起こすインセンティブのなかった、あの時代に。世界の四分の一を覆う領土は、専属市場だったからだ。

海外領土が減少すると、当然ながらイノベーションと高品質な製造業が重要になったが、そんなものは国内にはほとんど残っていなかった。なぜなのか？　一つの理由として考えられるのは、産業革命第一世代の実業家たちのほとんどは職人やローワー、もしくはローワーミドル階級出身だったが、富裕層になるとその息子たちは紳士《ジェントリー》階級になることを目指したことだ。大物実業家の子息たちはパブリックスクールに送り込まれ、古典文化にどっぷり浸かり、狩猟、魚釣り、射撃を学ぶと、ものを作る人から地主への階級上昇を可能にしてくれた世界そのものを見下す態度を身につけてしまった。

政治、軍隊、法律、英国国教会、アートに関する仕事、そして何より、できるだけ努力せずに金で金を稼ぐ仕事がよしとされた。当然ながら、手仕事のものづくりはもちろん、工場で機械を使って作るものづくりは極めて悪い仕事とされた。記録破りの蒸気機関車「フライング・スコッツマン」や「マラード」の開発者として名高いサー・ナイジェル・グレズリーは、パブリックスクール出身で役員職を務める傍ら創意工夫の才で大きな成功を収めたエンジニアだが、一九七〇年代にバラバラに壊れなかった英国車と同じくらい珍しい存在だ。若きグレズリーがケンブリッジ大学で科学の学位を目指すのではなく、ロンドン＆ノース・ウェスタン鉄道のクルー工場で見習い修業すると決意したときの、マールボロ・カレッジの同級生や教師たちの反応を想像してみるといい。僕が学生だった頃、成績が伸びないときに教師たちが言う最悪の言葉の一つ、そして何人かの教師が実際僕に向かって放った言葉が、「そんなふうだと工場で働くしかなくなるぞ」だった。成績が振るわない少年は製図描きをやるしかない。そういう文化だった。

だが、セルフレベリング・ハイドロニューマティック・サスペンションの発明者、ポール・マジェスの物語を思い起こしてほしい。革命的な一九五五年型シトロエンDSの設計とエンジニアリングの中心になったシステムだ。第二次世界大戦中、ナチス占領下のフランスで、シトロエン社内で秘密裏に進められたマジェスの発明は、航空機用のオレオ緩衝支柱（一九六〇年に米国で特許取得）とガス入りショックアブソーバーの開発につながった。どちらの発明も僕たちの生活を以前より安全で快適なものにし、今では当たり前の存在になっている。

一九二五年、一七歳のマジェスは下っ端の助手《ジュニア・アシスタント》としてシトロエンに入社した。努力を続け、一二年後には製図担当になった。このスキルと探究心が、人々の生活とシトロエンの売上を改善したあの新しいサスペンション技術に彼を導いたのだった。DSの生産は二〇年にわたって継続され、生産開始から一五年目の一九七〇年にはピークに達した。一九七〇年に発売されたシトロエンSMの速度感応型ステアリングも発明したポール・マジェスは「能なし」とはほど遠い人物だ。

それでも、マジェスはシトロエンのパリ工場で働き続けた。由緒ある工場だが、一九七〇年には快適さと清潔さにおいてすっかり時代遅れになっていた。しかし、オレオ緩衝支柱どころか、マネー以外何も作り出せない仕事ほど、情けなくて汚い仕事があるだろうか？　社会的評価を維持すること以外、努力なんてほとんどいらない仕事なのだからなおさらだ。英国は数百年にわたって略奪者、侵略者、海賊、山師、そして危険な賭けに出る冒険者をよしとする国だった。英国では詩でも歌でも映画でも、ロマンティックな歴史観においても、手っ取り早い金儲けを称賛してきた歴史がある一方で、時間がかかり、難しくて、身体が汚れるものづくりのビジネスは、今日でも馬鹿にされ、恥ずかしいものとされたままである。

二〇一二年のロンドン五輪開会式は英国民から大好評を得たし、産業革命期の労働集約型の「悪魔《サタン》の工場」から、五輪開会式に象徴される派手でピカピカにクリーンで新しい二一世紀型「クリエイティブ産業」にいたるまでの、英国の製造業の精神《エトス》を概観する紹介が含まれていた。英国人はこういうことが上手だし、称賛すべきことではあるが、他の大事なこと、例えば製造業などを犠牲にしてまでやるべきことではない。こういう独りよがりの仕事が、産業――エンジニアリングやものづくり――はクリエイティブではないという考えを助長してしまうのだ。それに、産業革命こそ、何百万人もの人々を隷属的身分から解放して家を与え、後の世代のための富を創り出したのだ。英国の産業力こそが二つの世界大戦の脅威を撃退する技術と装備を創り出してくれたのだから、誇りと安堵を感じるべきである。

実に皮肉なことだが、多くの人が訪れるBMWのミュンヘン工場は同市のオリンピック公園の隣にある。市の中心から一五分ほど、ウィーンの建築設計事務所コープ・ヒンメルブラウが設計した極めて独創的な展示場兼納車場「BMWヴェルト」には、人々がドイツ全土から新車を受け取りにやってくる。二〇〇七年に開業したとき、大聖堂にするのと同じようにミュンヘン大司教が祝福した壮麗なセレモニーは、海外の記者たちの度肝を抜いた。それに、ドイツの大企業では、製造主任エンジニア――プロフェッサーで博士号を持つエンジニア氏――に紹介されることも珍しくない。

例えば、かのエネルギッシュな「ニュー・レイバー（新しい労働党）」のトニー・ブレアが一九九七年の首相就任直後から「クリエイティブ産業」なる言葉を口にし始めたのを僕は覚えている。出版、広告、建築、デザインといったビジネスや職業に言及する一方、製造業はどうやらクリエイティブではないということのようだった。ところで、高く評価されているそれらの職業やビジネスは「産業」ではない。製造業はリアルな製品を日々生み出している。これこそ創造的《クリエイティブ》産業というものだ。

おそらく、製造業へのこの関心のなさは、ニュースがすばやく広まるのに比べて、ものづくりは極めてスローだという事実と関係している。ダイソンの新製品の多くは発売までに五年ほどかかるが、これはジャーナリズム、あるいは銀行業や証券業からすればとても長い時間だ。同様に、製造業には社会的地位のある専門職がない。英国土木技師学会および英国機械技術者協会が国会議事堂から徒歩数分の場所にヴィクトリア朝様式の本部を構えているのは偶然ではない。製造業者にはこうした団体も、国会近くに構える立派な建物もない。代表団体がないから、各社がバラバラに闘うしかない。英国、そして他の多くの国の指導者層も、ずいぶん前から製造業にほとんど関心を持っていない。例えば、産業界やエンジニアリングの世界出身の閣僚や議員はめったにいない。

製造業が長年見下されてきたならば、販売業が論外の職業としてさらに見下されてきたのは間違いない。銀行業をはじめ、どうやら立派だとされている金融サービス業も概ね販売業であるにもかかわらず、そうなのだ。しかし、販売と製造は、いわば車の両輪のようなものである。中古車や密輸品の腕時計を売るあやしい商売ばかりが販売業ではない。製品が勝手に倉庫の棚から歩き出して人の家に納まるわけではない。それに、類を見ない新しい製品なら、それを説明するための販売の技《アート》が必要になる。その商品は何なのか。どうやって動くのか。なぜ必要で、欲しくなるのか？

僕はモーリス・マイナーのほうがずっといい車だと思っているが、フォルクスワーゲン（VW）・ビートルの米国市場での販売戦略は非常に賢明だったと思う。フェルディナンド・ポルシェがアドルフ・ヒトラーのために開発したこの奇妙な車が小さくて風変わりで――米国人の目には――不格好に見えるという事実を、広告代理店のドイル・デーン・バーンバック（DDB）はうまく逆手に取って活用した。米国車の多くが大きさと速さを競い、さらに生意気さを増していた時代に、一九五五年から打ち出された「Think Small（小さく考えろ）」や「Lemon（不良品）」というキャッチコピーの新聞広告は効果的だった。一九四九年、VWの米国市場における初年度販売台数はわずか二台だった。だがDDBの記憶に残る広告キャンペーンが始まると、販売台数が急増した。一九七〇年にはのべ五七万台に達し、DDBの売上は一〇倍になった。

米国人と異なり、英国人はセールスマンや売り込みの技をむしろ軽蔑する。残念なことだ。セールスは高貴にしてエキサイティングな仕事にもなりうる。製品を買わせたいなら、相手にプレッシャーをかけてはダメで、いろんな質問をしながらその人が何の仕事をし、どうやって仕事をし、新製品に何を望むかを探り出すことだ、とジェレミー・フライは僕に教えてくれた。同じく、自分が欲しいものを正確にわかっている人はまずいないし、あるいはわかっているとしてもその時点で知っているもの、入手できるもの、実現可能性があるものから選んでいるにすぎない、ということを僕は学んだ。米国の農民に未来の移動手段として何が欲しいかと聞けば、「もっと速い馬」と答えるだろう、というヘンリー・フォードの言葉は有名だ。新しい可能性や新しい概念、新しい製品は人に見せて、できる限りわかりやすくそれを説明する必要がある。ダイソンの広告は、マーケティング的な仕掛けや粋なキャッチコピーを使わず、僕たちの製品がどのようなエンジニアリングによって作られ、どんなふうに動くのかを伝えることにフォーカスしている。

製造業はそれ自体が非常にクリエイティブだ。普通とは違う思いつきや発明から、人に売るに足る信頼性と価値のある製品を生み出す。ジェレミー・フライは、ものごとの新しいやり方を考えるのが大好きだった。そうやって、ロトルクの事業を軌道に乗せ、一九六八年に海洋事業部を立ち上げた。チョコレート製造会社を営むフライ家に生まれたジェレミーは、一九五〇年代初頭に兄弟のデイヴィッドとともに英国の小さなエンジニアリング会社ロトルクを購入し、なけなしの相続財産を注ぎ込んだ。ロトルクはすぐにモーター式バルブアクチュエーターの生産を始めた。ジェレミーが石油会社のパイプライン用に設計し、特許を取った製品だ。オートメーションを実現する素晴らしいアイデアは、石油会社――シェル、BP、エッソが大口顧客だった――の心をつかみ、一九六二年にはフランスの新しいウラン濃縮工場向けに一〇〇〇個の密封型防水・防爆アクチュエーターの注文を受けた。

半世紀前、ロトルク勤務時代に見聞きしたジェレミーの言動を、いまだに僕もそっくりそのままダイソンで言ったり実践したりしているのに気づくことがある。彼には、発明家、エンジニア、そして起業家として、仲間にするなら未経験者の若者を選ぶのが正しいという信念があった。そうすれば好奇心旺盛で偏見のないオープンな心を持った者たちを雇えるからだ――もちろん、髭を誇らしげに蓄えたり、パイプをくゆらせたりしている者以外である。髭は時代遅れで、ジョージ五世やロシア皇帝ニコライ二世の時代を懐かしむようなものだというのが彼の考えだった。いずれにせよ、一九六〇年代と七〇年代はジレットの時代であり、男性もグルーミングする時代だった。髭は不衛生だと広く考えられていたし、パイプをくゆらせるのは気取り屋のしるしだとジェレミーは信じていた。パイプは絶滅して久しいが、「デザイナー風」の無精髭はずいぶん増えている。おそらくジェレミーなら、時代に合わせて考えを変えたことだろうと思う。

何よりも、彼は熱意の力を信じていた。インテリジェントな新製品を売り込むときも、滑らかなセールストークを入念に用意したりはしなかった。彼はカリスマと魅力を兼ね備えていたのに加え、見込み客相手にエンジニアリングの話をするのを楽しんでいたし、だからこそ誰にも負けない熱意が相手に伝わるのだった。直感力に優れた発明家でありエンジニアでもあったジェレミーは、常に「ベターな方法」を探していた。従業員と向かい合い、新しいアイデアについて語った。メモに書いてよこすことはなかった。チャンスがあると見れば、問題を度外視した。彼は生まれながらの教師だった。溶接の方法がわからないと僕が言うと、自らガス溶接トーチに火をつけて、わずか一〇分ほどで基本を仕込んでくれた。頭の回転の速い人だったし、自分が雇った人たちにも同じことを期待した。

改良点を知りたいなら、いや改良したいなら、顧客の声に耳を傾ける必要がある、と彼は説いた。だからといって、ダイソンは顧客が求めるものを尋ねて回り、そのとおりに作っているわけではない。その手のフォーカスグループ（マーケティングリサーチで行う定性調査の一種）主導のデザインはごく短期的にはうまくいくかもしれないが、長続きしない。ミニが発売される直前、BMC（ブリティッシュ・モーター・コーポレーション）もフォーカスグループに意見を諮《はか》ったが、車輪の小さい、ちっぽけな車を欲しがる人は一人もいなかった。だから生産ラインを一本に減らした。しかし、路上を走るミニを見て、人々は熱狂した。BMCは一度も需要に追いつけず、相当の利益を逃したのだった。

また、ジェレミーの比類ないセンスのよさも、間違いなく特別で重要だったと僕は思う。ジェレミーが率いるロトルクの本社は、ウィクーム屋敷にあった。第一級指定建造物のジョージアン様式の邸宅で、一九五四年に彼が結婚したときに購入したものだ。彼は伝統と実験的精神を絶妙にかけ合わせ、寝室に浴室を設《しつら》え、書斎の床を革張りに、壁を銅板張りにした。マーガレット王女とスノードン伯爵は彼の親しい友人で、二人はしばしばこの家に滞在した。ウィクーム屋敷での生活は魅惑にあふれていて、タブロイド風にいえば、少々際どいところもあった。これはジェレミーの私生活で僕の知らない側面だったが、それでも彼の友人には尊敬できる人もいたし、親しくなった人もいた。例えばダイソンの非業務執行取締役になったアンディ・ガーネットや作家のポリー・デヴリン、生涯の友となったオペラ監督のロバート・カーセンがそうだ。

ジェレミーは役員室でのデスクワークや、上流社会の人々との社交より、機械工場でものづくりに勤《いそ》しむほうが楽しいという人だった。彼は若い人、あるいは学びたいという熱意のある人には誰彼なく興味を抱いた。うぬぼれの強い気取り屋や専門家を徹底的に嫌っていた。彼らは一つのテーマについて何もかも知っているかのように振る舞うが、本当に独創的な人なら常にもっと深く問うべきことや新しい発見があるはずだと直感的に理解しているものだ、と考えていた。

シートラックはジェレミーのデザインだが、これについて初めて話したとき、彼はRCAの二年生だった僕に向かって「この船は僕のものだ。木のボートなんて誰も欲しがらない。グラスファイバーで作ってみたいとは思わないか？」と言ったのだった。僕はやります、と言い、ほとんど何も知らず、方法もわからなかったけれど、やった。ところで、ファイバーグラス製シートラックの何が特別だったのか？　軽くて、頑丈で、速かった。それに、平底でサイドスケグがついていた。スケグは、船体の全部から後部まで伸びる、深さ約五〇ミリのソリのような部品だ。ボートが陸に上がるときには滑台《スキッド》になるし、もっと重要なのは、ボートの下の泡を捕捉するので、時速一二マイル以上になると水の摩擦抵抗が劇的に減るし、時速四五マイルになると水面を滑走するので、従来型の船体よりも動力が少なくてすむ。シートラックは滑走状態に入ってしまえばエンジン出力を落とせる唯一の船だったし、それは発生させた空気泡を効果的に活用している証拠でもあった。平底だから、喫水の浅いところも通り抜けられたし、浜にそのまま上がることもできた。栈橋や埠頭は不要だ。

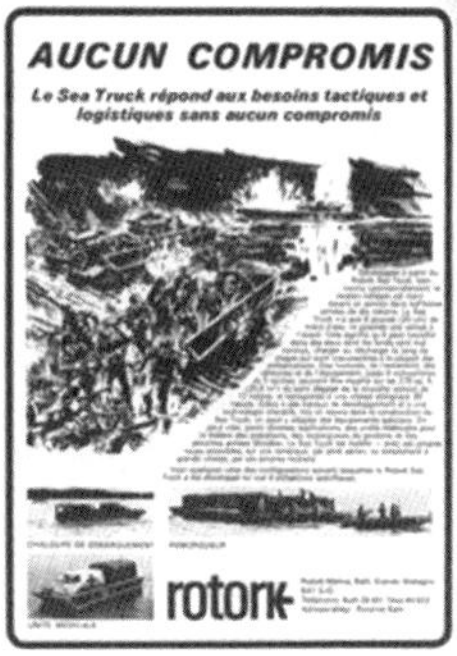

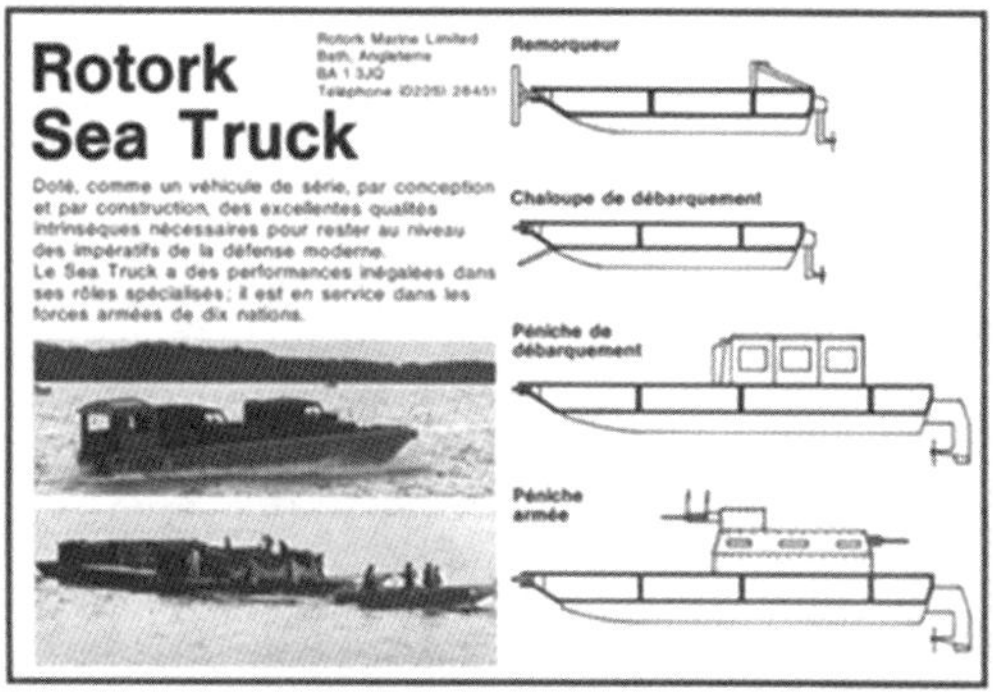

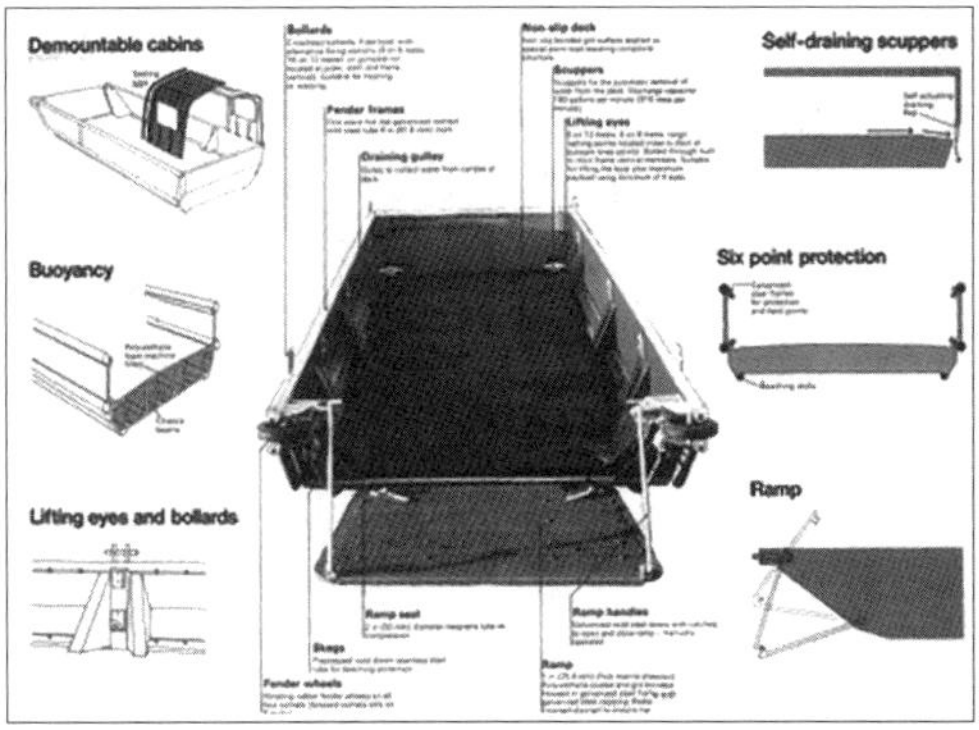

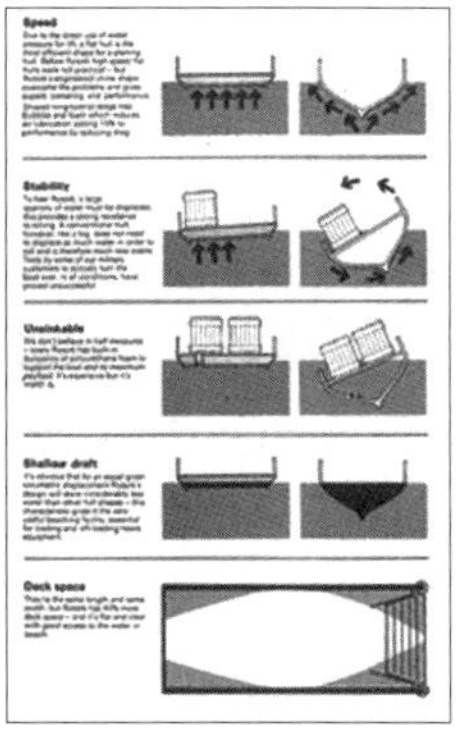

シートラックの印刷広告

ローコストのモジュール式作業船――基本の船にキャビンなどのアクセサリーを追加できる――であるシートラックは、キールなしでも安定していたし、浅水域も安全に航行できた。ルートマスター・バス（ロンドン市内を走る二階建てバス）よりも少し短くて幅広なサイズで、ミニ二台、またはランドローバー二台に加え、――経験から学んだのだが――工具やケーブルから銃や弾薬まで山ほどの装備を運ぶことができた。最初は無甲板船が毎月一艇のペースで売れた。

一九七四年には、キャビン付きシートラックを年間二〇〇艇製造し、クライアントは四〇カ国に広がっていた。変更・調整可能な発明だからこそ、常によりよいシートラックを作って売ることができたように思われた。シートラックという冒険を通して、僕は――陸上でも、そして今回は水上でも――販売と製造が表裏一体であることを学んだのだった。

僕は世界中を旅し、行く先々で代理店を指定した。ノルウェーでは海底電話ケーブル敷設工事のためのシートラックを販売したし、海外の多数の陸軍、海軍にも売ったたし、旅客フェリー用のシートラックも売った。エジプトの特別ボート大隊は、目立たないシートラック――銃で撃つのが難しい船だ――を大変ありがたがり、第四次中東戦争（ヨム・キプール戦争）でシナイを急襲するのに活用した。僕はイスラエルにもシートラックを販売した。船首翼を数秒で下げられるため、上陸と同時に奇襲部隊が全速力で飛び出すことができた。王立海軍は装甲船にできるならシートラックを買いたいと言ったが、そうなると重量がかさみ、密かにすばやく動けるという長所が失われる。それでも、貯蔵品や人員の運搬や魚雷回収を任務とするシートラックについては、王立海軍の必要条件を満たして納品した。

僕たちはロンドン消防隊のために、消防ポンプと付属機器を完備した緊急対応船用シートラック一艇を建造した。これは河川警察よりもスピーディにテムズ川を往来できた。ある程度の重量までのシートラックは、浅水域での操作性が高く、曳航力《えいこう》もある。引くだけでなく、押す力も優れている。陸軍向けのデモでは、四五トンの橋の部品を押す力が証明済みだった。また、南フロリダ大学には海洋調査用に一艇販売したし、南アフリカへは生態系を破壊するホテイアオイの駆除用に一艇販売した。英王室のヨット「ブリタニア号」は、ランプにレッドカーペットを巻きつけたロイヤルブルーのシートラックを購入した。西太平洋のギルバートおよびエリス諸島など、コモンウェルスの遠隔地の訪問で女王がこれを使用した。

シートラックが最大の活躍を見せたのは、一九七〇年一一月にベンガル湾全域を襲ったボーラ・サイクロンの直後に、数カ月間にわたって東パキスタンの大部分を混乱に陥れた悲惨な洪水のときだった。ボーラによる死者は約五〇万人に上ると言われている。災害対応の失敗により西パキスタン政府は幅広い批判に晒され、バングラデシュ独立戦争に至った。バングラデシュ人民共和国独立への途上において、東パキスタンは西パキスタン軍による残虐行為にひどく苦しめられた。洪水、飢餓、あふれかえる難民たち、そして戦慄するほかない状況に対し、欧米では救援募金イベントがいくつも行われた――ジョージ・ハリスンがニューヨークのマディソン・スクエア・ガーデンで開催した「バングラデシュのためのコンサート」が最も有名だ。ロトルクもバングラデシュに一〇〇艇のシートラックを送り込んだ。ジェレミー・フライは数カ月間現地にとどまってサービス拠点を管理し、供給品の配給を監督した。

シートラックは、まさに「何でも屋」であり、ランドローバー（しばしばシートラックのデッキ用車両になっていた）、スイス・アーミーのペンナイフ、シトロエン2CV、ベル47ヘリコプター、アレック・イシゴニスが手がけたミニと同じく、エンジニアリングと控えめなデザインとは何かを教えてくれる学校のようなものだった。ここに列挙した機械の何がそんなに好きなのかといえば、その絶妙なアイデア、そして独創的な発明の才が生み出したデザインがそれぞれの市場セクターを一変させたり、新しい市場を創り出したりさえしたという事実である。その上、どれも機能的でありながら、それぞれに特長と魅力を備えた、非常に個性豊かな製品である。

同じように興味深いのは、これらの画期的な機械のどれもが、既存のアイデアと部品を活用して作られたという点だ。例えば、ミニを革命的な製品にした特長の数々は、どれもすでにおなじみのものだった。一九五九年に登場したミニ以前にも、横置きエンジンの車はあった。一九四七年に登場したサーブ92がまさにそうだ。航空エンジニアで優れたヨット乗りだったグンナー・ユングストロームと元スウェーデン空軍パイロットでサーブ社の軍用機を設計していたシクステン・セゾンが率いる小さなチームが開発したサルーンは風のごとく疾走し、ラリーでも勝利を収めた。

実のところ、横置きエンジンの歴史は一八九九年にコヴェントリーのデイムラーで作られたクリッチリー・ライト・カーまで遡る。一九三〇年代には、アンドレ・ルフェーブルとフラミニオ・ベルトーニがエンジニアリングとスタイリングを手がけたシトロエン・トラクシオン・アヴァンなど、前輪駆動車が登場していた。2CVもこの二人が手がけたものだ。乗員の空間を最大化するボックス型の自動車もあったし、ラバーサスペンションもすでに存在していた。イシゴニスはこれらのアイデアを詰め込んで、非常にささやかなサイズ――車長は約三メートル、車幅は約一・四メートルしかない――でありながらも、大人四人と荷物を載せられて、ゴーカートのように小回りのきく小さな車にまとめあげた。ミニの空間のうち八割が乗る人のための空間だ。イシゴニスがとりわけ気に入っていたのは、大きなゴミ箱のようなドアポケットだった。ゴードンのジン二七本とヴェルモット一本が入るんだ、と彼は言っていた。彼がチビチビとやるお気に入りの酒だった。

シートラックと同じく、ミニも四〇年の生産期間中にさまざまに活用された。家族用のサルーンであり、演劇や映画やレコーディングスタジオのスターたちが愛用する車だった。小さなファミリー用のワゴン車（僕の母も、僕がグレシャム校の寄宿生だった時期に一台所有していた）であるだけでなく、実力を備えたレーシング・カーでもあった。アルプスの凍結した雪山道を疾走するラリー・モンテカルロで優勝すると、驚愕したフランス人審判たちが英国のテリアみたいなこの車の参加を禁止する理由を必死で探したし、一九六〇年代初頭にはグッドウッド・フェスティバル・オブ・スピードに出場し、ツインカムエンジン搭載、三・八リッターのジャガー・マーク2に挑戦して打ち負かした。ミニは配達用のワゴン車、ピックアップトラック、郵便車、ファッションステートメント、そして警察のパトロールカーにもなった。

アレック・イシゴニス本人には結局一度も会えずじまいだった――もちろん会いたいと思っていた――が、彼はジェレミー・フライの親しい友人だった。二人は、ジョン・クーパーと一緒に、小さな軽量のヒルクライミングカーを駆ってレースを楽しんでいた。クーパーは自動車技術者であり、ミニを、速さを競うラリーの世界で戦えるようにした立役者だ。一九三〇年代、イシゴニスはエンジニア仲間であるジョージ・ダウソンと一緒に、小型でモノコック構造または応力外皮構造、アルミと合板フレームによる、七五〇ccのヒルクライミングレース車を開発していた。しなやかさとミニマリズムを極めた車は、脚を水面に乗せたアブのように、地面の上を軽やかに走った。サスペンションには従来のスチールではなくラバー（ゴム）を採用していた。この車は成功を収めた。

ミニについて、イシゴニスはシトロエン2CVの柔らかな相互接続サスペンションを改善して使いたいと考えていた。2CVはカーブを曲がるとき、安全ではあるとはいえ、ぎょっとするくらいに傾く。技術面およびコスト面の理由により、最初のミニには相互接続サスペンションではなくラバーコーンサスペンションが装着された。イシゴニスの友人で、バースの近くに住む、やはりイノベーティブなエンジニアであり、ジェレミー・フライの友人でもあったアレックス・モールトンが、ミニのラバーサスペンションを設計した。ラバーコーンは車輪に隣接する車軸と車体の間に装着された。荷重がかかるとラバーコーンはちょうどスプリングが圧縮するのと同じように部分的につぶれ、でこぼこ道の衝撃を和らげる。さらに重要なこととして、モールトンはハイドロラスティックサスペンション・システムを発明した。僕の社用車であるモーリス1100が、その小さなサイズにもかかわらず、ロンドン－バース間のM4をあれほど快適で安心して走れたのも、このシステムのおかげだ。これは、シトロエンが一九五五年に画期的なDSモデルに使用した相互接続サスペンションに似ていた。これが荷重を四輪に分散し、ラフな路面で車輪の一つがしぼんでもコーナーリングやバランスを支えることができた。

アレックスの家族はラバーの事業を営んでいた。彼の父であるジョン・コニー・モールトンは、第一次世界大戦中はインドおよびシンガポール戦線に従軍した陸軍将校で、シンガポールのラッフルズ・ミュージアムの館長を務めたこともあった。東南アジアのセミの専門家だった彼は、ブラッドフォード・オン・エイヴォンの自宅を離れ、サラワク王国最後の白人藩王《ラジャ》、チャールズ・ヴァイナー・ブルックの主任秘書官として仕えているときに、虫垂炎にかかり死亡した。当時アレックスは六歳だった。僕はジェレミー・フライを通じて、彼のことをかなりよく知るようになった。不思議なことに、僕もそうだったが、アレック・イシゴニスの父も早くに——彼が一五歳のときに——亡くなっていたし、ジェレミーもゴードンストウン寄宿学校在学中に父を亡くしていた。三人の経歴はかなり似通っていたが、性格は三者三様だった。しかし、三人とも独立心が旺盛で、ハードワーカーで、成功への意欲が共通していた。

機械いじりの才能があったアレックスは、マールボロ・カレッジの学生時代に蒸気自動車を作っていた。ケンブリッジ大学では機械科学の本を読み、ブリストル・エアプレイン・カンパニーで見習いを始めた。アレック・イシゴニス、ジェレミー・フライ、そしてバックミンスター・フラーと同じく、自分が作るものすべてにおいて軽量性と素材の効率的利用を追求した。ジェレミーが改良版バルブアクチュエーターを作り、イシゴニスが家族向けの車といえばバブルカーだった時代により優れた小型のファミリーサルーン車を作った頃、アレックスは今までよりいい自転車を作りたいと思っていた。

いつも完璧な着こなしのアレックスは、ジャコビアン様式の自宅の馬小屋で自転車づくりを始めた。コンパクトで軽量なフレーム、小さな一六インチホイールとラバーサスペンションがついた有名なモールトン自転車は一九六二年に発売され、まさに革命的な製品として認知された。サイクリングが、とりわけ街なかのサイクリングが、あらためてファッショナブルなものになった。一九六〇年代には、いわばサイクリング界のミニとなり、ファッションエディターたちのお気に入りとして、新聞の日曜版や『ヴォーグ』のような雑誌の写真に幾度となく登場し続けた。自転車は、こうあるべきという概念を覆したのだった。評論家のレイナー・バンハムが『アーキテクチュラル・レビュー』に書いたように、「自転車の概念が変わらず同じであり続けることは決してないし、変わることのない決定版などというナンセンスもありえない。なぜなら、モールトンでさえ改良の余地があるからだ」。また、モールトンは乗り心地の優れた自転車だった。今でも製造は続いている。僕は素晴らしい超軽量の「パイロン」スペース・フレーム・モデルを一台所有している。

モールトンの車輪サイズや折り畳み機能をコピーする会社は数社登場しているが、オリジナルのピュアで洗練されたエンジニアリングに近づくことができたところは一つもない。どの社も、転がり抵抗を抑えるのに必要な小径車輪や高いタイヤ圧が生み出す振動を抑えるためのサスペンションへのこだわりがないせいだ。モールトンのツールキットは快適なサドルの下の凹みに差し込んだアレン・キー一つきりである。

ロトルク時代にアレックス・モールトンから学んだことがあるとすれば、自分が考案したラディカルな新しい自転車を立派な自転車メーカーに製造してもらう方法を、彼がどうやって思いついたのかという物語である。一九六六年、ラレーが質の悪いコピーを売り出すと、オリジナルであるモールトンの売上は打撃を受けた。翌年、モールトンはラレーに身売りし、アレックスはコンサルタントとして引き止められた。パートナーシップはうまくいかなかった。一九七〇年代初頭に売上が低迷すると、アレックスは自分のデザインの権利を再取得し、ブラッドフォード・オン・エイヴォンに拠点を構え、自分でこの自転車や各種バージョンの製造を始めた。自分のやり方を通すためには、発明者が自分の設計の特許や権利をしっかりと握ることがいかに大切かを、アレックスの物語は教えてくれた。

もう一つ、僕が学んだのは、素晴らしい発明のアイデアであっても、売り込むべきマーケットに合わないこともあるということだった。デザインが時代の先を行き過ぎていると見なされてしまうこともあるし、そのため、ときとしてバカバカしいものに見えてしまうこともある。大成功を収めたソニーのウォークマンも、発売当初は「録音機能のないテープレコーダーなんて誰が欲しがるのか？」と一蹴された。また、フォルクスワーゲンのビートル、そして後にホンダのアコードが大西洋を渡るまで、米国人は大型車に固執していた。

アレック・イシゴニスは小型車をビッグにする方法を知っているという類の天才だった。彼もまた独立心旺盛な人であり、巨大かつ旧弊かつ非常に官僚的なコングロマリット、ブリティッシュ・レイランドになじめなかった。一九六八年、同社はオースチンやモーリスといった高級車メーカーのオーナーであるBMCを買収した。モーリスは最初のミニを製造した会社だ。何よりも、「市場調査はナンセンス」「ライバルのコピーはするな」というアレックの信条は、新しいボスでありビジネスライクな大型トラックのセールスマンたるドナルド・ストークスには受けるはずがなかった。ストークスは大変人気のあったモーリス・マイナーの代わりに、市場調査から生まれた不運なモーリス・マリーナを投入し、しなやかなジャガーの屋根を窒息しそうなビニール張りにしてしまった。英国史上最も売れた車はミニだ。BMCでイシゴニスが市場調査の言いなりになっていたら、あの車は決して生まれなかった。アレック・イシゴニスは傍流に追いやられた。しかし、鈍重でセンスのないブリティッシュ・レイランド社で一人尖っていたアレックは、社内のエンジニアたちの絶賛を受け、王立学会のフェローになった。

独創的なエンジニアリングデザインとは何かを日々思い出させてくれる存在として、ダイソンのマルムズベリー・キャンパスにはオリジナルのモーリス・ミニ・マイナーが展示されている。僕の六〇歳の誕生日に、ダイソンのエンジニアたちがプレゼントしてくれたもので、縦方向にカットしたので、横置きエンジン、ラバーサスペンション、軽量スライディングウィンドー、そしてあの大きなドアポケットまで、内装や機能がわかるように展示されている。

ミニを見ていると、ラディカルな製品を立派な大企業の中心にある製造部門にねじ込んで、四〇年にわたる製造を通じて五〇〇〇万台を売り上げる成功をもたらした物語を思い出す。ミニは、決して普通ではないし、主流にならないデザインだけれども、日常の一部になった。ソニーのウォークマンもまた、魅力的なサクセスストーリーだ。なぜなら、当初は常識に反したデザインに見えたからだ。学校や大学の夏休みの開始を見据え、一九七九年七月一日に発売されると、動き回りながらヘッドフォンで音楽を聴けるパーソナルカセットプレーヤーは初日からとてつもない大人気商品になった。

シルバーとブルーのコンパクトなウォークマンは、一五〇米ドルと安くはなかったし、「録音機能のないテープレコーダー」を作った人などいなかったから、ソニーの社内でも議論が紛糾した大胆な製品だった。それでも、井深大――ソニー創業者の一人――はひと月で五〇〇〇台売るつもりだった。ところが、発売二カ月で五万台も売れたのだ。二〇一〇年に製造終了になるまでのべ売上台数は、世界で四億台を超えていた。

ソニーは、ジョギングしたり、勉強したり、家でリラックスしたり、あるいは旅行中に、他人に迷惑をかけることなく自分の好きな音楽を聴ける、ささやかな音楽プレーヤーという、正しい製品を正しいタイミングで考え出したのだった。井深が自分の右腕であり、ヘルベルト・フォン・カラヤンと親交の深い音楽家でもあった大賀典雄に、既存のカセットレコーダー「プレスマン」のステレオ・再生オンリー版をデザインできないか、と尋ねたのは賢明だった。一九七八年、大賀のチームは手元にある在庫部品を使ってTC－45を生産したが、価格は一〇〇〇米ドルだったし、井深の見たところ、大きすぎた――出張の機上でオペラを聴くのが好きだった井深は、実際使ってみたのだった。そして、デザインは一からやり直しになった。

こうして、スポンジ付き軽量ヘッドフォンと再生機能しかない「ウォークマン」が誕生した。マスコミの評判は散々だった。名前まで馬鹿っぽいと言われた。だが、日本のマスコミは間違っていたし、小さなパーソナルステレオの需要に市場も気づいていなかった。魅力的な小さな装置を目にし、実際に音を聴くと、市場は恋に落ちた。一九八〇年代半ばには〝Walkman〟という単語が『オックスフォード英語辞典』にも収録された。ウォークマンは文化現象になったし、ソニーにとっては簡単に製造できる製品でもあった。

そして次は、一九三〇年代の前輪駆動のトラクション・アヴァンから一九四〇年代のミニマリストな2CV、そして一九五〇年代の最先端技術のDSまで、創意工夫に満ちた独創的な自動車を生み出してきたシトロエンの物語だ。数々の勲章を受けた元戦闘機操縦士にしてミシュランの社長だったピエール・ブーランジェが率いるシトロエンは、エンジニアリングおよび設計部をラディカルなデザインへと駆り立てた。ブーランジェは素晴らしいチームを育てた。レーシング・カーのデザイナーにしてドライバーだったアンドレ・ルフェーブルがチーフとなってエンジニアリング設計を担当し、イタリア人彫刻家フラミニオ・ベルトーニが、どこから見てもフランス的な独自のスタイルを作りあげた。一九三四年の最初の倒産後にミシュランの傘下に入ったシトロエンは、ポール・マジェスがDSのために発明したセルフレベリング・ハイドロニューマティックサスペンションに合わせ、ラディカルなタイヤを開発した。アレック・イシゴニスのミニもそうだが、これらの自動車によってシトロエンが証明したのは、大衆の多くは非常に先端的な製品を躊躇せずに買うということだった。一九五五年、パリ・モーター・ショーでのお披露目当日、シトロエンが一万二〇〇〇台ものDSを受注したのは有名な話だ。

ところが、シトロエンは商業的に重大なミスを犯すことになる。一九五五年から一九七〇年にかけて、新モデルを一切発売しなかったのだ。手にした栄光に満足しきっていたのだった。そして、自動車を買う人々が新しいものを求めていると気づくと、パニックに陥ったかのようにあわてて投資し、新型車を次々と発売した。その費用が会社を倒産させた。一九七四年にプジョーに買収されると、以前の社風に戻ることなく、金は稼ぐけれど、個性もなければ、イノベーティブなデザイン、エンジニアリング、スタイルを求める熱意もない会社になってしまった。

サメが生き続けるために泳ぎ続けなければならないのと同じで、エンジニアリング主導型のイノベーティブなメーカーが競争力を維持するためにはイノベーションを起こし続ける必要がある。こうした企業の歩むべき道は、より新しくてよりよい製品を求め続けることだ。ダイソンも決して歩みを止めることはない。四半世紀の間に、僕たちは革命的な掃除機からラディカルな電気自動車のプロトタイプまで手がけてきた。発明はさらなる発明を招く傾向があるし、だからこそ会社を設立する必要がある。DSのようなケース――ロラン・バルトが『神話作用』で「天から下ってきた」と表現した名車は延命されすぎた――もありうるし、発明に失敗はつきものだ。

あらゆる技術的発明において最も革命的なものの一つであるジェットエンジン誕生の物語は、長い苦難の道をたどった。ジェットエンジンを発明したのは、やはり僕にとってのヒーローの一人、フランク・ホイットルだ。自分の会社を立ち上げる前から、ホイットルの徹底的な意志の強さと根気に僕は勇気をもらってきた。ダイソンのマルムズベリー・キャンパスでは、作業場に置かれた、世界一古い、使用可能なジェットエンジン――最初期に製造されたジェットエンジンの一つでもある――を見て、ホイットルの業績を偲《しの》んでいる。このエンジンはロールス・ロイスR

Bウェランドという型で、一九四三年一二月に当時はウエスト・ライジング・オブ・ヨークシャーの一部だったバーノルズウィックで組み立てられた。僕らはこのエンジンでヒストリック・マシン・レースである「グッドウッド・リバイバル」に出場したいと思っていたときに、これの原型にあたるロールス・ロイス製のエンジンを見つけたが、燃料もれが見つかったため実現しなかった。ホイットルが描いた燃料システムの設計図で確認すると、僕たちが見つけたのはホイットルが手がけたオリジナルのエンジンではなく、ロールス・ロイスが作ったバージョンだとわかったのだった。我が社の熱心なエンジニアたちは、ホイットルのオリジナルの設計図に従ってこのエンジンを組み立て直した。今では完璧に動作している。

このエンジンは、今では年間三〇億人以上の旅客を運ぶエンジンの先駆けである。ターボジェットとしてウェランドが特別なのは、先行するピストンエンジンのロールス・ロイス・マーリン――戦闘機のスピットファイアやランカスターのエンジンだ――に比べて、可動部品が少ないことだ。実際、一九二九年に二一歳のホイットルが学校で使う練習帳に手で書いたジェットエンジンの最初の公式は、非常にシンプルだ。彼は高度一万五〇〇〇メートル、時速八〇〇キロで大西洋を横断する旅客機の動力を支えられるエンジンを作りたいと思っていた。

ホイットルのジェットがすみやかに開発されていたなら、一九三九年までに王立空軍は、ドイツ空軍のみならずヒトラーの軍事的野望全体に対して甚大な脅威となる多種類のジェット戦闘機および爆撃機を持ちえていたはずだ。よく知られているように、悲劇とは、ドイツが遅れを取り戻し、英国よりも先にジェット飛行機の生産を開始する能力を有してしまったことにある。さらなる悲劇は、ドイツのエンジニアたちがホイットルの設計を自由に研究できた事実だ。一九三五年、空軍省はホイットルの特許更新に必要となる五ポンドの支払いを拒否した。そもそも、それ以前から、ホイットルの提案は誰でも自由に研究できる状態になっていた。空軍省はそれが重大な結果を招くとは思っておらず、特許を「極秘《トップ・シークレット》」扱いにしていなかったのだ。

逆境や苦難を乗り越えて、ホイットルは成功を収めた。空を飛ぶこと、模型飛行機を作ることに情熱を燃やすコヴェントリーの労働者階級出身のホイットル少年は、英国空軍で整備士見習いになった。王立空軍実習生から航空士官に推薦される五人の一人に選ばれた。ホイットルは優秀で、もちろん命知らずのパイロットだった。その特異な才能を認めた空軍が彼をケンブリッジ大学工学部機械工学科に派遣すると、彼は三年かかる課程を二年で終え、第一級の成績を収め、同時にパワー・ジェッツ社で世界初のジェットエンジンを建造した。パワー・ジェッツに出資していたのは、気前がよくて勇敢なモーリス・ボナム＝カーター、女優のヘレナ・ボナム＝カーターの祖父だった。政府が彼の会社に対価を支払うことなくホイットルのジェットを盗んだ上、同社があのエンジンを製造するのを許可しなかったのは、国辱行為である。

空軍省も同省の専門家たちも、そしてメーカー各社も、ホイットルのジェットに懐疑的だった。一九三七年三月、わずかな資金を得て、ラグビーにある簡素な建屋でエンジンが作られた。これを見て空軍はようやくプロジェクトを承認したが、そのときすでにドイツ人は同国初のジェット飛行機ハインケルＨｅ１７８を飛ばしており、数日後にはポーランドを侵攻して、ホイットルの発明の決定的な重要性があまねく認知されたのだった。ローバー製のエンジンとグロスター製の機体によるホイットルのプロトタイプは一九四一年五月に空を飛んだ。プロペラなしで飛ぶジェット機の感想を問われたある空軍パイロットは「フーバー（掃除機）みたいに吸い込むんだぜ」と言った。「ホイットルを一〇〇〇機持ってこい」とウィンストン・チャーチルは叫んだ。プロトタイプによるテストを重ねたのちにグロスターの製造によるツインエンジン戦闘機ミーティアが一九四四年に実戦投入され、チャーチルはようやく「ホイットル版エンジン」を手に入れたのだった。

ホイットル・エンジンが米国にもたらされると、初の米国製ターボジェット機ＧＥＪ31（ゼネラル・エレクトリック製）が登場し、まさしくジェット機時代が幕を開けた。終戦から二年後、英国の労働党政権は、ホイットルの第一世代のジェットをもとに開発したロールス・ロイス・ニーンを「非軍事利用」として彼らの友人であるソ連に販売した。「機密を売るとは、どれほど馬鹿なんだ？」とスターリンは尋ねたそうだ。ニーンはウラジミール・ヤコヴレヴィッチ・クリモフの手ですみやかに解析されてＶＫ－５Ａが開発され、朝鮮戦争で米国のパイロットの敵となった、素晴らしく効率的な後退翼を備えたミグ15が誕生した。今日、僕たちは、研究や発明を守るために機密性と安全性をしっかりと確保する必要がある。現代のあらゆる発明のうちで最も重要なものの一つが冷戦時代の敵国にあっさり手渡されてしまったのは、常軌を逸したことに思える。しかし、政治家は、自国で開発した技術にも、それを実現するために企業が必要とする投資にもほとんど価値を置かないことを示してもいる。

もしもホイットルが製造業界の周縁部で活動する型破りな空軍士官などではなく、最初からロールス・ロイスのエンジニアだったなら、彼のジェットエンジンの開発や製造はもっとスムーズでスピーディに進んだだろうか？　おそらくそうだ。いずれにせよ、紙パック不要のデュアルサイクロン掃除機を作ろうと決意した僕が——特に既存のメーカーに働きかけようとして出鼻を何度もくじかれた後で——学んだのは、我が道を進み、自分で会社を立ち上げることだった。

おそらくみなさんがご想像のように、ことは簡単には運ばなかった。あの頃、英国の工場は二一年の契約期間でないと借りられず、しかも当時はインフレで高金利の時代だった。さらに、会社を設立して、製造能力を急速に拡大する必要が生じても、工場計画許可を得る手続きなどが足を引っ張る。だから、迅速な決定が出る国外に工場を設置しようという気になってしまう。

工場を手にしたら、独創的な新製品をどうやって製造するのか？　プラスチック部品は自社で作るのか、それとも購入するのか？　それに、モーターやガスケットなど、必要となる何百もの部品一つひとつをどうするのか？　経験からの学びとして、メーカーにとっての理想は、他社からの調達はできるだけ少なくすべきということだ。一九七〇年代製の英国車を運転したことがある僕のような人には、その理由がはっきりとわかる。あのような車が壊れるのは、組み立ての拙さに加え、外部サプライヤーによる低品質の部品が原因だった。電気関連の不具合が山ほどあった。

猛スピードでも安定的に回転する電動モーターは、僕たちの製品の心臓だ。普通のモーター以外のモーターを作った人はいなかった。そこで、僕たちはラディカルなまでに新しいテクノロジーを自分たちで開発することにした。高くつくが、これによって掃除機に革命を起こすことができる。ダイソンが何もかも自社で製造できるわけではないのは明らかだが、ダイソンと同じ製造基準や価値観を持つサプライヤーとの協働は可能だ。ダイソンは他とは違う特別なことをやる会社だから、例えばフォックスコンのように一九七四年に創業し、全世界に八〇万人の従業員を抱え、米国、カナダ、フィンランド、日本の有名メーカーの電気製品用部品を受託製造する会社には発注できない。そういうメーカーの製品の大部分は、既製の部品で作られている。ダイソンはダイソン専用の部品を設計する。既製品は買わない。

一九七四年、僕は人生の岐路を迎えた。確かに人生はエキサイティングなことの連続だった。ロトルクの仕事に没頭していたが、父親にもなっていた。娘のエミリーが一九七一年に、その二年後に長男のジェイクが誕生した。ディアドリーと僕はコッツウォルズに古い石造りのファームハウスを購入し、長距離通勤が解消されたが、同時に、肉体的にもハードワークな日々が始まり、日常生活を改善するための設計や発明のアイデアが湧いてきた。ものを乗せるとすぐに倒れる手押し車を押して小道やぬかるみを進まねばならない状況も、僕のような人間には好都合だった。だって、もっといい手押し車を発明できるに違いないではないか?

ロトルク社では、シートラックのように広大な屋外で動作する製品——充分な資本を持った人が購入する、飛行機や掘削機、あるいは作業船のような資本財——を考案したが、家庭生活のおかげで僕は日々の生活の中にある単純な厄介事をもっと楽に、そしてたぶん楽しくする製品に目を向けるようになった。石油会社や軍のための設計を考える仕事を楽しんでいなかったわけではないが、日常生活用の製品、自分の経験から導き出されるデザインへの関心が芽生えていた。さまざまな産業が特定のサービスに求める性能を解釈するのではなく、家庭用品の場合は自分がユーザーとして求めるものを考えることになる。資本財とは異なり、「自分ならこの革命的で変わった製品を思い切って買うだろうか」という判断を下すことができる。

自分の理解を超えたビジネスを展開する他人のために、革命的な製品をデザインするほうが、はるかにリスクは高い。彼らが言うこと、彼らが求めているかもしれないものを解釈するほかない。それに間違うこともある。一方、自分で使う製品をデザインするなら、自分に何が必要なのかを理解すればいい。とてつもなく風変わりで、機能も今までとは違う新商品でも、自分の感覚と解釈を駆使すれば、購入したいと思えるほど魅力的かどうかを判断できる。

しかし、当時の僕は、まだ開発中の船舶を抱えていた。ロトルクの社員として、僕はジェレミーの研究センターがあるル・グラン・バンクでクリエイティブな楽しい数カ月間を過ごしていた。第一次世界大戦中に打ち捨てられた南仏プロヴァンスの小さな集落だ。ジェレミーは一九六〇年代初めにここを購入し、建築協会の学生たちの手を借りて修復した。リュベロン渓谷のラベンダー畑を眺め、地中海を彼方に望む、当時も今も素晴らしい場所で、一九八〇年代半ばには、クロード・ベリ監督の名作映画『愛と宿命の泉』のロケ地にも使われた。考えをあれこれとめぐらせるにはうってつけの場所だった。

アイデアの一つは、ガス管敷設工事中の地元の道路で見かけたポリエチレンのパイプを使ってボートを作ることだった。血の気の多いシートラックのオーナーたちは、高速のまま岩の多い海岸に上陸してしまうが、シートラックのグラスファイバーの船体と違って、パイプは強靭で折れにくい。それに、チューブボートのパイプは、たとえ傷ついたとしても一本ずつ交換できる。僕たちは、八〜一〇本のパイプを紐で結束してみることにした。一九四七年に南米からポリネシア諸島まで太平洋を横断して世界中の関心を集めたノルウェー人探検家、トール・ヘイエルダールの筏《いかだ》船コンティキ号のようなものだった。ヘイエルダールは南米原産のバルサの丸太を使ったが、僕はサーモプラスチックを使った。自然物と人工物の違いはあるが、どちらも軽量で耐久性が高い点は共通している。

チューブボートはシートトラックよりもはるかに安価になる予定だった。僕は模型を作り、バス＝アルプスの地元の貯水池でテストを行った。悲しいことに、チューブボートは生産にはいたらなかった。一九七五年以降、ジェレミーがビジネスから引退するのに伴い、ロトルク社自体がシートラックへの関心をなくし始めていた。しかし、チューブボートの設計において、少なくとも一つは無駄にならなかったことがある。ポリエチレンチューブの両端を塞ぐのに、僕はサッカーボールを利用した。製品化が実現したら、成形製造した球体にするつもりだった。あの厄介な手押し車《ホイールバロー》のイライラの種だった部分について、チューブボートのチューブの端のボールがヒントを与えてくれた。それが、「ボール付き手押し車《ボールバロー》」だ。名前はまだ思いついてはいなかったが、ル・グラン・バンクの石壁に座り、叙情あふれるプロヴァンスの田舎の風景を眺めていたとき、ジェレミーをどれほど好きで尊敬していて、一緒に仕事をするのがどんなに楽しくても、僕は僕の道を歩まねばという思いが湧き上がってきた。ジェレミーは実に彼らしい寛大さで、僕の新しい冒険《ベンチャー》への支援を申し出てくれた。僕が心から求めていた支援だった。一九七四年、二人の子供を

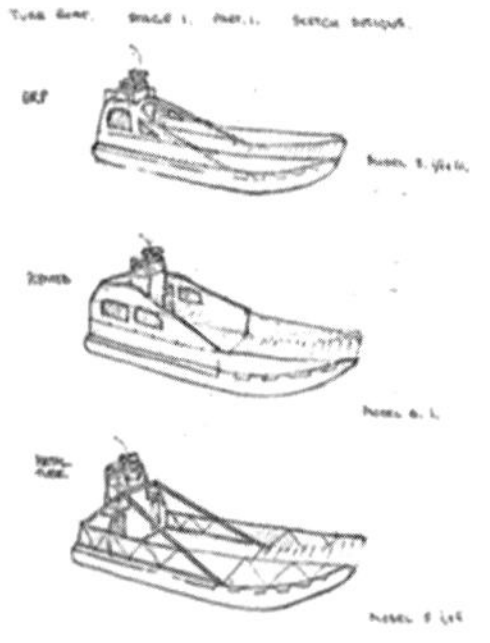

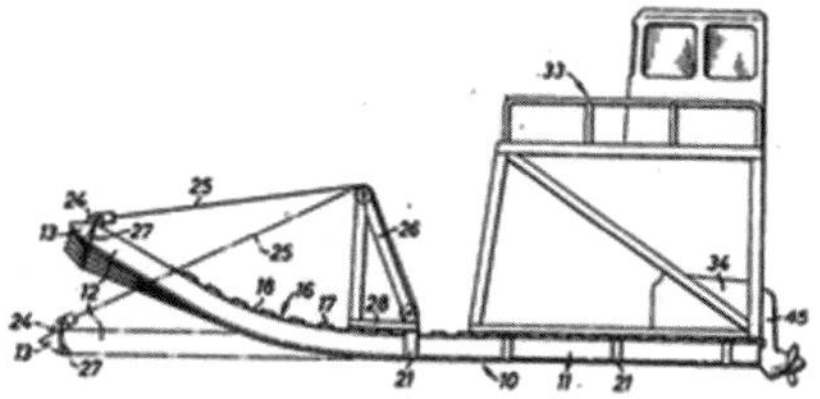

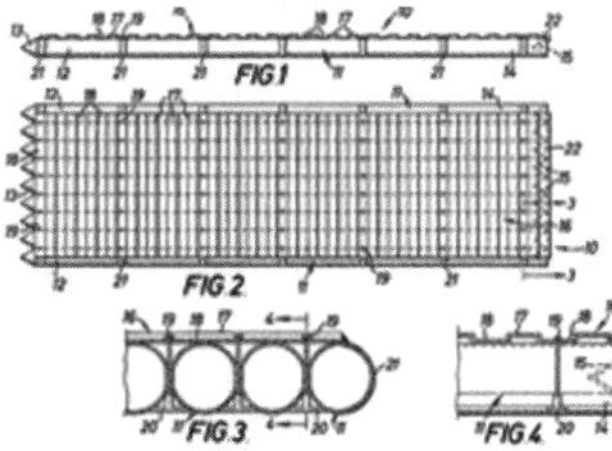

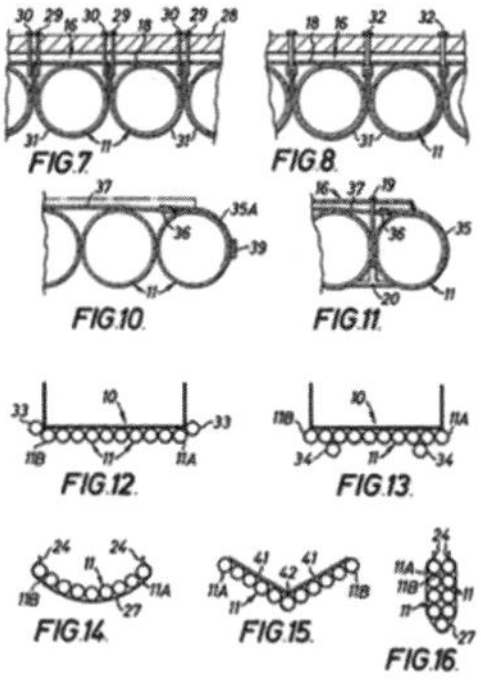

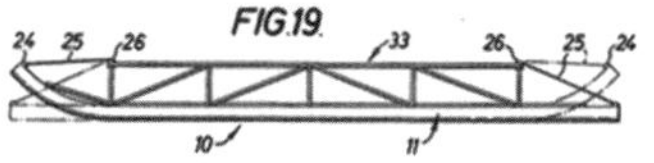

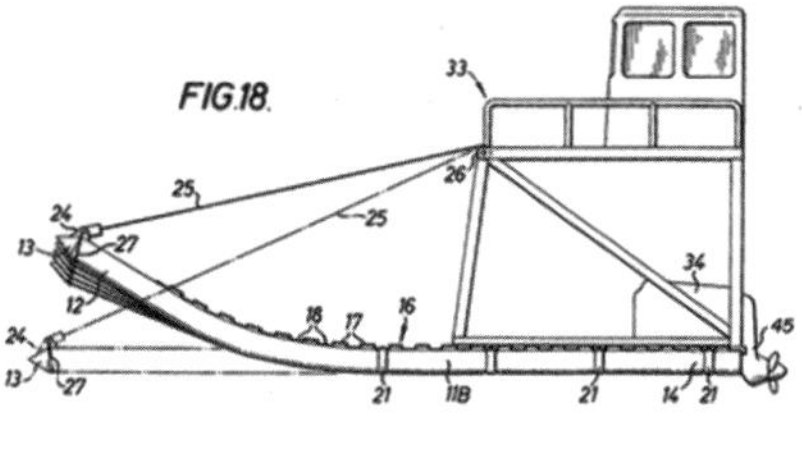

チューブボートのスケッチ（左上）と検討図面

抱え、かなりの借金とべらぼうな住宅ローンを背負ったまま、僕はエキサイティングな仕事、管理職という立場と給与を捨てて、未知の世界へ足を踏み入れたのだった。

ディアドリーと僕は、一か八かの勝負に出た気分だった。いつものように、彼女の支えと導きが、何よりも重要だった。あなたの発明家気質に賭けましょう、と彼女は言ってくれた。そして、僕たちはそうした。僕にとっては、リスクこそが惰性に対する解毒剤なのだ。あのとき、そう感じた。アーティストであるディアドリーには、プロジェクトやアイデアの本質を見抜く力があった。それこそが夢中になってやるべきこと。それに取り組み、成功すると信じ抜くこと。未知の世界に飛び込み、借金とリスクを抱え、そして極貧生活に陥るかもしれない選択をディアドリーが理解し、許してくれたことは、とても幸運だった。当時は独立して起業するインセンティブなどなく、ベンチャーキャピタルも存在しなかった。シリコンバレーでスタートアップが隆盛するはるか以前の時代だった。それどころか、投資家たちは手持ちの資本が生む金利で大金を稼いでおり、製造業に投資して資金をリスクに晒すのを嫌がった。

それでも、常識に逆らって、僕は製造業者になってものづくりをするつもりだった。しかも、発明で成功する何者かになるつもりだった。僕は起業家になるつもりだった。

第4章

The Ballbarrow

ボールバロー

一九七四年に独立起業したなんて、僕は少々頭がイカれていたのではないだろうか？　ジェレミー・フライと一緒に働くのは爽快な体験だった。ことによると、あそこであまりにも冒険をしすぎたからこそ、ロトルクという心地よい環境から飛び出してしまったのかもしれない。あるいは、若気の至りで、政治的対立、社会的混乱、不安定な経済の時代にある英国の厳しい現実を面白くしなければという気持ちに駆られていたのかもしれない。

振り返ってみれば、ビートルズが解散した一九七〇年から、衰退へ向かう目に見えない力が働いていたように思う。夏には五〇万人の若者がワイト島フェスティバルに詰めかけたが、直後にジミ・ヘンドリックスが急逝した。「サマー・オブ・ラブ」のごとき、長きにわたったクリエイティブな時期――僕のＲＣＡ時代――とは一転して、冬が訪れたかのようだった。冷戦とベトナム戦争は続いていた。北アイルランドでは英国が「厄介事」と呼んだ紛争が広がっていた。ＩＲＡ（アイルランド共和軍）が国会議事堂、ロンドン塔、Ｍ62番線のバス、バーミンガムのパブ、そしてハイ・ストリート・ケンジントンの「Ｂiｂａ」のブティックに爆弾を仕掛けた。反体制テロ組織「怒りの旅団」は、Ｂiｂａと同じく一九六〇年代の進歩的気分の象徴だったポストオフィスタワーを爆破した。

暴力がはびこるとともに、英国では大規模労働組合の要求が激しくなった。一九七二年二月、鉱山労働者がストライキを始めると、エドワード・ヒース首相（保守党）は全国に緊急事態宣言を発出した。翌年の後半に鉱山労働者の残業が禁止されると、ヒースは「週三日労働制」を全国に課した。これにより、一九七四年の元日には厳しい電気使用制限がかけられた――ディアドリーと僕はオイルランプでベーコンエッグを焼く方法を身につけた——し、経済がさらに衰退することになった。家庭で見られるテレビ放送は三チャンネルあったが、夜一〇時三〇分以降は放送がなかった。こうした奇妙な暗い日々と並行して「石油危機」も起こっていた。OPEC加盟国が第四次中東戦争（ヨム・キプール戦争）でイスラエル支持国に対する石油供給を制限すると、石油は厳しい配給制となり、国内の高速道路には時速五〇マイル（八〇キロ）の制限がかけられた。

失業者はすでに一〇〇万人を超えて一九三〇年代以降最悪となり、一九七四年一月には、英国が第二次世界大戦終結後初の不況に入ったことが公式に発表された。こうした不安定な時代の中で、英国の生活には他にも大きな変化が起こった。通貨に十進法が導入され、長年の協議を経て——下院議会にて賛成三五六対反対二二四の結果を受けて——英国は欧州経済共同体（EEC）に加盟した。三月には「誰が英国を統治するのか？」——政府か、それとも労働組合か——を問う総選挙が行われ、一九二九年以来初めて、保守党と労働党のいずれも単独過半数に達しない「宙吊り議会」が誕生した。

労働党による少数与党のもと、ハロルド・ウィルソンが首相に返り咲いた。この頃には、英国の製造業はすっかり骨抜きになっていた。労使対立と品質が最悪の車の生産で有名な巨大自動車メーカー、ブリティッシュ・レイランドの時代だ。メディアが「レッド・ロボ」と呼んだ共産党員の労働組合議長デレク・ロビンソンがバーミンガム工場に勤める五二三人の労働者を率いてストライキを起こし、組合員たちが各工場にベッドを持ち込み、シフトを組んで泊まり込んだが、経営陣は自動車と縁もゆかりもない天下りしかいなかった。

よい自動車を作る方法などまったく知らない連中だった。設計やデザインへの関心も、車への情熱もまったく持ちあわせていなかった。エンジニアがまともな自動車の生産に漕ぎつけても、労使対立のせいで製造品質は最悪。その責任を問われるべきは、組合よりも経営陣だと僕は考える。なぜなら、素晴らしい車を生産できていたなら、大衆がブリティッシュ・レイランドを見放すことはなかったからだ。ちゃんと金を稼いで、組合と交渉することもできたはずだからだ。

結局、ブリティッシュ・レイランドは大衆の支持を失い、金を失い、倒産した。会社は国有化された。公的資金という国の施しに頼る体制になると、労使交渉はますます難しくなった。そうした金は条件付きだからだ。ウェストミンスターにある国会であれ、ホワイトホールの官庁街であれ、大企業の役員室であれ、英国を動かす人々の中には、産業やものづくりで金を稼ぐことが本当の意味で好きな人などいないことが、またしても明らかになったのだった。

一方、一九七四年にはインフレ率が一六%に上り、翌年には二四%にまで上った。金利も二四%というピークに達し、借入金の金利を返すのさえ難しい時代になった。融資を受けて製造業で起業するなど、まずありえない時期だった。何しろ、当時は中小企業に対する支援もなかった。

起業家精神を持っていなければ、発明家は自分が作ったラディカルで革命的なプロダクトを市場に出せなくなったり、あるいは権利を失ったりすることもある。起業家にならなければ、自分の技術をライセンスするしかなく、特定の新しいアイデアや未来に対する考え方への長期的にコミットするかどうかもわからない他人の会社のなすがままになる。ライセンス先企業の役員や副社長が交代し、新プロダクトの発売が取りやめになることもある。些細なことと思われるかもしれないが、ベンチャーならつぶれかねない。当該企業が心変わりしてアイデアをご破算にすることもある。それに、ライセンスした企業が買収されて、ベンチャーが切り捨てられることもある。僕自身、こうした危機のすべてを経験してきた。

アートスクール出身の僕たちにとって、起業家といえばあやしい金儲けを企む輩や不動産デベロッパーのような連中から移り気な投機家たちまで、制度からできる限りの金を搾り取ろうとする奴らというのが相場だった。起業家といえば他の人を搾取する人たちだという素朴で間違った考えを持っていた。起業家を指すentrepreneur《アントレプレナー》というフランス語の単語は本来「建設業者」と「建築家」を合わせた意味合いであり、僕はこの意味のほうが好きだ。

しかし、当時は大企業の時代であり、民間であれ国営であれ、僕の知る限り、新しくて面白いものを作るために個人起業しようという人はほとんどいなかった。でも、ジェレミー・フライは、よさそうな新製品のアイデアがあるのなら、自分でエンジニアリングし、プロトタイプを作り、生産して、マーケティングして、売るんだ、と教え込んでくれた。それでこそ起業家だ。起業家とは、どんな奇人変人であれ、海賊行為を働く者ではなく、よりよいプロダクトを創造し、生産する人なのだとジェレミーは身をもって示してくれたのだ。

一九七〇年代半ば、経済危機の最中だというのに、ジェレミーの幸せな船を捨てて起業家となり、未知の海域へ漕ぎ出そうとする僕に、彼は自信を与えてくれたのだった。それに、暗い見通しに覆われた一九七〇年代であっても、イノベーションとエンジニアリングの世界に意欲的に関わり、期待に胸を膨らませる人間なら、楽観的になれる理由はたくさんあった。

何しろ、ボーイングのジャンボ・ジェット、コンコルド、NASAの宇宙計画、英国国有鉄道の高速鉄道（HTS）、史上初のプログラム可能なマイクロプロセッサ、イーストマンコダックのデジタル・カメラ――当時は見向きもされなかったが――、そして最初のEメールが登場した時代である。当時、英国にイノベーションが必要なのは火を見るより明らかだった。日本のメーカーが英国に自動車の輸出を始めると、国民は危機感を募らせた。例えばレンジローバーのように、僕がロトルクにいた時代に発売されて、確かに成功を収めた英国製自動車もわずかながらあったが、モーリス・マリーナやオースチン・アレグロは新しいホンダ・シビックやルノー5《サンク》、あるいはフォルクスワーゲン・ゴルフに比べると、痛々しいほど野暮ったかった。だが、当時の僕は、自動車のデザインや生産のような大がかりなものには目を向けていなかった。むしろもっと地味で、泥臭いものが頭にあった――庭仕事や建設現場で使う手押し車の改良だ。

ディアドリーと僕はすでに、グロスターシャー州のバドミントン村の近くに古いファームハウスを購入していた。家屋には手入れが必要だったし、庭も造る必要があった。週末は、壁を作ったり重いものを運んだりする作業に費やしていた。作業用手押し車は使い勝手が悪くイライラしたし、使ううちにその限界が明白に見えてきた。セメントはこぼれたし、チューブでできた脚が地面にめり込んだ。思い通りの方向に進めるのも難しいし、荷台の尖った角が当たると戸口が壊れた。使えば使うほど、今まで誰もこうした問題を真面目に考えて改良しなかったのだろうかと思った。ずっと昔から存在しているものなのに。実際、手押し車のデザインは古代ローマ時代からほとんど変わっていない。まっすぐな木製シャフトがハンドルと車軸をつなぎ、その上に運搬物を入れるための厚板が載っているというオリジナルの形をいまだに踏襲していた。手押し車を一からとらえ直し、全部作り替えたいと思った。

まず、僕がデザインした荷台をグラスファイバーで作ることから始めた。形はそのままでよかったが、素材が適切でなかった。しかし、問題は車輪代わりのボールだった。最初はボールもグラスファイバーで作った。車輪用空気圧ボールをプラスチックで作れるのか、さらには作る方法があるのかすらも手探りだった。鋼管のフレームは溶接して組み立てた。すべて、家の外にある納屋に作った粗末な作業場でやり遂げた。さて、庭で試運転可能なプロトタイプの準備ができた。概ね、うまくいったように思えた。ボールの車輪は地面が柔らかくても食い込まないし、ダンプカーみたいな形の荷台なら緩いセメントもこぼれなかった。

次の仕事は、荷台やボールの作り方を考えることだった。僕は英国最大のプラスチック会社、ＩＣＩの研究所へ向かった。その結果、荷台はセメントがくっつきにくく、しなやかでタフな低密度ポリエチレンで作ることにした。とても頑丈で壊れにくい荷台になるだろう。問題はボールだった。ＩＣＩはＥＶＡ（エチレン酢酸ビニール）という素材を持っていた。車のタイヤのような、人工ラバーだ。有望に見えたが、ＩＣＩはうまくいくだろうかと疑っていた。僕は大きなリスクをとって、ＥＶＡでいくことにした。

確かにＩＣＩの見解には一理あった。僕が期待したほど簡単ではなかった。ラバー製タイヤをチューブレスのＥＶＡ製ボールに変えようとした人はいなかった。それでも、僕ならうまくいくようにすることができるし、このボールはラバー製タイヤより製造も簡単になるはずだ。パンク

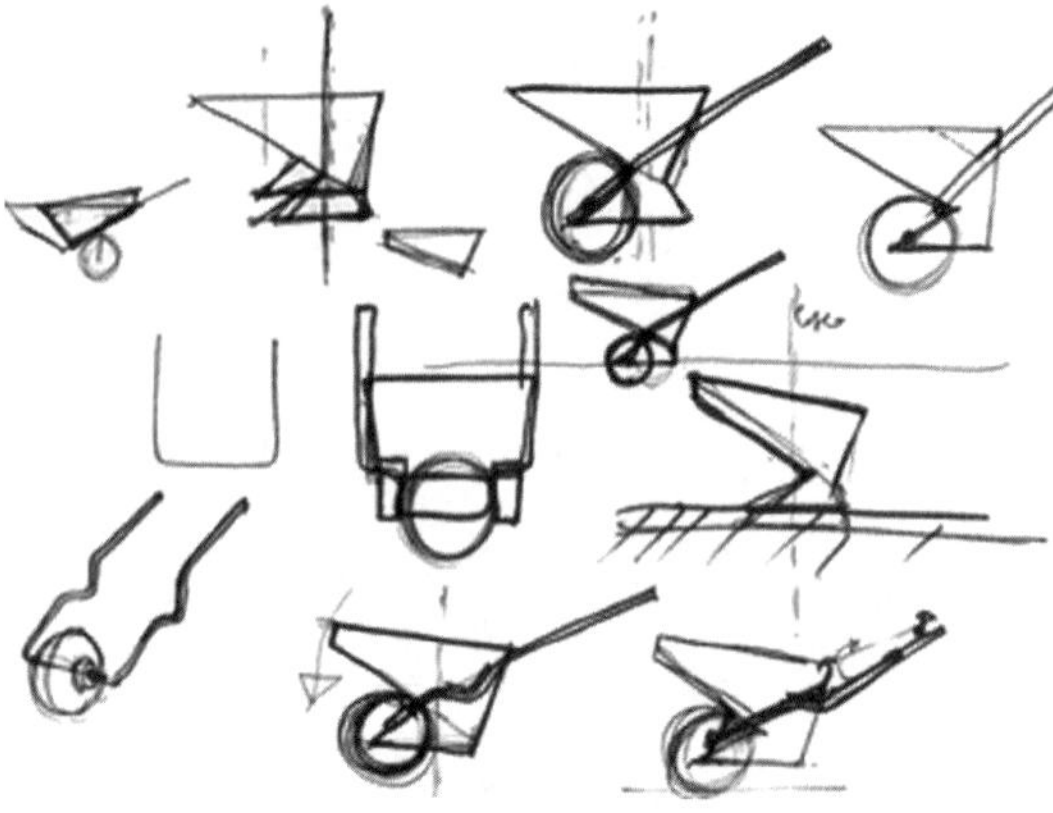

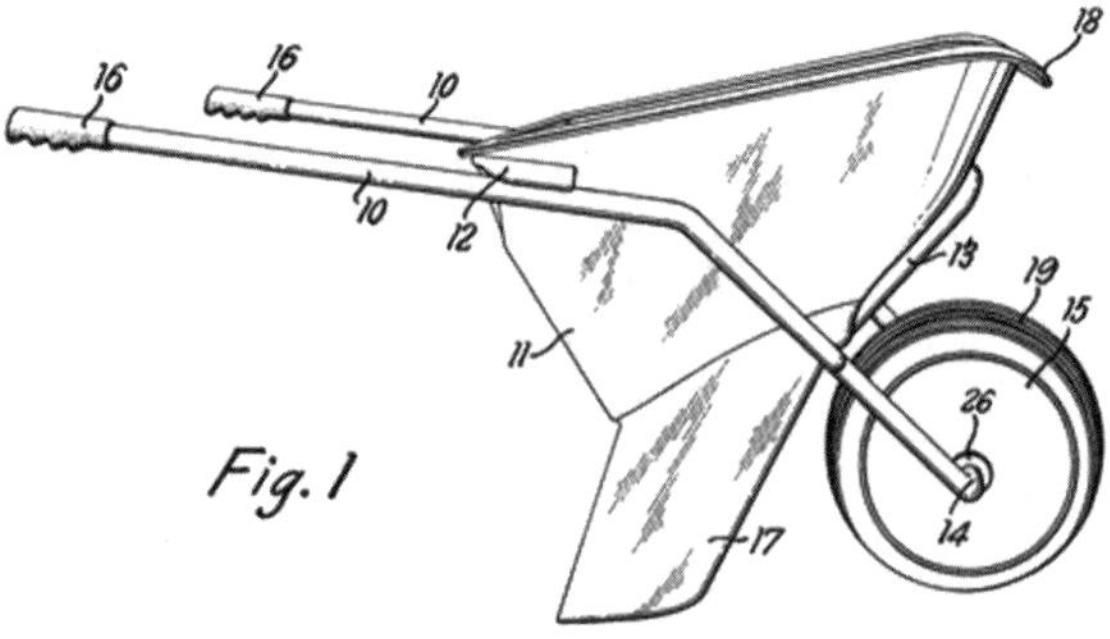

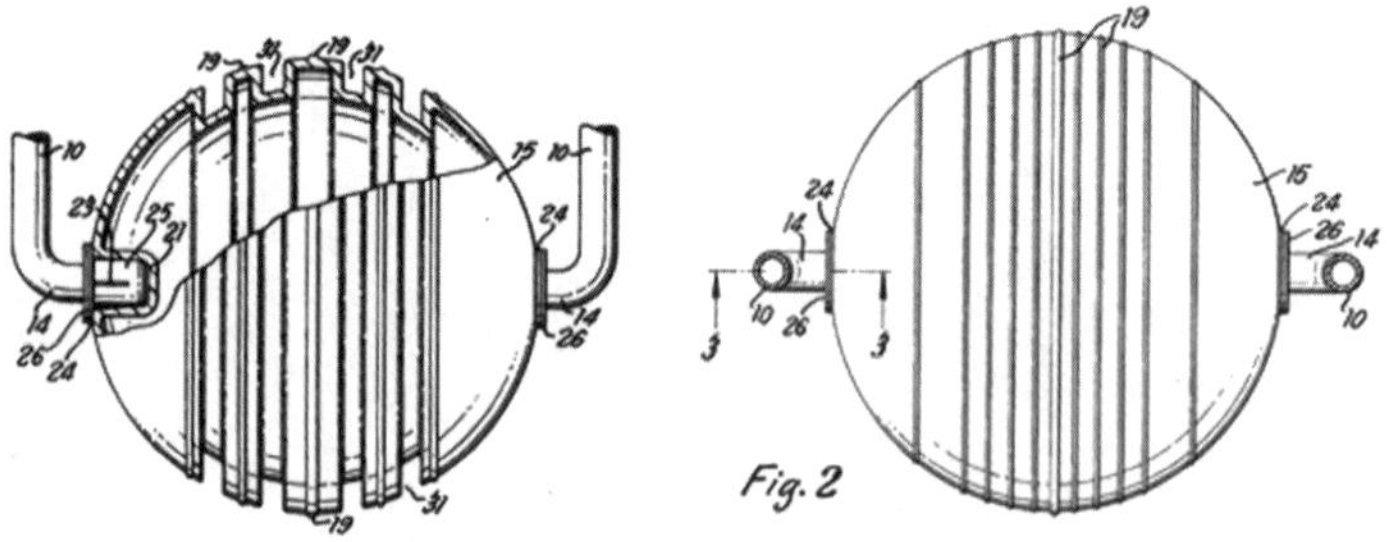

（上）ボールバローのスケッチ　（中、下）検討図面

しても火をつけたろうそくかライターがあれば直せるだろう。空気圧式にするため、シュレーダー・バルブ（一八九一年にドイツ系オーストリア人アウグスト・シュレーダーが発明した。米式バルブともいう）をつけるつもりだった。車のタイヤでよく見るバルブだ。

次の問題は、荷台とボールの生産方法だった。プラスチックの素材にはさまざまな形がある。シートなら真空成形が可能だ。粒状なら融点まで熱し、型に流し込む。これは射出成形と呼ばれる。また、パウダー状なら、加熱した型に吹き込んで溶かし、型の内側を均等に覆って成形する。これは回転成形またはブロー成形と呼ばれるものだ。選択の余地はほとんどなかった。シート・プラスチックでは求める形を作れないだろう。射出成形にすると、大量の製品を非常に精密に作れるが、型の値段が一〇万ポンドと法外になる。となると残るは回転成形になるが、機械のコストははるかに低いものの、生産プロセスが遅くなるため、単位あたりのコストは高くなる。

僕はサウス・ウェールズにある回転成形専門の会社を訪ねた。荷台とボールの両方を成形できる会社だ。ボールを丸い型で成形するのが最も費用効率の高い製造法であることがわかった。僕のボールが空気圧タイヤのように動くのかどうかもわからないまま、機械を注文した。機械が完成すると、何度か成形試験をした。ついに、ポリエチレン製の荷台とＥＶＡ製のボールを手に入れた。シュレーダー・バルブを差し込み、ボールを膨らませ、手押し車に乗せて押してみた。うまくいきそうに見えた！　他にも、細かい部品はたくさんあった。例えばボールのベアリングは、射出成形し、ボールのソケットにナイロン製キャップを差し込み、その上をタブシャフトが動く。オイルやグリースは不要だった。鋼管のフレームを求めて、僕はバーミンガムに向かった。フレームを作れそうな鋼管メーカーがたくさんある街だ。

会社を設立し、「ボールバロー」を生産するための資金を調達する必要があった。僕は顧問弁護士のアンドリュー・フィリップスに会いに行った。彼は非常に熱心に耳を傾け、やはり彼が顧問をしている僕の義理の兄のスチュアート・カークウッドに会ってきなさいと提案した。スチュアートは、僕も同じようにするという条件で借り入れの保証を準備してくれた。家のローンがあったにもかかわらず、ディアドリーは寛大にもこれを許してくれた。こうしてロイズ銀行から正規に借り入れた資金と身のほど知らずの借金で、僕は最初の会社を設立した。グロスターシャーのファームハウスの自宅にあるコーチハウス（馬車小屋）と粗末な小屋に。

シートラックを販売した経験はあったものの、学ぶべきことが山ほどあった。ボールバローをどう売るべきか？　どこで売るべきか？　価格はいくらにすべきか？　どれ一つとして思ったようには即断できなかった。当時、ＤＩＹショップやホームセンター、ガーデン用品店の全国チェーンは存在していなかった。ガーデン用品店や金物屋は個人商店ばかりだったため、まずはそれら一軒一軒を回らなければならなかった。こうした店はボールバローを一度に一、二点しか買ってくれないし、僕たちのほうもせいぜい一日一、二軒しか訪問できなかった。そこで、ボールバローを買う気のある卸売業者に上限五〇台を取り置きしてもらい、これまで相当の時間をかけて訪問販売してきた小売業者に卸してもらうようにした。この卸売業者が大幅な値引きを求めたので、多彩な商品カタログどころかたった一種類しかプロダクトのない我が社の手元に残る金はわずかだった。成功の見込みのないビジネスモデルだったのだ。それに、買い手に僕のデザインを笑われるのは、屈辱的だった。

それでも、ボールバローは英国規格協会の認証マークである「カイト（凧）マーク」を勝ち取った。当時、プロダクトにつけられる白黒の三角形のバッジは、公式に優良デザインと認められた証だった。このときデザイン協議会から届いた手紙には、僕はかろうじてバッジが得られたのだと書いてあった。どうやら、選定委員会ではプラスチック・ボールの色が問題になったようだ。庭は緑なのだから赤は合わない、というわけだ。じゃあ、バラの花はどうなんだ？

おそらく、昔ながらの金属製の手押し車を売っている人たちの目には、明るい色のボールバローはふざけすぎに映ったようだ。しかし、一九六〇年代に起こった色彩の爆発は、新世代の消費財を開発して世に広める上で重要な意味があった。ボールバローはホームセンターの棚やカタログ上で古風なライバル製品と並んだときに目立つようにデザインしてあったのだ。ダイソン製品のテクノロジーを目立たせ、スイッチや留め金に目を留めてもらうために、僕はまだまだ色を加えたいと思っているくらいで、色は視覚的訴求力を持つだけでなく機能的要素も担っている。

個々のガーデン用品店に売るだけでなく、小さいながらもボールバローの新聞広告をいくつか出したのだが、どれも揃って、効きそうにない抜け毛予防の医療器具や薬の広告の間に押し込まれてしまった。どれも安っぽくて、あやしげだった。それでも、郵便受けには満足のいく数の小切手が届いた。思い切って新聞やカラーの付録に全面広告を打つと、結果は上々だった。どうしたわけか、我が社が実際より規模も自信も業績もありそうに見えてきた。

そんなある日、ブリストル近郊のドディントン・パークで撮影を行った。ジェームズ・ワイアットが設計した一八世紀後半の邸宅で、施主のコドリントン家は一六世紀にこの地にやってきて、以来ずっとここを所有していた。偶然にも、僕の銀行の支店長はコドリントン家も担当していて、彼を通じてドディントンでのボールバローの撮影をアレンジできたのだった。カメラの前で、ディアドリーがボールバローを押して回った。四半世紀前のあのとき、ここがいつか自宅になるなど思ってもみなかった。

　また、ボールバローを通して、雑誌や新聞での広報・宣伝《パブリシティ》の方法を学んだ。雑誌広告を打つ金はなかったが、編集記事で取り上げてもらえないかと考えたのだ。製品の実力を伝えるには、口コミと編集記事が今も最善の方法だ。知性あふれるジャーナリストが自らの判断で取り上げる価値があると思ってくれるのだから、広告よりはるかに信頼度が高い。売り出したい新しいテクノロジーや製品がある場合、ジャーナリストの意見やコメントは、広告よりもずっと重要だし信頼できる。

　シートラックの販売経験が、編集記事やテレビ番組に

ボールバローの印刷広告

取り上げられることの価値を教えてくれた。シートラックはテレビに出ていたので、BBCに電話をかけ、ボールバローという新発明のニュースを伝えた。すると、発売直前のタイミングで、BBCの人気番組で、科学やテクノロジーの新しい動きを常に探していた「トゥモローズ・ワールド」に取り上げられた。一九六五年に始まった番組は三五年続き、毎回一〇〇〇万人が視聴した。メインのプレゼンターはエレガントだが歯に衣着せぬレイモンド・バクスター。彼はスピットファイア戦闘機に乗っていた元王立空軍パイロットだった。バクスターと番組制作チームは、発明者やメーカーがカメラに近づくことを決して許さなかった。番組の主役はプレゼンターと紹介されるモノだからだ。

BBCのおかげで我が社の名前は全国区になった。売上が伸びたので、補助部品として集草箱を加えた。ボールバローの荷台の上に取り付けられる一体成型の箱で、両サイドは最大三〇〇ミリまで上方に延ばすことができた。これで刈り取った芝や葉のような軽いものの積載量が増えた。この部品は非常に人気があり、売上を伸ばしてくれた。補助部品について有益な学びがあった。

自分たちの基準ではまたたく間に成功を収めていたし、とりわけ広報活動がうまくいっていたので、役員会は粗末で狭いスペースを出てふさわしい工場を借りるべきだという決定を下した。また、卸売業者と小売店への販売を通して顧客層を広げる必要があった。つまり、セールスマネージャーとセールスチームを雇うことになったのだ。新工場の物件は、ウィルトシャー州コーシャムの工業団地に見つけた。経費が増え、英国の金利が二二％に上った時期に、さらなる借り入れをすることになった。

同時に、プラスチック成形業者との間に問題が生じ、荷台とボールを自社で成形せざるをえなくなった。似たような理由で鋼管フレームも自社工場で作ることになり、鋼管の曲げ加工や溶接を手がけ始めた。エポキシを使ってボールバローの鋼管フレームを静電粉体塗装する方法も学んだ。第二次世界大戦末期に米国でダニエル・ガスティンという人物が発明し、液状塗料へのニーズを一掃したドライコーティングの手法だ。しかし誰だってスプレーのしすぎで工場にドライ塗料が舞っているのはごめんだ。汚れるし、とんでもない無駄だ。大きな電気扇風機で二・四メートル四方のキャラコ布にスプレーの粉を吹き付けるのが解決策だったが、騒音がひどかった。スイッチを入れるとコンコルドの離陸みたいな轟音がした。それに、ものすごく非効率だった。本当に、バカな方法だった。布のフィルターは一時間に一度は目詰まりを起こした。そのたびに、生産ラインを止め、布を外して塗料を振り落とした。すると工場中が黒い粉に覆われた。

僕は同業者にたずねて回った。賢い連中はこの問題をどうやって解決しているんだろうか、と。「サイクロンさ」という答えが返ってきた。サイクロン式分離機なら遠心力で粉塵や粒子を集められるから、二・四メートル四方の布フィルターなど不要だ、と。そういえば、バースにあるヒル・リーという製材所でサイクロンを目にしたことがあった。どの機械から出る粉塵も、すべてこのサイクロンが吸い込んでいた。一日中、粉塵をもらさず吸い集めるし、しかも素晴らしいことに、決して目詰まりしないのだ。

僕は懐中電灯とノートを手に、夜闇にまぎれて出かけていった。この機械の仕組みを観察し、スケッチするためだ。大きすぎて実測はできなかったが、構造の重要な部分はスケッチできたし、形やサイズも概ね把握できた。

サイクロンの遠心分離集塵機構は実に魅力的だった。遠心力で気流を巧みに操作し、魔法のように塵の粒子を分離するのだが、テクノロジーそのものに新奇性はほとんどなかった。実際、サイクロン式分離機の初の特許については、一八八五年に、米国ミシガン州ジャクソンで木製キャビネットなどを製造していたニッカボッカー社のジョン・M・フィンチなる人物が取得していた。

しかし、これが革命的な掃除機のアイデアをもたらした。

とはいえ、まずはボールバローを製造して売る必要があった。製造コストを抑えるため、生産工程のすべてを自社で行うようになっていた。子供の頃から手を使ったものづくりをしてきた僕にとっては楽しいことだったし、製造方法や製品を改良する方法を考えるプロセスも楽しかった。だから、当然ながら集塵機も自分たちで作った。何しろ、いわゆる市販品（そう呼べるならの話だが）の値段は七万五〇〇〇ポンドで、一二気筒のジャガー・Eタイプ二五台分の価格だったからだ。

手をかけながら中古車に乗る経験や、自分でものづくりする経験から、僕はエンジニアリングについて多くのことを学んでいた。一九五〇年代から六〇年代にかけて、懐に余裕のない人にとっては、自動車の仕組みや整備の知識は、とりわけ重要だった。あの頃は、たとえ新車であっても、車で遠出する人はまずいなかった。しょっちゅう壊れていたからだ。自動車に乗るなら、ＡＡ（自動車協会。日本のＪＡＦにあたる組織）のロードサービス隊員なみの腕は不可欠だった。

学生時代の僕も車を修理に出す金はなく、自分で直すほかなかった。ＲＣＡに通っていた頃は、一九五〇年代初頭製のオースチン・ヒーレー１００／４に乗っていた。エンジニアリング設計はひどいものだった。レーシングカー式の車で、車輪は軸受の上に載せられた車軸の上に取り付けられ、大きなシングルウィングナットで留めてあるだけ。しょっちゅう緩んだし、煙草の箱のホイルで隙間を埋めて位置を調整したものだ。四気筒エンジンだがクランク軸ベアリングは三つだけだし、クランク軸は不安になるほどしなった。あるとき、夜更けにノーフォークの自宅に帰ろうとハートフォードシャー州ロイストンのあたりを走っていると、エンジンルームからクランクシャフトが飛び出した。故障したヒーレーのエンジンを組み立て直し、その流れで変速機も組み立て直した。新しいラジエーターと燃料ポンプも設置した。もちろん油圧ジャッキなどという贅沢なものはなかった。

故障や即興の修理作業にはいら立つこともあったが、路肩で格闘するうちに、部品のエンジニアリングや部品の強度、適合性についてたくさんのことを学んだ。ヒーレーのような車の修理は、エンジニアリングや整備の基礎を学ぶいい訓練になった。トランクに積み込んだ整備道具一式とスペア部品は、しょっちゅう入用になった。今では、ヴィンテージカーやクラシックカーの愛好家でない限り、こういうものは必要ない。車が頻繁に壊れるせいでその場しのぎの機械工学や電気工学を路上で身につけた時代は去ったが、それを残念に思う人はほとんどいないだろう。

サイクロンについては、非常に優秀な金属加工職人二名と一緒に週末を二回ほどつぶして、ヒル・リーで見た高さ約九メートルの金属製サイクロンを制作した。複写しようにもエンジニアリング設計図はなかった。僕がスケッチを描いて、それで進めて作ってしまった。このときの経験もまた、コーヒーカップを手に製図板に向かうデザイナーから、ものづくりをする製造者兼起業家に僕が変貌する力を与えてくれたターニングポイントになった。大事なのはものの作り方を学び、決断を下すことだ。そしてもちろん、自分がデザインし、作り方を学んで作りあげたものを売ることも。

ボールバローは庭師たちによく売れていたが、昔ながらの扱いにくい手押し車の代替品として、建設業者にも供給できないかと僕たちは考えた。最も評価された特長の一つは、庭のあちこちに水を運べる、ダンプカーのような形をした射出成形プラスチックの荷台だった。荷台に入れた水はこぼれももれもしなかった。水に溶かしたセメントもそうだったし、荷台の中でセメントが固まってしまっても、ポリエチレンにはくっつかないので、そのまま落とせた。

建設業者向けのバージョンには、二五〇ミリではなく三五〇ミリのボールをつけた。積載量が多く、ラフな地面ではそのほうが使い勝手がよかった。荷台も大きくした。建設現場では積載量が多いほうが喜ばれると思ったからだ。荷台はボールの真上にあり、ハンドルを上げると腕にはほとんど重さを感じない。これなら建設業者に評価されると思った。ところが、とんでもない間違いだった。建設現場で働く人たちは、運べる荷を増やすことに関心がなく、だから大きい荷台は評価されなかった。荷重がハンドルではなくボールにかかるのも敬遠された。理由はこうだ――建設現場の廃棄物用コンテナに渡した板の上で荷を積んだ手押し車を押す場合、荷重はボールよりもむしろハンドルにかかっているほうがいい。急な上り坂では、重い荷物を押すのは、荷物を持って運ぶよりはるかに大変だ。同じく、足場の悪いところで重い荷物を押して回るのも大変だ。ボールへの荷重を半分にして、残りはハンドルへの荷重にしたほうがよかった。持って運ぶのは簡単だが、押して動かすのは難しい。

しっかりと学びを得た僕たちは、建設業者マーケット向けボールバローのデザインをやり直した。車輪の位置をかなり前にずらし、荷重をボールとハンドルで半々に分散した。荷が軽くなるよう、荷台も小さくした。批判をくれた建設業者のみなさんには感謝している。なぜなら、デザインし直したバージョンが、最高のボールバローになったからだ。

青天の霹靂《へきれき》で、小型ミサイルを製造しているブリティッシュ・エアロスペースから連絡が来た。ボールバローのボールなら柔らかい砂地でも沈まないだろうから、これでミサイル運搬装置を作りたいという話だった。ミサイル砲弾の中には、爆発と同時に頑丈な針を撒き散らすものがあり、運搬装置のタイヤがパンクしてしまうという問題があった。ブリティッシュ・エアロスペースはパンクしないボール車輪を求めていた。僕は膨張式ではないが膨張式と同じように動き、硬い針を通さないボールを開発し、プロトタイプを制作した。EVAボールの中でも直径は最大で、中心をとりまくように深い溝が何本か入っていた。これがタガのような強度を与え、変形を防ぎつつ、ある程度の弾力性を与えていた。ついに、僕たちはパンクしないボール車輪を実現したのだった。

この頃、僕は、ボールバローを補完する新しい発明を密かに温めていた。「ウォーターローラ」である。ウォーターローラは、昔からある——僕に言わせればとっくに賞味期限切れの——コンクリートを詰めた大きな金属製の円筒形胴体の代わりに、プラスチック製の円筒形胴体に水を入れて使う庭用ローラーだ。だが、ウォーターローラの市場は思っていたより小さかった。水を抜くとごく軽量になり、どこにでも持ち運べたせいだ。車の後部座席に放り込むのも簡単だったし、友達同士で貸し借りしあうから、販売は伸びなかった。

一九七八年、三番目の子供、サムが生まれた年に、僕たちは「トローリーボール」を売り出した。空気ボールでボートを牽引するボート運搬用台車だ。空気ボールは地上では砂地にめり込まないし、水に入れば浮かんで台車を支えてくれた。他の台車の場合、押して水に入れると視界から消えて、ボートの下の位置に置くのが大変だったが、トローリーボールなら、ボートの下に台車を滑り込ませるだけでよかった。ボートを安全ベルトで固定できるので、どんな形でも対応できた。僕の心の奥底には、ノーフォーク北部で父と一緒にこの作業に取り組んだ記憶があった。トローリーボールもまた、既存の発明を考え直して生まれたものだった。当初は小さなことのように思えたが、この発明が何年も後になってまた活用されるのだから、実に面白いものだ。

ウォーターローラの印刷広告

事業を始めて間もない時期だったが、一五年後にマルムズベリーにダイソン本社（当時）を立ち上げてもっと大規模な事業に乗り出したときに役立つたくさんの学びがあった。また、僕はジェレミー・フライから直接的に、そしてアレック・イシゴニスから間接的に学んだ思想を実践していた――競争相手の真似はするな。市場調査など気にするな。つまり、ジェレミーもアレック・イシゴニスも「君は君の道を行け」と言っていたわけだ。確かに、成功した起業家はみなそうだ。問題は、このとき僕が自分の道を歩んでいなかったことにあり、それこそ僕の最初の会社、カーク＝ダイソンがしかるべき成功を収めなかった理由だった。

一九七四年、僕がボールバローの事業を始めたいと考えたとき、義理の兄が非常に寛大な出資を行ってくれたのだが、僕は愚かにもボールバローの特許の登録者を自分ではなく会社にしてしまった。会社には二〇万ポンドの借入金があり、金利は二四％という驚くべき高さだった。新規の投資家を招いて借入金が増えるにつれて、僕の株式の持ち分は下がっていった。事業は年間売上高六〇万ポンドにまで成長していた。英国の庭用手押し車市場の半分以上を手に入れたが、それでも儲からなかった。

ある元従業員がライセンス生産の交渉相手だった米国企業に転職すると、事態はさらに悪化した。この会社はボールバローの競合品を製造し、しかもパンフレットにうちのボールバローを使っていた。僕の希望に反して、カーク＝ダイソンは、金のかかる訴訟を起こすという選択をした。これが会社の財政をさらに圧迫し、さらに投資を募る必要が生じた。当時、会社の経営方針に関する不和はたくさんあった。そんな中、僕が本当にやりたかったのは、役員会が望んだシカゴの盗作屋との闘争ではなく、心中で温めてきた掃除機を作ることだった。

一九七九年二月に他の株主たちが僕をいきなり解任したときには、これ以上ないくらい驚いた。はっきりとした理由などなかった。後に、別の大株主の息子が経営権を握ったと知った。自分が作ったものの価値を見極めなかった僕は、五年がかりの仕事を失った。自分にとって最も価値あるものを守り損ねたのだった。僕がしっかりと権利を握っていれば、自分のやりたいこともできたし、高い利子も避けられた。ボールバローの特許を自分が握り、それを会社にライセンスすべきだったのだと思い知った。結局、僕はライセンス、特許、そして会社を失った。さらに悪いことに、アンドリュー・フィリップスが会社の顧問弁護士であり、彼も僕を解雇した一人だったため、顧問弁護士もいなくなってしまった。会社の損失規模もわからなかったし、僕の株には価値がなかった。

この意味で、ボールバロー——僕が初めて手がけた消費者向け製品であり、僕が初めて一人で取り組んだもの——は失敗に終わったが、そこから僕は重要な教訓を得た。特許を押さえるという教訓と、株主を持たないという教訓だ。会社の全支配権を握ること、その価値を低く見積もらないことの重要性を学んだ。僕はものを作って売る方法は知っていたが、自分自身を大切にしていなかった。ライバルはデザイン的工夫も新規の努力もなく、製造間接費も低い、雑に作られた昔ながらのブリキの手押し車だというのに、ボールバローの値段を低く抑えすぎていた。振り返ってみれば、実用品を売るというアイデアそのものが間違いだった。流通は個々の小売店に売るしかなく非効率的だったし、輸出するにはコストがべらぼうに高かった。製品としての出来はいいが、商品としてのポジショニングがなっていなかった。

そして、このとき以来、僕は自分の発明、特許、会社を絶対に手放さないという決意を固めた。今日、ダイソンはグローバル企業である。僕が所有する企業であり、そのことは僕にとって本当に大切なことだ。今も非上場企業のままである。会社の自由を縛る株主がいないから、我が社は長期的かつラディカルな決断を自由に下すことができる。上場には興味がない。そんなことをすれば、ダイソン流のイノベーションを実現する自由に終止符を打つことになるからだ。僕は未来のことを考えたいし、発明《インベンション》、エンジニアリング、デザイン、テクノロジー、そしてプロダクトを前進させることを考えたい。世間の流れに逆らってでも、僕を魅了してやまない未知の海域に乗り出したいのだ。

もう一つ理由がある。株主を受け入れていたカーク＝ダイソン時代には、当然のことながら、彼らの見解や希望を考慮せざるをえなかった。会社の一部は彼らのものであり、僕だけのものではなかった。そのため、多くの決定は僕ではなく彼らが下していた。会社のすべてを所有していれば、とりわけ負債がない場合には、設立の初期から、良くも悪くもすべての決定を自分で下せる。だからものすごく真剣に考えるし、おそらく自分自身のリスクと報酬のバランス感覚に従うことになるだろう。そうやって精神は研ぎ澄まされていく。僕が身をもって得た教訓だ。この教訓は僕の心に深く刻み込まれた。もちろん、今では優れたマネージャーたちと最高にプロフェッショナルな役員会の面々と連帯して決定を下している。

ボールバローの一件が落着したとき、僕は無一文、無職、無収入という振り出しに戻っていた。

可愛い三人の子供たちと莫大な住宅ローンを抱えていたが、五年間の苦労は水の泡になった。自分が手がけた発明も失っていた。まさに最悪の時期であり、ディアドリーと僕は大きな不安を抱えていた。それに、ものすごく腹が立っていた。すっかり自信をなくし、立ち直るのに数年かかった。しかし、僕の名付け親の慰めの言葉のとおり、ボールバローという苦難の中にも希望の光はあった。革命的な掃除機のアイデアは熟しつつあった。僕は過去の間違いや失敗から学んでいた。僕は独立した。これが本物のターニングポイントだった。

第5章

The Coach House

コーチハウス

一九七九年二月、僕は我が道を進む自由を得た。見方によっては、ちょっとした大惨事だった。無職、無収入なのに住宅ローンはかなり残っていた。財政的には厳しい状況だった。ディアドリーと僕は少し前にバースの東五キロほどのところにあるバスフォードに、手のかかる一九世紀前半築の家を買ったばかりだった。その頃、子供は三人になっていて、末っ子のサムは六カ月だった。実のところ、まともな稼ぎはなく、五年後に発明した掃除機のライセンスを米国ミシガン州のマーケティング会社アムウェイに売るまで、銀行口座の赤字は増える一方だった。

一九七九年、英国経済はお世辞にもバラ色とはいえなかった。年明けから「不満の冬」と言われる厳しい冬——全国の一月と二月の平均気温は零度を下回った——となり、トラック運転手、救急車の運転手、鉄道労働者、ゴミ収集作業員、そして墓掘り作業員までがストライキを起こした。ＩＲＡの爆破テロが続き、またしても不況になるといううわさが流れていた。ジェームズ・キャラハン率いる労働党政府は事態を把握も制御もできずにいた。春の選挙で保守党が大勝すると、あの素晴らしいマーガレット・サッチャーが首相に就任した。

奇妙に思われるかもしれないが、金銭的な心配は絶えなかったのに、生活そのものはおそらく実際ほど厳しさを感じなかった。ディアドリーと僕には、修理の手間がかかるものの素敵な家があったし、九歳から一歳まで、三人の可愛い子供たちと愛犬のレトリーバーがいた。野菜を育てたり、子供たちが遊んだりする大きな庭もあった。ディアドリーは洋服を作り、アート教室を運営し、自分の絵を売った。贅沢な休暇を過ごす余裕はなかったが、いろんな意味でのどかな時代だった。みんな元気いっぱいだったし、僕はやりたいことがわかっていて、それにとりかかろうとしていた。

それが、サイクロン掃除機だった。ボールバローの工場用に巨大な金属製サイクロンを溶接して作って以来、頭の中にあったアイデアだ。取り組む意味はどんどん大きくなっていた。何年にもわたってイノベーションがまったく起こっていない掃除機業界という分野があり、市場は新しい製品を待ち望んでいるはずだった。それに、家の掃除は年中やるものだから、掃除機はボールバローのような季節限定商品ではない。一家に一台必ず必要なものだから、不況知らずでもある。チェックリストの全部に丸がつくように思えた。とにかく、自分でも子供の頃から掃除機を使ってきて、もっといい製品が必要なはずだと痛感していた。

それから一五年間、僕は借金まみれになった。起業家精神のある若い発明家にとって励ましになる話ではないかもしれないが、何事か――長距離走であれ、まったく新しいタイプの掃除機であれ――を達成するつもりなら、自分のクリエイティブなエネルギーを一〇〇%注ぎ込まねばならない。必ず最後までやり抜くと信じること。必要なのは、決意と忍耐力と意志力だ。

とはいえ、「いつか自分が掃除機を製造販売する事業を立ち上げるし、それが進むべき道なんだから、たとえ利益を上げるのに一五年かかっても構わない」と考えて始めたわけでは決してない。実際には、ボールバロー工場のサイクロンを作っていた頃に新しい掃除機を購入した経験がきっかけになった。家には中古の「フーバー・ジュニア」――米国の有名な工業デザイナー、ヘンリー・ドレイファスによるクラシックなアップライト型掃除機で、ペリベイルのウェスタン・アベニュー沿いにあるアールデコ様式のフーバーの工場で製造されていた――があったが、もっとモダンな掃除機が必要だと思っていたところに、フーバーから空飛ぶ円盤のような新型が登場した。世界一パワフルな掃除機という触れ込みだった。

ある土曜日のこと、新しい掃除機を使ってみると、ものすごい音がするわりに吸引力がほとんどないように思えた。紙パックが満杯だとわかったが、替えの紙パックがなかったので、古びた紙パックを引っ張り出し、端を開け、中身をゴミ箱に空け、空になった紙パックの端を養生テープで留めて、「空飛ぶ円盤」に戻した。それでも吸引力は戻らなかった。僕は車に乗って、新しい紙パックを買いに行った。新しい紙パックをつけると、吸引力が戻った。僕は新しい紙パックと空にした古い紙パックの違いを知りたいと思った。古い紙パックを開くと、合点がいった。

エンジニアならわかるはずなのに、僕が見落としていたことがあった。つまり、掃除機の紙パックの目的はゴミを溜《た》めておくことではないということだ。紙パックはフィルターの役割を果たし、ゴミや塵を内部にとらえ、細かな孔から空気を逃がす。「ゴミがいっぱい」というサインは「紙パックがゴミでいっぱいです」という意味ではなく、「ゴミが目詰まりしています」というサインだった。紙パックが目詰まりを起こすと圧力が上がり、「ゴミがいっぱいです」というお知らせが出るが、実際には紙パックの細かな孔が詰まっているという意味だ。これは非常に重要なことだった。なぜなら、空気は紙パックを通過すべきなのに、ゴミや塵が入った瞬間から目詰まりが始まり、気流も減って、吸引力と清掃能力も大幅に低下するからだ。この現象に、エンジニアとして、僕は興味をそそられた。消費者としては、裏切られたような気がしたし、怒りさえ感じた。この怒りは数カ月にわたり、増していった。

ボールバロー工場のキャリコ布にパウダー塗料の目詰まり問題が起こり、その解決策として巨大なサイクロンを作ったことを僕は思い出した。もっと小さいサイクロンを開発して、掃除機の目詰まりする紙パックの代わりにしたらどうだろう？　僕はボールバローの会社の役員や株主に、紙パックのないサイクロン掃除機のアイデアを売り込んだ。目詰まりと吸引力低下の問題が解決できるんだ、と。ことはうまく運ばなかった。そんなに素晴らしいアイデアなら、フーバーやエレクトロラックスがとっくに作っているはずだ、というわけだ。

さて、一九七九年のこと、自宅にいた僕は、サイクロンをミニチュアサイズにしたらどんなふうに動くのかを見たいと思っていた。ボールバロー工場で作った金属製サイクロンと似た形のものをボール紙で手早く作ってみた。高さ一〇メートルではなくわずか三〇センチ、養生テープで留めただけ。アップライト型掃除機のハンドルからぶら下がっている布製の袋を外し、代わりにこのシンプルなサイクロンを取り付けた。家の中を何度か押して回ると、塵や細かなホコリやレトリーバーの毛がサイクロンに集まっていて、うまく働いているように見えたが、エンジニアリング的になぜ有効なのか、見当がつかなかった。

僕はジェレミーにこのアイデアを見てもらうことにした。彼は支援に大変乗り気になり、開発のための事業計画と予算を一緒に立ててくれた。彼は上限二万五〇〇〇ポンドまたは四九％の株式までは投資しようと言い、僕は自分の持ち分である五一％分の資金を準備するだけになった。これなら、会社の主導権を握ることができる。僕を追い出すつもりは毛頭ない、とジェレミーは言った。それに、二人ともエンジニア兼デザイナーなのだから、掃除機の自社生産を考えるよりも、まず掃除機の開発に専念し、それからそのアイデアを売るべきだとも言っていた。ディアドリーと僕は、大切な家庭菜園の土地を建設用地として売却し、それでも足りない分はロイズ銀行チッピング・ソドベリー支店の支店長から借りて二万六〇〇〇ポンドを用意し、持ち分となる五一％の株式を取得した。この支店長は、かつてドディントン・パークでディアドリーがボールバローを押す写真を撮影するときに仲介してくれた人だった。

幸運なことに、我が家には一八世紀築の古い馬車小屋《コーチハウス》があり、工房として使えた。念のため説明すると、建物の半分は二頭立ての馬車を、もう半分は馬たちを入れておくスペースで、屋根裏は干し草置き場になっていた。最初は臭いもしたし傷んでいる部分もあったが、木のベンチを備え付けると、すぐにそれらしく見えてきた。アンティークの金属板圧延機を買ったので、真鍮《しんちゅう》の板を延ばし、はんだ付けやリベットで留めるとサイクロンのプロトタイプができた。毎日一つはサイクロンを作っていた。もちろん毎回一からというわけではなく、一部を改良する日もあった。

僕が学んだ本当に大切な原則の一つは、変更するのを一カ所だけにして、その変更で何が変わるかを見極めることだった。人は、素晴らしい思いつき一つ、あるいは風呂の中での「ユーレカ！（わかった！）」というひらめき一つで突破口が開けると思っている。僕だってそうあってほしいと思う。だが、ユーレカ的な瞬間はめったにない。むしろ、まず一つの設計を試し、それから一カ所ずつ変更してみることで、うまくいくこと、いかないことがわかってくる。ヴィクトリア朝時代の革新的なエンジニアであるイザムバード・キングダム・ブルネルは、一九世紀に船舶のプロペラを開発したことから現代的研究開発の父と呼ばれ、僕のヒーローの一人であるが、彼も一度に一カ所ずつ変更を加え、粘り強く開発を進めた。幸運なことに、彼の開発業務記録がブリストル大学に保存されている。開発の旅路は厳しいが、刺激的でもある。

僕にとって、そこから続く五年間は挫折の連続だった。浮沈が多く、ときには進むべき方向を間違えたし、失敗、失敗、また失敗の連続で、バニヤンの『天路歴程』に出てくる長い苦難の巡礼旅のようだった。突破口は、こうした経験主義的手法による道の途上で、たいていの場合、思わぬ形で訪れる。途中で優れたアイデアを考え出し、突飛なことを進んでやってみる必要はある。だが、瞬間的なひらめきを慌てて試しても、うまくいくことはめったにない。

最初の実験——自宅にあったフーバー製掃除機に手づくりの段ボール製サイクロンをくっつける——は、僕の作った単純なサイクロンが確かに塵や細かなホコリを集めることを示していた。ここから、サイクロン技術を開発するという真剣な事業が始まることになる。掃除機の中心部が完成すると、僕はすぐに掃除機の他の部分の開発にとりかかった。

サイクロンのプロトタイプを作り始めると、難題が二つ出てきた。第一に、サイクロン技術には明確な限界があるとされていて、論文によれば、二〇ミクロンまでの塵や細かなホコリについては効果的であることがわかっていたが、家庭の塵や細かなホコリは〇・五ミクロンと煙草の煙なみで非常に微細だった。第二に、従来のサイクロンの形では、カーペットの綿ボコリや髪の毛の捕捉や分離ができなかった。排気と一緒に排気口をあっさり抜けて飛散してしまうのだ。

資源や設備の揃ったエレクトロラックスやフーバーが、僕が考えるような掃除機を製造・販売しないのはなぜだろう？　彼らなら、僕——飼い犬と一緒に田舎のコーチハウスで作業している一人の男——をさっさと追い抜き、二社で市場を独占することだって確実にできるはずだ。

彼らが僕が行く道を追いかけようと思いすらしなかった理由は、少なくとも三つあった。第一に、言うまでもないが、「吸引力が落ちない」掃除機はまだ開発されていなかった。第二に、使い捨て紙パックのビジネスは利益性が高かった。第三に、僕にとってはかなり驚きだったのだが、大手電気製品メーカーは意外なくらいに新しいテクノロジーに対する関心がなかった。業界の外から挑戦してくる企業はなかったため、手元にある栄光に安穏としていられる余裕があった。少なくとも当時は。

僕はプロトタイプづくりに没頭していた。ライセンスを取得できるモデルに到達するまでに僕が五一二七個のプロトタイプを作ったことは、ダイソンの伝説の一部である。もちろん、正確な数字だ。一カ所変更してはテストするというプロセスの積み重ねは時間がかかる。だが、必要なプロセスだった。手元にある理論の可・不可を一つひとつ確認する必要があったからだ。それに、どんなにストレスがたまろうとも、失敗に屈するのは嫌だった。僕が不可とした五一二六個のプロトタイプ——いわゆる五一二六回の失敗——は、五一二七回目に正しいものを手にするまでの発見と改良のプロセスの一部だった。ボールバローの事業で学んだように、失敗はとても重要だ。失敗から学ぶことは重要だし、間違いなくそうすべきだし、失敗する自由があるべきだ。

日々支えてくれる人がいるという幸運に恵まれれば、まず諦めることはないだろう。僕の場合はディアドリーが五年間支えてくれた。家族ぐるみの取り組みでもあった。子供たちはコーチハウスにやってきて、そばで一緒に作業をしてくれた。他にも、スケートボード・ランプ、真空成形機、デスク照明を一緒に作った。ものづくりは大きな楽しみとして我が家の日常の一部になっていたし、余裕のない生活で必要に駆られた面もあった。ジェイクは座ったまま前方のスキーを操作できるソリを作った。サムは面倒な留め金なしに、車のトランクの蓋を支えるガスダンパーを利用して、さっと簡単に畳めるアイロン台を作った。エミリーは僕が庭に造ったプールに飛び込み台を作った。

数千個のプロトタイプづくりは大変だったけれど、楽しくて夢中になれるプロセスだったし、僕はサイクロン技術について多くの知識を得た。しかし、ジェレミー・フライと同じく、僕も専門家の意見が気になっていた。デュアルサイクロン掃除機を開発していた頃、僕は科学者のR・G・ドーマンに会うため、ソールズベリー近郊にある、かの悪名高きポートン・ダウンの国防科学技術研究所に赴いた。ドーマンは『防塵と空気清浄化』(一九七四年、未訳)という本をロバート・マクスウェルのパーガモン・プレスから出版しており、サイクロン抽出については最先端の専門家とされていた。非常に感じのいい人で、現状では二〇ミクロンまではうまくいくと話してくれた。だが、僕の理解では、家庭用掃除機ではその数字を〇・三ミクロンにする必要があった。

ところが、そこまで細かい塵を扱うのは無理だと考えられていた。そこで、僕は自分でこの数字を小さくする仕事に着手した。なぜなら、そうする必要があったし、心のどこかで専門家が間違っていると証明したい気持ちもあったからだ。サイクロンの数学については、僕の恩師で今はグレシャムの寮長であり、名付け親の夫でもあったポール・コロンブの力を借りた。ちょうどその頃、デヴォンへ向かう途中でうちに滞在していたのだ。ドーマンの本には、サイクロンの大きさ、気流、粒子サイズが違うサイクロンの効率性を決定するための五種類の計算方法が紹介されていた。ポール・コロンブの手を借りて計算を始め、方程式を解いていくと、果たして、学者はみんな違った定理を唱え、違う答えを導き出していた！　どれ一つ役に立たず、近道などないことがはっきりした。答えを見つけるには、自分でテストを重ね、技術を研ぎ澄ましていくしかない。五一二七個のプロトタイプを作った後、僕たちは専門家が不可能だと見なしたことを成し遂げた。

専門家たちは答えが出尽くしたという自信を抱きやすく、彼らのこうした特性が新しいアイデアを殺してしまうことがある。だが、新境地を開こうとするなら、エンジニアリングの慣例や知識に拘泥する気など起こらないはずだ。ポーランド生まれの英国人数学者・歴史家のジェイコブ・ブロノフスキーが一九七三年にBBCの科学番組「人間の進歩」で述べたように、「科学とはまさに人間の形をした知識である。私たちは常に既知のことがらの最先端にいて、思い通りに進むことを望んでいる。科学におけるすべての判断は誤る瀬戸際にあるし、個人的なものである。科学とは、人間が誤りながらも知りうることへの賛辞である」。

だからこそ、僕はアレック・イシゴニスやシトロエンのアンドレ・ルフェーブルのようなエンジニアに昔から敬意を抱いてきた。彼らは伝統に疑問を呈し、実験を行い、計算の上でリスクを取り、誤るギリギリのところに踏みとどまりながらやり遂げた。そして、いったん成功すると、また疑問を呈し続けた。2CVの開発にあたり、シトロエンの副社長だったピエール・ブーランジェがルフェーブルと彼のチームに伝えた指示を考えてみてほしい。「農家の夫婦が卵を入れた籠を載せ、畑を越え、轍《わだち》のついたぬかるんだ小道を走って市場に向かっても、卵が一つも割れない、モーター付きの馬と荷車」だ。この問題を解くにあたり、チームは軽量化した車輪に取り付けるサスペンションアームをすごく長くすることで、長時間でも乗り心地がソフトな旅を実現した。見た目についてはたいして重要でないように思われていたが、実際には彫刻家から工業デザイナーに転じてシトロエンのスタイルを決めていたフラミニオ・ベルトーニが、独特の親しみやすいデザインを生み出し、長期にわたった2CVの生産を通じて少しずつ洗練を加えていった。何もかもが、真に独創的な思考のたまものだった。2CVは四二年にわたって生産され、イシゴニスのミニと同じく、その魅力が褪《あ》せることはなかった。彼らは独立独歩の思考を旨とするエンジニアたちであり、ラディカルなデザインを製品化し、そして本人たちが意図したわけではないが、歴史の教科書に載せる力があった。

四年という時間をかけて、おそらく僕はほとんどのサイクロンの専門家よりも多くのサイクロン式分離機を組み立て、テストした。僕は、顕微鏡でなければ見えないような小さな粒子をとらえるため、サイクロンの能力を上げる方法を探究していた。五〇〇〇個以上のプロトタイプをテストするプロセスを通じて、サイクロンの円錐形断面における正しい角度と最適な直径、吸気口と排気口の最適な直径、理想的な集塵口の形と排気口の最適な長さを決定した。

一九八二年後半には、僕の掃除機の要所であるサイクロン部分について、完全に作動するプロトタイプができていた。当時、掃除機には、縦型とシリンダー型の二種類があった。縦型はクリーナーヘッド内に回転するブラシロールが入っており、掃除機を押しながら使うが、カーペット以外には使えないし、幅木の際《きわ》はきれいにならなかった。それに、吸引力もあまりなかった。ホースを使って床の上を引っ張り回すシリンダー型は、ゴミ袋が新しければ吸引力は強力だったが、通常は電動機能のないヘッドしかついておらず、フローリングの掃除にはよくても、カーペットではあまり効果的でなかった。

しっかりした吸引力をもたせるために、僕はシリンダータイプのモーターを回転ブラシ付きの縦型に取り付け、床の隅やその上方の掃除にはシリンダー型に伸縮するホースを装備した。これで、僕の掃除機はどちらの型についても競争力を持つはずだ。僕の掃除機のハンドルは本体から外せるようになっており、ホースをつなげば本体から四メートル先まで届き、自動切り替えバルブによってクリーナーヘッドからホースへ、あるいはその逆へと吸込口を切り替えることができた。あれこれいじくらなくても、ウェスタンの早撃ちみたいに、さっと操作できた。

掃除機をデザインして組み立てた僕は、新機能やサイクロンの発明の特許申請に着手した。特許は極めて重要だ。だが、特許制度はヘンリー五世時代に考案されて以来ほとんど変更されておらず非常に不充分であり、発明家をほとんど保護してくれない。それでも、このデザインを英国、ヨーロッパ、米国の主要な掃除機メーカーにライセンスするという次の一歩を踏み出すためには、特許取得は必須条件だった。フーバーは、話し合いから生まれたものはすべて彼らのものになるという書類にサインしてほしいと言ってきた。僕はサインせず、フーバーとの協力関係は終了した。しかし、一九九五年にフーバーはＢＢＣの「ザ・マネー・プログラム」という番組に欧州担当副社長のマイク・ラターを出演させ、そこで彼は、フーバーは僕の発明を買わなかったことを後悔している、と述べたのだった。「棚にしまい込んで」絶対に日の目を見ないようにしておけたのに、と。うっとりするような発言だ。

僕はエレクトロラックス、ホットポイント、ミーレ、シーメンス、ボッシュ、AEG、フィリップス――たくさんの掃除機メーカーだ――に面会し、全社から拒絶された。いらだたしい状況だったが、どの社も他と違った新しいことに乗り出す気はないのだと痛感した。わかりきっていたことだが、彼らは当時、ヨーロッパだけで五億ドル（約五五〇億円）以上あった掃除機の紙パック市場を守ることのほうに関心があった。しかし、ここにチャンスがあった。替えの紙パックに金を無駄遣いしなくてもすむのだと消費者を説得できたらどうなるだろう？　それに、その紙パックはプラスチック繊維でできていて生分解性ではないわけだから、消費者は紙パック不要で吸引力が衰えない掃除機を選ぶかも？　そうなれば、僕がこうした老舗企業に対抗するチャンスになるかもしれない。

僕の行動をずっと見ていたロトルクは、僕のデザインのライセンスを取得した。僕たちはイタリアのポルデノーネにあるザヌーシ社の製造によるピンク色の「クレネーゼ・ロトルク・サイクロン」を発売した。市場の他の掃除機との差別化を強調するため、この色が選ばれた。価格は二〇二一年の物価に換算すると約一〇〇〇ポンド（約一五万七〇〇〇円）相当で、約五五〇台が生産された。

僕たちはカタログ片手に家庭を回るクレネーゼ社の販売員の訪問販売や、一九八三年と一九八四年の「アイディアル・ホーム展」を通じて掃除機を販売した。ロトルクがクレネーゼをパートナーに選んだのは、掃除機の販売に関わりたくなかったからだ。掃除機の訪問販売は、英国ならカービー、ドイツならフォアベルクといった企業が試行と実績を重ね、得意としていた。米国のフラー・ブラッシュ社の手法をベースとしたクレネーゼは、戦後の英国では確かによく知られた企業だった。一九八二年、セールスマンは玄関口でスーツケースではなくカタログを開ける時代になっていたが、続く数年間のクレネーゼの事業は順調だった。

ロトルクに掃除機のライセンスを売った後、他のライセンス先を探しつつ、ジェレミーと僕はプロトタイプスという企業を設立し、スノードン卿と一緒に四輪駆動の電動車椅子「スクオーレル」の設計に取り組んだり、ロトルク海洋事業部でチューブボートと同じくらい多くの時間をかけて開発していた「ホイールボート」のプロジェクトを復活させたりした。この頃までに、シートラックの販売はすでに一三年に及んでいて、その多くは運搬船や攻撃用船艇ではなくパトロール艇として使用されていた。陸軍、海軍、警察など、水上におけるジープタイプの乗り物を求める組織向けの高速水上ジープ市場はきっとある、と僕たちは考えた。

この頃には、自宅のコーチハウスではなく、バースの有名な集合住宅「ロイヤル・クレッセント」の裏にあるコーチハウスを四万五〇〇〇ポンドで購入し、工房にしていた。ロトルクにライセンスを販売した代金を資金にした。玉石を敷き詰めた広大な中庭を囲むL字型の建物だった。今回は、ウィクーム屋敷の池に頼らず、テストタンク的なものを作った。一三年前に使ったトライポッドとブーム式アームと同じデザインだったが、タンクは合板製のドーナツ型の水槽で、防水のため大きなプラスチックシートを内張りした。モーターは大きな電気ドリルで、電源ケーブルは二階の窓から引いた。電気モーターの使用電力、ホイールの速度、ホイールの積載重量と移動速度が計測できた。ホイールは原寸で三メートルになるのを六分の一模型にした。

一三年前に湖で行ったのと同じテストを繰り返し、効率性を上げた。しかし、模型の水上ジープの速度はまだ遅かった。パドルの形をいろいろ変えてみたが、シートラックよりもはるかに遅い速度しか出なかった。ある日、ランチを食べながら失敗の理由を考えていたとき、掃除機のファンのブレードを思い出した。空気をとらえて加速させるのに、パドルのような動作や形ではなく、後ろ向きの傾斜カーブで空気を流し出すブレードだ。水を漕ぐのとは逆向きの動作をする後ろ向き傾斜のブレードにしたらどうだろう？　どんなことが起こるだろうか？　準備して、テストを開始した。後ろ向き傾斜のある大型ブレードをつけたホイールが水中から浮き上がり、高速で水面を跳ねていく様子を見て、僕は仰天した！　これならシートラックに負けない、いやそれを上回る速度が出るかもしれない。効率性とスピードを上げるテストを重ね、特許を申請した。

特許局からすぐに返事が来た。この発明に関する書類はすべて、金庫室の金庫に保管すべきとの通達だった。軍事的重要性があるとされ、商業利用は許可されなかった。サー・クリストファー・コッカレルのホバークラフトにも同じことが起こり、彼（および彼の没後は夫人）と国防省の不和の種となった。

さて、僕は中庭で開発した水上ジープの実寸バージョンを設計・建造した。直径三・三メートルのホイールには、軽量なアルミ製ハブの周囲にしなやかなケブラー繊維強化ポリエチレン（ケブラーはカーボンファイバーの廉価版）製の巨大な「インナーチューブ」を取り付けた。トライポッドとブーム式アームはプール港に停泊中のシートラックに取り付ける予定だった。ブームの下につけるドライブシャフトを駆動するエンジンは、ドライブシャフトにチェーン減速機をつけたフォードのガソリンエンジン（一六〇〇cc）にする予定だった。四輪のうちの一輪の挙動を示すホイールを一つ作って、投錨したシートラックの周囲を回るようにしてあり、タンクでのテストで最良の結果を出したパドルを、今度は実寸で試すことになった。その結果、三・三メートルのホイールは、わずか一五馬力で二五〇キログラムを積載し、時速五〇キロで進んだ。最高に爽快な眺めだった。つまり、積載量一〇〇〇キログラム、六〇馬力のモーターでフルサイズのジープを作れたら、水上を時速五〇キロで移動できることになる。不運なことに、すでに海洋事業部を売却してしまったロトルクは、もはや興味を示さなかった。プロジェクトは終了した。

ホイールボートのプロジェクトが終わると、別のプロジェクトが始まった。ジェレミーの友人であるスノードン卿は、電動車椅子のデザイン、とりわけ室内での使いづらさに長年不満を抱いていた。屋外の泥や口にしたくない汚いものを家の中に持ち込んでしまうし、室内での使い勝手が悪く、見た目も不格好だった。子供の頃にポリオを患ったスノードン卿は、長年障害者のための活動を支援していた。著名な写真家であるだけでなく、発明家でもあった。過去には、あるエンジニアリング企業と一緒に自分が設計した電動プラットフォームを熱心に売り込んでいた。室内に置いておき、その上にお気に入りの椅子を固定して使うというアイデアだ。操作や運転はシンプルな縦型アームで行う。スノードン卿と一緒に、屋外の車道や歩道でも同じように使いやすく、従来の電動車椅子のように不格好な代物ではない、優れた室内用車椅子の設計を目指すことになった。

まずは車輪のサイズから始めた。直径が大きくなるほど、登れる段差も大きくなる。だが、大きな車輪は室内では邪魔になる。車輪をサイドに傾ける——例えば四五度——と、まっすぐの状態よりも大きな段差を登れるようになる。これは、四五度傾いた車輪が描く軌跡の直径のほうがはるかに大きくなるからだ。本を一冊置き、その上に皿を転がしてみればわかる。皿はなかなか本に登れないだろう。しかし、皿を四五度傾けると、もっと簡単に登るようになる。そこで、僕たちは車輪を垂直方向に対して六〇度にセットした。これにより、車輪はプラットフォームの下に格納され、ほとんど見えなくなった。

また、電動車椅子にはモーターが二個ついていることにも気づいた。特製品で、高価で重いモーターだった。僕たちはもっと安くて小さなワイパー用のモーターを選び、四輪のすべてに一つずつ装着した。通常の二輪ではなく四輪につけたから、モーターを小さくできた。それに、これで四輪駆動になるという利点もあった。

従来の車椅子は固定された駆動車輪二つとキャスター車輪二つがついている。そのため、スーパーや空港のカートと同じで、操縦中に不測の方向に進むことがある。四輪による操縦なら、思い通りの方向に進むし、最小回転範囲も小さいため小回りがきく。軸を中心として回転することも可能だった。実は自動車でも注意深くコントロールされているのだが、内輪は外輪よりもゆっくりと回らなければならないし、フル四輪駆動がもたらす複雑な動きにおいても同じことを実現しなければならない。この動作を実現する電子技術や角度をつけた車輪を操縦するための幾何学は、複雑だが興味深くて先駆的な開発ステップだった。

バッテリーはプラットフォームの上に装着し、その上に椅子を載せた。僕が設計した椅子は、運搬するときは折り畳めた。角度をつけた車輪付きプラットフォームが二つ目のユニット、重いバッテリーが三つ目のユニットになる。三つのユニットはどれも車のトランクに簡単に積み込むことができた。ブリティッシュ・エアウェイズでニースへ、そこからレンタカーのルノー5に乗ってプロヴァンス地方バス＝ザルプ県の高地にあるジェレミーの村へと、まさにそうやって運んだ。現地では、ジェレミーの友人で車椅子を使っている人にテストしてもらうことになっていた。万事快調だった。その人が岩だらけの山道を登りたいと言い出すまでは、だ。登山には室内用車椅子ではなく、ランドローバーが必要だったんだ！　しかし、僕は今でも、室内用車椅子を作ろうというスノードン卿の最初の思いつきは正しかったと思う。僕たちは車輪がほとんど見えず、低いプラットフォームにチャールズ・イームズのような椅子が装着され、操縦性に優れた車椅子を作りあげた。通常の電動車椅子にはまるで似ておらず、その欠点もなかった。

僕は掃除機に集中するためにプロジェクトを離れたが、ジェレミーたちは車椅子に取り組み続けた。後に、彼らが車輪を従来のものに変更したとき、他の車椅子と似たりよったりになってしまうだろうなとは思った。「スクオーレル」という名で生産されたが、商業的には失敗した。

商業的には、縦型のサイクロン掃除機も成功とはいえなかった。ロトルクが間違った人物を財務担当役員にしてしまったせいだ。他社にライセンスを供与する発明家にとっての問題の一つとして、相手の企業がライセンスにサインするときはやる気を見せていながら、その後いろんな理

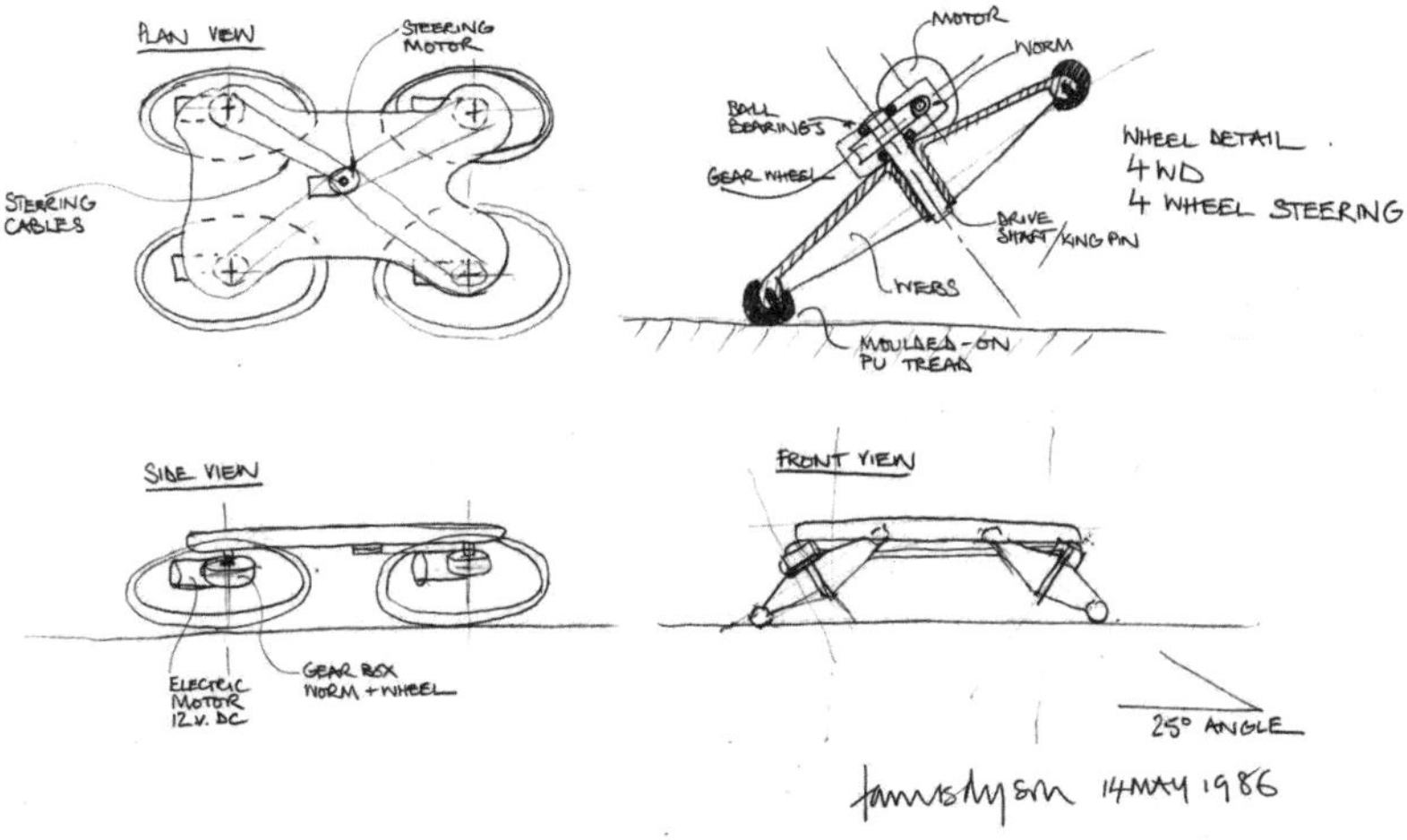
PLAN VIEW
STEERING MOTOR
STEERING CABLES
MOTOR
WORM
BALL BEARINGS
GEAR WHEEL
WHEEL DETAIL
4WD
4 WHEEL STEERING
DRIVE SHAFT/KING PIN
WEBS
MOULDED-ON PU TREAD
SIDE VIEW
FRONT VIEW
ELECTRIC MOTOR 12V. DC
GEAR BOX WORM + WHEEL
25° ANGLE
14 MAY 1986

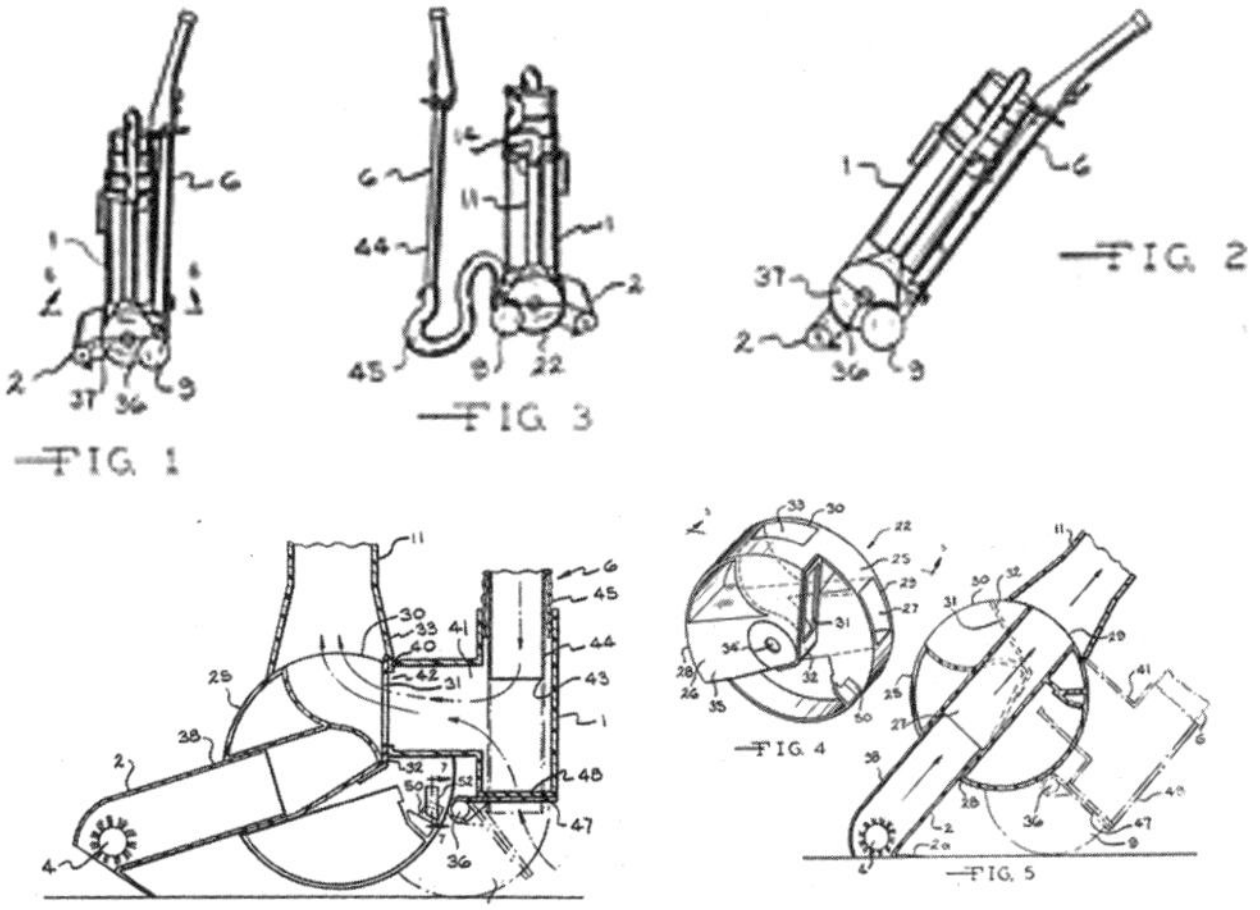
FIG. 1
FIG. 2
FIG. 3
FIG. 4
FIG. 5

（上）車椅子　（下）Gフォース

由をつけてやらずじまいにするということがある。ライセンサー（ライセンスを供与する側）にとっては最もいらだたしいことだ。僕は他のライセンシー（ライセンスの供与を受ける側）を探すことになった。ブラック・アンド・デッカーは当初関心を示したし、他にも米国の企業数社が興味を示しており、その中に、ミシガン州エイダに本社を置くアムウェイもあった。一九五九年にジェイ・ヴァン・アンデルとリチャード・デヴォスが設立した会社で、社名は「アメリカン・ウェイ（米国流）」を短縮したものだった。僕たちと商談するため、本当に感じのいいオーストラリア人の副社長をバースに送り込んできた。

実に魅力のある人物——オーストラリアで引退生活を送る彼と僕は今も交流がある——だし、話の内容もよかったので、僕たちは一九八四年にアムウェイにライセンスを供与し、アムウェイはビッセルという企業を買収してミシガン州グランド・ラピッズ近郊で掃除機を製造することになった。アムウェイと製造業者のビッセルに僕がしばらく滞在し、設計図やプロトタイプ、ノウハウ、機密情報を手渡したが、ここで彼らは合意をキャンセルし、支払った金を返せという不当な訴訟を起こした。

アムウェイを相手に米国の裁判所で争うのは大変なことだし、訴訟中は他の会社にライセンスを供与できなくなるため、財政破綻を招く可能性があった。アムウェイはブロンクス出身の非常にタフな弁護士を立ててきた。「学位持ちのバラクーダ」という触れ込みだった。一九八四年にジェレミーは「和解しろ。僕は訴訟をしたくない」と言った。僕たちはアムウェイに全額を返還し、自分たちの訴訟費用を支払った。これが原因で僕は大借金を背負ってしまった。同時に、掃除機は時間と金の無駄だと考えていたジェレミーの財務顧問が、掃除機事業を売るよう彼に促した。僕はロイヤル・クレセントの裏にあるコーチハウスをバース選出の保守党議員クリス・パッテンに売却し、ロイズ銀行チッピング・ソドベリー支店からさらに借り入れを行い、なんとか費用を掻き集め、ジェレミーの株式持ち分を買い上げた。これで株式の一〇〇%が僕のものになったが、ジェレミーが会社に関わるのをやめる決断をしたことが悲しかった。訴訟を恐れる気持ちや、特に彼のほうが僕より失うものが大きいことは理解できた。結局のところ、これは僕の発明であり、僕が負うべき苦難だったのだ。彼の支援にはこの上なく感謝していたし、その後もとてもいい友人であり続けた。

そんな頃、セレンディピティが訪れた。

米TWA（トランスワールド航空）の機内誌が、裏表紙をめくったページにピンクとラベンダー色のサイクロン掃除機の素敵な写真を掲載し、対向ページに記事を掲載してくれたのだ。このおかげで、サイクロン掃除機が米国人の目に留まった。さらに、イタリアやスイスのハイエンドデザインや英国のシステム手帳ファイロファックスを輸入している「エイペックス」という日本の小さな企業が、高級なプロダクトデザインを紹介する書籍にぽつんと掲載されたサイクロン掃除機の写真に目を留めた。ぜひ会いにきてほしい、と言う。一九八五年、僕は格安航空券を購入し、ソ連の航空会社アエロフロートに乗ってモスクワ経由で東京に飛んだ。

当時の日本は、本当に別世界だった。初めてエイペックスの事務所に行くと、若い女性社員たちが僕の鼻を指差した。「エッフェル塔みたいに高い鼻ですね」。褒め言葉だと後でわかったが、僕の英国式の鼻が彼らの鼻よりはるかに目立つとはいえ、初対面なのにそんなことを言うなんて不思議だと思った。数週間経った頃、女性たちの一人がやってきて、彼女たちと一緒に夜にビールを飲みに行かないかと聞かれたが、これも当時は普通ではないことのように思われた。僕は楽しみにしていたのだが、出かける間際に会長にオフィスでスケーレックストリックのスロットカーレースをやらないかと声をかけられてしまい、残念だった。

しかし、何よりも新鮮だったのは、エイペックスのサイクロン掃除機に対するアプローチだった。彼らはこの掃除機がすごく気に入っていて、一つひとつの部品の出来や、他とは違う掃除機であることを称賛してくれた。彼らは掃除機を分解し、研究し、理解した。技術、ものづくり、技術が創り出すものに対する本物の愛があった。僕は日本に長期滞在しながら掃除機のクリーナーヘッドのデザインを修正し、最初のサイクロンに髪の毛や細いカーペットのクズをとらえる隔壁を追加して、分離システムを改良した。

エイペックスはピンクとラベンダーの色はそのままにしたいと言った。既存の掃除機の間で目立つし、この色が気に入っていたからだ。「シルバー・リード・タイプライター」や編み機で知られるシルバー精工で製造が始まった。エイペックスはこの製品に「Gフォース」という名前をつけた。一九八六年に二五万円で発売された。今なら二〇〇〇ポンド相当だ。日本におけるステータスシンボルとなり、あっという間にデザインのクラシックになった。ライセンス契約だったたし、日本の会計が本当に謎だらけなせいで正確な販売台数はわからずじまいだったが、人気製品になったのは明らかで、製造は一九九八年まで続いた。

僕の初めての日本出張中に、英国の自宅で、一匹のリスが屋根の上にある水タンクのパイプに穴を開けた。滝のような水が家の中に流れ落ち、天井が落ちた。ディアドリーと子供たちは、野営同然の厳しい生活に陥った。僕がライセンス契約を結べないまま――契約は後で締結した――帰宅すると、家族は遭難状態だし、あちこちを回って手を尽くしても収入は完全にゼロだった。不安で眠れない夜が続いた。しかし、契約がまとまると前払金が入ってきて、我が家はようやく破滅を免れた。

それから間もなく、ポール・スミスにコベント・ガーデンのショップで初めて会った。彼はGフォースを売りたがっていた。英国内のポール・スミスのショップで掃除機を売れるように、僕は日本から掃除機を二〇〇台輸入した。ポールはショップのウィンドーの端から端まで、洋服の間にGフォースを並べてディスプレイした。彼こそ英国での僕の最初の顧客であり、輸入した分はまたたく間に完売した。しまった、もっとたくさん輸入すべきだった、と思ったが、当時は輸入業者にはなりたくないとも思っていた。

日本のGフォースの生産が始まると、僕は米国にしばらく滞在し、米国やカナダのライセンス先を探そうと試みた。国が変われば掃除機市場も相当異なるのは本当に面白かったが、取引を見据えた交渉や法務は厄介で、極めて不快な思いをすることもよくあった。

あるとき、米国からの帰国便の隣の座席にジェフ・パイクという名のビジネスマンが座っていた。彼も僕も小説家フェイ・ウェルドンの最新作を読んでいたおかげで、興味がいろいろと似通っていることがわかった。ジェフの主要事業はカナダでの石油開発だが、オンタリオ州ウェランドに本社を置く「アイオーナ・アプライアンス」という会社の会長でもあった。僕はトロントにジェフを訪ね、ダイソンが開発したドライパウダー式カーペットクリーニング機について、アイオーナ（後にファントムと改称）との初のライセンス契約を結んだ。この機械にはミリケン社の「キャプチャー」というモイストパウダー製品を利用していた。ドライパウダー（実際には少し湿ったパウダー）をクリーナーヘッドのてっぺんにあるじょうご式の口から投入するのだが、これが意外に面倒だった。まず振動をかけて塊を崩し、均等にばら撒く必要があった。それから「ブラシがけ」モードにし、最後に吸引掃除モードにして作業する。すべてハンドルの上端部につながるボーデンケーブル経由で機械的にコントロールしていた。

アイオーナはこれをシアーズに売り込んだ。全体をグレー一色にするなら買う、というシアーズのバイヤーとの会合は面白かった。一日かけて彼女をおだて上げ、てっぺん近くのブルーの差し色はなんとか維持できた！　この契約はうまくいき、クライブ・ベハレルという名の魅力的な男が運営する新製品カタログを通して英国でもいくらか販売した。このドライパウダーの経験から、ダイソンは掃除機と一緒に「ゾーブ・イット・アップ」というカーペットメンテナンスパウダーや染み落とし剤を販売した。

アイオーナと掃除機生産のライセンス契約の交渉を続け、ようやくサインに漕ぎつけようというときに、アムウェイが僕の掃除機のコピーを発売した。アイオーナはこのコピー商品の話をすでに耳にしていた。アムウェイは当時全米最大の小売店だったシアーズに売り込みをかけており、シアーズがアイオーナに「おたくのと同じ商品をもう見たことがある」と話したからだ。僕はこのショッキングなニュースに仰天した。アムウェイはダイソンとの契約をキャンセルしただけでなく、今度は僕のテクノロジーをコピーしていた。ものすごく頭にきたし、アムウェイのコピー品のせいで、アイオーナがライセンス料の値下げを交渉してきたから、腸《はらわた》は煮えくり返った。ダイソンとアイオーナはアムウェイとの訴訟費用を折半することに合意した。

新しいテクノロジーや画期的な製品を開発し、市場を創るべく懐疑派の声を退け、認知度を高め、奮闘してきたのに、そんなときに契約を解除してきた企業が作った類似製品を目にすれば、誰だってうんざりする。自分の大切なものを盗まれて憤懣《ふんまん》やる方なかったし、無力感を覚えた。

一九八七年には、ピート・ギャマックとシミオン・ジュップがコーチハウスの仲間になった。二人はＲＣＡとインペリアル・カレッジが運営する合同大学院プログラムでデザインエンジニアリングを専攻した卒業生だった。僕は常に大学との関係を維持するよう努めていて、学年末の卒業制作展は必ず見に行った。イノベーティブな若いデザインエンジニアを見つけるためには当然のことだった。インペリアル・カレッジでエンジニアリングの学士号を取った後、ＲＣＡで二年間デザインを学んだピートは、新聞販売用の面白いスロットマシーンを卒業制作展に展示していた。人目を引くプロジェクトには目もくれず、風変わりだがエンジニアリング的に優れたものに取り組んでいた。日本のエイペックスからのライセンス使用料やさまざまなコンサルタント料のおかげで、ピートとシミオンに給与を払う余裕があった。何よりもエキサイティングだったのは、メインのプロジェクトが掃除機であっても、僕たちはテクノロジー企業として思考している事実だった。サイクロン技術を進化させるには他に何ができるだろう？　他にどんなものに利用できるだろう？ と。

一九八七年にライセンス契約が結ばれて、アイオーナはカナダおよび米国で縦型のデュアルサイクロン掃除機を「ファントム」という名で製造・販売できるようになった。「幻影《ファントム》」とはなんとも予見的な名前だった。僕たちのサイクロンシステムを産業施設の清掃で活用できないかと考えたジョンソン・ワックス社が僕のところにやってきた。僕は同社の経営幹部の前でデモを行った。まず水の入ったグラスを踏みつけると、粉々に砕け、水たまりができる。次にそれをサイクロン掃除機できれいに掃除してみせた。紙パック式掃除機と違って、水だろうがガラスの破片だろうが問題なしだった。

ロス・キャメロンという、ものすごくエネルギッシュなオーストラリア人の上級役員が、自分でも同じデモをやりたいと言ってテーブルを飛び越えてきた。彼は元オースチン・モーリスのシドニー支社のエンジニアで、ジョンソン・ワックス社内の擁護者になってくれた。こうして彼らが産業用クリーニング機を販売する契約が成立したが、悲しいことに、ことはあまりうまく運ばなかった。というのも、担当が化学畑出身の副社長で、機械の挙動を理解できず、契約を終了させてしまったからだ。だが、禍《わざわい》転じて福となす。後に、僕はダイソンのオーストラリア法人創設の仕事をロスにオファーし、彼は見事にやり遂げてくれた。今は彼も引退した。僕たちはいまでも親友だ。

その頃、ファントムには最新のデザインと技術を提供していたが、彼らは自己流で行きたがった。にっちもさっちもいかなくなってきた頃、僕はファントムに対して買収提案を行った。交渉が最後の山場にさしかかった頃、ファントムが倒産した。カナダの法律は特殊で、契約によって特許をライセンスしたばかりではあったものの、ファントムはすべての特許を僕に戻すことになった。ところが管財人は、僕たちの特許をいちばん高く買ってくれる会社に売り始めた。僕たちは主要な特許を買い戻したが、ライバルのほうが高値をつけたものもあった。とてつもなくいらだたしい事態だったが、ダイソンにとっては、最新テクノロジーを携えて当時世界最大だった北米市場に進出する最高のチャンスとなった。

アイオーナが僕たちの掃除機を製造販売するライセンスを持っていたのは、米国ではなくカナダだった。だから僕は米国コネチカット州スタムフォードにあるヘアドライヤー製造大手のコンエアー社に商談を持ちかけた。一九五九年にニューヨークのガレージで設立されたコンエアーは、三〇年で成功を収めていた。オーナーのリー・リズートはシシリー島からの移民の息子で、とてもいい感じの人だったし、会社もいい雰囲気だった。掃除機の契約条件の合意に近づいた頃、特許の内容を見ることはできるか、と聞いてきた。やってきたのはブラック・アンド・デッカーで僕たちの特許をこきおろした、パイプをふかした不愉快な幹部社員だった。僕はリー・リズートに面会し、「あの人がうちの特許を確認するのなら、取引はできません。あの人は僕たちの特許はレベルが低いと考えていますが、間違っています」と述べた。予想通り、パイプ野郎がライセンスの話をつぶした。

この頃、一九九一年のことだが、ヴァックスが登場した。ランク・ゼロックス社の販売員だったアラン・ブレイザーが一九七七年に設立した英国の企業で、ウスターシャー州ドロイトウィッチに拠点を置いていた。ブレイザーは、高速道路のサービスエリア清掃業務の契約を勝ち取ったが、既存の掃除機に不満を感じて、シャワーポンプと牛乳運搬容器でオリジナルの洗浄掃除機を作った。最初のうちはうまくいっていた。その後、アップライト型掃除機を作りたいというので、彼らのためにダイソンが一つ設計したのだが、対応が非常に横柄だった。僕たちのデザインを拒否し続けたあげく、他のデザイナーに参加してもらうと言ったので、僕たちは降りた。製造を先延ばしにし、一向に始めないので、契約を解消した。これで、米国でのアムウェイとの訴訟の負担に加え、国内でも訴訟の脅威を抱え込んだ。幸いにも、ファントムとのライセンス契約があったからなんとか持ちこたえられたが、給与を支払わなければならない月末はいつも憂鬱だった。

米国の訴訟はみなそうだが、アムウェイ相手の訴訟も長く大変きついもので、結局五年かかり、継続的に費用が生じた。権利の被疑侵害者に対する差止命令を早期に出してもらう手続きはあるものの、損害が金銭賠償可能である場合、裁判官はめったなことでは命令を出さない。五年にわたる訴訟とそれに続く控訴を戦うための数百万ポンドが用意できるなら、それも結構なことだ。僕たちは、巨大な資金を有する米国の大企業二社、アムウェイとビッセルを相手に、長きにわたる訴訟を開始した。

アムウェイは僕たちが考案した掃除機の自家バージョンを作るため、ビッセルと手を組んでいた。ビッセルはアムウェイと同じ都市に本社を置き、長年掃除機やカーペットクリーナーを製造してきた企業で、英国ではベックス・ビッセルという名で知られていた。僕はアムウェイとのライセンス契約中にビッセルに当該技術とノウハウを説明し、設計図もすべて渡していたから、アムウェイ・バージョン製造において果たした役割についてビッセルを訴える必要があった。

もちろん、僕一人では訴訟費用を賄えなかった。アイオーナ／ファントムが訴訟費用の半分を負担し、勝訴して賠償金が得られればその半分を受け取ることになり、ライセンス契約条件における僕たちの取り分が大きく削られた。僕たちの法定代理人であるディック・バクスターは、勝訴した場合の賠償金からまとまった金額を受け取ることを条件に弁護料の減額に同意してくれた。成功報酬と呼ばれる形だ。こうして、現実の訴訟が始まった。僕たちは詳細な申し立てを行い、相手は答弁を行った。次に、「証拠開示手続き」のために双方が召喚された。この段階では、相手方にあらゆる書類やプロトタイプの提出を求めることができる。訴えに不備が

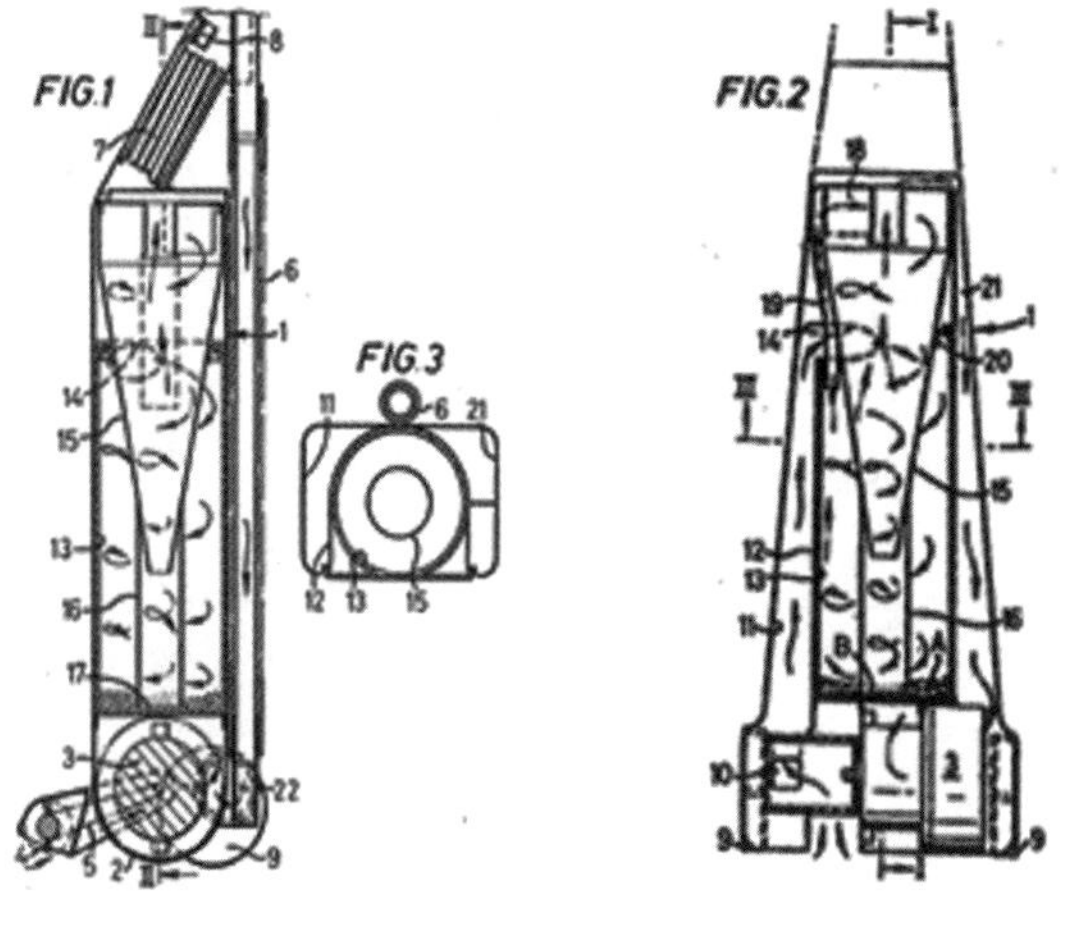

アムウェイの主張を退けた特許

ないかを確認し、攻撃や反対尋問の方法を検討するためだ。僕たちは自分たちの書類の山を掻き分けて、山ほどの証拠書類を提出したが、アムウェイは僕たちが要求したものをほとんど提出できなかった。信じられないことだった。

訴訟が進み、訴訟費用の請求書が山積するなか、侵害訴訟としても、秘密情報の不正流用の訴訟としても、有利な情勢が明らかになった。しかし、特許訴訟では、被告の方が特許自体が無効であるとか、発明が自明であると主張するのが古典的なやり方だ。そのため、特許権者として、僕は有効性に対する攻撃から特許を守る主張を行った。これはおかしなことだ。なぜなら、侵害者が特許をコピーした理由を示すことに時間を費やすべきだからだ。とはいえ、特許が与えられたからといって、訴訟で精査されるまで有効でないというわけではない。これが裏目に出た。というのも、各国の特許局に支払う申請および更新費用は非常に高額だからだ。

実は、特許更新料は違法であると主張して、僕は二度、欧州人権裁判所に裁判を起こしたことがある。更新料は政府にとって大きな収入源になっているが、これを払わなければクリエイターが権利を失うのはおかしい。他のアートのクリエイターは、こんなふうに創造物を失うことはない。しかし、更新料はそれほど高くないという理由によって、二回とも敗訴した。おそらくは欧州特許庁の差し金だろう！　この制度のせいで、僕は無一文の発明家だった頃から、毎年、更新料として数カ国に大金を払ってきた。必死で借金をして支払っていたし、特許の権利を放棄しなければならないこともしばしばあった。

米国の訴訟では、相手方の弁護士が主たる証人——アムウェイ／ビッセル訴訟では僕——に対して午前九時から午後五時半まで来る日も来る日も何週間にもわたって反対尋問を行う。グランド・ラピッズで、僕は大きなテーブルを挟み、アムウェイとビッセルのために シカゴの大手法律事務所からやってきた五人の弁護士と対面した。彼らは、僕を陥れるべく、付箋《ふせん》だらけのノートをやりとりしながら次から次へと質問を繰り出してきた。特許や秘密情報の不正流用をめぐる訴訟では、何よりも言葉が重要だ。特許において、発明は設計図よりもむしろ言葉で記述される。設計図も含まれてはいるが、特許の要旨を主張するのは言葉だ。言葉は曲げられたり間違った類義語が使われたりするし、反対尋問では間違った言葉を使えば訴訟に負けたり特許の有効性を失ったりしかねない。攻撃的な弁護士たちによる緊張感みなぎる反対尋問を三週にわたって切り抜けたが、こんなのは僕一人でたくさんだと思った。アムウェイCMS1000が僕の設計図、特許、そして秘密情報に基づいているのは、火を見るより明らかだった。

壮絶にして破産をもたらしかねない訴訟は五年にわたり、僕は譲歩して和解を準備する気持ちに傾いていた。しかし、ディアドリーは主張を曲げず、諦めるべきではないと僕に言った。正しい判断だった。ディアドリーと話してから間もなくのこと、さらなる反対尋問を受けるべくヒースロー空港でデトロイト行きの飛行機に乗ろうとしていたとき、僕はふと思い立ってグランド・ラピッズにいる僕たちの魅力あふれる弁護人、ディック・バクスターに電話をかけた。そして、彼がもたらした知らせに歓喜した。「アムウェイが和解の意向を示したよ」と。僕は家に帰ることができた。

ディック・バクスター、僕のライセンス先であるファントム、そして僕は、和解金を受け取った。僕の取り分は一〇〇万ドルだった。それより重要だったのは、自分の人生を取り戻したということだ。あまりにも長きにわたって我が家の日常に垂れ込めていた暗雲がついに払われたのだった。僕たちはお金持ちではなかった――実際のところ、賠償金では、訴訟費用の分担金を賄えなかった――が、少なくとも費用の流出は止まった。破産の心配がなくなり、将来のことを考えられるようになった。訴訟の対応や書類の精査、弁護士との面会のための米国出張などに大量の時間を費やさずにすむ。

こうした経験を切り抜け、米国人相手の訴訟で和解を勝ち取ったにもかかわらず、ものごとの展開にはいらだつばかりだった。北米市場は苦労が多いことがわかったし、ヴァックスとの一件も頭にきていた。ライセンス契約はほぼすべてが失敗し、貴重な時間を無駄にした。それなら、自社技術の製品化について他の会社を頼らず、数年前のジェレミーと僕の決断に立ち返ればいいのではないだろうか？　吸引力の低下を気にせず紙パックを売ることに満足しているライバル企業に正面から挑戦すればいいし、自社の将来も開発もデザインも自由に決めればいい。製造業を始めるためには山のような仕事にとりかからねばならないが、恐れをなすどころか、解放感でいっぱいだった。

当時、英国で最もよく売れている掃除機のタイプは、乾湿両用カーペットクリーナーだった。湿式のクリーナーならヴァックスよりずっといいものが作れることはわかっていた。かつて、リンパックという素晴らしい会社と一緒に仕事をしたことがあった。ボールバローのプラスチック製荷台を射出成形で作ってくれた会社で、進取の精神にあふれる同社の経営者デイヴィッド・ウィリアムズとは親交が続いていた。プラスチック部品の成形や機械設備への資金投入に関心があるかどうかを探るため、僕はラウスに行き、オーナーのエヴァン・コーニッシュと面会した。僕たちは乾湿両用カーペットクリーナーのプロトタイプを作り、コーチハウスの二階のカーペットの上で、ヴァックスの掃除機と並べてテストをした。大変な作業だったが、みんななぜヴァックスを買うんだろうと疑問に思う結果が出た。

そこで、少しばかり市場調査を行った。バースの外れにあるラークホールのホームセンターに行き、コーチハウスに来てテストに参加したいというお客さんはいないだろうかと尋ねた。ピートとシミオンと僕は、感じのよい女性がダイソンの乾湿両用カーペットクリーナーで掃除を始める様子を見守った。「いかがですか?」と僕たちは尋ねた。「本当に重労働だわ」というのが彼女の意見だった。「二度と使う気にはならないわね」

このたった一人の女性の感想をもとに、僕たちはこのベンチャーをお蔵入りにした。見当違いの取り組みだという確信があったからだ。ヴァックスに限らず、この手のカーペットクリーナーを使うのはどれも重労働だった。これが、市場のトレンドには背を向けて、自分たちで縦型のサイクロン掃除機を作ることに集中しようと決意した瞬間だった。ライセンス先であるカナダのアイオーナの製品よりも、ずっと進んだものになるはずだ。他社や他社の特許、役員たち、弁護士たちとの格闘ともおさらばだ。僕たちは独立独歩の道を歩み始めた。

第6章

DC01

DC01の誕生

我が道を行くのも楽ではない。一九九二年の初めには、コーチハウスで——一階には旋盤、研磨機、作業台が、元干し草置き場の屋根裏にはデスクとコンピュータ三台が置かれていた——最終的にはベストセラー「DC01」になるものに取り組み続けながら、僕は製造業を立ち上げるのに必要な金策に走り回っていた。ベンチャーキャピタルは何の力にもなってくれなかった。エイパックス・パートナーズの最高投資責任者であるエイドリアン・ビークロフトに会いに行った。同社は「タイ・ラック」や「ソック・ショップ」に加え、ロンドンで「シカゴ・ピザ・パイ・ファクトリー」を創業し、さらにファストフード店を計画中だった派手な米国人レストラン経営者ボブ・ペイトンにも出資していた。どれもすばやく利益を回収できる事業であり、ベンチャー・キャピタリストの望むところだ。数年間投資したらさようなら、といったところだろう。

僕は、株式と引き換えに資金や現金を調達しようと、こうした投資家にアプローチしていた。投資資金があれば、ボールバローで苦労したときのように借金が膨らんで足かせになることもないだろう。僕はエイパックスにプロトタイプを見せ、これまでの経緯を話したが、関心を持ってもらえなかった。ものづくりの事業だったからだ。彼らの見るところ、僕はまっとうな事業家というより、エンジニア、設計者《デザイナー》だった。エイドリアン・ビークロフトは「家電業界の人に経営を任せるなら、あなたの応募を検討してもいいかもしれません」と言う。そこで僕は、「英国の家電業界で、経営がうまくいっている会社があれば教えてもらえます?」と応えた。ホットポイントだって? フーバーだって? そんなところか! どちらも全然うまくいっていなかった。既存のメーカーはもう何十年も新製品を出せていなかった——そんなところの轍を踏むのはまっぴらごめんだった。

　エイパックスとの交渉は行き詰まった。たとえ投資してくれるとしても、僕が会社を経営しないという条件は譲らなそうに見えた。他に目星は？　当時は政府の支援制度も皆無だった。さらに五社のベンチャーキャピタルから断られた――スタートアップ投資に対する税制優遇もない時代だった。ちょうどその頃、不況が悪化するなか、手形交換所加盟銀行は債権回収のために人々から家を取り上げてマスコミに叩かれており、僕も彼らは避けた。彼らにしてみれば、このひどい不況では、僕に金を貸したところで、住宅回収問題がまた一つ増えるだけだった。途方に暮れた僕は、成功の見込みもないのに、ブリストルのロイズ銀行コーンストリート支店に向かっていた。支店の方では、僕の債務超過が膨れ上がっているため、ブリストルの本店扱いにするのが妥当だろうと判断した。たいへん驚いたことに、うまくいきそうな気配があったのだが、銀行内で意地の張り合いも起こっていた。

　ロイズ銀行の「空飛ぶ往診医」ことマイク・ペイジが僕に会いにコーチハウスにやってきた。何のためにお金がいるんです？　と聞いてきた。フーバーやエレクトロラックスのライバルになる掃除機を作りたいんです、と僕は答えた。すると、「それは面白いですね。またご連絡します」と言った。一週間後に戻ってきて、「四〇万ポンドを融資しましょう。ただし、ご自宅を担保にしていただきますよ」。僕はディアドリーと弁護士を連れてブリストルに行き、融資と引き換えに持ち物はすべて銀行に差し出します、という嫌な感じの灰色の書類にサインをした。究極のリスクを抱え込んだわけだ。三人の幼い子供を抱え、立ち退きの憂き目に遭うかもしれないのだ。

すさまじい恐怖だったし、マイク・ペイジが融資を六〇万ポンドに引き上げると、恐怖はさらに増した。なんて恐ろしいギャンブルに手を出してしまったんだろう、とディアドリーと僕は話していた。何もかも失うかもしれない。失敗したときのことなんて考えたくなかったし、想像もつかなかった。僕たちの発明を形にし、今まで自分がやってきたことを信じる最後のチャンスだった。最後のサイコロの一振りにディアドリーがつきあってくれたのは、すごいことだった。

後に、なぜ僕に融資してくれたのか、とマイク・ペイジに尋ねると、「そうですね、米国で五年も訴訟を戦ったわけですから、意思の強さをお持ちだとわかりましたし、家に帰って妻に、あなたが紙パックのない掃除機を作ろうとしている話をして、どう思うかと聞いたんです。そしたら、紙パックがないなんて素敵だと思う、と言いましてね」と答えた。果たして、その時点では二人とも知らなかったのだが、ロイズは彼の申請を却下していた。彼はカーディフの本社のオンブズマンに申し立てを行う羽目になり、とにもかくにもオンブズマンは彼に同意してくれた。悲しいことだが、銀行や銀行のマネージャーがリスクをとって称賛されることはあまりない。

自己資金――といっても銀行の金だが――を手にし、投資家に用はなくなったし、そもそも投資家の金は欲しくなかった。しかし、ダイソン・アプライアンスの創業は、不況の到来と重なり、続く二年は英国経済の混乱が続いた。ブリストル、カーディフ、そしてバーミンガムやタインサイド、さらに国内のあちこちで困窮を訴える暴動が起こった。

政府がインフレ抑制策として実施した高金利政策が不況の原因だった。この政策により住宅ローン金利の上昇および住宅価格の下落が起こり、同時にＥＥＣの欧州通貨制度における英国の参加を維持するためにポンドが過大評価され、輸出における価格競争力が損なわれていた。この不健全な政策により、一九九二年の失業率は一〇％まで上昇した。同年九月に英国が現在のERM（欧州為替相場メカニズム）から離脱したとき、ポンドは二〇％切り下げられ、経済が回復し始めた。

僕たちは掃除機の製造実現に向けてすばやく動いた。ピート・ギャマックは金型に集中し、ザヌーシ時代から知り合いだったイタリア北東部のさまざまな金型メーカーと七五万ポンドに達する契約を結んだ。有り金全部にあたる金額で、銀行からの融資とアムウェイからの和解金を使い果たした。工場を造り、部品を買い、マーケティングを展開するための金はどこにもなかった。当時、ウェールズ開発庁が新工場や新規ビジネスの立ち上げを目指す製造業者への補助金を提供していた。この役所自体はよい組織だったが、補助金交付の承認を得るためには、四つの指定コンサルタントを通した申請が義務付けられており、彼らがウェールズ担当大臣に提案書を届ける仕組みになっていた。それがデイヴィッド・ハント、現在のハント卿だった。

この手続きでは、プライスウォーターハウスクーパースに二万八〇〇〇ポンドを支払ったが、結局デイヴィッド・ハントに資本不足を指摘されただけだった。申請は却下され、もっと資金を調達できたら再申請が可能だと言われた。実のところ、このとき補助金を受け取った日本のジッパー製造会社よりもダイソンのほうが資本状態は良好だった。後でわかったのだが、ダイソンの問題は、日本のジッパー会社と異なり「外国からの投資」ではないからデイヴィッド・ハントの「お手柄」にならないという点だった。

その後すぐに、ウェールズ州北部のレクサムに拠点を置く米国企業、フィリップス・プラスチックスに行き、掃除機のプラスチック部品を作らないかと持ちかけた。面白いことに、同社の新工場はウェールズ開発庁の補助金を得て建てられたもので、承認したのはデイヴィッド・ハントだった。工場はほとんど稼働していなかった。うちのプラスチックの部品を作る傍ら、工場の半分に当たる未使用部分で掃除機の組み立てをやらせてもらえないかと提案した。フィリップスは承諾し、イタリアから輸送した金型とともに、アクリントン・ブラシ・カンパニー製のホースとブラシ、日本のメーカー製のモーター、中国・長興産のブラシ毛など、さまざまな場所から取り寄せた部品や材料を運び込んだ。

組み立て作業のためにレクサムの地元の人材を雇用した。一九九三年一月、工場ラインでのダイソンの名を冠した初の製造品質の掃除機の生産が始まった。大型小売店チェーンのゼネラル・ユニバーサル・ストア（GUS）とリトルウッズにはすでに実用模型を見せていたし、両社は一九九三年一月のカタログにそれを掲載していた。同月第三週から出荷が可能になった。

それが当時の僕たちにとってどれほど大きな取引だったのかを理解するのは、今となっては難しいかもしれない。リトルウッズのマンチェスターにおけるライバルだったGUSのオーナー兼経営者、アイザック・ウォルフソンは一九三二年から一九八七年まで同社の会長を務め、ウォルフソン財団を設立し、オックスフォードとケンブリッジの両方にカレッジを創設した。僕はマンチェスターの本社まで車を飛ばしてバイヤーのブライアン・ラモントを訪ね、吸引力は落ちないし紙パックを買う必要もないんだ、と説明しながらダイソンのプロトタイプを見せ、製品はカーペットを水洗いするよりもずっと使いやすい「ゾーブ・イット・アップ」というカーペットクリーニング用のドライパウダーと一緒に供給するんだと話した。

ゾーブ・イット・アップはＲＣＡ時代の友人であるジョン・ウィーレンスの独特の洗髪習慣から生まれた商品だった。彼は髪をドライパウダーシャンプーで洗っていると言っていて、興味をそそられたことがあった。犬のノミ取りパウダーみたいだと思った。湿式カーペットクリーナーの案を却下してアップライト型掃除機を開発することにした後も、カーペットを洗うもっといい方法はないかと考えていて、ふとジョンのドライパウダーが解決策になりそうだと思った。回転ブラシはシャンプーをカーペットに叩き込むから、アップライト型掃除機にも使えるかも、と考えた。

ブライアン・ラモントは懐疑的で、「リベナ」という人気のあるカシス飲料をこぼしたシミは、ダイソンの掃除機できれいにするのは無理だと信じていた。僕はいちばん近いガソリンスタンドに走っていき、リベナを一瓶買ってきた。彼の事務所に戻ると、目の細かい絨毯の上に深紅色のカシスジュースを少しこぼし、ドライパウダーを撒いて、シミを取ってみせた。すると彼は僕に向かって、「サイクロン」や「時速三二〇キロの遠心力」などという売り文句は恐ろしげだし、誰も知らないダイソンをカタログに掲載するために、どうしてエレクトロラックスやフーバーのような有名ブランドを排除しなければいけないのかと聞いてきた。僕がそんなカタログは「退屈だ」と答えると、沈黙が流れたが、最終的にダイソンの購入を承諾してくれた。

一九八〇年代、サッカーくじとカタログ販売で有名なリトルウッズは、英国最大の家族経営企業にしてヨーロッパ最大の非公開企業になっていた。本社はジェラルド・ド・クルシー・フレイザーの設計による巨大な一枚岩《モノリス》のようなアールデコの建物で、一九三八年の竣工の翌年には戦時生産事業用に接収された。GUSが僕たちの製品を購入すると、彼らも条件をのんだ。

僕たちの成果は記録的な速さで達成されていた。生産ラインはレクサムにある工場の半分しかなかったし、本社といえば僕たちエンジニアがボブ・ベッドウェル（会計、仕入、物流管理担当）、営業担当二名とパーソナルアシスタント一名と一緒に働くコーチハウスにあったのだから、その場しのぎなところもあった。初代の掃除機の修理はコーチハウスでやっていた。

三カ月後、一九九三年四月に、他に仕事のないフィリップスが、プラスチック部品の値段を二倍に上げてきた。それなら掃除機の組み立てはよそでやると言うと、そうするなら値段は三倍にすると言う。二週間のうちにチッペナムにある元郵政公社の倉庫を借りてきて、本社を移した。喜んだのはディアドリーだ。家族の事業がついに家を離れれば、コーチハウスを自由に使えるようになる。アートギャラリーにして自分の作品を展示販売できるし、駐車スペースが車でいっぱいということもなくなるからだ。

とはいえ、レクサムからチッペナムへの移転は、言うほど簡単ではなかった。ものすごく急だったのに加え、フィリップスから金型を持ち出すためには裁判所命令を出してもらわなければならなかったし、取り返してみると、修復が必要なほどひどく傷んでいた。デイヴィッド・ハントの補助金を受け取ったにもかかわらず、フィリップスは英国を去った。それで僕はプラスチック成形の会社を探さなければならなくなったが、バーミンガムのチョウドリー社が見つかった。

間に合わせの工場は理想的ではなかった。建物にはシャッターが二九カ所もあり、冬は氷のように冷え込んだ。さらにスペースが必要になったので、駐車場ほどの広さがある大きな中古テントを買ったが、寒い日でも中に入ると汗だくになった。二つの山なり屋根になっていたから、地元のタクシー運転手たちは「マドンナ・テント」と呼んでいた。コンテナを借りて、さらにスペースを作った。僕にとっては大転換期で先行きは不安だったが、七月には「DA001」、その後すぐに改良版の「DC01」の生産を開始した。これが一年半で英国市場のベストセラーになった。

初めての販売は分厚い通販カタログ数種を通して始まったが、掃除機のページは数ページしかなかった。ダイソン製品は最後のほうのページの下のほうにあり、DC01が小さな四角い写真とともに掲載されていた。説明文を掲載するスペースはなく、「紙パックなし（ノー・バッグ）」という短いコピーと、一九九ポンド（約三万一〇〇〇円）を月々一・九九ポンド（約三一〇円）の分割払いにできるチャンスという情報だけ。カタログ掲載の掃除機の中でもずばぬけて高かったし、高額商品が売れるとは思えないような販売場所だった。だから、僕たちもカタログのバイヤーたちも、DC01の売れ行きがよく、再注文が入ってくるので驚いていた。しかし、収入が障壁になって最高の製品を買いたいという気持ちを阻むことはないと僕は信じているし、掃除機は重要な買い物だ。当時も今も貯金したり借金したり分割払いにサインしたりしなければならないかもしれないが、それで可能になるなら人はベストな製品を求めるものだ。

この最初の成功により、DC01を扱う最初の小売店が現れた。電気製品の全国チェーン、ランベローズだ。二五店舗を擁する高級デパート、ジョン・ルイスも続いたが、こちらはお試し的な取り扱いを主張した。支店のいくつかは在庫の維持を拒否したものの、話はうまくまとまった。これで販路が多様化したし、売れ行きはかなり順調だったから、僕たちは生き残れると思った。ディアドリーと僕も少し気が楽になった。

僕には素朴な知性に裏打ちされたいろんなレベルの忍耐力が備わっていて、つまりは、道を進む間、立ち止まって自問したり専門家の意見に耳を傾けながら、自分で夢を描き、実現していく人間である。アイデアの有効性はもちろんのこと、プロダクトについても進んで疑問を投げかけ続ける態度は、如才ないグローバルビジネスの世界では愚直に思われるかもしれないが、それで僕もダイソンもうまくいったといえるし、未来の発明家、エンジニア、デザイナー、メーカーにとってもそうだろうと思っている。例えば、たいていの掃除機の三倍以上もするＤＣ01の価格は高すぎると警告されたことがあった。だが、本当によく売れた。半端でない製造コストも、結果としての高い価格も、選んだ人が既存のデザインをしのぐ技術的優位性を実感できれば、小さなものに感じられる。

掃除機が吸い込んだ塵や細かなホコリが透明な容器の中に溜まっているのを見たい人なんていないと言われたこともある。簡単な市場調査もこの主張を裏付けていた。しかし、ピートもシミオンも僕も、吸い込んだ細かなホコリが透明容器の中に溜まっていくのが見えるのは面白いと思ったから、市場調査を無視した。興味深いことに、この新型掃除機がパワフルで吸引力が変わらないという事実に加え、これこそ顧客たちがぜひとも目にしたいと思っていたものだった。彼らはきれいに掃除したホコリの量が正確にわかる眺めに魅了された。思い切って始めたテレビ広

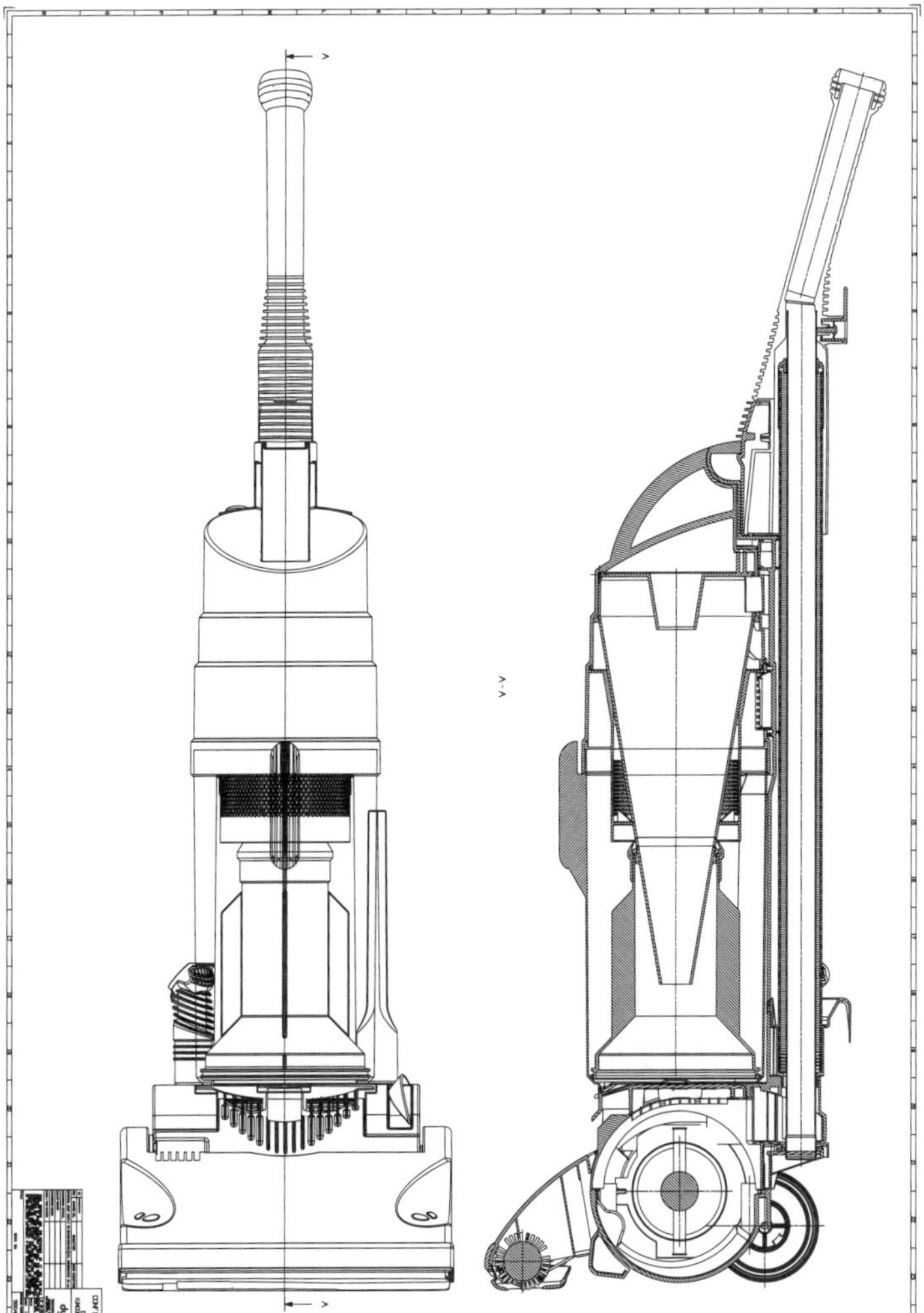

DC01の図面

DYSON dual cyclone

Operating Instructions

Please read carefully before assembling or using your Dyson dual cyclone.

NAMES OF KEY PARTS

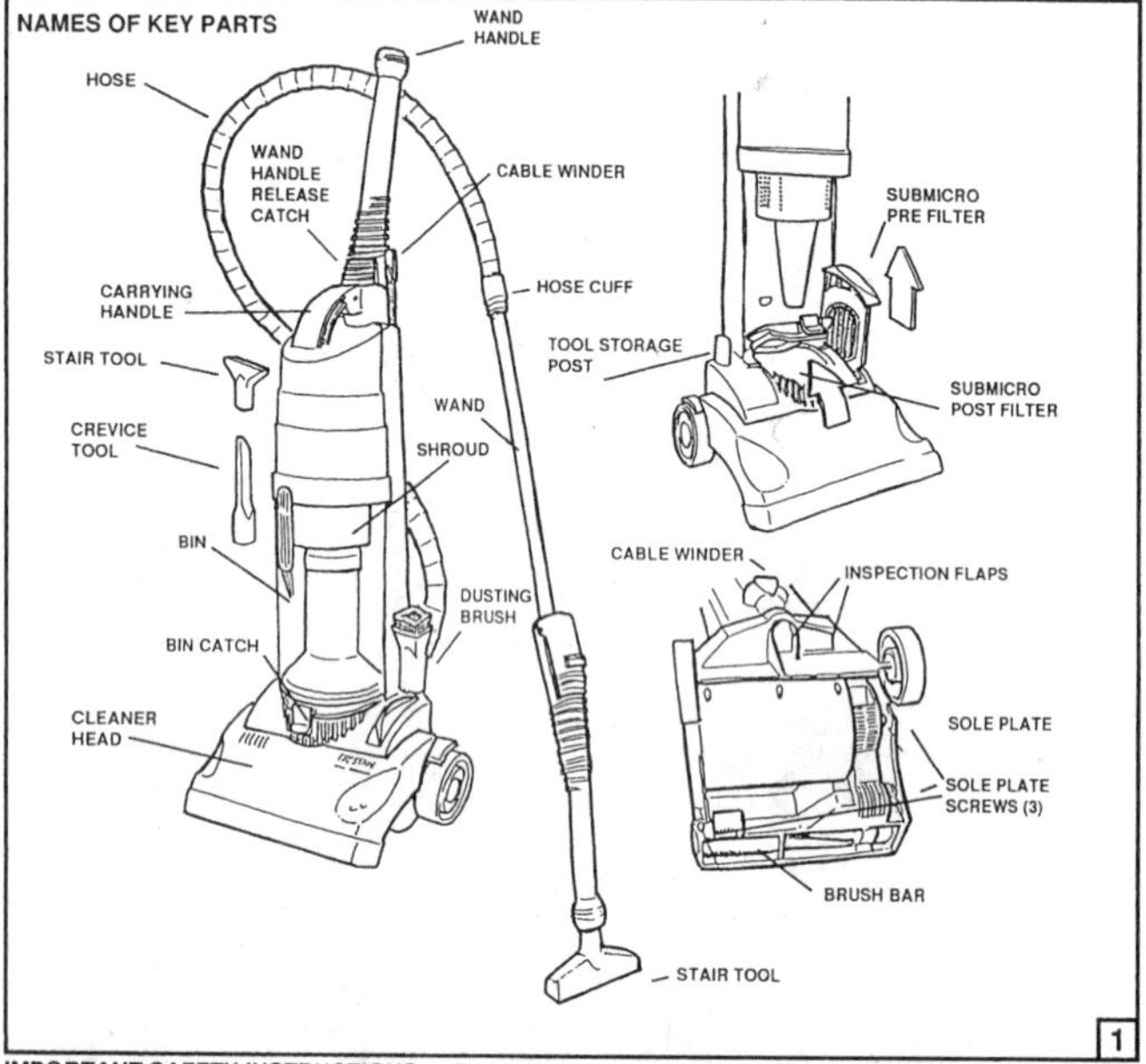

IMPORTANT SAFETY INSTRUCTIONS - *please read carefully before use.*

When using the Dyson dual cyclone vacuum cleaner please adhere to these simple precautions.

WARNING: TO REDUCE THE RISK OF FIRE, ELECTRIC SHOCK OR INJURY:

1. Do not leave the Dyson dual cyclone with the plug connected to a mains outlet. Unplug when not in use. **Always remove the plug from a mains outlet before carrying out maintenance.**
2 Be careful to make sure that hands, feet and fingers, particularly of small children, are kept away from the cleaner and especially from the brush bar.
3 Do not use without Bin correctly fitted and all Submicro filters in place.
4 Do not fit any other type or make of filters other than Dyson spare parts, otherwise guarantee may be invalidated.
5 Electric shocks could occur if used outdoors or on wet surfaces. do not use the machine or handle the plug with wet hands.
6 Do not use with damaged cord or plug, or if the vacuum cleaner has been damaged, dropped or has come in contact with water or liquids. In these cases contact the Dyson Service number or contact your nearest Dyson dealer.
7 Do not put any part of the body, clothes or any object near or into any of the openings or moving parts of the machine. Do not use the machine with any of the openings blocked with any object that may restrict the air flow.
8 Do not damage the cord by running the cleaner head over the cord, running the cord around sharp edges, closing a door on the cord or putting the cord near hot surfaces.
9 Be careful when using the machine on stairs or when the machine may topple over.
10 Do not use the machine to pick up flammable or combustible liquids and do not use near such liquids
11 Turn off the machine by the switch button before unplugging from an outlet socket.

Operating Instructions Page 1

DC01の取扱説明書

告も気に入ってもらえた。「ダイソン。紙パックなし。吸引力は変わりません」。当時としては、変わった広告だった。なぜなら、広告といえば製品のポジティブな部分だけを強調するのに、自分たちにないもの《ネガティブな》——紙パック——を打ち出していたのだから。

このネガティブな方法は、僕たちと一緒に取り組んでくれた才気あふれるフリーランスのクリエイティブディレクター、トニー・マランカと一週間をともに過ごして考案した。サイクロンが有能だとか、紙パックを買わなくていいとか、瞬時に引っ張り出せるホースとか、吸引力の強さではなく、他の掃除機の「アキレス腱」——紙パックとその欠点——を強調することにした。うまくいったが、ライバル会社が編み出した呼び名は予想外だった——「紙パックなし」掃除機と呼ばれるようになったのだ。小売店に対し、替えの紙パックの売上を失うことを強調し、ダイソンを売り控えさせるために思いついたのだと思う。僕たちとしては「吸引力が変わらない」掃除機として知ってもらいたかったし、そのほうが紙パック不要であることよりもはるかに重要な特長だからだ。

発明とフラストレーションと決意の一五年間がついに報われ始めていた。今や僕はまっとうな製造業者であり、生産ラインがフル稼働する眺めと音に心が躍った。感動的で、とにかく圧倒的だった。今でもそうだ。掃除機をもっと効率的に製造する方法を理解するため、二週間製造ラインで働いたし、以来ずっとすべてのラインを見守ってきた。部品組み立ての一部を他に移し、ラインでの掃除機の組み立てに変更を加えて、ラインのスピードを上げた。組み立てが難しい部品がどれかを理解したし、エンジニアたちにも頻繁にラインを訪れるよう促した。この経験のおかげで、後続のどのプロダクトでも製造過程のどこが非効率かを見極めることができた。

しかし、当時の英国市場における最大の課題の一つは、GUSやリトルウッズのカタログやジョン・ルイスだけでなく、それ以外の卸売業者や小売業者を口説き落とし、彼らにDC01を完全に承認してもらうことだった。素晴らしくて革新的なプロダクトに対する僕の熱意を、どうしたらいちばんよく伝えられるのか？　僕の行く手を阻む障害には、実にいらだたしいものもあった。僕はランベローズのチッペナム店に立ち寄った。ピカピカの新品の掃除機がずらりと並んでいたが、展示されていたDC01は黒いホコリを被っていた。ひどいありさまだった。どうしてこんなに汚れているのか、と僕は店員に尋ねた。「ああ、それで店舗の掃除をしてるんです。この中で最高の掃除機ですから」と彼女は言った。「それで、お客さんにおすすめするのはどの掃除機なんですか？」と僕が尋ねると、「パナソニックですね」。なぜなんだ？　「家で使ってるからですよ」。

当時は地域の電気委員会のショールームも掃除機の小売販売の重要な販路の一つだった。電気委員会は英国の電力産業の民営化に伴って最終的にはなくなってしまったが、以前は有名なショッピング街にはたいてい存在していて、人々が電気代を払いにくるので、お客さんもたくさんいた。僕たちが東部電気委員会に行くと、バイヤーが掃除機のチェックをし終えたところだった。彼は僕たちに向かって、「本当にいい掃除機ですね。気に入りましたよ。機能も素晴らしい。でも買い付けはしません。おたくはテレビ広告を打つ余裕はないでしょうから」と言った。

僕は頭の中ですばやく暗算して、「そちらが二〇〇〇台買い付けてくれたら、テレビ広告に四万ポンド出せます。一〇〇〇台買い付けてくれるたびに、アングリア・テレビジョンの広告枠に二万ポンド出しますよ」と返した。すると彼は「買いましょう」と言った。こうして僕たちはイースト・アングリア（英国東部のノーフォークとサフォーク）で大量の掃除機を売った。購入者からの満足の声、特に既存の掃除機からダイソンに乗り換えた人たちからの声を見聞きするのはとても気分がよかったが、ダイソンを売る小売店と売らない小売店がある理由はどうにも知りようがなかった。ときに小売店との取引には不可解なところがあった。

スコットランドでは、電力公社と水力発電公社を通じて、売れ行きが非常に伸びていた。ところがある日、エジンバラのスコットランド電力公社のショップに行ったとき、掃除機売り場の販売の実態を知ることになった。電力公社の制服を着た若い女性が必死になってフーバーの掃除機を売り込んできたのだ。どうしてフーバーがおすすめなんですか？ と僕は彼女に尋ねた。「ええと、最高の掃除機だからです」。そこで僕は、もちろん丁寧な口調で、あなたは本当に電力公社の方ですか、と聞いてみた。「いいえ。フーバーの販売員です」と彼女は答えた。

百貨店のジョン・ルイスはイノベーティブなデザインが大好きな会社で、ダイソンとの関係は良好だったが、ある支店でのDC01の売上がもっとよくてもいいはずなのに、なぜか国内の他の支店よりも悪かった。すると、ブリストル支店に行った友人が、販売員が客に掃除機ならダイソンを買わずにドイツのゼボを買えと言っていた、と教えてくれた。「おとり商法」と呼ばれる方法だ。ゼボの販路はジョン・ルイスだけ、という話だった。ゼボの輸入代理店がジョン・ルイスに行き、ゼボの製品を売るための研修を指導しているという。

本当なのだろうか？ 僕は車でブリストルに向かい、客のふりをした。「いやいや、ダイソンはおすすめしません。壊れますよ。ドイツ製のゼボの掃除機のほうがずっとつくりがいいんです。ダイソンよりいいプラスチックを使っていますから」と言われたので、「ええと、実は、僕がそのダイソン本人なんですが。それに、ダイソンはABS樹脂、頑丈で高価な熱可塑性のポリマーと高価なポリカーボネートでできているけど、ゼボはポリバケツに使われている安いポリプロピレン製ですよ」と僕は言った。

「スタッフは全員ジョン・ルイスの社員ですが、面会するならしかるべきアポイントを取っていただかないと……」と販売員は言った。二週間後、僕は再びブリストルに赴いた。ダイソンは大変高価な素材であるポリカーボネートを使っていて、価格も頑丈さもポリプロピレンの四倍だ、と説明した。ダイソンの掃除機はハンマーで殴っても壊れません、と。社員の一人が、信じられません、と言う。そこで、ハンマーを持ってきてやってみたら、と提案した。果たして、彼女がそのとおりにやってみると、掃除機のビンを強打しても弾き返され、僕の言った通りになった。「じゃあ、今度はゼボを殴ってみて」。彼女が殴ると、粉々に砕けた。確かに、強烈な印象が残った。こうしてブリストル支店はジョン・ルイスの店舗中でもダイソンを最もたくさん売る支店の一つになった。

でも、ゼボの話はこれで終わらなかった。チッペナムに生産拠点を構えて一年半後、英国掃除機市場におけるダイソンのシェアは二〇%になっていた。ディアドリーと僕はロンドンのチェルシーに家を買った。ある土曜日の朝、僕たちはピーター・ジョーンズにいた。スローン・スクエアにあるジョン・ルイスの旗艦店だ。ディアドリーがキッチン家電の買い物をしている間、僕はつい我慢できずに掃除機のある売り場に足を向けた。若い店員がやってきたので、ダイソンはどうかな、と尋ねた。「一台買うべきかな?」と。

「いやいや、だめです」と店員は言った。「ダイソンは返品がものすごく多いんですよ。掃除機ならゼボですよ」と。そこで僕はバイヤーに連絡をとり、返品数を尋ねた。販売員の言ったことは嘘っぱちだった。ちょうどその頃テレンス・コンランもピーター・ジョーンズに行き、ダイソンを買うそぶりを見せたら、同じ扱いを受けたそうだ。そこで彼は、「そうか。君が売らないつもりでも、私は買うよ」と答えたという。当時、僕はテレンスと知り合いではなかったが、この一件の後すぐに連絡をくれて、「コンラン・ショップでダイソンを売りたいんだ」と言ってくれた。僕はテレンスを非常に尊敬していたし、コンラン・ショップは購入可能な最高のモダンデザインを取り揃えている店だ。彼は知らなかったが、僕は一九六七年の夏に、学生向けの就職支援プログラムの紹介でコンラン・デザイン・グループで働き、ヒースロー空港の椅子をデザインしていたのだった。この一件以降、僕たちはよい友人となり、僕は彼のデザイン・ミュージアムの館長になり、家具会社も共同経営した。

最終的に、ダイソンはジョン・ルイスとよい関係を築いた。一つ学んだことがあるとすれば、既存の掃除機とは異なるものを提供する理由や方法を伝えるためには、販売パートナーと話し合う必要があるということだ。僕はジョン・ルイスの本社やバークシャー州オドニーにあるカントリーハウススタイルのホテルとカンファレンス・センターに足を運んだ。ゼボの件を別にすれば、ジョン・ルイスはよいデザインとは何かを理解しており、自分たちの顧客が買いたがるものを知っていた。

しかし、ダイソンの掃除機がコメットやアルゴス、カリーズなど量販店を通じて大衆市場に参入するのには、二年近くかかった。こうした店のバイヤーは口をきいてくれず、こちらからの電話にも応えなかった。突破口が必要だったが、ウィルトシャー州選出の素晴らしい下院議員、リチャード・ニーダムがチッペナム工場を突然、訪問したとき、チャンスが訪れた。彼はちょうどジョン・メージャー内閣の通商産業大臣としてエネルギッシュに活動しているところだった。

僕が大臣に政策の間違いをあれやこれやと話し始めると、突然彼は、「黙れ、ダイソン。君の会社の売上はどのくらいだ?」と尋ねた。名門イートン校出身の閣僚にしては、斬新なタイプだった。「三五〇〇万ポンドほどです」と僕は答えた。すると彼は「一年以内に五〇〇〇万ポンドにしてもらいたい。どんな支援が必要なんだ?」と言った。大衆向けの小売市場が目下の課題だと僕は説明した。ニーダムは、かつての大蔵大臣で副首相のジェフリー・ハウとの面会をアレンジしてくれた。ハウはものすごく小さな声で話すので、こちらは身体を彼のほうに傾けなければならず、奇妙な感じがした。カリーズやアルゴスやコメットのバイヤーがダイソンと話もしてくれないという事実に、彼は興味を持ったようだった。そして、「ああ、妻のエルスペスもコメットの取締役だな」とつぶやいた。当時、放送基準委員会の委員長だったエルスペス・ハウだ。

翌朝、コメットから電話がかかってきた。ダイソンの掃除機を売りたいと言う。カリーズもアルゴスも後に続いた。二〇二〇年代の今の感覚だと、ジョン・ルイスやピーター・ジョーンズやコンラン・ショップは別にして、ダイソンがこうした大衆向け量販店で売上を積み上げたのは意外に思えるかもしれない。ダイソンがこうした店——彼らは英国の電気製品の販路として主要な存在だった——を必要としていたという事実はもちろんだが、彼らの客も機能に優れ、替えの紙パックが不要な掃除機を求めており、価格にひるむことなどなかったのだった。

そう、ありきたりの掃除機なら四〇ポンドで買えるのに、ダイソンは一九九ポンドもした。だが、僕たちが売る相手は、最高のものを求める人々だった。ダイソン製品を買うのは中産階級ばかりだという思い込みがあるが、それは真実ではない。ダイソンの製品の値段は高いかもしれないが、注ぎ込まれた研究開発の質と量や、製造方法、そして機能性ゆえに高いのだ。

実際、今、述べた三つの理由のうち最後に挙げた機能性は、量販店に理解してもらうのに非常に時間がかかった。長年にわたり、製品は値段だけで差別化され、ときにそっぽを向かれてきた。僕は、普通の五倍の値段を払うべき理由を説明させてほしい、とジョン・ルイス、カリーズ、そしてコメットに対して数年間にわたって説得を続けた。コメットとの交渉で突破口が開けた。ダイソンの掃除機のクリアビンに、ダイソンの特長を説明するステッカーを貼ってもいいという許可が出たのだ。ほんの短いフレーズと数字だけだったが、ダイソンの画期的なテクノロジーは他にはない優位性を備えていること、ダイソンの掃除機の機能性の高さは各種基準試験でも証明済みであることを伝えたいと考えた。

カリーズでの販売が始まった最初の年、クリスマスに近いある日に、同社経営陣の一人であるマーク・スヘイミを通して、創業者のスタンリー・カームズとのランチに招かれた。ダイソンのおかげで掃除機部門に利益が出ており、もっとダイソン製品を売りたいから、というのが理由だっ

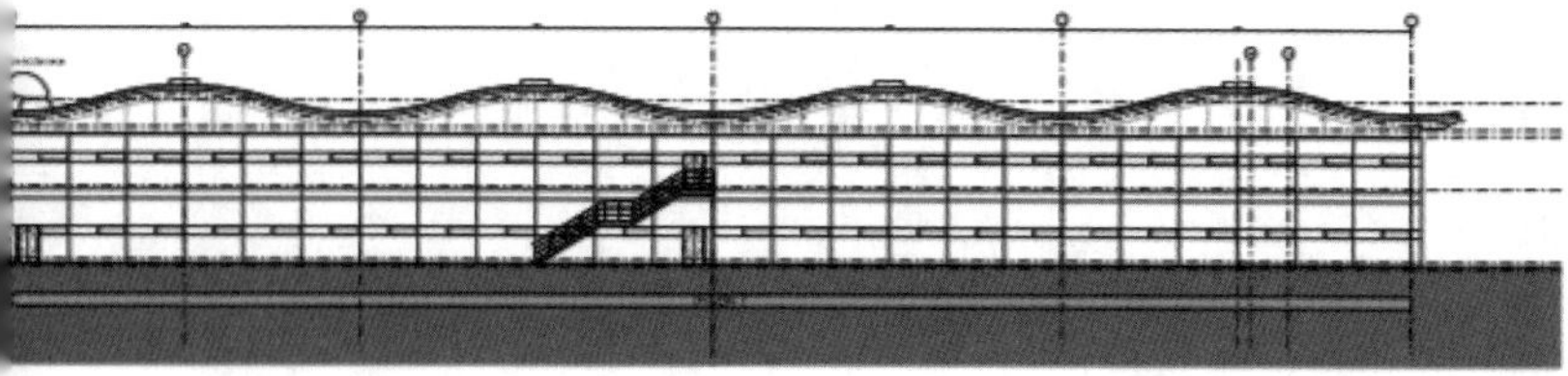

た。なぜ色違いや機能違いの製品を出さないのか、と聞かれた。僕は昔からヘンリー・フォードを指導者と仰いでおり、初期のフォードは黒しか販売しなかったので、ダイソンもシルバーと黄色のみに限定していた。しかし、彼らの言葉は賢明なアドバイスだったので、僕はありがたく受け止めて、すぐにそのとおり実践した。

　掃除機の発売からちょうど二年が経った一九九五年には、ダイソンは充分な利益を上げ、急速に成長し始めた。銀行からの莫大な融資も返済し終え、あの灰色の銀行保証書を破り捨てることができた。ディアドリーと僕はものすごく安堵した。家を手放さずにすんだし、ローンも完済した。長年にわたる借金生活が、ついに過去のものになったのだ。同時に、これが僕たちの人生における最高にエキサイティングな冒険なのだと思った。

　その頃、とにかく新しい工場が必要になっていた。ダイソンの考え方や価値観を反映した工場を作れたら、素晴らしいのでは？　という思いが湧いてきた。僕はＲＣＡで構造エンジニアリングを指導してくれたトニー・ハントに連絡した。トニー自身、発明家精神にあふれ、成功した構造エンジニアだったし、エンジニアリングと建築をシームレスに融合した作品を生み出した英国の先駆的なハイテ

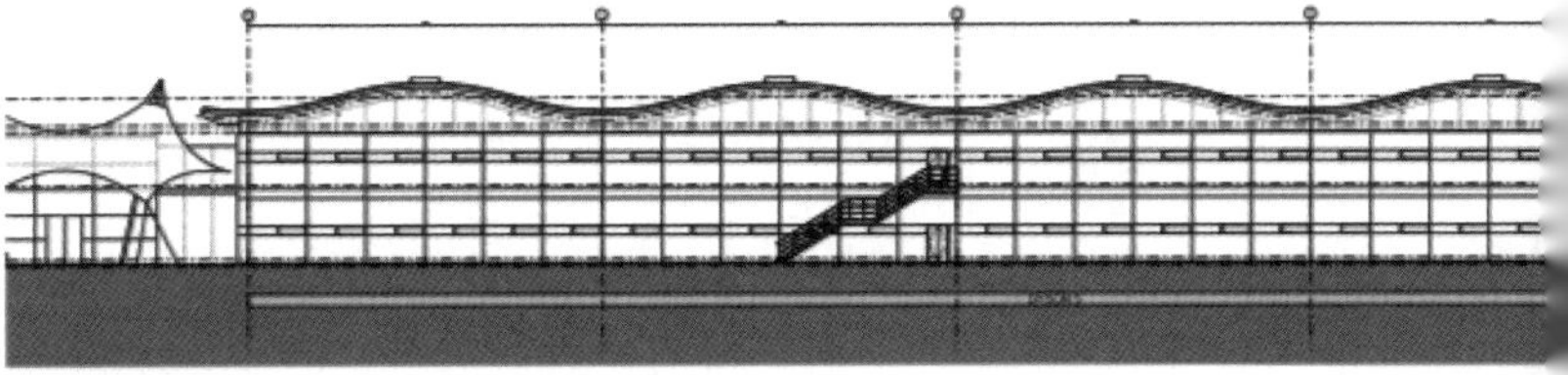

マルムズベリーの工場の設計図／ウィルキンソンエア

ク建築家、ノーマン・フォスターやリチャード・ロジャース、マイケルとパティーのホプキンス夫妻と協働した経験があった。新工場の設計者として、トニーは三人の建築家を推薦してくれた。

クリス・ウィルキンソン——一九八三年に独立する前、やはりフォスター、ロジャース、ホプキンスのもとで働いていた——が強い印象を残した。僕に必要なものについて自分の考えを述べるのではなく、ダイソンに本当に必要なものは何かを僕が考えられるように質問をたくさん投げかけてきて、僕の答えに応えるようにスケッチを描いていった。まさに、シートラックを販売していたときにジェレミー・フライが僕に教えてくれたこと——客が欲しいものを聞き出して、それから解決策を提案すること——を実践していた。

だが、計画プロセスに時間がかかりすぎる——新しい建物がすぐに必要だった——ので、僕たちは、この地域にある既存の工場を探すことにした。ウィルトシャー州マルムズベリーの端に位置するテトベリー・ヒルに敷地が見つかった。DC01で得た収入ですぐに買うことができた。以前はライノライトが操業していた工場だった。ライノライトは一九〇一年に二一歳で両頭白熱灯の特許を取得したアルフレッド・ビューテルが創業した会社だった。蛍光灯が普及する前は、両頭白熱灯の管が世界中の工場を照らしていた。アールデコ様式のクラブやホテルの間接照明や、戦前の遠洋定期船の内装にも使われていた。

マルムズベリーは、表向きは近隣の農家が利用する田舎のマーケットタウンだが、過去にはグローバルに事業を展開する独創的《インベンティブ》な製造業者のハブになっていた。第二次世界大戦中は、とりわけそうだった。ライノライトが王立空軍と英国陸軍の飛行機や戦車の燃料経路や冷却システムに、そして一九三七年には初めて爆撃機フェアリー・バトルの除水装置にも、特許取得済みのクリップを装備していたからだ。英国で初めて空を飛んだ人として記録に残っているのは、マルムズベリー修道院の僧侶、エイルマーだ。一〇一〇年ごろ、エイルマーは修道院の塔から飛び立ち、両翼が折れるまで数秒の間、谷を渡って飛行し、地面に落ちて両脚を折った。彼は再挑戦を望んだ――発明家《インベンター》なら当然だ――が、修道院長から外出禁止を言い渡された。幸せなことに、エイルマーは長寿を全うした。

後に、マルムズベリーは繊維産業と製糸工場で知られるようになったが、やはり第二次世界大戦中には、レーダーを開発していたラジオメーカーのＥＣＫＯの工場が置かれた。ここに開設されたダイソン初の工場は古びてはいたけれど、マルムズベリーはうってつけの場所に思えたし、総面積約七四〇〇平方メートルの工場は宮殿のように見えた。旧ライノライト工場の内部はすぐに、隅々まで僕たちの機材でいっぱいになった。幸運なことに、隣接する土地をモートン卿から購入することができたので、一九九六年にはダイソン初の専用工場を開発・設計してもらうためにクリス・ウィルキンソンとトニー・ハントを招いた。

クリスは素晴らしい仕事をしてくれた。近くで見ると、新工場のゆるやかに波打つ長い屋根は、伝統的な工場のジグザグを描くスカイラインに対するロマンティックな応答になっている。屋根の形は、雨水の収集・排水にも役立っている。雨水は屋根のアーチに沿って比較的ゆっくりと流れるので、排水用のパイプは細いものだけで賄える。建築はアートと科学と自然の融合であるべきとクリスは信じていたし、僕が思うに彼がテトベリー・ヒルの工場の外観や機能の両方において僕たちのために達成してくれたことがまさにそうだった。また、彼はしっかりと予算も守ってくれた。以来ずっと、僕たちは緊密に協力してきた。

僕はこの建物――実際には数棟の建物の集合体――が、働く人にインスピレーションを与えてくれる場所となり、建築とアートとデザインとテクノロジーの若々しい融合を体現するものであってほしいと思っていた。二つの建物をつなぐガラスのキューブ内のレセプションエリアから、池にかかるガラスの橋が延びており、池にはクリスの妻で才能あふれる彫刻家、ダイアナ・ウィルキンソンがデザインした光ファイバーによるインスタレーションの「葦」が広がっている。

二棟の間にあり、グラスキューブに面した中庭については、元ロールス・ロイス・エアロ・エンジンズの見習いエンジニアで、後に彫刻に転じたピーター・バークが作った銅製の人物像を僕が入手した。腐食した古い温水タンクを材料にした実物大の男性像や女性像四〇体からなる作品だ。ピーターはタンクをＪＣＢ社（英国の建設機器大手）の建設機械車両で轢いてぺしゃんこにし、ダウティ・エアロスペース社で真空成形して人物像にしたのだった。銅の酸化が進んで最終的には緑色になってくれることを僕は願っている。

ケンブリッジ大学のカレッジの中庭を行き交う学生たちのように空間に生命力を与えるという、ピーターの人物像にこめられたアイデアが僕は好きだ。僕のヒーローであるフランク・ホイットルは、従軍しながらケンブリッジでエンジニアリングを学んだ。その後彼は、ダイソンのマルムズベリー工場内に展示されているジェットエンジン「ウェランド」を製造したロールス・ロイス・エアロ・エンジンズと協働を続けた。この時期のダイソンは、とりわけ研究開発のために、エンジニアリング（工学）専攻の新卒を大量採用していた。工場は大学のキャンパスのようであるべきだ――工場はさまざまなプロダクトのデザイン、プロトタイプ制作、テスト、製造が実際に行われる場所ではあるが――という僕の思いが強くなったし、その後に工場を拡張したり、最近になってダイソン インスティテュートの学部生用に、スポーツセンターやカフェを備えたヴィレッジを追加したりして、ますますキャンパスらしくなっている。モートン卿からはさらに追加の土地を譲り受けた。モートン卿自身、叩き上げの起業家だった。彼を偲《しの》ぶため、僕たちは立派なトルコナラの木を植えた。

ダイソンのキャンパスは健康に働ける場所にしたい、と僕は思っていた。設備業者は当初、従来型の空調設備を提案したが、それでは空気の八〇％が再循環され、新鮮な外気は二〇％しか取り込まれない。病気や「シックハウス症候群」を引き起こす再循環空気は不要だ、と僕は言った。外気は二〇％だけだなんて、勘弁してくれ。彼らの計算方法には当惑した。大がかりなダクトやファンの整備の必要性を別にしても、八〇％の再循環が屋内の空気環境にどんなメリットをもたらすというのだろうか？　汚れた空気が再循環するとしか思えなかった。

僕が正しいと思っているものを実現するのは無理、というのが専門家の意見であり、設備コンサルタントとの膠着状態が二週間も続いた。最終的には彼らが僕の要求を受け入れ、結果として、建物ははるかにシンプルかつ健康的なものになった。新鮮でクリーンなウィルトシャーの外気が床から取り入れられ、屋根の排気口から出ていく。天井の下にはチラー（冷却）梁があり、冷たい空気が下に降りてくる一方、床下暖房（ラジエーター）は屋内周辺部に隠されている。目障りな集塵ダクトもなく、システムはシンプルだが効果的で、消費電力も少ない。

マーケティングの一環で「グリーンウォッシュ」を利用する企業を、僕は常々嫌悪している。むしろ、言葉より行動を通して、環境への影響を減らしたい。ダイソンはかつても今もずっともっぱらエンジニアの企業であり、だからこそ、あらゆるタスクの解決に使用するエネルギーや材料はできるだけ少なくしたいと考えてきた。無駄《リーン》のないエンジニアリングがよいエンジニアリングだ。これこそ、動力機械の登場以来、僕が尊敬するエンジニアたちが取り組んできたことだ。

二〇一〇年に、チャンネル4のTVシリーズ「英国の天才《ジーニアス・オブ・ブリテン》」に出演したとき、僕はジェームズ・ワットの方法を再現した。彼は一七一二年に開発されたものの、炭鉱からポンプで水を汲み上げる目的くらいにしか使われていなかったスローで非効率なトーマス・ニューコメンの蒸気機関を改良して、効率性を五倍高めたのだった。ダイソンで僕たちがやっているのも、同じことだった。DC01以来、ダイソンの第一世代の掃除機は日本の企業が特許を持つ一四〇〇ワットの電気モーターを使っていたが、ライバルたちは二〇〇〇ワットや二四〇〇ワットのモーターを自慢していた。しかし、ダイソンの掃除機は吸引力が衰えず、したがって電力が無駄になることもない一方、ライバルたちの掃除機は吸引力がなくなっていくし、目詰まりした紙パックのせいで大量の電力を無駄にしていた。

僕にとって、軽量化——無駄のないエンジニアリングと材料の効率的な利用——は、一つの指針である。使う材料が少なければ、ものづくりの過程で使うエネルギーも少なくなる。また、軽いプロダクトのほうが動力源として必要なエネルギーも少なくなるし、取り扱いやすくて、使うのがもっと楽しくなる。シートラックの制作中に最初に学んだことは、ボートの重量が、平地に上がる能力や水上で時速四五マイルまで加速する能力を左右するということだった。長距離ランナーだった頃から、無駄のないエンジニアリングは僕という人間の一部になっているし、ほとんどのエンジニアがそうなのだと思う。僕たちエンジニアの遺伝子の中にあるものだ。

マルムズベリーの操業が始まると同時に、僕たちは掃除機の重量を減らす取り組みを始めた。例えば、プラスチック成形部品の現状の厚みは馬鹿げていると思っていた。プラスチック部品が厚くなるほど、必要なプラスチック原料も多くなる。必要な原料が増えると、溶かしたり成形したりするのに必要な電力も多くなる。部品を射出成形するには二・五〜三・五ミリの厚さが必要だと言い張るプラスチック原料供給業者と僕たちの間で意見が対立した。金型充填用コンピュータプログラムがそう予測しているという。ダイソンでは、クリアビンの部分を一ミリ厚で設計・製造した。驚くなかれ、プラスチック業者のコンピュータプログラムの計算とは裏腹に、それでもちゃんとうまくいった。

一九九三年からは、掃除機の生産量が毎年三倍に増えていったので、こうした単純な変更でも相当量の材料とエネルギーを節約できた。同時に、製品の長期的な耐久性も確実にせねばならない。ダイソンでは「拷問コース」と呼ばれるほどの大規模な厳しい試験コースを作り、想定しうる最高レベルに粗暴な家庭よりもさらに過酷な条件で掃除機の試験を行った。テストコースでは、機械的なテスト装置を大量に投入するだけでなく、数百人の人が製品をなんとかして壊し、くたびれさせるべく、ベストを尽くして乱暴に使っていた。二〇〇回使用するごとに写真を撮影し、記録をつけた。しっかりと管理した厳密な取り組みがあればこそ、材料の使用量を抑え、より軽い製品を作ることが可能になる。

掃除機の機能改善も行った。どのモデルも必ずテクノロジーが進化しており、前モデルとは異なっている。バックミンスター・フラーの言葉にあるとおり、「既存の現実と格闘したところでものごとを変えることはできない。何かを変えるには、既存モデルを時代遅れにする新モデルを作れ」である。フラーの考える変化とは、一九五〇年代や六〇年代の米国車の「計画的旧式化（陳腐化）」ではなく、デザインにおける革命だ。ダイソンでは、新しいテクノロジーや材料の研究開発が進んだら、初期の掃除機を不必要なものにする――旧型も引き続きちゃんと動くけれども――ことにしていた。

少々フライングすると、過去二〇年間にダイソンが成し遂げたラディカルな技術的変化は、マルムズベリー、マレーシア、フィリピン、シンガポールの工場が研究開発型生産拠点として急速に発展したおかげだった。また、エンジニアリング専攻の新卒を採用できたのも、このおかげだった。研究デザイン開発拠点（ダイソン社内ではキャンパスと呼ぶ）がロンドンから一六〇キロも離れたウィルトシャーのような田舎にあり、一見すると味気ない製品を作っているダイソンに入社するなんて？　航空エンジンや最新コンピュータにだって取り組めるのに、どうして掃除機のデザインや開発に取り組むんだ？　と逡巡したっておかしくない若者たちを採用できている。

ダイソンは日常生活用の製品に取り組み、掃除機を高性能機械にしたという事実を、僕は大切に思っている。そうした取り組みの中で、採用した大卒エンジニアたちは力を発揮し、ダイソンをテクノロジー企業として発展させてくれた。僕たちはすばやくチームを育て、優秀な若きエンジニアたちの活躍の場となるキャンパスを作りあげた。彼らは自由に考え、問いを投げかけ、そしてよりよいデザイン、テクノロジー、プロダクトを見出すためにそれまでの自分たちのやり方に疑問を持つことが自らの仕事だと理解している。

工場から研究デザイン開発拠点へと急激に変容を遂げたマルムズベリーの雰囲気は、当時も今も若者たちを惹きつけている。マレーシアやフィリピン、そしてシンガポールに新設したセントジェームス・パワーステーション・キャンパスもそうだ。ロンドンやニューヨークやシンガポールといった都市と比べると、マルムズベリーは都会から離れた場所かもしれないが、ここのキャンパスには特別な魅力がある。再びクリス・ウィルキンソンを設計者として、多目的スポーツ施設「ザ・ハンガー」に加え、二つのカフェ「ライトニング」と「コンコルド」（中にコンコルドのエンジンを置いている）を加えた。カフェでは誰でもフリッツ・ハンセンのチェアに腰を掛け、テーブルを囲んでミーティングをすることができるし、天井からはイングリッシュ・エレクトリック・ライトニングF.1A・マッハ2戦闘機をたった三本のワイヤーで吊っている。センセーショナルなスピードで飛び、この上なく目的にかなった飛行機であるライトニングは、僕にインスピレーションを与え続けるいくつかの機械の一つであり、すでに触れた一九六一年型ミニ、ハリアー・ジャンプ・ジェット、シートラック（ウェールズの港湾局から運んできた四五年もの）、そしてベル47ヘリコプターとともに、キャンパスに点在するように置かれている。

これらの機械を生み出した人々とその物語は、エンジニアたちが現状の技術に縛られることなく大きな夢を持って思考するときに可能になるものを示している。エンジニアには世界を変える力がある。これらの機械は博物館の展示物ではない。手で触れ、その背後にあるアイデア、それらを可能にしたエンジニアリング、生み出されるまでの苦難や失敗を理解するためにある。

イトトンボのようなベル47ヘリコプターは、米国の発明家・哲学者のアーサー・M・ヤングによって設計された。ヤングは若い頃、ペンシルベニア州にあった父親の農場にある家畜小屋を改装した工房で、一二年にわたり孤独の日々を送った。一九二八年から一九四〇年まで、世界初の商業利用可能なヘリコプターとなるものの縮尺実用模型の開発を続けていたのだ。

クリス・ウィルキンソンが設計し、二〇一六年にオープンしたD9リサーチビルは、未来のテクノロジーやプロダクトの研究をより深く掘り下げる場所や施設となった。二層の建物で中心に吹き抜けがあり、中央に面して配置された研究室は建物を包む反射性ガラスウォールの内側に隠れており、科学者やエンジニアにとって魅力的な場所になっている。外壁は五×三メートルのプレファブのボックス状ガラスパネルで構成されており、建築物の外周部の構造に使われたのはこれが初めてだ。反射性ガラスにしたのは、トップシークレットの研究所がますます必要になっていたという理由もあるが、建物をとりまく木立をガラス面に反射させるためでもあった。

ここでの取り組みについては、公に述べることは不可能だ。なぜなら、ダイソンが前進し続けるにつれて、僕たちの研究に対する投資も急速に伸びているし、未来のプロダクトへの取り組みについては厳しい管理が必要だからだ。それでも、D9リサーチビルは、素晴らしい職場だ。建物の構造を活用して、新しいアイデアをテストしてきた。例えば、息子のジェイクが開発した「ダイソン キューービーム デュオ」ライトがそうだ。衛星のように天井から吊るすサスペンド型ライトで、個々に調整可能なタスクライトとアンビエントライトを提供する。LEDライトは衛星やマイクロプロセッサ技術で使われるヒートパイプテクノロジーを使って冷却し、寿命は一八万時間だ。

研究やものづくりを建物のデザインに反映し、このキャンパスを発明《インベンション》とクリエイティブな遊びの場にすることを僕たちは目指してきた。例えば、ライトニングカフェの階段のいちばん上から見下ろすと、自分の方に向かってくるスパイラルは、ダイソンの電気モーター内部にあるタービンを想起させる。ここは、ダイソンらしい独自の特徴を備えた、僕たちのキャンパスである。

僕たちは最初から、外部の広告代理店を使うのではなく、自分たちでパブリシティ素材を作ろうと決めていた。ダイソンをダイソンたらしめてきた原動力はテクノロジーであり、テクノロジーについて余すところなく伝えたいと考えていたからだ。テクノロジーを開発してきたのは僕たちなのだから、他の人たちに説明する方法は誰よりもよくわかっているはずだ！

一九九〇年代の終わりに、ベルギーの裁判所が、掃除機の紙パックについて僕たちが述べるのを禁じた。そんな判断が可能だとは思わなかったし、違法だと思った。しかし、ベルギーには比較広告に対する厳しい法律があり、ヨーロッパのライバル企業たちは結託し、ダイソンに比較優位を与えてしまうからダイソンの掃除機には紙パックがないと述べるべきではないと主張して、ダイソンを訴えた。馬鹿げた主張に思えたが、裁判所はダイソンを有罪にした。そこで僕たちは、写真家のドン・マッカリンが撮影した写真を使った広告を制作し、「紙パックなし（bagless）」という単語が出てくるたびに空白にして、「申し訳ありませんが、あらゆる人に知る権利がある事実をお知らせするのをベルギーの裁判所が許してくれません」という一文を掲載した。これがメディアの関心を惹きつけた。一丸となったヨーロッパの掃除機メーカーたちが、いかにして競争を阻んでいるのかをメディアに伝えることができた。

自分たちに対しては、手にした栄光に満足することを一瞬たりとも許さなかった。一九九五年、縦型のDC01がよく売れていたときに、「DC02」を発売した。あらゆる家庭でおなじみの問題――階段での安定性――を解決した、コンパクトなシリンダー型デュアルサイクロン掃除機だ。ダイソン初のシリンダー型モデルだった。ピート・ギャマックと他のエンジニアたちはDC01にかかりきりだったので、ロイヤル・カレッジ・オブ・アートのエンジニア・コース経由でインペリアル・カレッジを卒業し、すぐにダイソンに入社したアンドリュー・トムソンと僕がデザインした。サイクロン入りの透明なビンを四五度の角度でセットし、てっぺんに長いハンドルをつけ、その下にモーターと車輪をつけた。ライバル製品のボテッとした形やシリンダー形状とは一線を画していた。DC01のデザインには誰もコメントしなかったのに、DC02にはコメントしてきたのが、僕には面白かった。

多数のカラーで展開し、特別エディションも販売した。「デ・ステイル・エディション」もそうで、二〇世紀初頭にバウハウスよりも一〇年ほど前に起こり、モダンデザインの真の基礎となったオランダのデザイン運動への、僕たちからのオマージュだった。実は、さまざまな掃除機についてかなり多数の特別エディションを作ってきた。環境に優しい《グリーン》再生プラスチックでできた「緑色《グリーン》」の「DC02リサイクロン」のように特定の理念に対する認知度を上げるのが目的だったこともあるし、チャリティのための資金集めと意識向上が目的だったこともある。例えば一九九四年には、ラノフ・ファインズのサインが入ったシルバーとライトブルーの「DC01アンタークティクソロ」を発売した。ファインズは史上初めて南極の単独徒歩横断行に成功した人物だ。ダイソンは乳がん撲滅運動「ブレイクスルー・ブレスト・キャンサー」の募金を呼びかけるための彼の冒険に

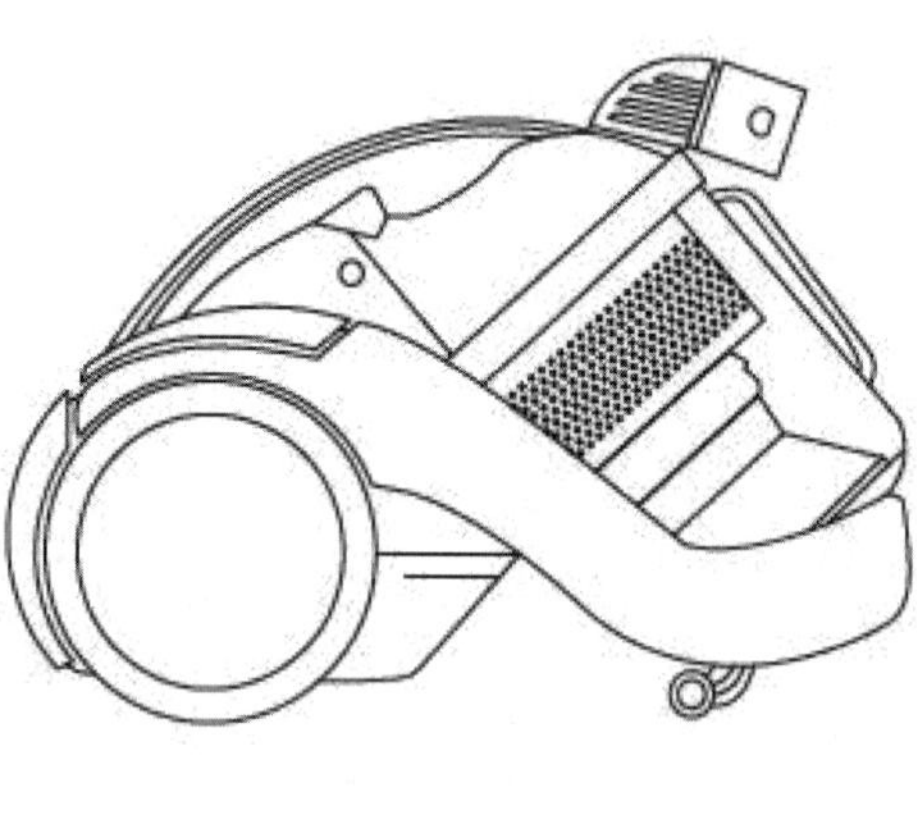

DC02

資金を提供した。僕は両親をがんで亡くしているので、治療法を見つけるための支援をぜひともしたいと思っていた。驚いたことに、当時、乳がん研究の募金活動はほとんどなかった。

一九九五年には、まったく新しい製品の開発を考え始めていた。その一つが、洗濯機「ダイソンコントラローテイター」だった。本当にいい洗濯機――そう言っていたのは僕だけではない――だったが、製造コストが高すぎてまったく利益が出なかった。二〇〇〇年にようやく発売したときの価格は一〇九九・九九ポンド（約一八万三〇〇〇円）という高さだったが、それでも利益を上げるには安すぎた。

生産コストの削減に取り組み始めたが、不首尾に終わった。マーケティングチームは僕に「二〇〇ポンド安く製造し、もっとたくさん売れますよ」と言っていた。だから、二〇〇ポンド安く製造し、きっちり同じだけ価格を下げて八九九・九九ポンド（約一五万円）で販売したが、さらに赤字が膨らんだ。僕は古典的な間違いを犯していた。直感に反していても、価格は上げるべきだったのだ。コントラローテイターはそもそもローコスト洗濯機を意図してはいなかった。他とは違う、優れたエンジニアリングによる製品であり、それを評価し、その分の余分の価格を喜んで払う人のための製品だった。コントラローテイターの製造は二〇〇二年に停止したが、とりわけ洗濯機の機能をとらえ直した製品だっただけに、残念に思った。その後も一五年間は購入者向けのサービスを提供し続けた。僕のコントラローテイターは今も稼働している。

従来の洗濯機は、同じ方向に回転するドラムが一つあるきりだ。洋服をきれいにするためには、洗剤に長めにつけ置きする必要がある。僕たちの研究によれば、一般的な認識とは反対に、洗濯機を使うより手洗いのほうが、洋服をきれいにするのに効果的だった。実のところ、二時間の洗濯機洗いと一五分の手洗いに差がないことがわかった。ダイソンコントラローテイターは、ペアのドラム二台が反対向きに回転する初の洗濯機であり、手洗いのような動きを再現し、より速く、より大量の洗濯物を、より少ない水で洗えたし、熱を抑えて縮みも防いだ。機構は標準的な洗濯機よりも複雑でモーターは各ドラム一つずつ、計二つ必要だった。乾燥時には両方のドラムを同じ方向に高速回転させる必要があったため、コントラローテイターにはクラッチとギアボックスも必要だった。

マルムズベリーで僕たちが断念したもう一つの製品は、僕が長年温め、開発してきたプロジェクトでもあった。「ディーゼルトラップ」、あるいはサイクロン式排気フィルターは、コーチハウス時代の遺物だった。僕はディーゼル排気の危険性について大量の論文——排気粒子には発がん性がある——を読んでおり、EUや英国政府が本格的な医学研究を携えてディーゼル排気について述べている内容に同意できなかった。前の車のスリップストリームの中で運転している人がその排ガスを吸い込むのは当たり前に思えた。臭いもするし、実際呼吸をしているのだから。

それに、ダイソン社に赴くためにロンドンから西に向かう列車に乗れば、ディーゼル車の排気の汚さは体感できた。ブルネルが設計したパディントン駅の素晴らしい屋根の下では、ディーゼルエンジンが延々とかけっぱなしになっていて、見るからに危険な排ガスを吐き出していた。それでも、自動車メーカーのロビー活動やEU法や、政府の重要アドバイザーの一人で当時は首席科学顧問だったデイヴィッド・キングの意向に従い、英国政府はディーゼル化を推進するための

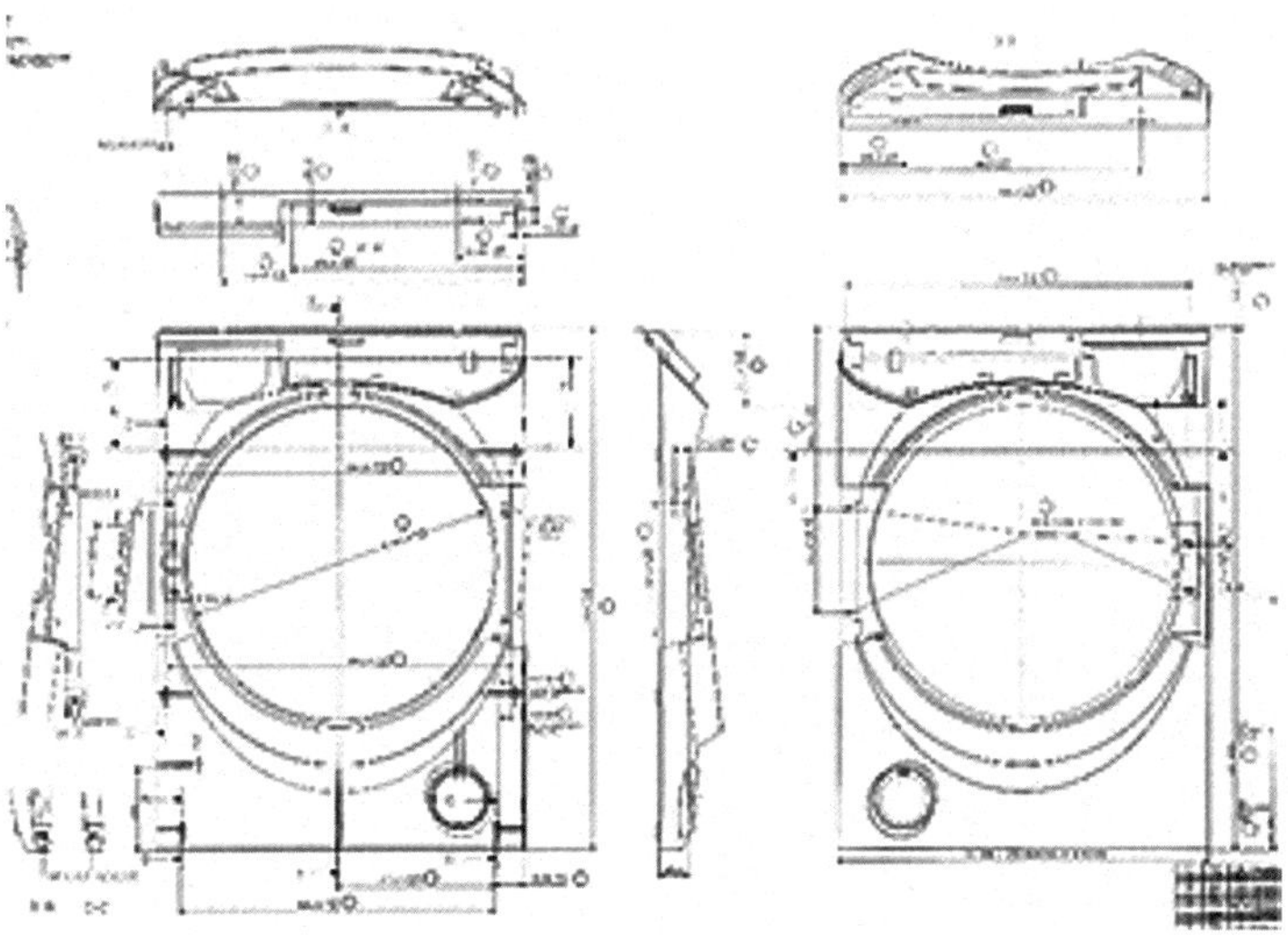

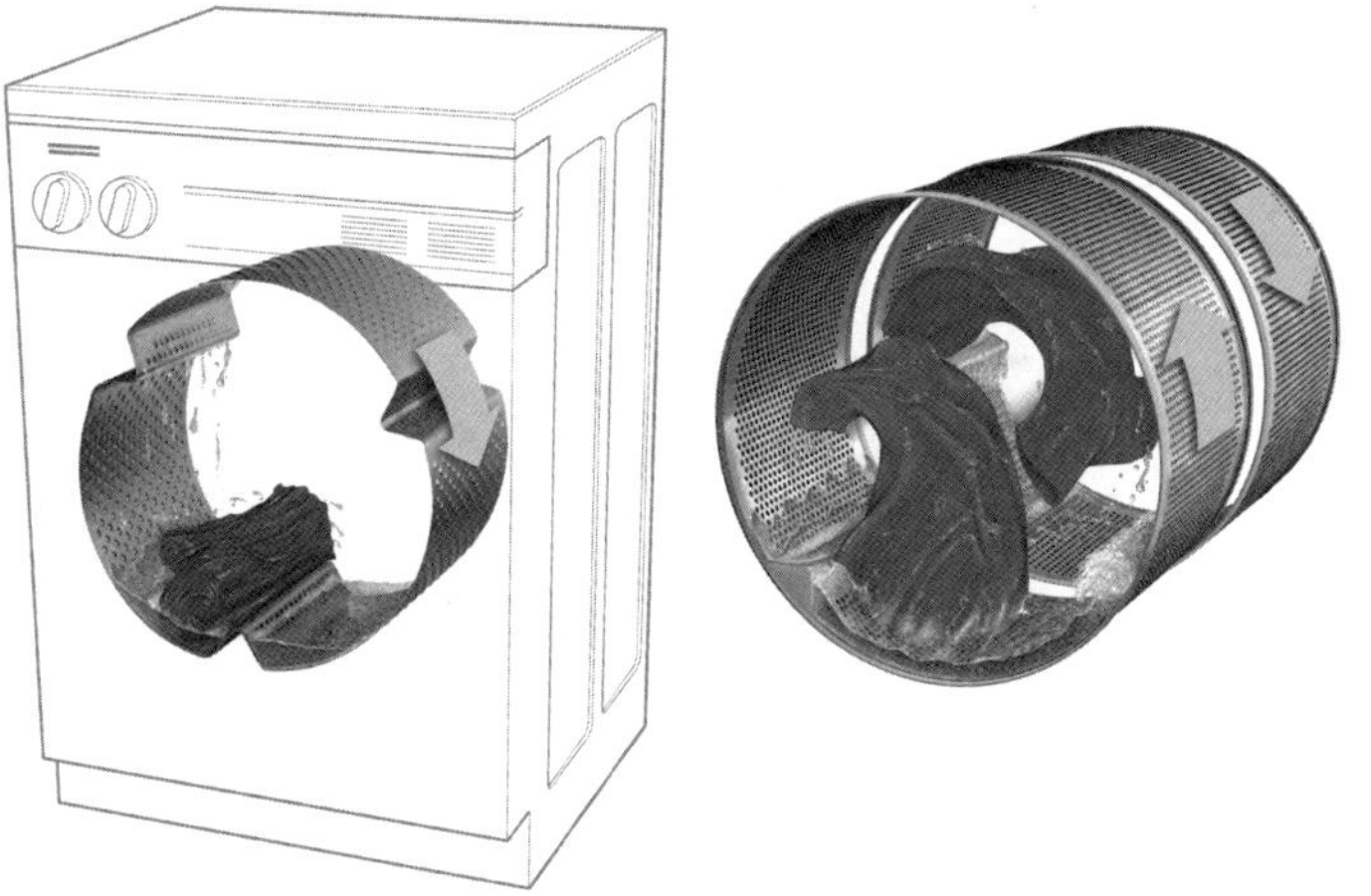

洗濯機コントラローテイター

減税を実施していた。後にキングは、ディーゼルに対する政府見解は間違っていたと認めた。

コーチハウスで、僕たちはディーゼル排気の汚染物質を捕捉するサイクロンを開発した。一九九三年には、BBCの子供向け番組「ブルー・ピーター」で実際に使ってみせることもした。僕はディーゼルエンジンを積んだフォード・トランジットに乗ってロンドン西部のシェパーズ・ブッシュを走り回り、サイクロンで集めた汚いものを「ブルー・ピーター」の司会のアンセア・ターナーに見せたのだ。しかし、自動車メーカーにこれを認めさせるのは不可能だった。なぜなら、ディーゼル燃料はガソリンよりかなり安かったし、亜酸化窒素や二酸化硫黄、炭化水素を発生させるにもかかわらず、ディーゼルこそ「環境に優しい」選択だとみんな言い聞かされていたからだ。悲しいことだが、これではまったく見込みはなく、一九九八年についに諦

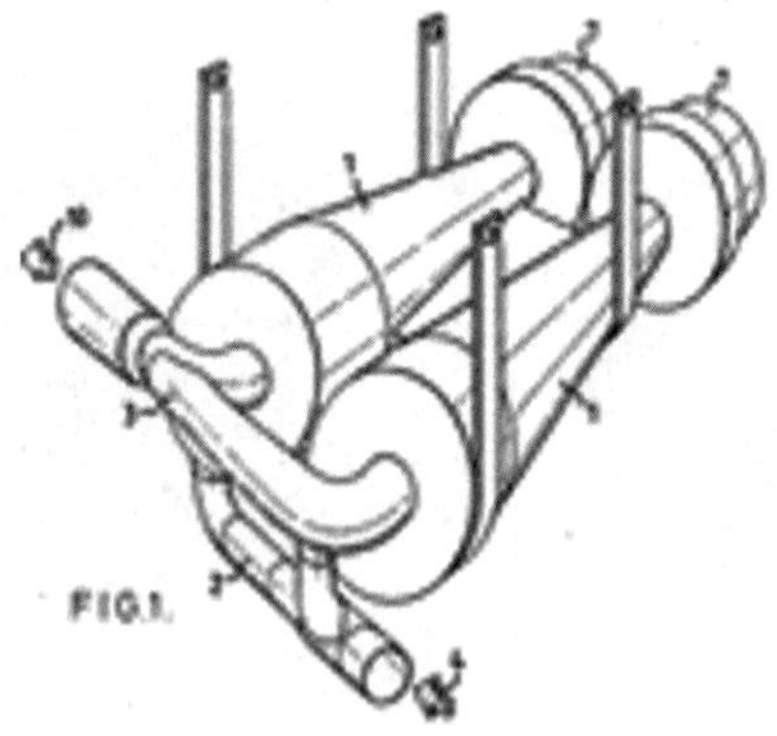

ディーゼルトラップ

めるしかなくなった。

落胆したものの、ディーゼルトラップは僕のサイクロン技術が他の発明や製品に転用可能であることを証明した。サイクロン技術は、当時ダイソンにとってますます重要になりつつあった。テクノロジーにおける革命的な発展に常に目を光らせつつ、すでに思いついて他の装置に活用していた技術を、発展させたり洗練させたりすることができていた。

1941年にケンブリッジシャー州フォウルミアのセントメリー教会で行われた両親の結婚式。父のアレックは軍人が持つ短いステッキを持ち、カーキ色の軍服を着用。母は王立空軍の青い軍服を着ていた

中古で手に入れた戦前のトライ=アング社製「スポーツ」モデルのおもちゃの足漕ぎ車に乗って

『ツバメ号とアマゾン号』さながらの日々。兄のトム（左）、筆者（中）、姉のシャニー。ノーフォーク北部のブレイクニー・ポイントは、砂地があり、アザラシがいて、ヨットが浮かび、塩性湿地が広がり、目を見張るような野鳥が生息する場所だ

グレシャム校での学校劇「テンペスト」で酔っ払ったトリンキュロー（中央）を演じる筆者。後にITVの「ニュース・アット・テン」のアンカーになったティム・イウォートがキャリバン（右）を演じている

かつてグレシャムの校長を務めていた恩師ロージー・ブルース＝ロックハート（当時96歳）と、2019年にノーフォーク州ブレイクニーの彼の自宅で

1965年、ロンドンのケンジントンにあるバイアム=ショー美術学校で、
一緒に絵を描いているディアドリーと筆者

1967年12月に
ロンドンで結婚

ハネムーン中のディアドリー。コーンウォール州マラジオンの浜辺にて

上：1968年、初のシートラックにミニを2台載せてスピードを上げるジェレミー・フライ。ハンプシャー州バックラーズ・ハードにて。Lの板がついたミニはディアドリーのもの。ボーリュー川沿いのバックラーズ・ハードはネルソン提督のもとで戦った船や第二次世界大戦中の高速魚雷艇を建造した地

中：1971年、ロンドン消防隊とともに消火活動能力のデモンストレーションを行うシートラックを操縦

下：1973年、ノルウェーのベルゲンにて、全速で航行するシートラック

お気に入りの建設作
業用ボールバロー。
筆者が所有

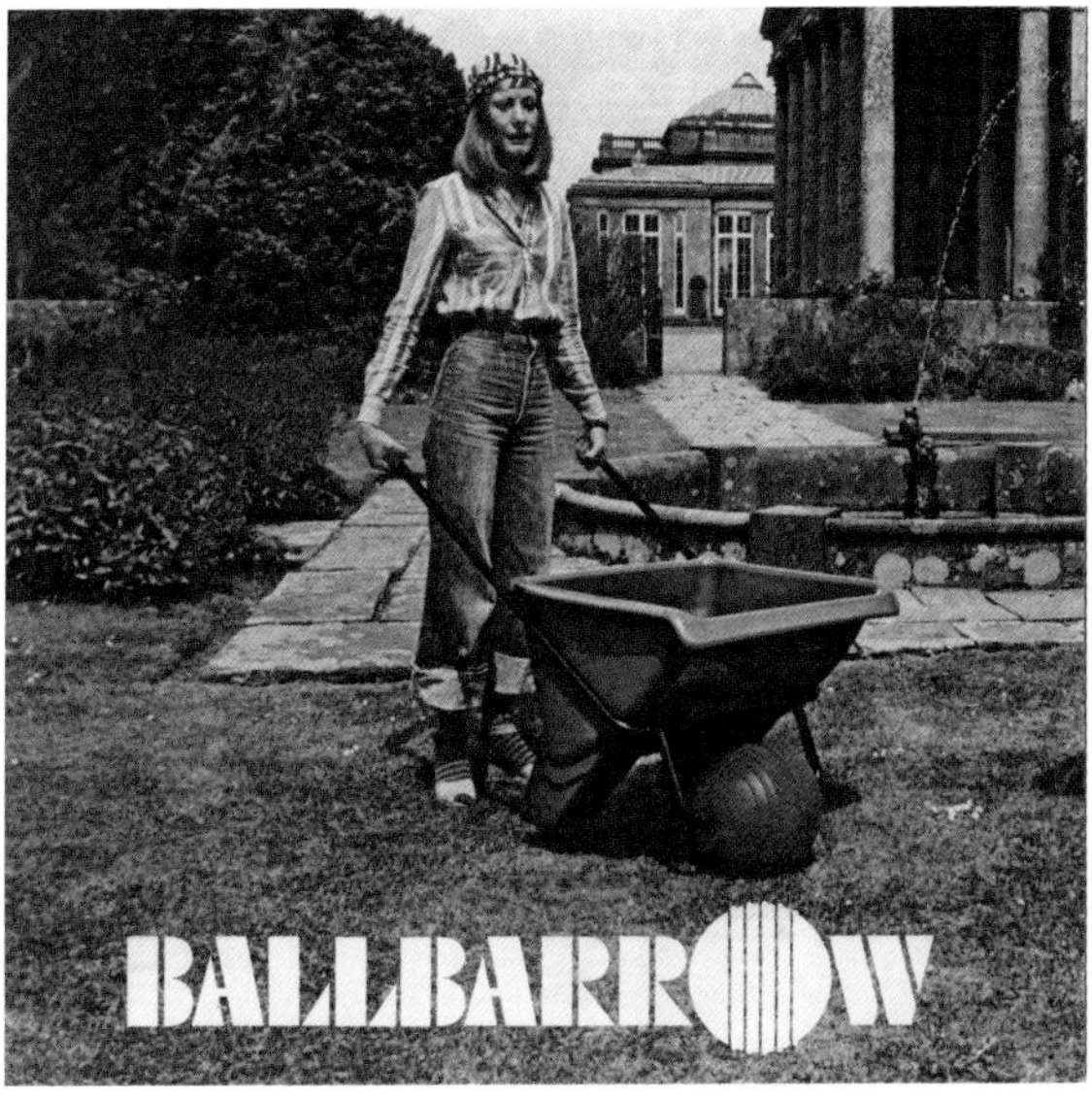

1977年、グロスターシャー州ドディントン・パークにて、ボールバローの広告撮影のモデルを務めるディアドリー。このときには、そこがいつか自分たちの家になるとは思ってもみなかった。「ボール」のロゴにも注目

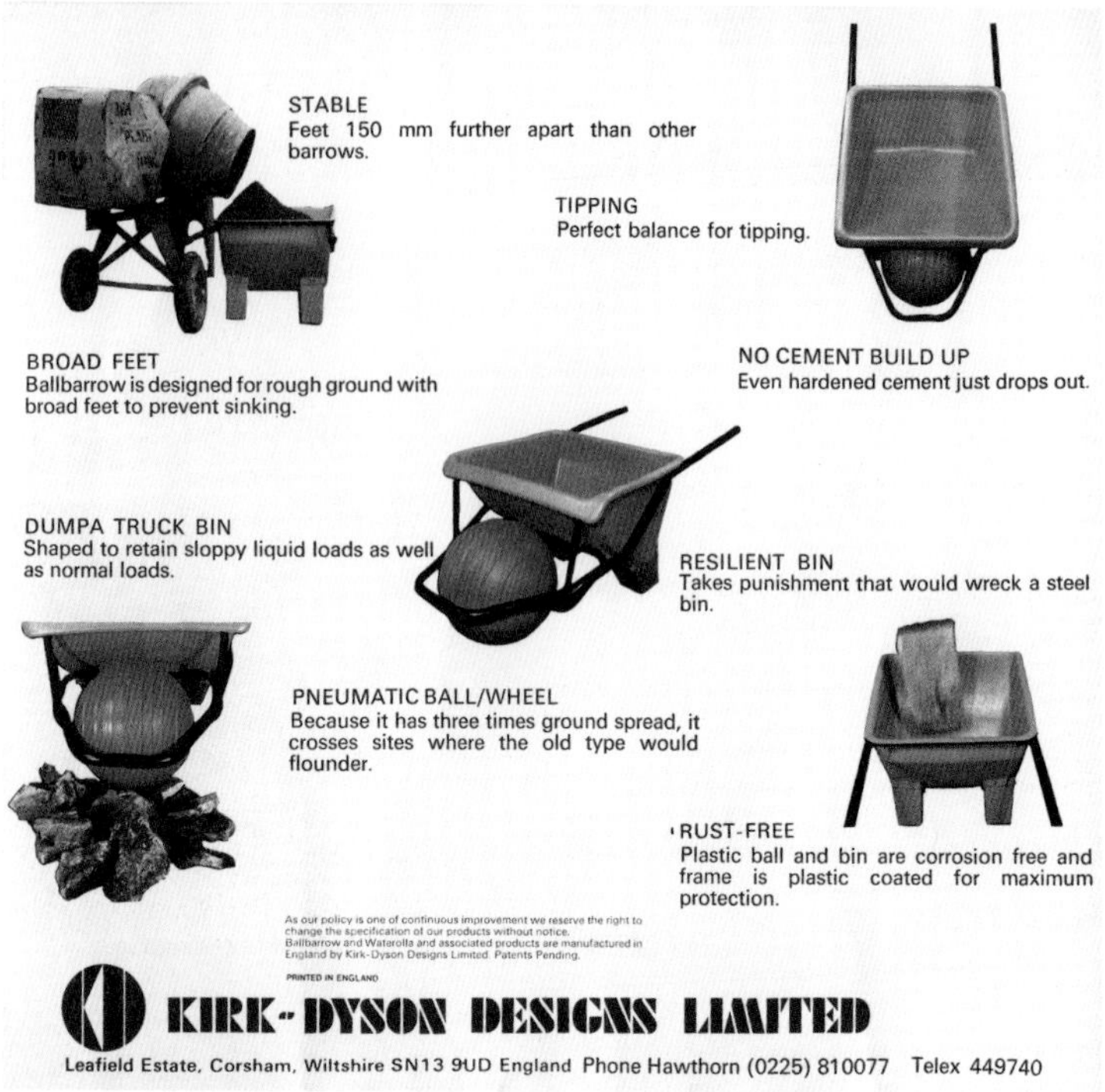
STABLE
Feet 150 mm further apart than other barrows.
TIPPING
Perfect balance for tipping.
BROAD FEET
Ballbarrow is designed for rough ground with broad feet to prevent sinking.
NO CEMENT BUILD UP
Even hardened cement just drops out.
DUMPA TRUCK BIN
Shaped to retain sloppy liquid loads as well as normal loads.
RESILIENT BIN
Takes punishment that would wreck a steel bin.
PNEUMATIC BALL/WHEEL
Because it has three times ground spread, it crosses sites where the old type would flounder.
RUST-FREE
Plastic ball and bin are corrosion free and frame is plastic coated for maximum protection.
As our policy is one of continuous improvement we reserve the right to change the specification of our products without notice.
Ballbarrow and Waterolla and associated products are manufactured in England by Kirk-Dyson Designs Limited. Patents Pending.
PRINTED IN ENGLAND
KIRK-DYSON DESIGNS LIMITED
Leafield Estate, Corsham, Wiltshire SN13 9UD England Phone Hawthorn (0225) 810077 Telex 449740

上:パンフレットの裏には、ボールバローの利点の説明

1982年、シカモア・ハウスの自宅にて、サム、エミリー、ジェイクと一緒にボールバローを使って魚を飼うための池を造った

紙パックなしのデュアルサイクロン掃除機を開発していた当時のバースのコーチハウス

コーチハウスの1階の機械作業所

1980年代中頃、『ハーパース・アンド・クイーン』撮影時、コーチハウスの屋根裏の干し草置き場だったところで、製図板を前にイームズソフトパッドに座っている筆者

1986年に発売したGフォースはいくつもの先端技術を備えた非常に性能の高い掃除機であり、日本ではカルト的な人気商品になった。取扱説明書（下）では、仕組みや使い方を説明

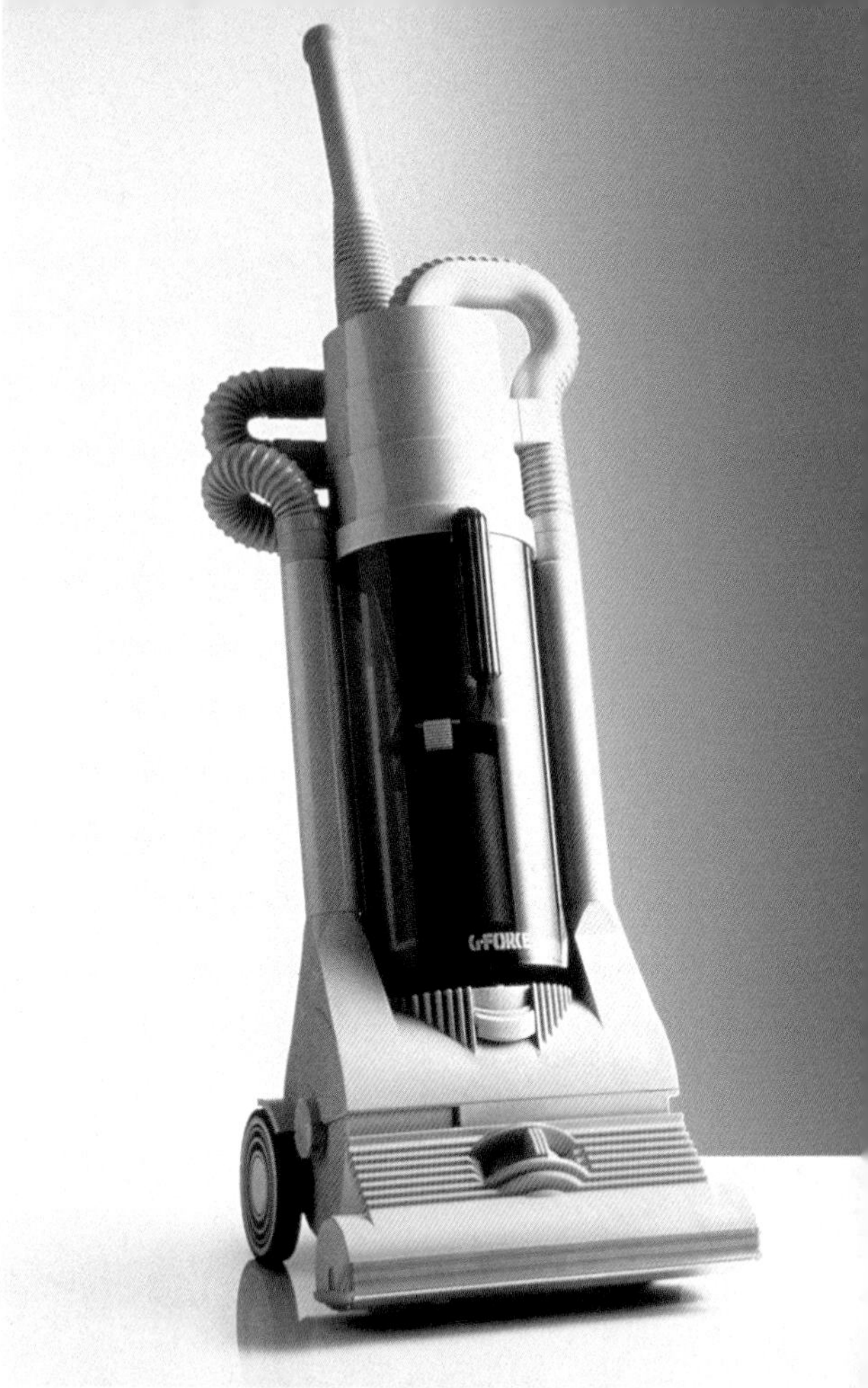

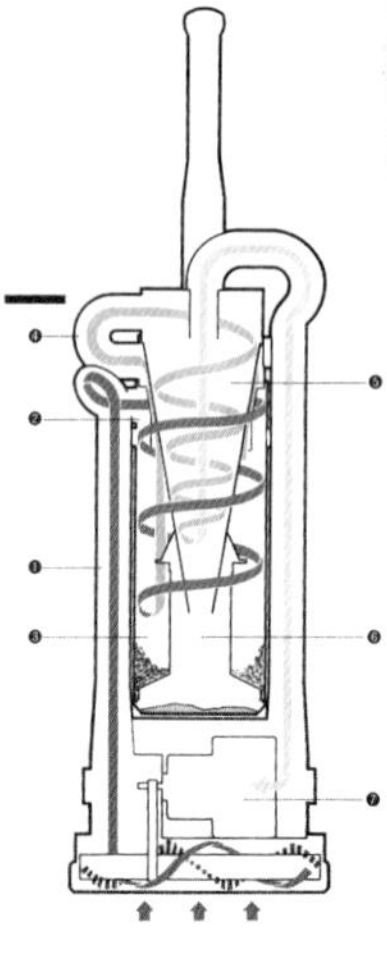

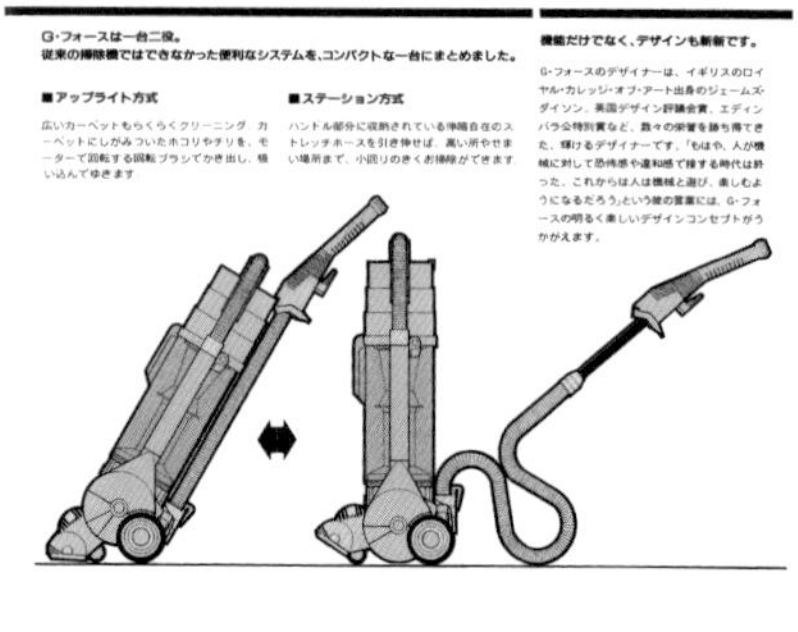

G・フォースは一台二役。
従来の掃除機ではできなかった便利なシステムを、コンパクトな一台にまとめました。

■アップライト方式

広いカーペットもらくらくクリーニング。カーペットにしがみついたホコリやチリを、モーターで回転する回転ブラシでかき出し、吸いこんでゆきます

■ステーション方式

ハンドル部分に収納されている伸縮自在のストレッチホースを引き伸せば、高い所やせまい場所まで、小回りのきくお掃除ができます

機能だけでなく、デザインも斬新です。

G・フォースのデザイナーは、イギリスのロイヤル・カレッジ・オブ・アート出身のジェームズ・ダイソン。英国デザイン評議会賞、エディンバラ公特別賞など、数々の栄誉を勝ち得てきた、輝けるデザイナーです。「もはや、人が機械に対して恐怖感や違和感で接する時代は終った。これからは人は機械と遊び、楽しむようになるだろう」という彼の言葉には、G・フォースの明るく楽しいデザインコンセプトがうかがえます。

第7章

Core Technologies

コアテクノロジー

ダイソンを掃除機の会社で終わらせるつもりはまったくなかった。サイクロンは、ダイソンの数あるコアテクノロジーのうち初めて製品に応用されたテクノロジーであり、その製品がたまたま掃除機だった。僕は常々、これがダイソンの最初の一歩だったととらえてきた。以来、ダイソンは事業という航海を続け、成長する間も初心を貫き続け、さまざまな核《コア》となるテクノロジーにフォーカスし、エンジニアリングの力でますます多くの分野でよりよい製品を生み出してきた。

ダイソンの技術は、手早く安上がりなアプローチで生み出されるわけではない。新しいテクノロジーへの投資には、長期にわたるゆるぎない信念や莫大な金銭的コミットメントが必要だ。その途上には、さまざまな失敗、眠れぬ夜、大きなフラストレーションがあり、真の突破口が開けることはめったにない。我が社の新テクノロジー開発は、成功への一本道というよりもむしろ、『天路歴程』の巡礼者の歩みのごとく苦難の続く道だった。DC01はすみやかな商業的成功だったかもしれないが、それでも僕たち――決して現状に満足しないエンジニアである――は、もっとよいものを創るためのさまざまなアイデアを温めていた。同時に、僕たちは、ダイソンのサイクロンテクノロジーを異なるフォーマットに応用したいと考えていた。

アップライト型掃除機は、敷き込みカーペットの掃除用に米国で発明されたもので、「叩き棒《ビーター》」というブラシ付きの棒（ブラシバー）が必ずついていた。てっぺんのハンドルを持って掃除機を押す姿は、芝刈り機のようにも見える。アップライト型掃除機は一九三〇年代に英国に持ち込まれ、敷き込みカーペットとともに人気を獲得したが、敷き込みカーペットがほとんどなく、シリンダー型掃除機を使う国々ではそうはいかなかった。シリンダー型掃除機と呼ばれるのは、元は

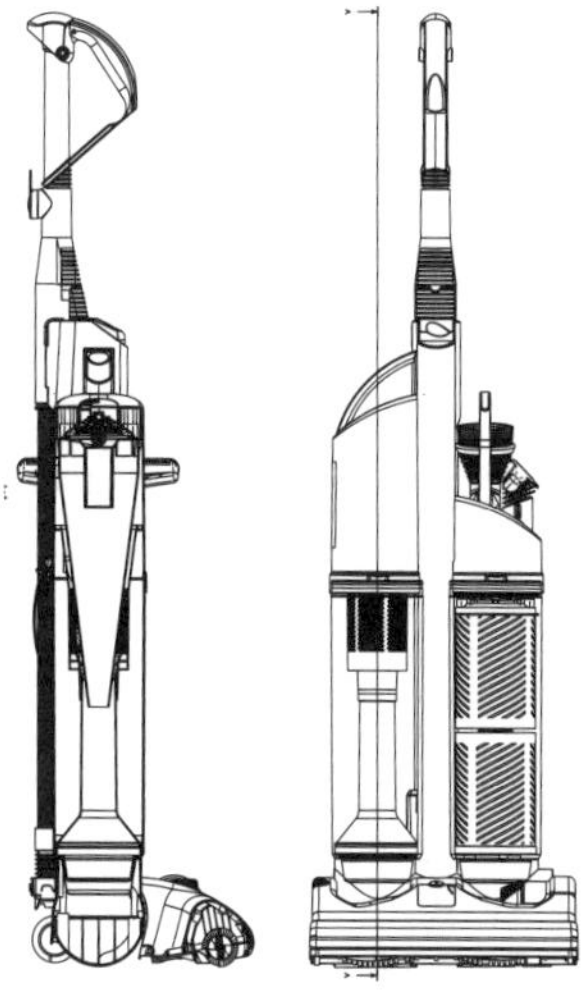

DC03

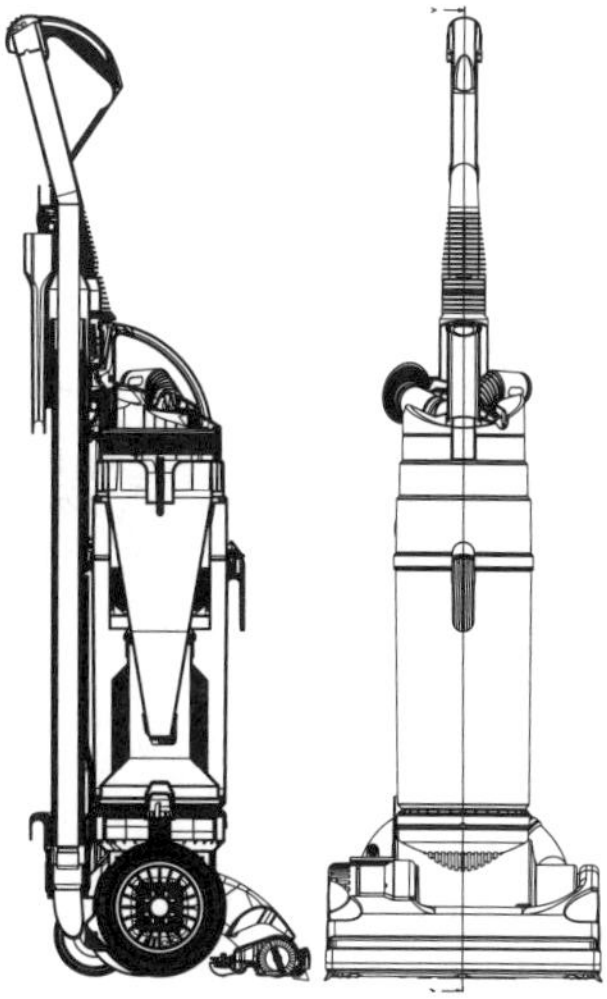

DC04

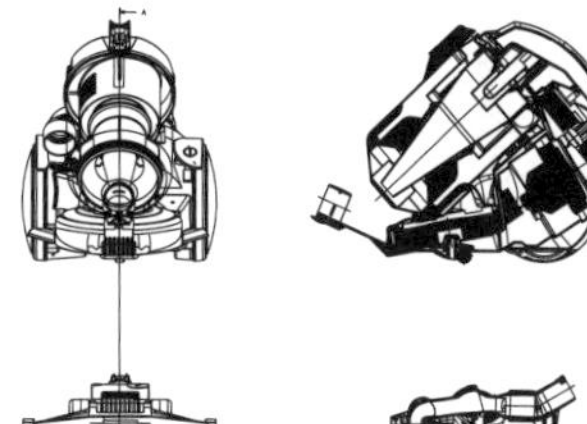

DC05

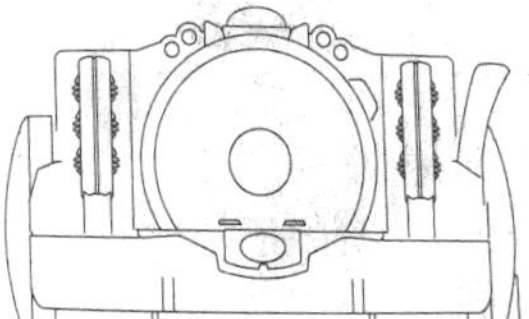

DC06

胴体が金属やボール紙製の円筒《シリンダー》だったからだ。前方に延びるホースと棒状の部分でシリンダーを引っ張って使うものだった。

次はシリンダー型サイクロン掃除機を作りたいと僕たちは考えていた。これが、階段でも安定して使えるコンパクトな「DC02」になった。重い掃除機への対抗製品にするため、「DC03」は軽量のアップライト型掃除機として設計された。横にするとわずか一〇〇ミリの厚さに収まり、家具の下を掃除するために完全にフラットな状態にすることもできる。このフラットさ、薄さにより、壁の釘に引っ掛けて収納することもできる。HEPAフィルターにもこだわり、DC03にはモーターの前と後ろに一枚ずつ、計二枚を装着した。HEPAフィルター、すなわち高性能粒子捕捉フィルターは、それまで病院用の掃除機や、原子力施設などの危険な場所で使われるものだった。HEPAフィルターを装着したダイソン製品はすべて、生産ラインにおいてHEPA（高性能粒子捕捉）機能のテストを行っている。

DC03はブラシバーのドライブを止めるクラッチがついた初の掃除機であり、ブラシバーに小さなブロックのピースが詰まるとクラッチが作動して、ユーザーの大きな頭痛の種となるドライブベルトの破損を防ぐ。僕たちは、歯付きドライブベルトの永久保証を実現した。DC03のクリアバージョンも生産したが、射出成形に使用していたポリマー「ターラックス」が初期のテストで示したよりも頑丈ではないことがわかり、生産を停止した。

その間もDC01の売れ行きは好調で、顧客は満足しているように見えたが、僕たちは改良点を考え続け、DC01の2倍以上のエアワット（吸込仕事率）と吸引力を備えた新しいアップライト型掃除機、「ＤＣ04」を発売した。縦型の本体部分に、塵や細かなホコリをサイクロンに運ぶかなり長いダクトがあり、その先には吸引モーターが装備されている。掃除機のヘッドから、あるいは取り外し可能な伸縮ホースから、吸引を自動的にスイッチする切替弁もある。気道とバルブをなめらかに仕上げ、サイクロンの性能を高めて電力利得を達成した。

ダイソン初のシリンダー型掃除機ＤＣ02は重いと感じていたので、僕たちは軽量でパワーも増したシリンダー本体を開発した。ある製品の売れ行きが好調に見えても、エンジニアは、常に満足することなく改良を続けなければならない。「ＤＣ05」はダイソン初のパワーノズル、つまりカーペットの奥深くまで掃除できるモーター付きブラシを使用した掃除機だ。ＤＣ02も含め、従来のシリンダー型掃除機はすべて少なくとも四つの車輪またはキャスターに載っていた。つまり、ずっしりと重いものを引っ張り回し、向きを変えるのも一苦労だった。そこで、代わりに大きな後輪を二つ取り付け、そこに全重がかかるようにした。すると、ホースを引っ張るとＤＣ05は後輪走行で「ウィリー（前輪を浮かせて走る技のこと）」するようになり、取り回しが楽になった。

「ＤＣ06」は、初めてのロボット掃除機への取り組みだ（これについては後で詳述する）。二〇〇一年に発売したアップライト型掃除機「ＤＣ07」は初のマルチサイクロン掃除機で、サイクロンが全部で七つ装備されていた。サイクロンを逆向きに取り付けることで、吸引力を改善した。クラッチもついていて、ブラシバーのドライブベルトを保護するだけでなく、ホースを使うときには自動的にブラシバーのクラッチが切れるようになっていた。これにより、カーペットではないところで使ってブラシバーが床に傷をつけることもなくなった。二〇〇二年に米国市場で発売したの

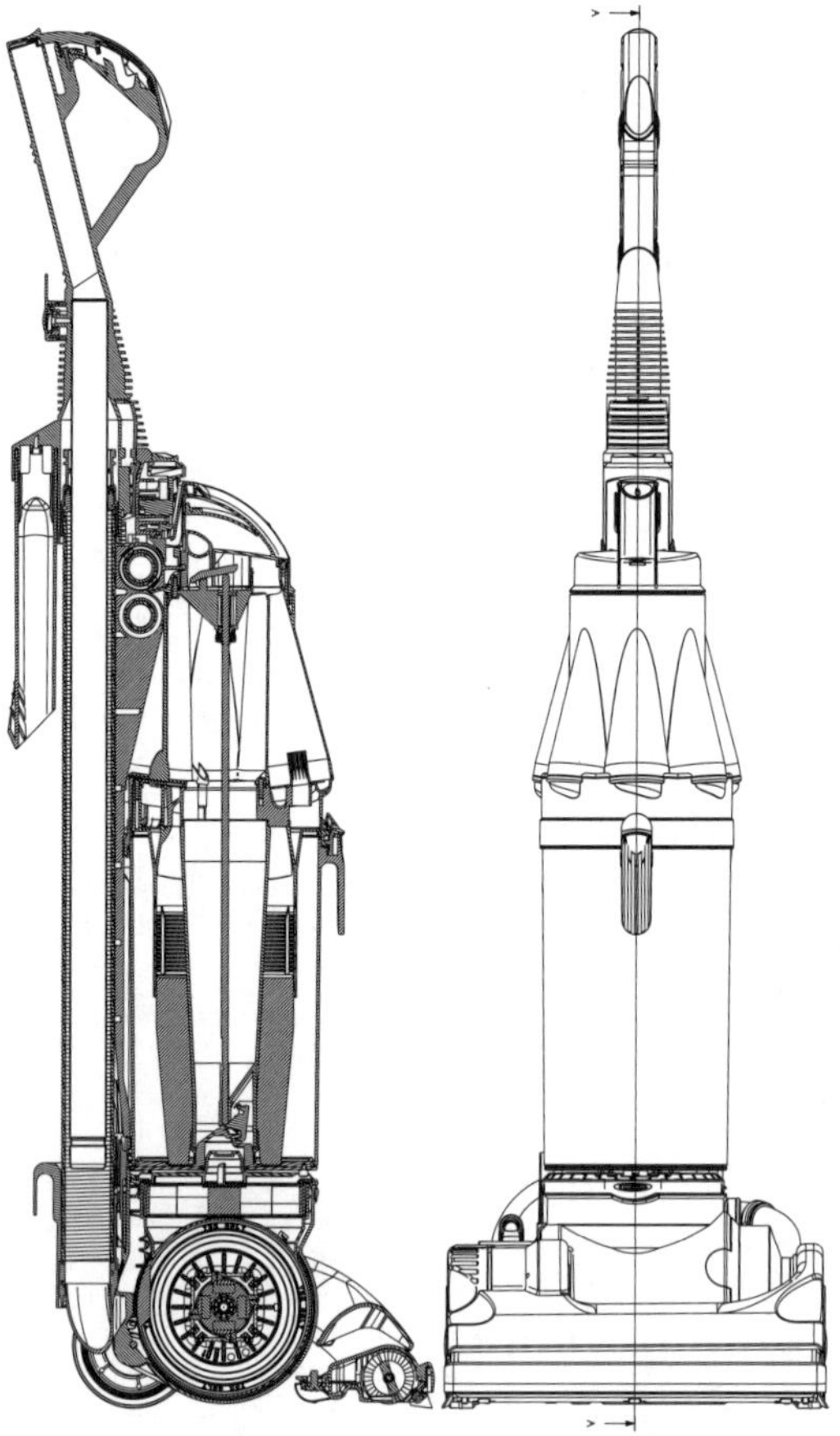

（上）DC07　（下）サイクロン技術の進化

がこのモデルだった。

掃除機の改良を続けながら、同時にいくつか、本業を離れた気晴らしのようなプロジェクトを楽しむ機会もあった。一九九九年に、『デイリー・テレグラフ』紙の編集主幹チャールズ・ムーア（現在はムーア卿）が僕を「サヴォイ」でのランチに招待した。サヴォイに行ったのはこのときだけだ。ムーアは僕に、デイリー・テレグラフと協力して偉大な発明の歴史について記事を書かないかと提案した。この記事は新聞に付随する雑誌の連載として掲載され、後に書籍として出版された。すると続いて、ムーアは僕に、世界最大のガーデンショー「チェルシー・フラワー・ショー」への『デイリー・テレグラフ』紙のエントリー作品として、ガーデンをデザインしないかと提案してきた。親切なことに、僕にいいアイデアが浮かぶまで、数年にわたってこの申し出を繰り返してくれた。

僕は才能あふれるガーデンデザイナーで何年も前から知り合いだったジム・ハニーとチームを組み、「間違いガーデン」という作品をデザインした。間違いを犯すことを恐れないことの素晴らしさを表現する、というアイデアだ。ジムが考えたのは、普通の庭にある緑、ピンク、黄色、赤といった色を一切使わず、むしろ暗い深紅や黄褐色を使うというものだった。ガーデンの正面には、あの巧みなエッシャーの絵のように、水が坂を上っていくように見える仕掛けを作った。両側には、V字型の構造の上に、一見ありえないバランスで立つガラスのベンチが置かれた。

ジムにとっても、チェルシーへの初参加作品だった。ガーデンはたった二日間で設営し、ショーの期間が終わったらすぐに撤去しなければならないため、大変な速さでいろんなことを学ばねばならなかった。僕が作った水の仕掛けはガラス製で、エッシャーの絵のように、それぞれ長さ三メートルの緩やかな四つの坂が正方形のフレームを構成していた。水はガラスの坂を上るように流れていき、端にくると滝のように正方形の水たまりの中に落ちる。この水たまりから水が隣の坂を上っていき、てっぺんに到達すると滝になって落ちる、という繰り返しだ。ピート・ギャマックと僕は、マルムズベリーの工場で、デレク・フィリップスと一緒にこれを制作した。すべてがスムーズに動くようにするには、デレクのエンジニアリングの専門知識が必要だった。女王からどうやったら水が坂を上るのかという質問を受けたときには、仕掛けの秘密をお伝えした。

ガラスのベンチは、合わせガラスの長い水平板でできていた。板の中央の上部には逆さV字のピラミッドが、下部には同じV字が通常の向きで接着されていた。ガラスのベンチはV字ガラスの先端で、ありえないほど危ういバランスを取っているかのように見えた。種明かしをすると、片側のガラス板の下の地面に固定したアンカーから一本のステンレススチールのケーブルが板の端を経由して伸び、ピラミッドのてっぺんを通り、ガラス板の反対側の端を経由して地面に到達し、またアンカーで固定してあった。ガラスとの接点では、ケーブルをしっかりと固定した。これがベンチがひっくり返ることを防ぎ、ガラス板に人が座ったときに必要となる支持力をもたらしていた。ショーのオープニングの日には、ジェリー・ホールが勇敢かつ上品な身のこなしで、僕がまさに意図したとおりベンチに寄りかかり、たまたま居合わせたタブロイド紙『ザ・サン』のカメラマンが撮影してくれて嬉しかった。

チェルシーに出展していた他のガーデンのほとんどは、野草を素敵に展示しており、当然ながら毛並みの違う「間違いガーデン」は審査員にはまったく受けなかった。ジムはどんな庭にも相性のよいガーデンづくりに熱意を傾けており、束の間で枯れてしまう野草ではそうはいかないと主張した。とにもかくにも、僕たちはシルバーギルト賞を受賞した。「間違いガーデン」はバーミンガムの別のショーにも巡回した。そこでは運が上向きになり「ガーデン・オブ・ザ・ショー」賞を獲得した。このショーでデレクは誇り高き主役となり、ガーデンのエンジニアリング、制作、運営も手がけた。その数年後、長年にわたりともに多くのものづくりを成し遂げた才能あふれるデレクががんで亡くなったときには、とても悲しかった。

ダイソン本社の役員室にそれまでより大きなテーブルが必要になったとき、ワイヤーケーブルでガラスを支えるというテーマからインスピレーションを得て、僕は脚のないガラステーブルを作ろうと決心した。二枚の合わせガラスでできた五

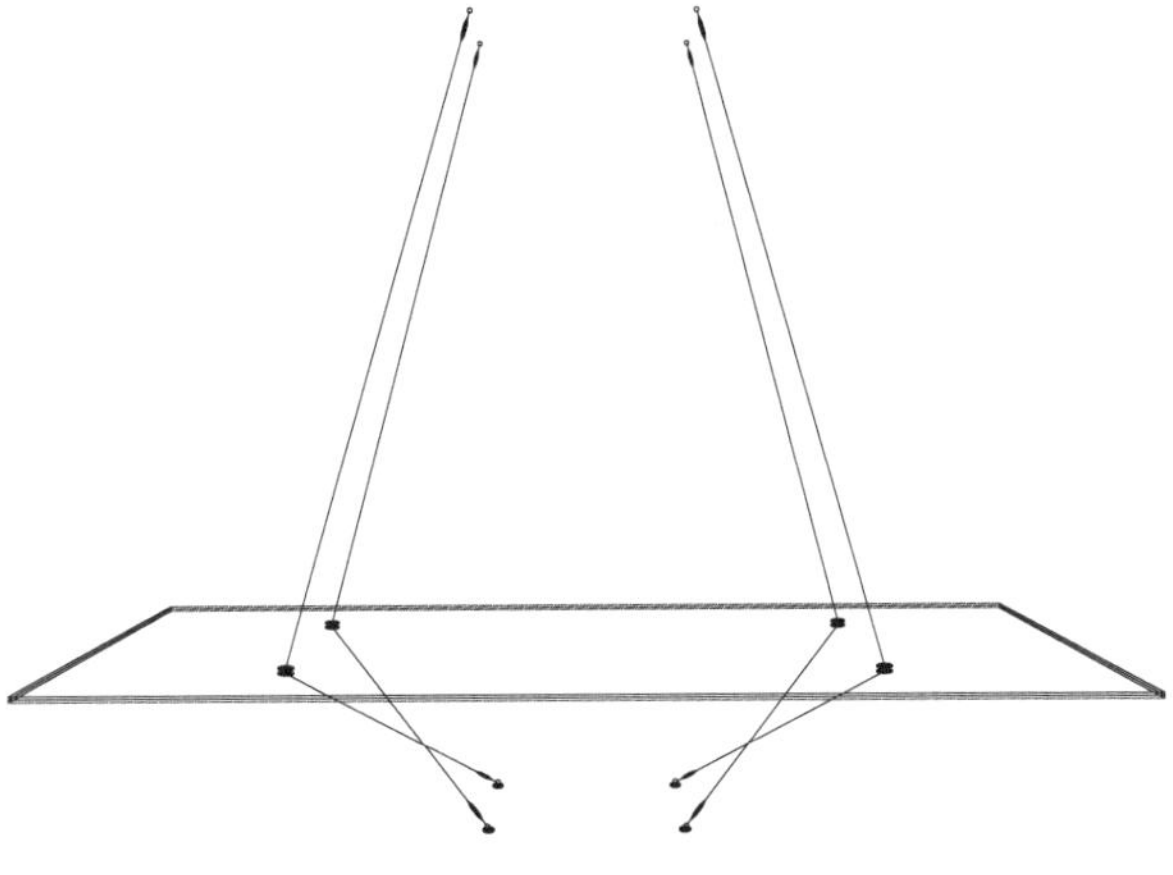

役員室のテーブル

×二メートルの天板は、重さが七五〇キログラムあった。天井の留め具から、四本のステンレススチールのケーブルをある角度（ここが重要だ）で張った。重量が心配だったので、上階の床を通して留め具をボルト留めした。四本のケーブルは天板のステンレススチール製フェルールを通って下に伸び、一定の角度で交差してから床の留め具にいたる。天板の回転を防ぐにはこの交差が重要だった。ケーブルはタイトに張られていた。ガラス天板は、脚付きテーブルより安定していて驚くほどだった。邪魔になる脚がないから、テーブル周囲のどこにでも座ることができた。

パリのファッションショーのキャットウォークに掃除機を登場させたのも、楽しいサイドプロジェクトだった。東京に出かけると、いつも三宅一生が会いにくるようにと言ってくれた。一九四五年八月に日本に落とされた二つの原爆のうち一つが住んでいた家の近くに落ち、七歳だった三宅は被爆したという。イッセイミヤケはクリエイティブな力にあふれる集団であり、ダイソンが日本に参入するにあたって素晴らしいサポーターとなってくれた。僕は彼が作る洋服も好きだ。二〇〇七年一〇月にパリで行われた最新コレクションのショーのデザインを依頼された。とても興味深いことに、彼はそのコレクションをダイソンの掃除機をもとにデザインしていたのだった。洋服の形には、ダイソンの掃除機のさまざまなパーツを反映したものがあった。洋服のあちこちに、僕たちの製図が登場していて、色はどれもシルバーと深いマゼンタだった。僕にはそのアイデアがものすごく嬉しかったし、完成したデザインを見たいと心から思った。けれど、それが明かされるには、ショーを待たなければならなかった。

ショーのテーマは「風」だった。もちろん、ダイソンの掃除機は空気から塵や細かなホコリを

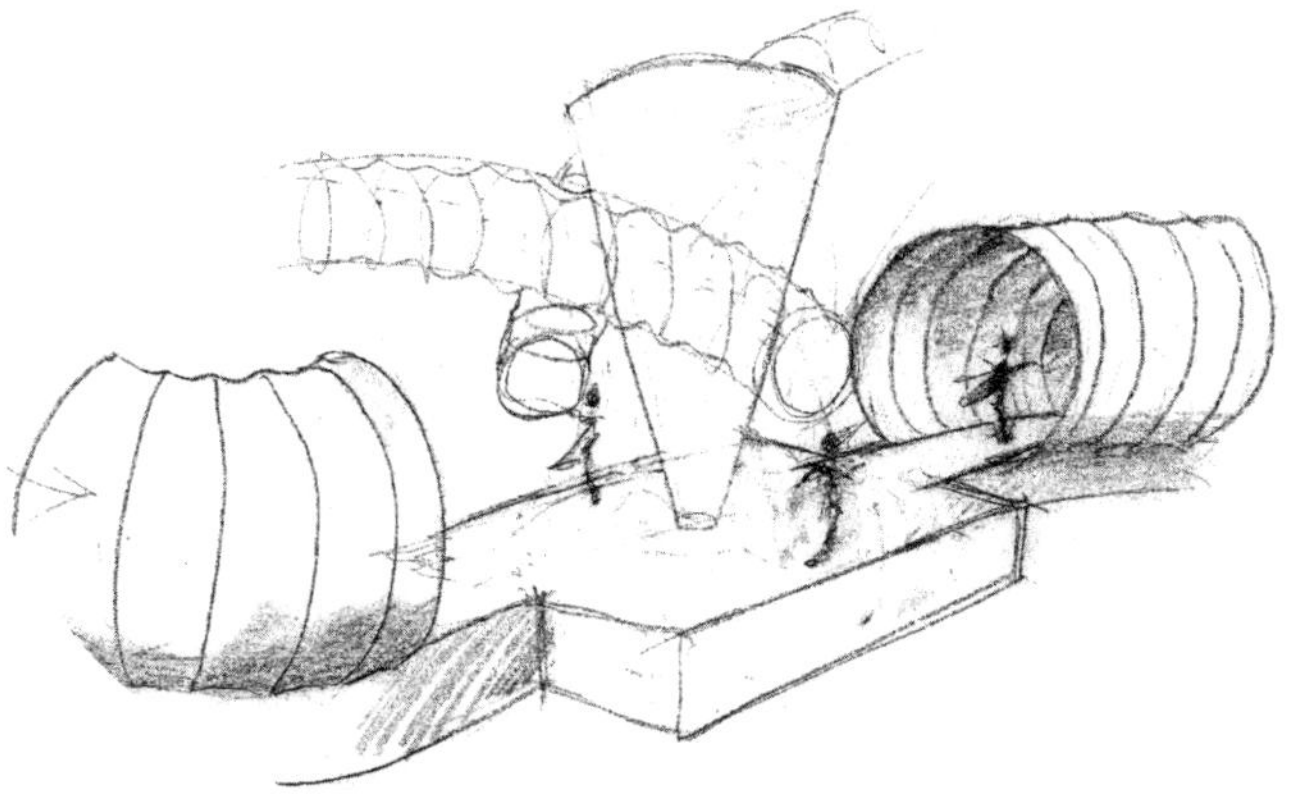

イッセイ ミヤケのステージのスケッチ

分離するのに強力な気流を利用しているのだから、テーマとしてはぴったりだった。イッセイミヤケから僕たちへ、モデルたちがランウェイを歩くとき、まるで強風が吹いているかのように、キャットウォークするモデルたちに吹き付ける強い気流を作ってほしいとの要望だった。

ショーは、テュイルリー宮のリヴォリ通りに面したエリアに建てられた、大きな硬質テントの中で開催された。僕はテントの外に設置した数カ所のステージに大きなファンを置き、直径三メートルの巨大にしてフレキシブルな黄色のプラスチック製の管に空気を流し込んだ。ダイソンの黄色い掃除機のホースに似ていたが、サイズははるかに大きかった。ホースにつけられたケーブルを屈強なアシスタントたちが引っ張って管を前後に動かした。ホースは客席のほうに伸び、キャットウォークするモデルたち越しに風が吹き付けた。テント内部はとても暑かったため、思わぬエアコンの登場を観客は大いにありがたがった。

フレキシブルなホースというテーマに合わせ、モデルたちにはキャットウォークの端にある蛇のようにくねった直径三メートルの黄色のホースから、まるでトンネルから出てくるみたいに登場してもらった。ショーの後、あるオーストラリア人のジャーナリストが感激して僕のところにやってきて、「巨大な黄色の産道からモデルたちが出てくるのが最高だった」と熱く語ってくれた。

ファッションショーに行ったのは、後にも先にもこのときだけだ。ほんの短時間の展示に膨大な数の観客が詰めかけること、コレクションというものの素晴らしさと創造性に僕は感銘を受けた。しかも、商業的な成功に結びついていた。ファッションショーの背景デザインだなんて、僕はいったい何をやっていたのか？　なるほど、ダイソンの掃除機をもとにした洋服のショーだと言われれば、抵抗のしようがなかった。ショーの後、東京に戻ると、ダイソンのエンジニアたちとイッセイミヤケのデザイナーたちは、ダイソンの掃除機の部品を使って、ショーのモデルの衣装を着せる素晴らしいマネキンを制作した。僕自身は、21‐21デザインサイトの展示でこれを観ることができた。展示には掃除機のパーツで組み立てた可愛い赤ちゃんや犬まであった。

一九九九年には、ブリストル出身で物理学を専攻したチャールズ・コリスが、片方の目の前にかざして使う、紙切れ一枚くらいのサイズの小さなスクリーンというアイデアを携えて、ダイソンに入社した。前方の風景を見ながら、同時にスクリーンに映し出されるテクストも読めるというわけだ。同じ位置に、頭の向きにしたがって映像を記録するカメラも搭載されるという。マイクやオーディオ用のイヤホンもついており、さらに携帯電話やコンピュータにも接続できるようにする。メールを読んだり、読み上げさせたり、返事を書き取らせたり、あるいは動画の記録や視聴、音楽の再生、電話をかけることも可能になる。しかし、ダイソンはこのアイデアを先に進めない決定を下し、代わりにチャールズはロボットの開発を行った。その後、似たような装置がグーグルから「グーグル・グラス」として発売された。

より最近のサイドプロジェクトといえば、二〇一八年のロンドン、カドガン・ホールでの「ダイソンシンフォニー」の演奏会だ。ドディントン・パークでは毎年ディアドリーがオペラ・アリアの夕べを開催し、伴奏はたいていオリオン・オーケストラが担当していた。ある年、キッチンでドリンクを飲みながら、同オーケストラの指揮者、トビー・パーサーが、ダイソンファンのモーターや最近発明された装置を使って、ダイソンの創造的プロセスを表現する楽曲の制作を依頼してはどうかと提案した。若手作曲家を見出すコンクールにもなるだろうということだった。グレシャム校でマルコム・アーノルドが掃除機を使って演奏した曲を覚えていた彼は、あれも加えられるかもしれないと言う。ダイソンファンのモーターを楽器として奏でられるなんて考えは僕にはなかったし、もちろん誰もそんなものを弾こうとは思わないだろうとは思ったが、僕はそのアイデアに飛びついた。

掃除機やモーターを使うのに加えて、我が社のエンジニアたちには、ダイソンの部品を使ったオーケストラ用の楽器を発明するようにという課題を与えた。トビー・パーサーと彼のアイデアはダイソンのエンジニアたちの想像力を刺激したし、エンジニアたちの自発的なチームが創り出したさまざまな楽器や彼らの発明の才《インベンティブネス》に僕は驚いた。音楽への情熱が明らかに見て取れたし、一人ひとりが自分の楽器を演奏した。最大のものは、四八色あるアルミ製の掃除機のパイプ、八台のダイソンファンのモーターが作り出す気流、コンピュータで自動制御したバルブでできたパイプオルガンで、驚いたことに教会のオルガンのような音を響かせた。これが、やはり色付きの掃除機のパイプで作ったバックミンスター・フラーのジオデシックドームの中にすっぽりと収められていた。

もう一つの楽器は一種のハープで、デジタル制御されたダイソンのモーターによって爪弾き音が生成されていた。また、弾き手が楽器をどれだけ上下させたかを測定するジャイロスコープに超小型コンピュータ「ラズベリーパイ」を接続してさまざまな音を出すギターもあった。つまり、複雑な指使いなしで直感的にいろんな音を奏でられるというわけだ。首まで試験漬けになっているダイソン インスティテュートの学部生たちも、気のきいたパイプのような楽器を提供した。その後、ダイソンを使った楽器のうちで最も面白くて創意工夫に富んだ五点が、作曲に採用された。

作曲コンクール自体で優勝したのは、ケンブリッジの博士課程の学生、デイヴィッド・ロッシュだった。僕は彼の曲が「ダイソン スポーツ ハンガー」で初演され、続いてロンドン・カドガン・ホールの壮大な空間で演奏されるのを聴いた。彼はダイソンのエンジニアたちと一日を過ごし、開発プロセスやその苦労について学び、おそらくそこからインスピレーションを得て、曲を作ったのだった。デイヴィッドとトビーは、前代未聞のクリエイティブな楽曲を創り出した。ただの虚仮威《こけおど》しに終わる危険もあったが、心のこもった楽しい試みが実現した。

サイドプロジェクトで発揮されるこうしたタイプの創造性もまた、ダイソンで仕事に取り組む僕らの精神《エトス》に組み込まれている。やがて僕たちは、DC05に代わり飛躍的に吸引力をアップしたマルチサイクロン・シリンダー掃除機「DC08」を発売した。ペットの毛をしっかり取り去るようデザインされた、これまでより大きなブラシバーを備えていた。DC05よりも大きかったが、「ウィリー」機能のおかげで、取り回しが軽く感じられた。

DC09とDC10は作らなかった。なぜなら、これらの名称は航空機メーカーのマクドネル・ダグラスのものであって、ダイソンのものではないと感じていたからだ。「DC11」は新展開となった。僕たちはプラスチックのホースの長くて扱いづらいアナコンダのような存在感や、ホースとパイプの収納しづらさを何とかしたいと思っていた。一九〇一年の掃除機の発明以来、消費者はこうした扱いにくいホースとパイプとつきあってきて、その不便さを訴える声は僕たちに届いていた。ダイソンでは、店舗を訪れた顧客や世界中の店舗営業担当から聞いた意見を報告するシステムを設置しており、会社中の誰もがこの非常に価値ある情報を見られるようになっていた。

二〇〇二年一月、家族で休暇を過ごしていた僕は、ホースを掃除機本体に巻きつけ、パイプは伸縮式にして一・五メートルのものを〇・五メートルに畳み、本体の脇に留めるという方法を思いついた。こうして、DC11はすっきりコンパクトにまとまり、運搬も収納も楽になった。この開発は、まさに言うは易く、行うは難しだった。従来のサイクロン・ビンはかさばるので、代わりに、小ぶりの双子のビンを並べた。各ビンのてっぺんにはマルチサイクロンを装備した。

DC11のコンパクト化を可能にした伸縮式チューブも、使いやすさを考えてデザインされた。

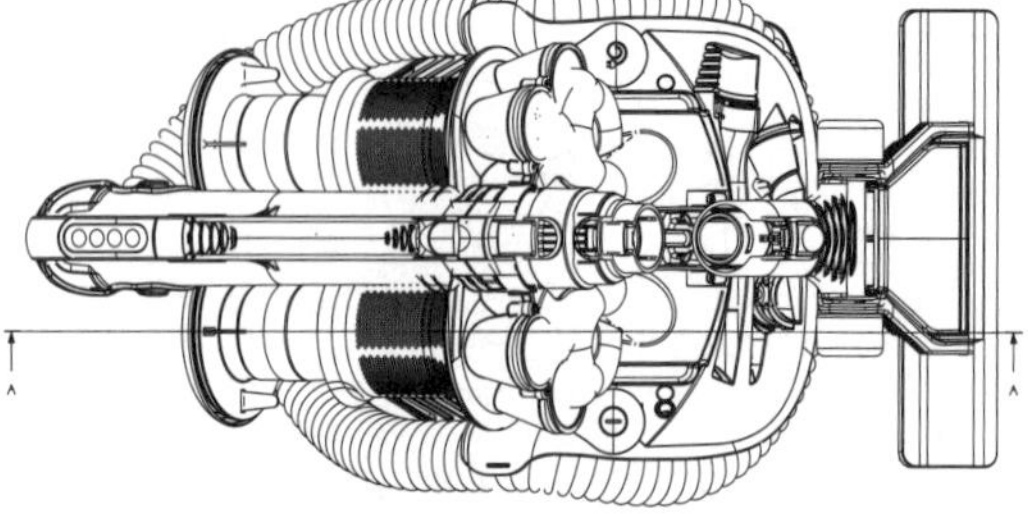

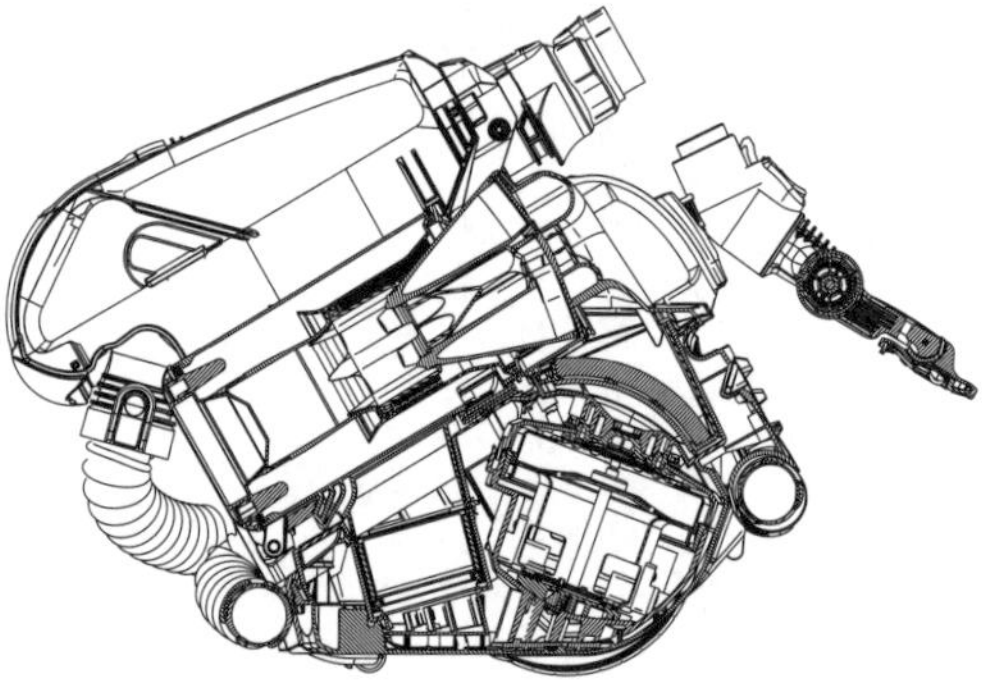

A-A

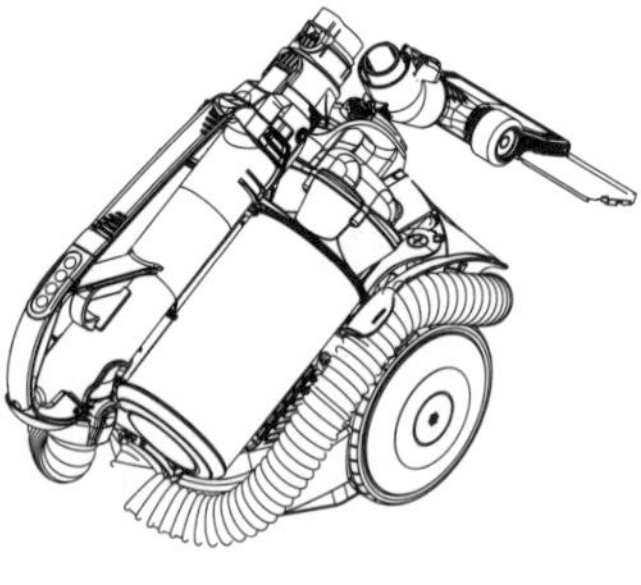

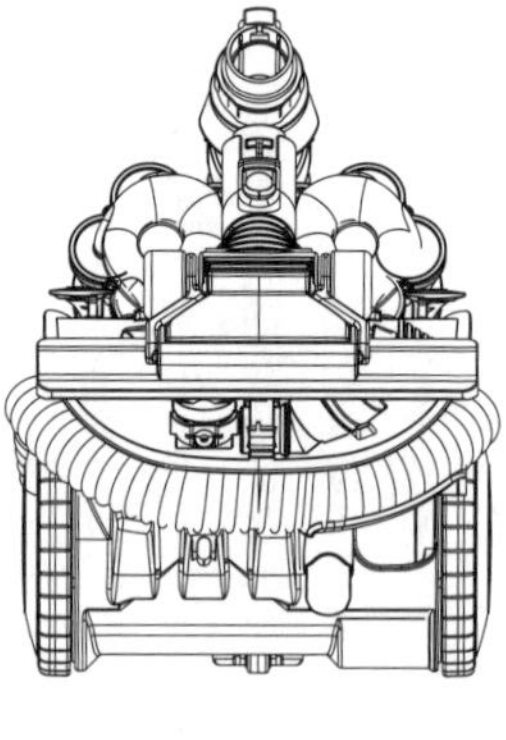

DC11

カメラの三脚などに見られる通常の伸縮式チューブは、縮めるときも、伸ばして固定するときも、一段階ずつ作業しなければならない。僕たちは、いちばん上にあるキャッチを緩めると他の部分のキャッチも続いてリリースされる仕組みを開発した。伸ばすときも、すべてのキャッチが自動的にロックモードになる。

二〇〇四年に発売した新しいアップライト型掃除機「DC14」でもイノベーションを続け、重心を低くするなどさまざまなデザイン上の改良を行ったし、翌年にリリースした「DC15ザボール」は、かつてボールバローを通して僕が考案したあのボールがまさに目玉になった。他の掃除機は四輪が固定されていて、掃除機に必要な機敏なコントロールがききにくかった。ボールならその場でスピンして向きを変えられる。その上、モーターとフィルターもすべてボールの中に入っていて、重心が低くなった。

この時点で、取り回しのよさを考え、ダイソンの掃除機は縦型もシリンダー型も足元は必ずボール一つにすることになった。ボール・シリンダー掃除機はボールの中心に重心がきて、そこを軸に回転する。モーターとフィルターはボールの中に入っている。僕たちは、メンテナンスも、フィルターの取り替えも、洗浄も、そしてもちろん紙パックの取り替えも不要な初の掃除機を作りたいと思っていた。必要な作業はビンを空にすることだけになる。僕たちは三二のサイクロンを装備したマシンを開発した。塵や細かなホコリをあれほど効率的に回収できる秘密は、各サイクロンの底に僕たちが「振動チップ」と呼ぶものを加えたことにある。このチップが振動し、それによって分離の効率性が向上する。僕たちはこのモデルに「キネティック（登録商標とするため、通

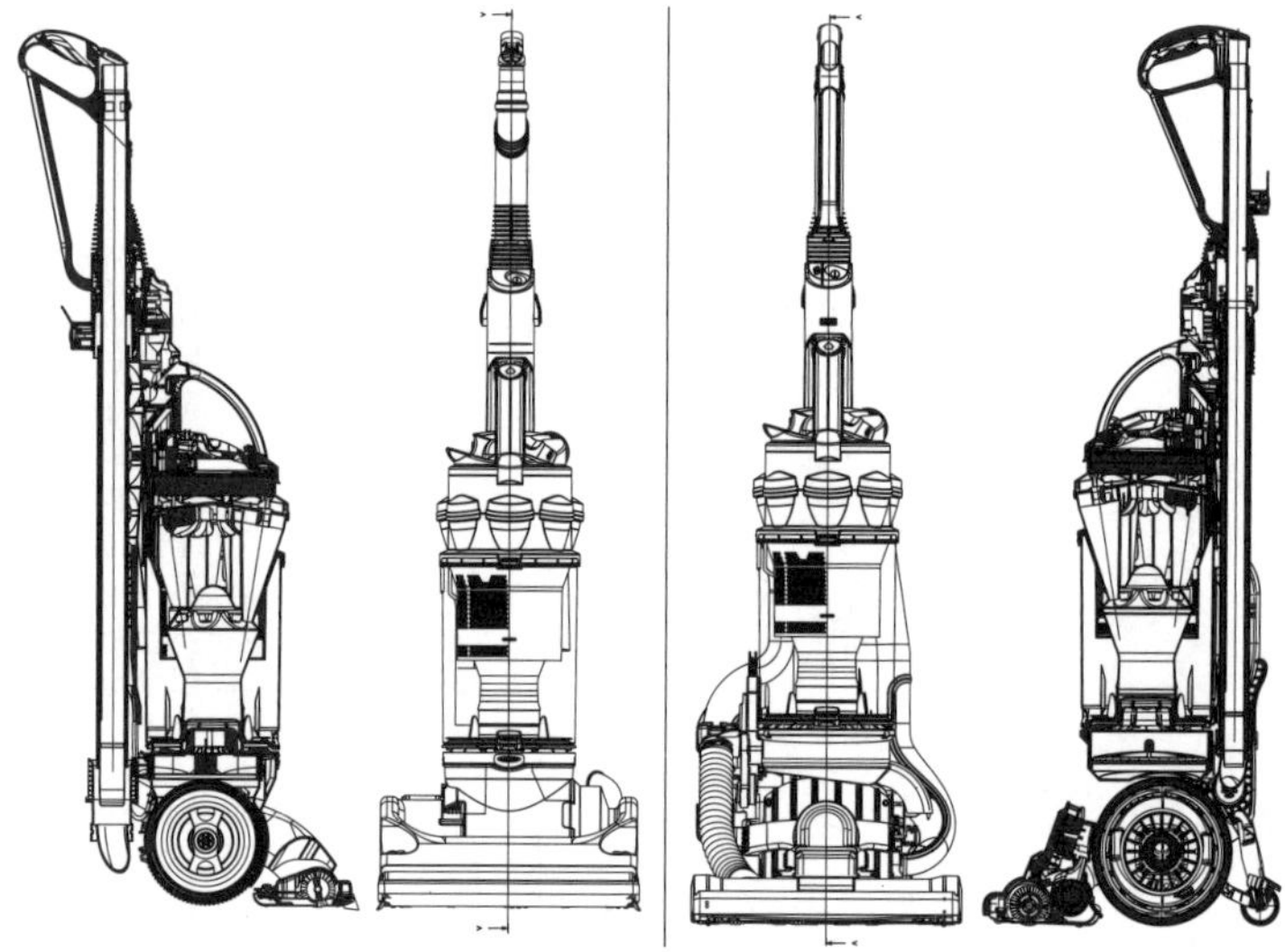

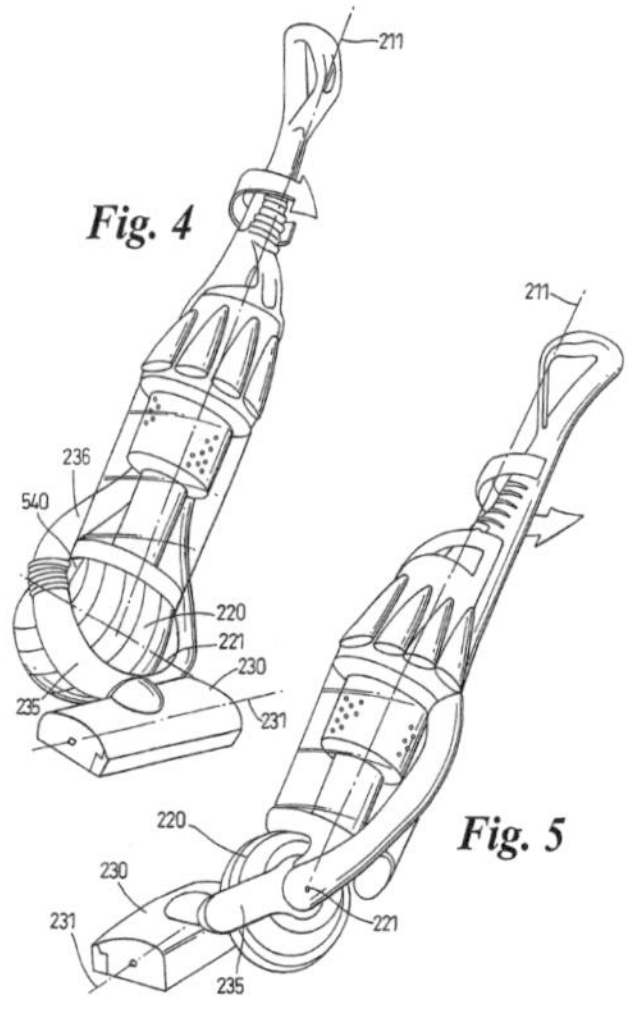

（左上）DC14　（右上、下）DC15

常のKineticではなくCineticとした)」という名前をつけた。

僕たちは掃除機のあらゆる側面を改良していったが、掃除機のコアである重要な部品でありながらほとんど手をつけていないものが一つあった――モーターだ。従来、僕たちは日本製のモーターを使っていた。購入できるモーターとしては最高だったが、それでもモーターにつきものの課題があった。制御やインテリジェンスといったものが皆無だった。モーターは重かった。モーターの銅線に接続された整流子は、電力を供給する炭素ブラシと継続的に接触していた。スイッチとなる整流子の銅の部分は脆弱で不具合を起こしやすいし、炭素ブラシは黒いカーボンダストを放出するだけでなく、すぐに摩耗した。ダイソンはある一社のサプライヤーからモーターを購入していたが、ライバル企業もそこからモーターを買えたし、僕たちが品質管理することは不可能だった。掃除機の

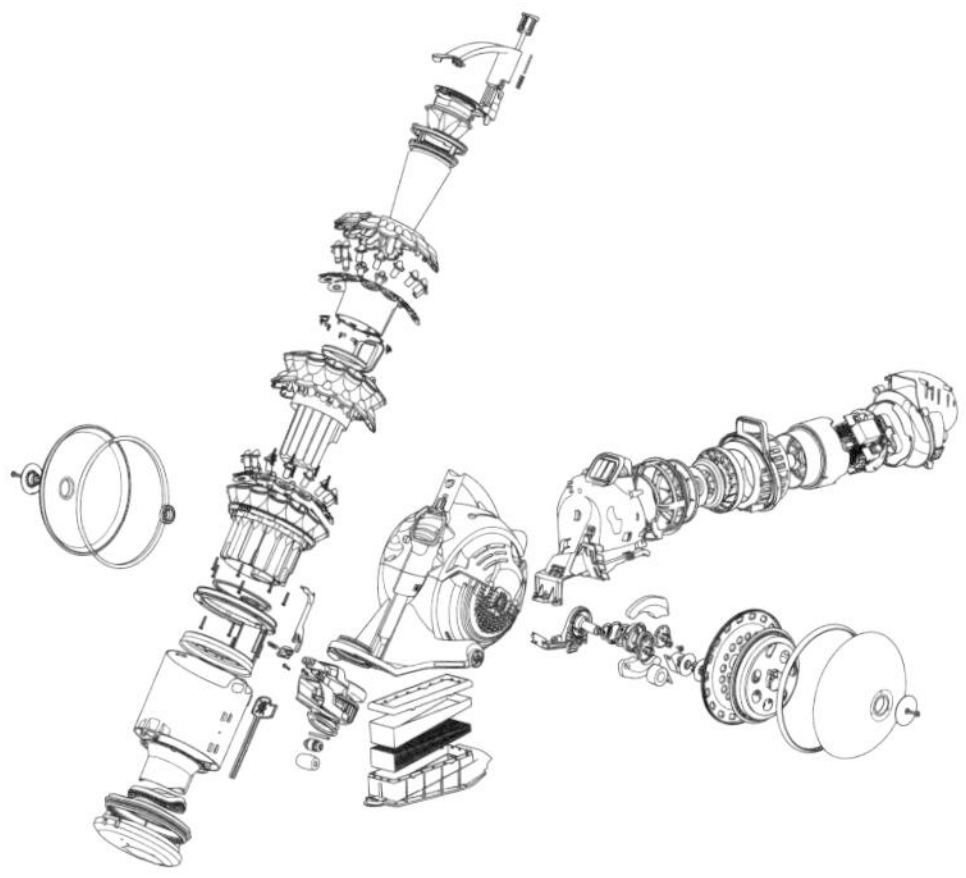

DC15のボールの分解組立図

モーターは、シャフトに装備されたファンやタービンを駆動させる。これにも同じように不満があった。プレスされたアルミをホチキス留めしたつくりで、最高に堅牢とは言いがたい構造だった。高速での運用を想定したデザインではなかったし、アウトプットや効率性を向上させるための開発拡張性もなかった。

僕はかなり長い間、超高速モーターについて考え続けていた。ジェレミー・フライと僕は一九八〇年代に最初のサイクロン掃除機を開発していたときから、この話題を議論していた。理論的には、電動モーターの回転が速くなるほど、電気効率も上がる。同様に、タービンの回転速度が上がると、アウトプットの圧力も高くなる。これを組み合わせることで、小型でもっと軽量な電動モーターを作ることを僕たちは夢見ていた。当時、僕たちはパートナーシップの可能性を探るべく、あるイタリアのメーカーにアプローチしていた。彼らは高速モーターというアイデアを気に入ってはくれたものの、最初に投資するのは嫌がった。それに、掃除機のモーターは他に比べればすでに充分高速だったから、乗り気でなかったのかもしれない。ジェットエンジンの回転数が一万五〇〇〇ｒｐｍ（一分あたり回転数）、Ｆ１のエンジンが一万九〇〇〇ｒｐｍなのに対し、従来型掃除機のモーターは三万ｒｐｍだった。さらに上げる必要はあるのか、と。

我が社は電動モーターの設計者でもメーカーでもなかったが、電動モーターの設計で突破口を見出して、性能に量子飛躍をもたらしたいと考えていた。何倍も速く、ずっと軽量で小型で、ブラシがないから長持ちするし、排出物もなく、電気効率もよく、何よりスピード、パワー、電力消費を管理できるものにしたいと。こんな画期的なモーターを作れたら、もっと軽量で小型で効率的な掃除機を作ることができるようになるはずだ。そして、ピート・ギャマックと僕が前から話していたような他の製品も、きっと。

僕は大学から優秀なモーターおよびモーター駆動の専門家たちをリクルートし、二つの大学で開発プログラムを発足させた。当初目標としたタービンの速度は既存の掃除機用高速モーターの四倍の速さにあたる一二万rpmだった。超高速回転が生み出す遠心力を考慮して、タービンの直径を従来の一四〇ミリから四〇ミリに縮小することにした。タービンの直径が小さくなるほど、遠心力や負荷も下がる。さらに小さくする計画も立てていた。

この段階で独自の新技術による高速モーターの製造に乗り出すのは、思い切った決断だった。少なくとも取締役の一人は提案に反対した。既存のモーター・メーカーと競争するのはリスクもコストも高すぎるというのが彼の意見だった。僕たちに言わせれば、確実にとる価値のあるリスクだった。たぶん、彼は善意に基づき良識的な忠告をしてくれていたのだと思う。提示された投資額は、確かに驚くほどだった。しかし、僕たちは大きな投資を続けた。

今日、ダイソンは世界最小の高速モーターを開発したパイオニアである。こうしたモーターがあってこそ、新しいダイソン流フォーマットの開発を伴う掃除機の再発明も可能になっている。また、これらのモーターのおかげで、新規分野における製品の改良も可能になった。二〇二〇年には、我が社の先進的な生産ラインにおいて年間一四〇〇万台のモーターが製造されるようになった。モーターの製造は完全にロボットによる組み立てになっており、シンガポールとフィリピンでは、「クリーンルーム規格」(内部に有害なダストやガスが一切ない、など)を満たし、ロボットにより完全に自動化された工場が週七日二四時間操業している。こうした手法をとることにより、我が社はモーターの生産と開発のあらゆる側面をコントロールできるようになった。

これらのモーターは最初から、あらゆるダイソン製品において最高レベルの性能を発揮するようデザインされた。これはとても重要だし、エキサイティングなことだった。なぜなら、このモーターのおかげで、我が社が提供する製品は迅速かつ継続的な進歩を実現することが可能になったからだ。我が社のモーターを他社に供給する気はないのか、という質問もよく受ける。そうすれば利益は上がるかもしれないが、自社以外への供給は行わない。なぜなら、僕としては、ダイソンのエンジニアには、我が社のモーターをよその製品に合わせることではなく、自社が次に手がけるエキサイティングなモーターの開発に一〇〇%集中してほしいからだ。

高速で作動していても、できる限り熱を帯びることなく静かに回転する、高度な軽量ブラシレス・モーターを求めていたため、僕たちは自身に大きな課題を課した。マルムズベリーやシンガポールでは、タービン、プラスチック、ソフトウエア、空気力学、そして宇宙物理学の専門家まで含めて、もっと多くの頭脳にチームに加わってもらう必要があった。プロジェクトが本格化するに従い、たった四人で始まったモーターのチームは急速に成長し、コストも急増した。あっという間に、数億ポンドに膨らんだ。

モーターの速度が上がると、技術的な障害に直面した。バランスは大きな課題だった。というのも、高速回転するローターがバランスを失うと、三〇~四〇トンというとてつもない横力が発生するからだ。ベアリングは特別に設計・製造しなければならなかった。ものすごい遠心力にも耐えられるよう、特殊な磁石および磁石用アタッチメントも開発しなければならなかった。シャフトの直径は小さく、非常に精密でなければならなかったし、セラミック製にしたこともあった。
モーター内では引張力と圧縮力が高まるため、製造には世界一良質で耐久力のある素材が必要だった。例えば、僕たちはPEEK（ポリエーテル・エーテル・ケトン）という有機熱可塑性高分子を選択したが、これは作業温度二五〇度までしっかりと耐えられて、融点は三四三度という物質だ。衛星や医療用インプラントで使用されるPEEKは強靭で成形可能だが、価格も非常に高価である。

しかしながら、既存のモーターの機械的システムはあまりにも遅すぎて、僕たちの新しいモーターで使うには勝手が悪すぎた。このモーターを駆動する新しい方法を発明する必要があった。回路基板上のメインの駆動チップが秒速六五〇〇〇回のスイッチングを行うようにした。機械的な仕組みではなく、チップ内のデジタルスイッチングに依拠しているので、摩耗することもないし、ものすごい速度のスイッチングが可能だ。原動力としてこのチップを使用していることから、この新型モーターには「ダイソンデジタルモーター」と名付けた。それぞれ異なる用途で使われるACモーターとDCモーターの両方について異なるデザインを考案し、毎回デザインとアウトプットを改善して、さらに小型でパワフルにしていった。

そうこうするうちに、ダイソンがどんどんグローバル企業になるにつれて、高度がモーターに与える影響もわかってきた。小型車や中型車で山道を登ったことのある人なら知っているように、空気が薄くなるとエンジンの性能は落ちる。であれば、コロラドやスイス・アルプス、メキシコシティでは性能に差が出るかもしれないのではないか？　訝《いぶか》る方もいるかもしれないが、我が社のモーターには現在高度計を搭載しており、海抜高度によって性能を調整できるようにしている。だからモーターはメキシコシティ（高地）でも、オランダのゾイデル海（海抜ゼロメートル）でも同じように動く。高度計は非常に精密で、テーブルの上と床の上の高度差も見分けるほどだ。

開発とテストのプロセスは、フランク・ホイットルが初めてジェットエンジンを開発したプロセスを、『ガリバー旅行記』に出てくるリリパット人のような小さなサイズで進めたようなものだった。やがて僕たちは、ケンブリッジ大学ホイットル研究所の航空エンジニアやロールス・ロイス社とともに、同社の強力なターボファン・ジェットを使って研究を進めた。モーターの小ささには似合わぬほどの大きな挑戦に取り組んだわけだ。

新型モーターを開発するたびに、出力は二倍に、重量は半分にするのを目標にした。モーターは今でも僕たちの事業の大きな中心の一つであり、現在ではケンブリッジなどさまざまな大学が参加するグローバルなチームがあり、ニューカッスルには専門の研究所もある。クリエイティブデザインは、構想段階においてだけでなく、製品のプロトタイプ制作や製造、試験、調整、そして改良においても同じくらい重要だ。僕たちは重要な仕事の多くについてさまざまな大学と協働しているが、イノベーションがもたらされるのをあてにしているわけではなく、我が社の研究開発部門の拡張部門として協業している。

「ＤＣ12」は僕たちにとって新しい門出だった。というのも、ＤＣ12は、ヨーロッパや北米よりも住居が小さい日本向けにデザインされた、初めてのデジタルモーター掃除機だったからだ。ダイソンデジタルモーターをすべての掃除機に搭載するのは、少し待つことにした。というのはモーターがとても高価――従来のモーターの五倍以上――だったからだ。高い理由は、モーターそのものではなく、電子部品のせいだった。新しいテクノロジーを初めて導入するときにはよくあることだ。古いテクノロジーに近いレベルまでコストを下げるには年月がかかることを考えれば、新テクノロジーの導入とは、そもそも、信念あればこその行為である。しかし、こうした信念や粘り強さこそ、ダイソンを飛躍的に前進させてきたものである。長い準備期間を経て、僕たちのデジタル電動モーターはダイソンを変容させることになった。

　床より上の部分や自動車や船で使用するための充電式ハンディクリーナーは、何年も前から市場に出ていた。売れ行きはよかったが、ゴミパックが目詰まりする問題があった。ゴミパックは小さく、詰まった塵や細かなホコリを取り除くのに洗

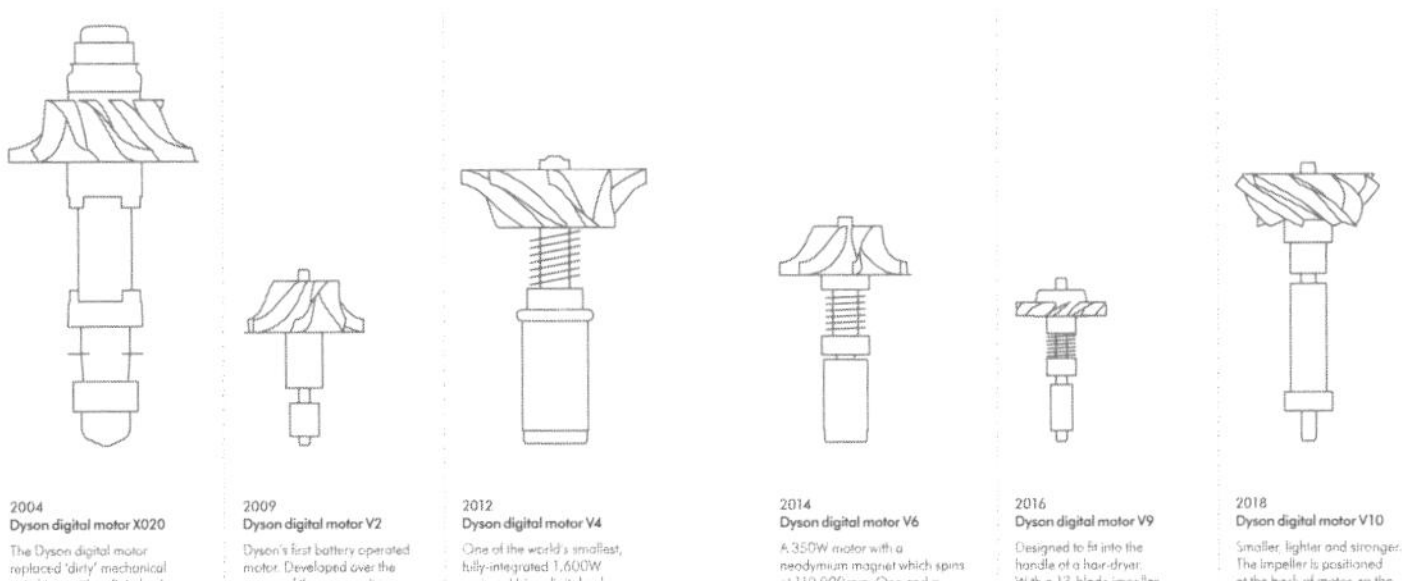
The Dyson digital motor replaced 'dirty' mechanical switching, with a digital pulse to rotate the shaft at 88,000rpm. It is half the size and weight of conventional motors, but it lasts four times longer because it has fewer moving parts.
Dyson's first battery operated motor. Developed over the course of three years, it is a third of the size and weight of its predecessor.
One of the world's smallest, fully-integrated 1,600W motors. Using digital pulse technology, it accelerates from 0–90,000rpm in under 0.7 seconds.
A 350W motor with a neodymium magnet which spins at 110,000rpm. One and a half times more powerful than the Dyson digital motor V2.
Designed to fit into the handle of a hair-dryer. With a 13-blade impeller, spinning at 110,000rpm, it's eight times faster than conventional motors, but only around half the weight.
Smaller, lighter and stronger. The impeller is positioned at the back of motor, so the axial flow draws in cooler air, reducing temperatures and allowing it to spin at up to 125,000rpm.

ダイソン デジタルモーターの変遷

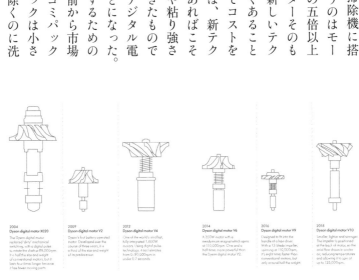

濯が必要とされていて、だからたいていいつも詰まっていた。充電容量もほとんどなく、充電が減るにつれて急速に動きが衰えていった。

ダイソンのサイクロン分離システムの小型版を利用すれば目詰まり問題が克服できるのはわかっていた。それに、リチウムイオン電池を使えば貧弱な充電力を克服できることもわかっていたが、ダイソンが使い始めたのも二〇一二年以降であり、当時も高価で家電には使われていなかった。「吸引力が変わらない」がダイソンの決まり文句であるから、充電式の装置はバッテリーが空になるにつれてパワーが徐々に衰えるという問題にも取り組むべきだと考えた。このようにパワーが衰えるのは、電力が失われるにつれてセルの電圧が下がるためだ。

ダイソンでは、電力が失われても電圧は維持されるソフトウエアと電子機器を開発した。これにより、電池が「空になる」スピードは速くなるが、少なくとも最後まで性能が落ちることがなく、電源は突然切れる形になる。ライバル企業から、ダイソンの充電は持ちが悪いと言われかねず、リスクの高い方針だった。しかし、掃除機を使う人はできるだけすばやく効率的に掃除をしたいと思っているため、モーターがだんだん遅くなる音が聞こえたり吸引力が衰えたりするほうを嫌がるだろうと僕たちは考えた。

ダイソン初のハンディクリーナー「ＤＣ16」を発売したとき、まさにこれが証明された。初めのうちこそ充電が持たないと批判されたが、この批判はその後ほとんど聞かれなくなった。また、僕たちはバッテリーの性能はだんだん改善されていくはずだと踏んでいたし、そのとおりになった。ダイソンのＤＣ16は、バッテリー式の製品のうちで、使用中に性能が落ちることのない初め

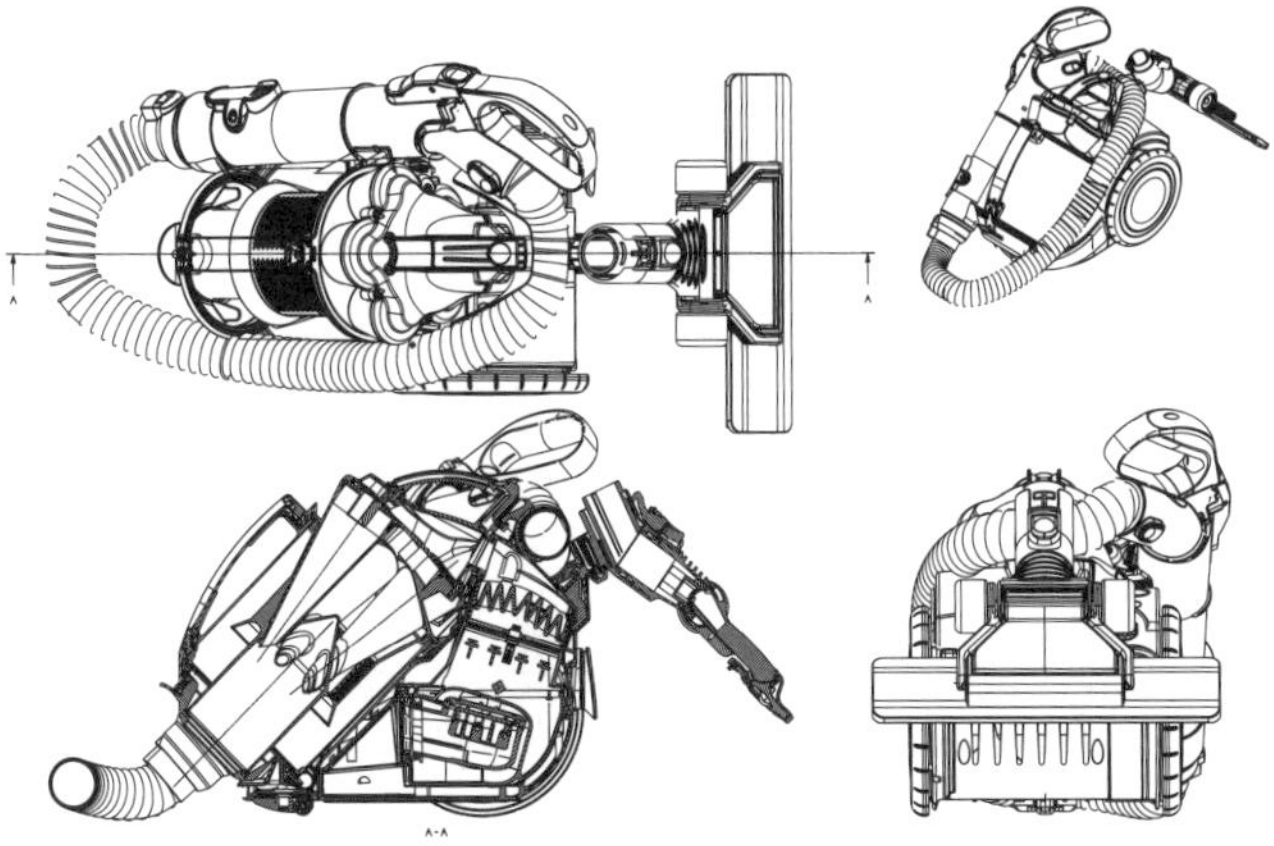

DC12

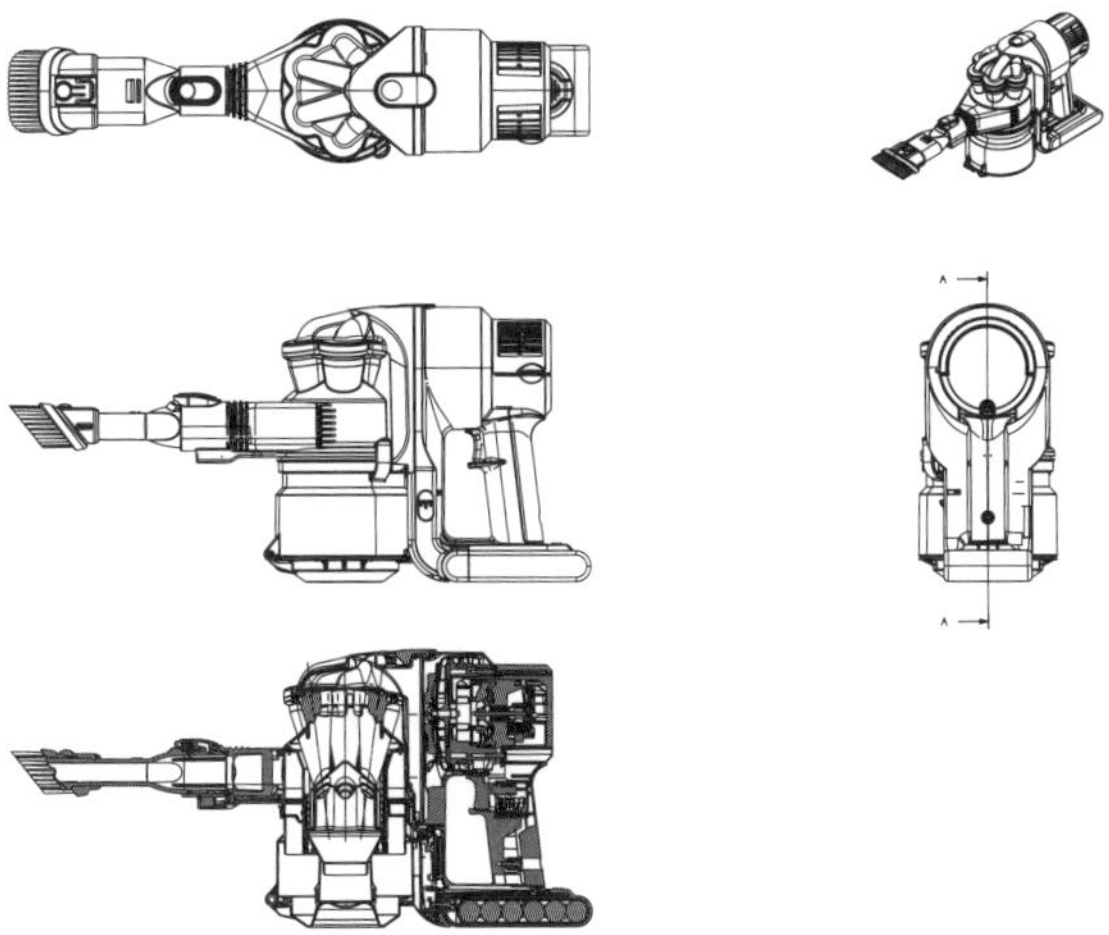

DC16

ての例だったと僕たちは考えている。

当時はコンセントから電源をとるパワフルな掃除機のためのモーターを開発中で、ダイソンの製品の将来が小型の充電式モーターに託されるとは想定していなかった。

発明にはセレンディピティ的な性質が確かに存在していて、それはいつも、よりよい製品をエンジニアリングで創り出すという探究の旅の途上に訪れた。例えば、手に持って使う掃除機では、ハンドルは本体の片側についていて、製品全体の重さが前方にかかるので、クリーナーを持つと重く感じることに気づいた。重いものを手に持つときには、重心を手首で支えるほうがいい。そこで、僕たちは二つの重い部品が手首の上と下にくるように配置した。つまり、モーターは手首の上、バッテリーは下にきて、その間にピストルのように握るハンドルをつけた。残るはサイクロンとビンだけだが、どちらも軽いので、手首の前方に配置した。このデザインにより、既存のハンディクリーナーのような前方に引っ張る重さを避けることができた。

DC16の生産を二年間順調に続けた後、二〇一二年のこと、エンジニアがダイソンのアップライト型掃除機のパイプをDC16の差し込み口に取り付け、反対側の先にクリーナーヘッドを装着した。ピートも僕も目にしたことのない光景だったが、これもまた「正しくない」発想だった。アップライト型掃除機もシリンダー型掃除機も、モーターを含めた本体の重さがユーザーにかからないようにデザインされている。どちらも重い部品は床の上に置かれるようになっている。ところがこのとき、掃除機全体の重量がユーザーの手にかかっていた。間違った発想だと思ったが、ふと、重量が軽ければ、掃除機全体も軽くなるから、取り回しも掃除もずっと楽になるはずだとい

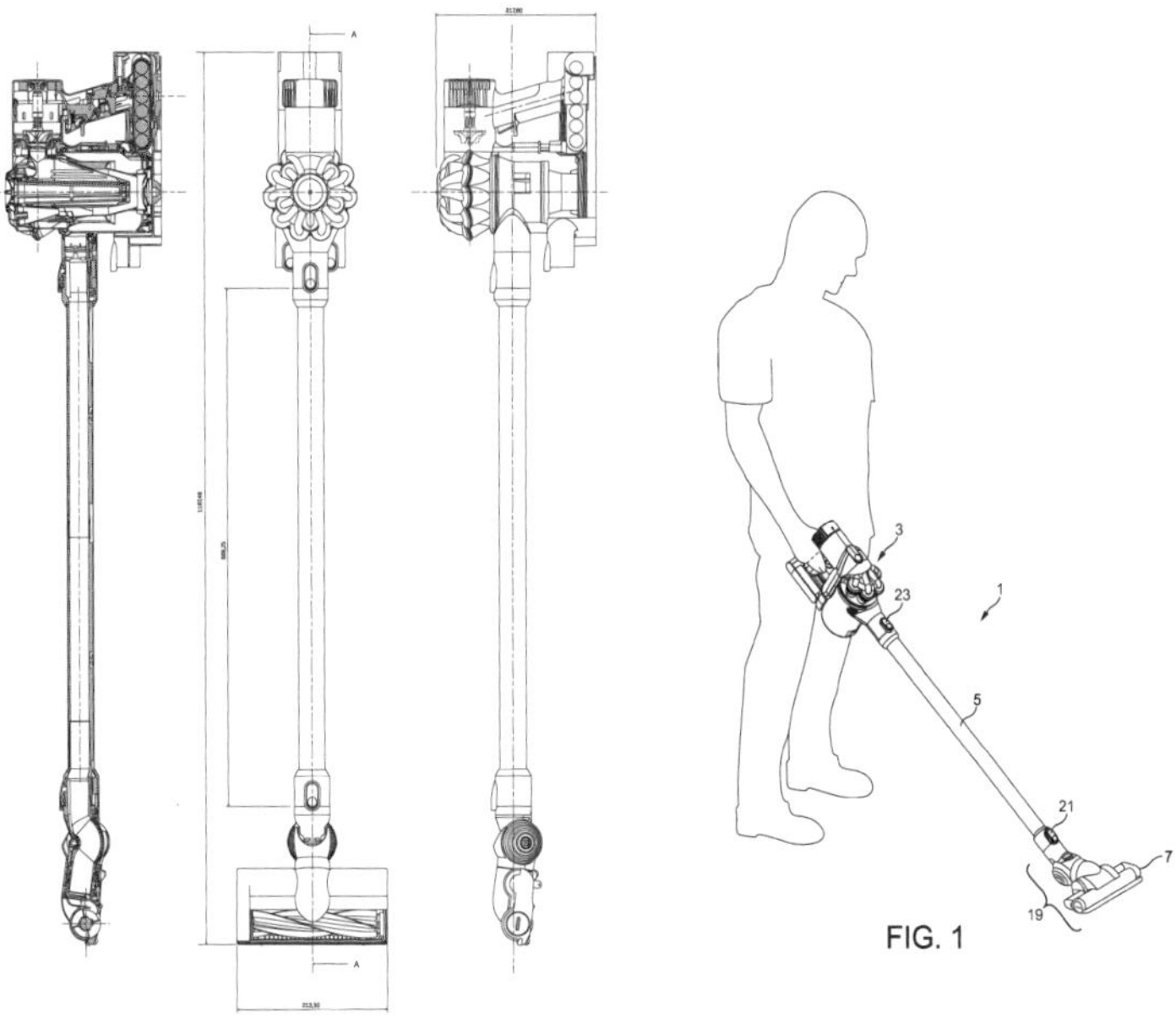

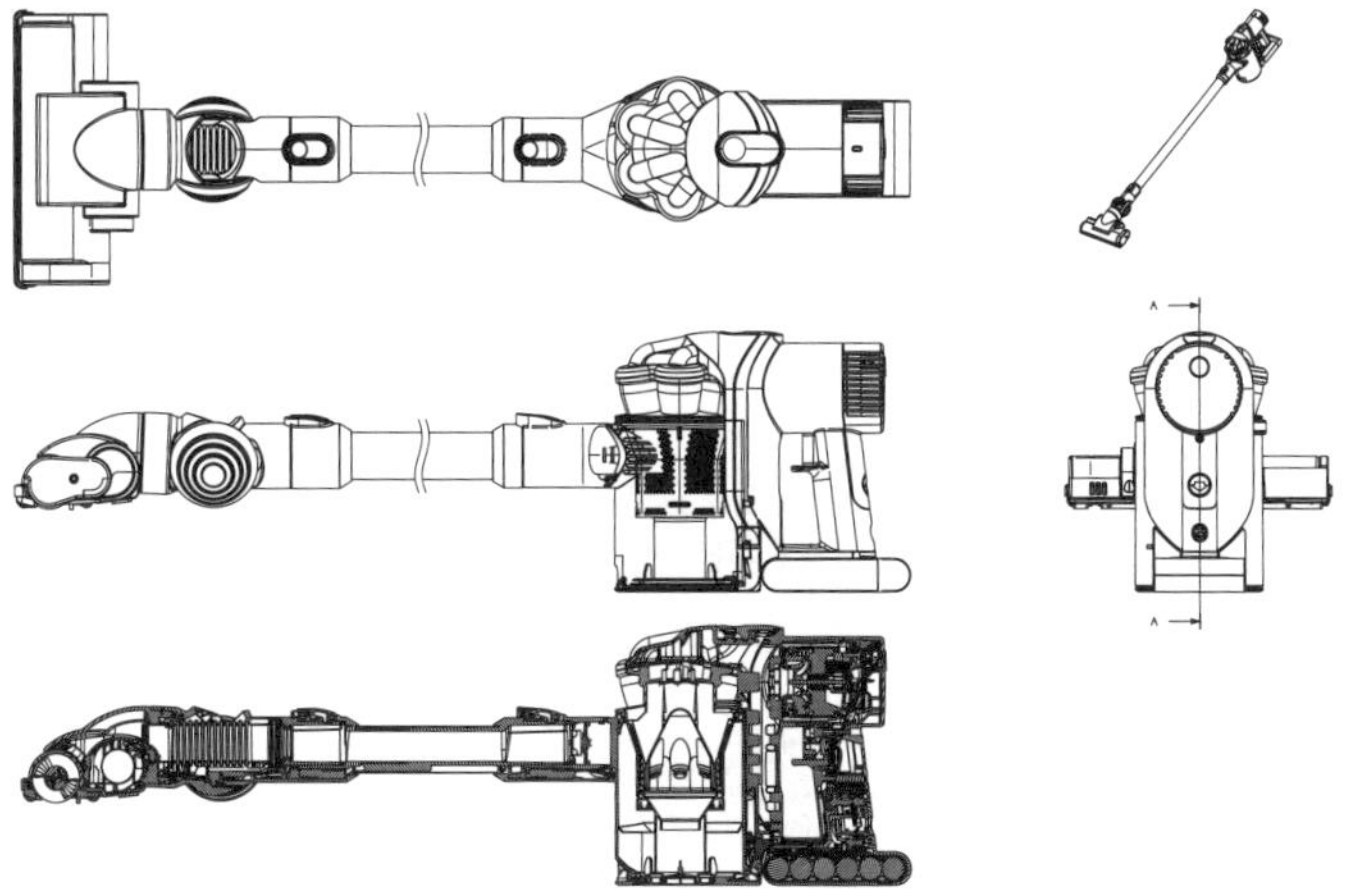

(上)コードレス掃除機　(下)DC35

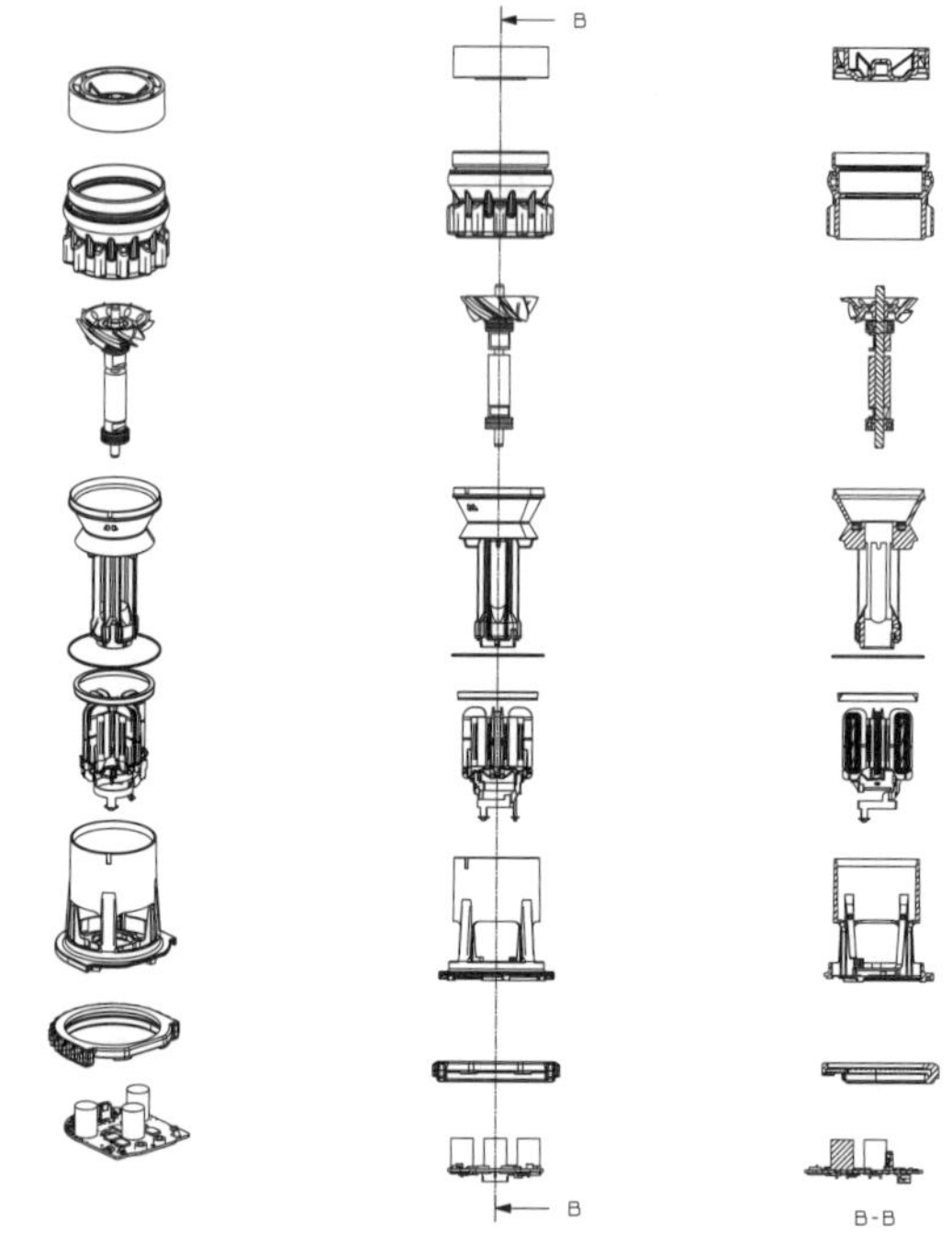

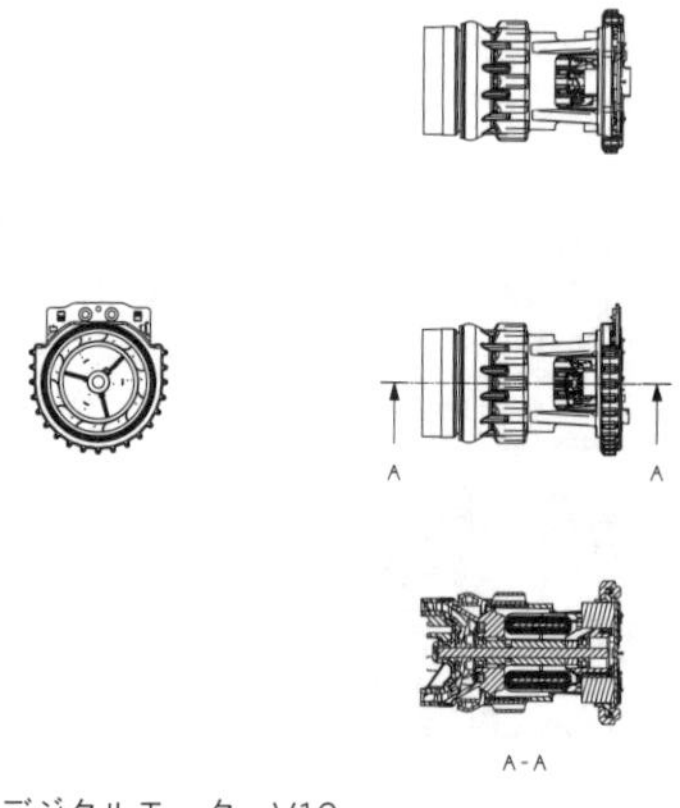

ダイソン デジタルモーターV10

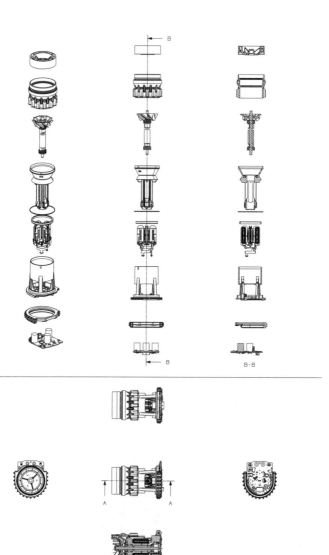

う考えが浮かんだ。

他にも検討課題があった。ピートと僕にとっては掃除機の長いホースやダクトが悩みの種だった。吸引力のロスも生じるし、扱いづらくて壊れやすいからだ。空気の通り道をもっと短く単純にできたなら、電力の無駄も省けるだろうと推論していた。同様に、かさばるホースをなくし、掃除機の自重をなくせるなら、使われる材料の多くも省けるだろうと僕たちは考えた。

コードをなくせば、絡んだコードをほどいたり、コンセントに抜き差ししたり、部屋から部屋へ移ったりするときの面倒といった、うんざりする仕事もなくせる。こういう作業はいらいらするし、不要な作業だと僕たちは認識していた。こうして、軽量で、とても扱いやすい掃除機ができた。今までに比べたらかけらほどの重さしかなく、コードによって使用範囲が限定されることもない。ついに自由が実現した！

自社で開発した高速なダイソンデジタルモーターとともに、これが新しいコードレススティック型掃除機のダイソンデジタルスリム「ＤＣ35」をもたらした。ピートと僕はこれこそ未来を拓く製品だと思ったが、そう思ったのは僕たちだけだった。他の人たちが躊躇したのも理解できる。モーターはバッテリー式だったが、バッテリーの性能はまだよくなかった。それに、見た目がとても華奢だったため、パワフルではなさそうに見えた。ビンも比較的小さいが、家に持ち帰って使ってみると、これが掃除の仕方を変える掃除機だとわかった。デジタルスリムは取り出すのもしまうのもとても簡単だから、まとめて大掃除ではなく、少しずつこまめに掃除するようになるのだ。

「V2」から「V6」「V8」「V10」へと、ダイソンデジタルモーターは性能を飛躍的に伸ばす一方で、重量は減らしていった。アンディ・クロシアとトゥンジャイ・チェリクが率いるチームはマイケル・ファラデー以来最大の進歩を達成した。彼らの名を冠した特許を並べれば長いリストになる。二〇一六年までに、僕たちはコード付き掃除機を捨てたいと考えるファン層を確立したが、それでも大多数の人々はそんなことが可能であることを知らず、僕たちの掃除機の能力も信じていなかった。まあそうだろう。掃除機の開発状況を自動車や携帯電話と同じように逐一フォローしている人がたくさんいるとは思えない。僕たちのライバル企業は、長い間二四〇〇ワットや一七アンペアの大型モーターを自慢していた。この時点で、ダイソンの売上の半分はコードレス掃除機で、半分はコード付き掃除機だった。それでも僕たちは、今後の開発は新発明にフォーカスすることを決断した。

この過程において、僕たちはついに最初の製品――DC01とその後継機――を廃番にした。よりよい製品を開発するためには、それが理にかなっていたからだ。我が社の最新機種の数々は図体の大きなフルサイズの機種よりもずっと使いやすいし、売れ行きがよかった。これは、ダイソンの基礎となったコアテクノロジーであるサイクロンそのものよりもはるかに重要な開発だった。我が社の最近の発明は、小型・軽量で高速な電動モーターをひたすら地道に開発し続けるプロセスから生まれたものであり、風呂の中で「コードレスのスティック型掃除機こそ進むべき道」というひらめきが湧いたわけではなかった。

デジタルスリムシリーズの掃除機は軽量で使用材料も少なく、省電力を実現しながら、前モデルよりもはるかに性能が高く、使うのが楽しい掃除機だ。デザインとエンジニアリングと科学が一つになって生み出した成果でもある。僕は基本的に、今日の環境問題の解決について科学者やエンジニアのほうが政治家や活動家よりも多くの成果をもたらすと考えているが、その理由がこれだ。科学者やエンジニアは言葉以上のものを手にしている。彼らは解決策を持っている。

現在では、デジタルスリムシリーズの掃除機とコード付き掃除機の売上比率は一五対一になり、いつものようにハゲタカたちがこの流れに便乗してきた。連中はみな、ピートと僕が目の前で開発してきたのとそっくりな掃除機を作っていた。いつもながら、僕たちがこの新型掃除機の利点と性能を消費者の心にしっかりと根付かせるのを待ち、それを猿まねして利益を享受するというやり方だ。こうしたライバル製品の多くは、「リバース・エンジニアリング」による言語道断のコピー製品だ。こういう製品を作るメーカーはさらに踏み込み、僕たちの表現、僕たちのキャッチコピー、そしてタイプフェイスまで、倫理もへったくれもなく何もかもコピーする。

学校で他人の作品をコピーすれば退学させられることもある。ところがビジネスの世界ではそれが許されるどころか、「競争」という口実のもとに奨励すらされる。英国特許上訴院判事を務めたロビン・ジェイコブ判事は、この種のコピーは奨励されるべきと主張した（二〇一二年のアップル対サムスンの訴訟）。彼は間違っていた。コピーすることは、異なる機能を持ち、異なる目的を達成する多様な製品づくりを促すことにはならず、むしろ消費者の選択肢を減らすことになる。盗作とは、新技術の開発や導入のコストを避けようという怠惰な行いだ。特許の目的とは、発明者が特許申請日から二〇年間は誰かにコピーされずに発明を商業化できるところにあり、実際には一〇年から一五年間の製造期間があることになる。発明者が自身の努力から利益を得る機会を持てないのなら、新しい、よりよいやり方の研究に誰が投資しようと思うだろうか？

ジェイコブ判事の文言はプロダクトのデザインに適用されたが、彼の考え方に沿えば、アーティストや音楽家、作家も互いに単純にコピーしあえることになる。僕たちは間違いなく違いや独創性を求めている。類似製品を求めてなんてないだろう？　僕たちはみな、いろんなアーティストが作った同じ歌を繰り返し聴きたいとか、同じ絵を繰り返し見たいわけではない。当然のことながら、法律はアーティストの権利を保護するため、盗作を禁じている。なぜエンジニアリングは同じではないのか？　結局のところ、特許は技術（art）として記述される――「先行技術（prior art）」という用語は過去の技術を指し、「現在の技術水準（state of the art）」という言葉はこれまでに登場したすべての技術の総計を示しているわけだ。「当該技術に熟練するものにとって自明（obvious to one skilled in the art）」であれば、特許は与えられない。

特許制度は一五世紀に英国王ヘンリー四世時代に考案されたものであり、以来ほとんど変わっていないのだから、僕の見解ではそろそろ大幅な見直しが行われてしかるべきである。例えば、二〇年という特許の存続期間はヘンリーの時代のものであって、現在では新技術の開発、製造、市場への発売に二〇年かかる場合もある。今日の研究開発サイクルの長さを反映し、特許存続期間も長くする必要がある。あいまいで関連のない「先行技術」を理由とする特許の無効化は廃止する必要がある。なぜなら、特許の範囲は狭すぎるし、内容が簡単すぎてエンジニアリングの余地はないからだ。特許申請料を安くし、更新料も下げるべきだし、特に個人の発明家や中小企業についてはそうだ。最後に、最近実施された変更は撤回されるべきだ。発明は「最初に特許を申請した人」ではなく「最初に発明した人」が所有するべきという原則がひっくり返され、現在は「最初に特許を申請した人」が所有すべきという馬鹿げた状況になっている。発明した人が特許を保持すべきであって、それを目にして最初に申請手続きを取った盗作者のものにすべきではないが、今日ではそんなことがときどき起こっている。

さて、我が社の将来をモーターが担うのであれば、その動力源としてふさわしい、新技術による電池が必要だった。こうして、バッテリー技術における量子飛躍的進化を実現すべく、大至急の探究が始まった。ダイソンはリチウムイオン電池の世界供給量の六％ほどを消費しており、最先端の電池技術を改良する必要があった。（電池の開発については次章で詳述する）。我が社では、ある秘密プロジェクトのために、以前から空気の層を高速で吹き出す実験を行い、高度なコンピュータ解析による流体力学モデルを研究していた。ある日のこと、僕たちは、手の前で時速四〇〇マイル（六四三キロ）という高速で空気の層の向きを変えると肌が波打つことに気づき、そのパワーに魅了された。手についた水も落とせるのではないかと思ってやってみると、落とせた。公衆トイレのハンドドライヤーはうるさいし、手を乾かすのに時間がかかりすぎて、結局歩きながらジーンズで拭く羽目になるのはしょっちゅうだ。この仕組みなら、車のワイパーみたいな動きで、うまい具合に水を落としてくれるし、ほぼ一瞬にして手が乾く。僕たちは、偶然、新しい形のハンドドライヤーを開発したのだった。その上、このハンドドライヤーにヒーターは不要だった。

既存のハンドドライヤーは、手についた水を蒸発させるのに三〇〇〇ワットの大きなヒーターを使っていた。時間もかかるし、電気も食う方法だった。それに、皮脂を奪い、ひび割れの原因にもなるため、肌にもよくなかった。必要なのは高速で吹き付ける空気の層だけであって、三〇〇〇ワットのヒーターなんていらない、というのが僕たちの発見だった。必要な電力はモーター用の七五〇ワットのみであり、乾燥時間が一〇秒に短縮されるため、モーターの稼働時間は既存のヒーター型ハンドドライヤーの三分の一だった。

二〇〇六年、我が社初のデジタルモーターによるハンドドライヤー「ダイソン エアブレード」の生産に入った。市場調査はしなかった。ハンドドライヤーは普段、人が意識していない製品だから、直感に従うことにした。手を乾かすスピード——空気は新型スピットファイアーやＰ51ーＤマスタングと同じ時速四三〇マイルで吹き出す——と省エネ性能が受け、ダイソン エアブレードはまたたくまにホテルや空港、学校、病院に売れていった。二酸化炭素排出量《カーボン・フットプリント》はペーパータオルの六分の一だ。ノイズに少々懸念があったため、音を抑える改良はずっと続けていた。ところが、ある建築案件でトイレに設置することになったとき、洗面室にいる人が手を洗ったかどうかがわかるのでノイズがあるほうがいいと言われて、驚いたこともあった。

センサーで作動するダイソン エアブレードはタッチレスだ。モーターは赤外線センサーで起動し、洗面室の空気からバクテリアやウイルスを含む微細粒子を捕捉するＨＥＰＡフィルターが装着されている。ダイソン エアブレードタップ（蛇口）の制作にもとりかかった。大直径のステンレススチールのチューブがシンクの上に延びて温水を提供し、飛行機の翼のような二本の突起から手を乾かすエアブレードが吹き出す。これにより、洗面室の中で、手洗いと手の乾燥を別々

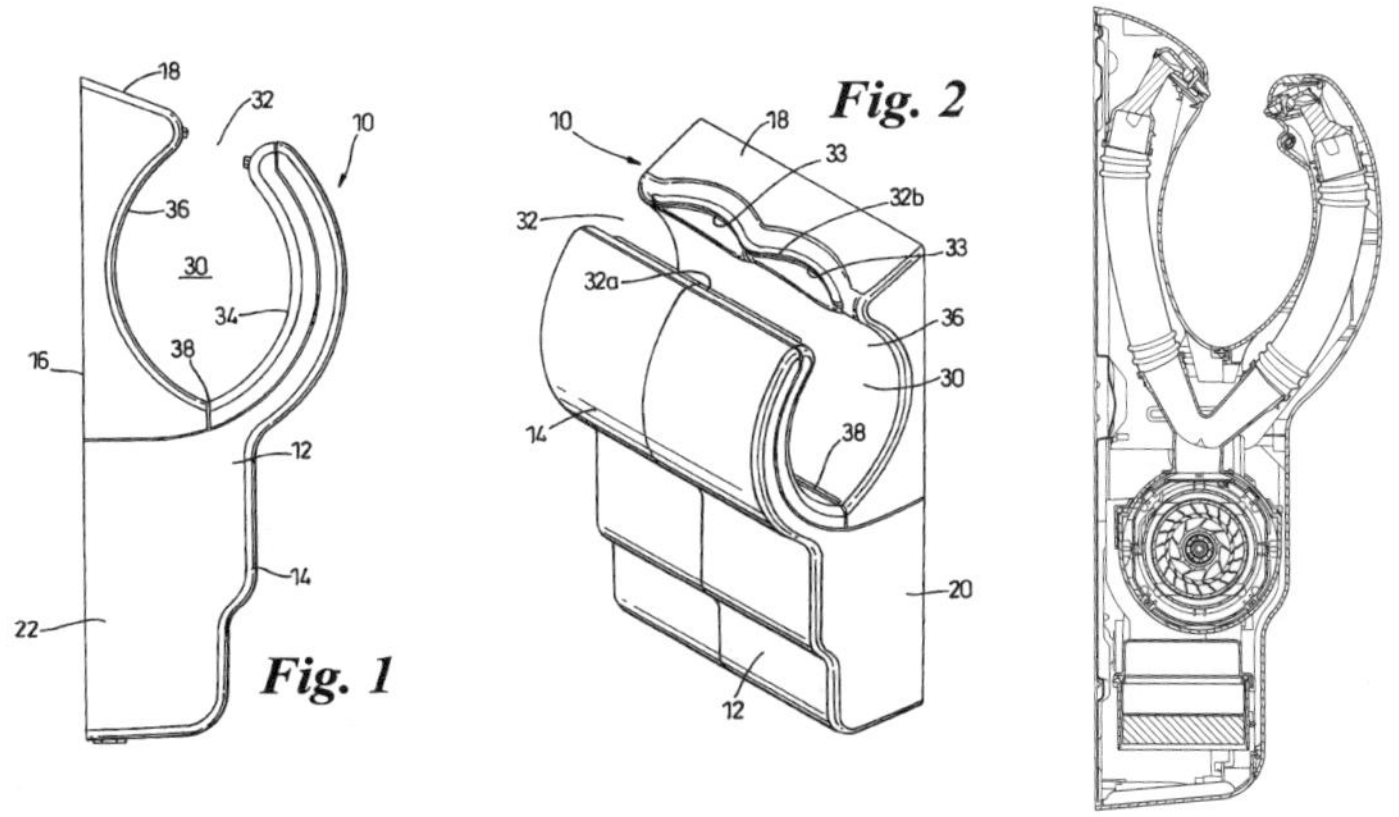

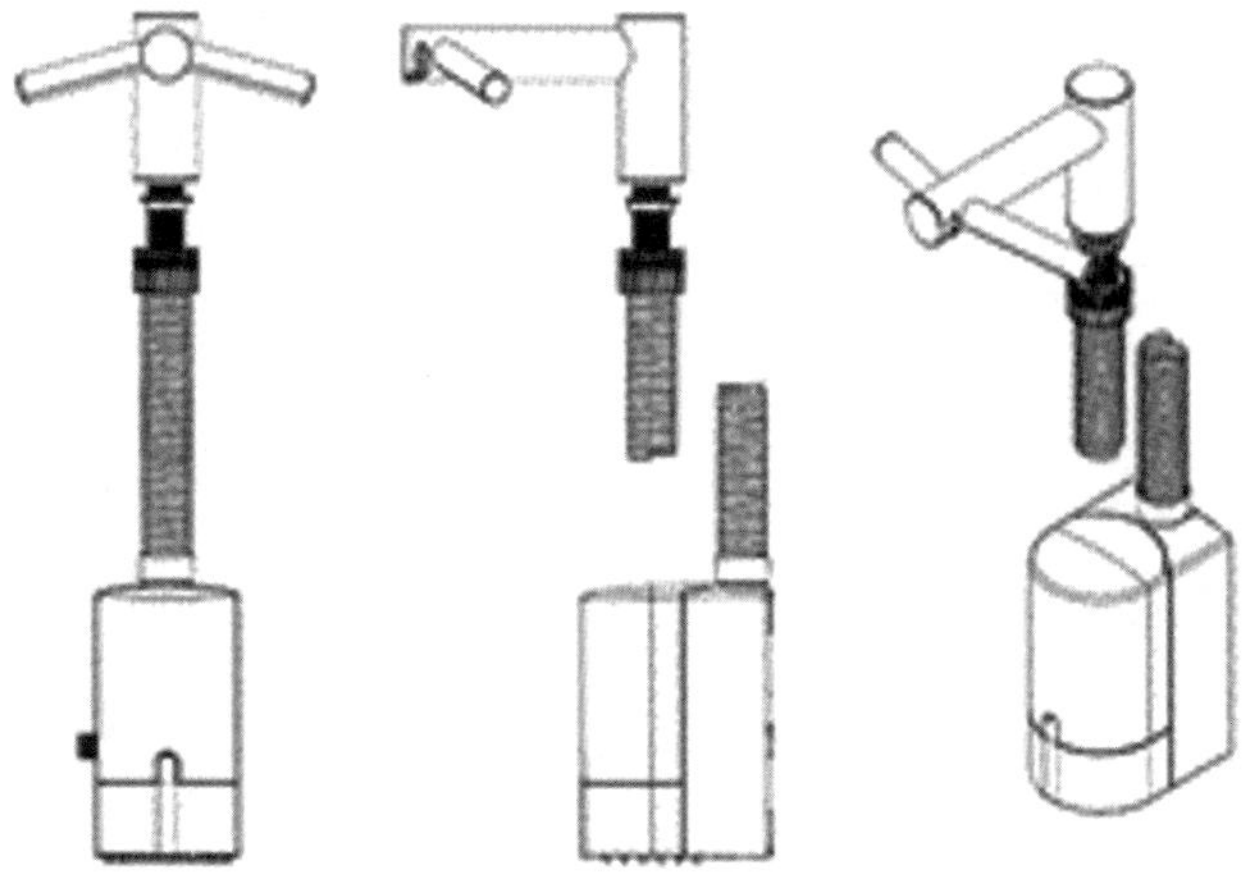

(上)エアブレード dB　(下)エアブレードウォッシュ+ドライ

の場所にする必要がなくなる。すばやく効率的だし、手についた水は床に飛び散ることなく、直接シンクに落ちる。僕は自宅のトイレや洗面室でもこれを使っている。

我が社の進出にもかかわらず、ハンドドライ市場ではいまもペーパータオル産業が九〇%のシェアを保持しており、毎年数十億ドルを売り上げている。製紙産業大手各社は大きな利益を生み出す現状を守りたいと考えている。市場シェアは小さいものの「ダイソン エアブレードハンドドライヤー」のおかげで、僕たちは大手ペーパータオル業界団体の目を付けられてしまった。彼らはビジネスを維持するため、洗面室でいささか汚らしい戦術に手を染めていた。

欧州ティシュー・シンポジウムはブリュッセルに拠点を置くペーパータオル業界の利益を代表する団体で、米国のキンバリー・クラークやスウェーデンのエシティABといった巨大企業が会員となっているが、彼らはダイソン製品を劣ったものに見せることを目的とした調査を委託していた。僕たちが調べてみてわかったのだが、この調査には欠陥のある推測に基づく部分が多々あり、誤解を与える結果を導き出している。その結果は、世界中の洗面室で不要なペーパータオルを維持するために活用されている。大量の科学的調査が、ダイソン エアブレードハンドドライヤーはすばやくて効率的で衛生的であるとしているのに、ペーパータオル業界は長いつきあいのコンサルタント会社二社に対し、ダイソンのハンドドライヤーを使うと手についたバクテリアの数が増えウイルスを広めると主張する調査を委託していた。こんな突拍子もない不正確な結論を出すために、彼らは不当な方法を採用していた。手袋をはめた手に鶏由来のバクテリアやウイルスをつけて汚し、洗わずそのままダイソンのハンドドライヤーで乾かしていたのである。これはダイソンのハンドドライヤーが通常用いられる、現実的な日常生活シーンを再現していない。

　これほど大量のバクテリアやウイルスが人の手についている状態は、とりわけ手を洗った後ではありえない。こんな馬鹿げた試験条件であっても、我が社のハンドドライヤーが拡散する粒子の数は比較的少ないことが示された。逆に、ブラッドフォード大学などの調査によれば、ダイソンのハンドドライヤーは手につくバクテリアの数を四〇%減少させ、ハンドドライヤー内のＨＥＰＡフィルターはトイレや洗面室内の空気を清浄化する。ペーパータオルの製造や輸送において莫大な量の木材、水、燃料が消費されていることのほうがよほど大きな問題である。

　さて、よくあることだが、ダイソンエアブレードハンドドライヤーの開発中の発見が、エアマルチプライアー（扇風機）につながり、さらにヒーター、加湿器、空気清浄機など、他の

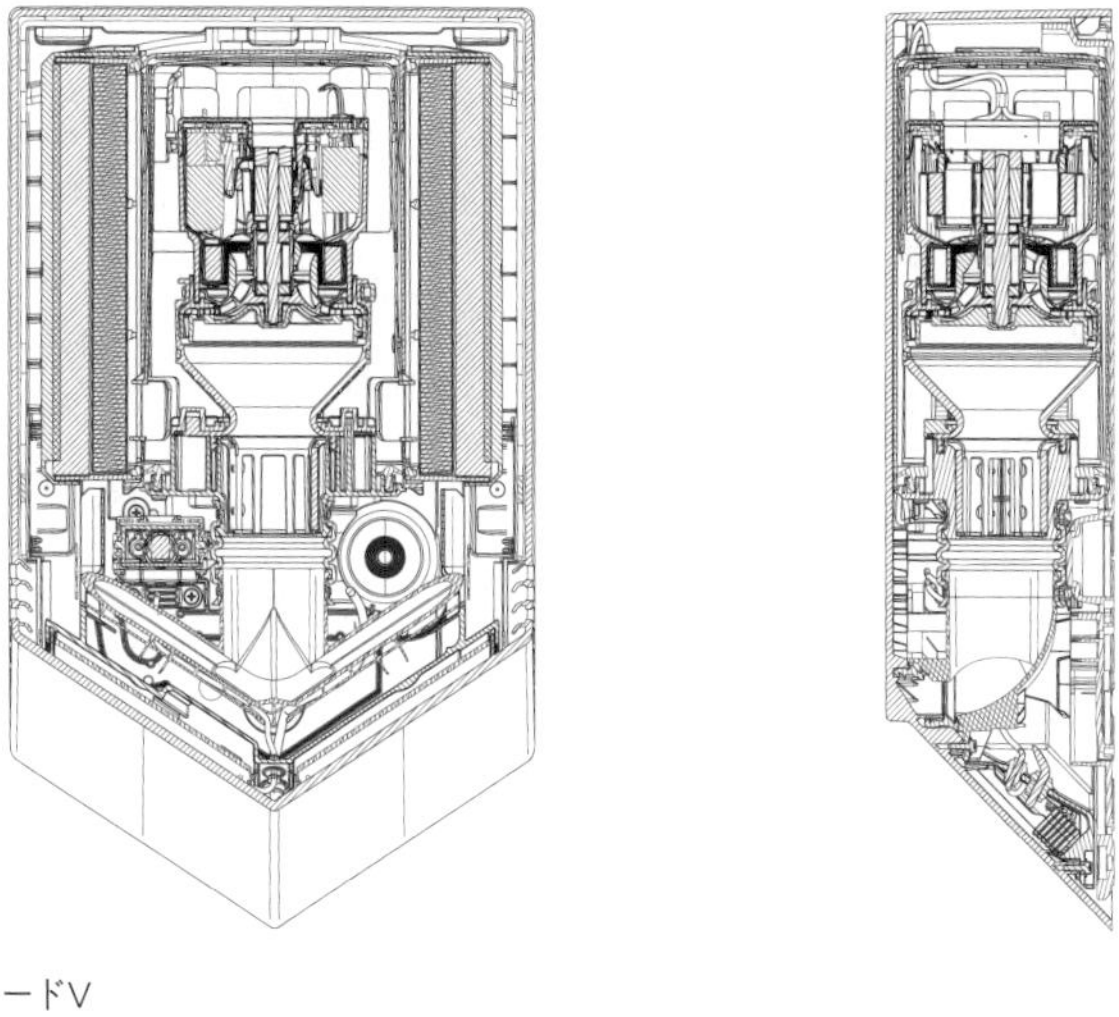

エアブレードV

製品に使用されるテクノロジーの法則につながった。

気流の研究を通じて一つの発見があった。ハンドドライヤー開発の推進力となった超高速エアブレードは、背後にある空気を大量に引き込むという事実だ。航空機の翼に見られる特性である。一八世紀のスイスの数学者兼物理学者だったダニエル・ベルヌーイが流体力学に関して確立したベルヌーイの法則に従う動きであり、航空業界ではよく知られている。エアブレードでは空気を吹き出す細いスロットがバーの長さ全体に広がっているが、ここから高速で小さな空気の層を大量に吹き出すとき、背後では低圧になった空気を引き込むことになる。つまり、小量の気流でその何倍も大きな気流を作り出すことができるのだ。

我が社のモーターにより一秒あたり二七リットルで「ダイソン エアマルチプライアー」のベース部に引き込まれた空気は、翼のような形をしたリングを通り、低気圧、あるいは吸引力を創出し、それが背部の空気を吸引し、気流を毎秒四〇五リットルまで増大させる。気流を加速するのに従来のような羽根が不要だから、ダイソン エアマルチプライアーは作動中も静かで安全だし、その後繰り返し改良を重ねて、静かさと安全性はさらに高まった。羽根のあるファンは気流を細かく切ってしまうため、気流の中にいるユーザーに対してバフェティング効果（不規則な振動）を起こし、これが不快感を与えることがある。ダイソン エアマルチプライアーは、空気の動きの再発明だった。一八八二年に二二歳の米国人電気エンジニア、シュイラー・ウィーラーが最初の電気扇風機として知られるものを作ってから、羽根の形は基本的に変わっていなかった。ちなみにウィーラーの真の発明は電気エレベーターである。従来の扇風機は、羽根の中央に重いモーターがあるため、上部が重く、常に角度調整機構の上に頭を垂れてきた。ダイソンのファンは、モーターがベース部にあり、重心はベースの中心あたりにある。重心のまわりに弧を描くようにファンを首振りさせるのも可能だとわかった。すなわち、どんな角度にセットしても、ファンは完璧にバランスが取れていて、調整したり固定したりする必要はなかった。

今になって思えば、ダイソン エアマルチプライアーの発売は、凍りつくような真冬のニューヨークではなく、オーストラリアや日本のような暑い場所にすべきだった。CNBCの取材を受けるため、僕は朝の四時に車で米国ニュージャージー州まで出かけた。司会者はビジネスの話をしたがったが、僕は発明の内容、つまりテクノロジーのことを話したかった。取材の途中でなんとか話の流れを変えようと、僕が自分の頭をエアマルチプライアーの輪に突っ込むと、雰囲気が一変した。司会者の女性がこの機械で髪を乾かしてみると言い、もう一人の司会者もやってみた。この少々突拍子もない光景がテレビで放映されたことで、エアマルチプライアーは確実に話題を集めた。翌朝、僕は朝の番組「グッド・モーニング・アメリカ」に招かれて、輪に頭を突っ込む動作をさらに派手にやってみせた。

番組の後、僕はマンハッタンのタクシーの中にいた。ピート・ギャマックに電話をかけた。「こっちはとんでもなく寒いぞ。熱を発してくれるものを作らないとだめだな」。こうして僕たちはヒーターの開発にとりかかった。そう簡単にはいかなかった。青年時代の電気ヒーターを思い返すと、ホコリが燃える嫌な臭いがしたし、ヒステリックに回るファンが熱気とホコリを一方向に向かって掻き出していた。室内に心地よい熱を作り出し、室温を調整するヒーターを考案する必要があった。また、触っても熱くなくて、ホコリを燃やすこともなく、臭いもしないものにしたかった。ヒーターには正温度係数（ＰＴＣ＝positive temperature coefficient）という特性を備えた半導体セラミックストーンを採用することに決め、これにエアマルチプライアーテクノロジーを組み合わせて、想定した成果を達成し、ファンの周囲だけでなく室内全体を暖められるようになった。

ハンドドライヤーや掃除機の開発を通してＨＥＰＡフィルターの科学について深く学んでいた僕たちは、次に、有害な汚染物質を捕捉しながら、部屋を暖めたり涼風を提供したりすることもできる空気清浄機を開発した。偶然だが、三〇ワットのダイソン エアマルチプライアー扇風機は、二〇〇〇ワットのエアコンよりもはるかにエネルギー効率が優れていた。大気を肌に吹き付けると、水分が蒸発して、約四度の冷却効果が生じる。極端な条件下を除けば、通常はこれで充分な涼しさが得られる。大幅な省エネになるのに加え、従来のエアコンを使う室内よりもはるかに快適かつ確実に健康的な気分になれる。

ダイソンの空気清浄機は、ＨＥＰＡフィルターに活性炭フィルターを合わせて使用している。ＨＥＰＡフィルターは顕微鏡レベルの微粒子を捕捉し、活性炭はホルムアルデヒドなどの有害なガスを除去する。しかし、活性炭がガスを蓄えるスピードは速いため、やがて室内にガスを再排出し始める。オフガスと呼ばれる作用だ。そこで、製品の耐用期間中はホルムアルデヒドを捕捉してオフガスを起こさない製品を開発した。これには、ホルムアルデヒドの微粒子を触媒で捕捉し、ごく僅かな量の無害な水と二酸化炭素に変換する、ダイソン独自のクリプトミック技術を使用している。クリプトメレーン鉱は、ホルムアルデヒドを破壊する原子サイズの微細な孔が何十

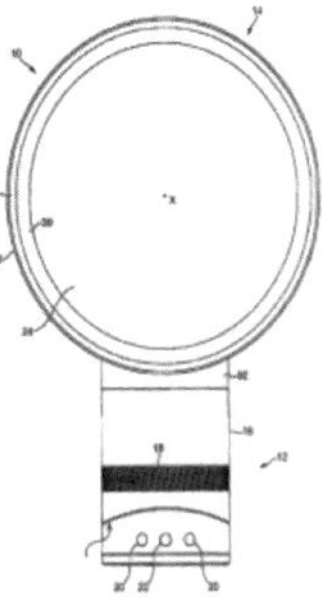

FIG. 1

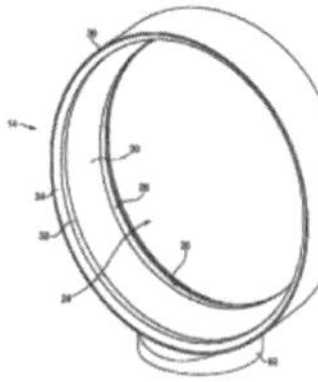

FIG. 2

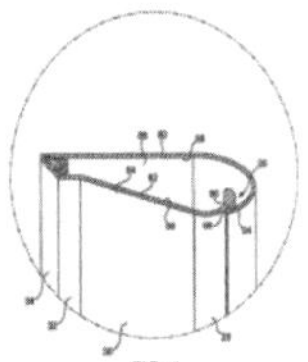

FIG. 4

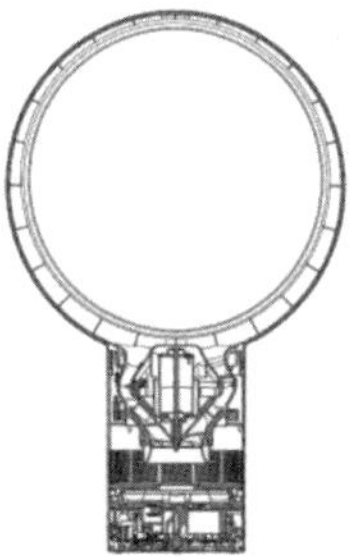

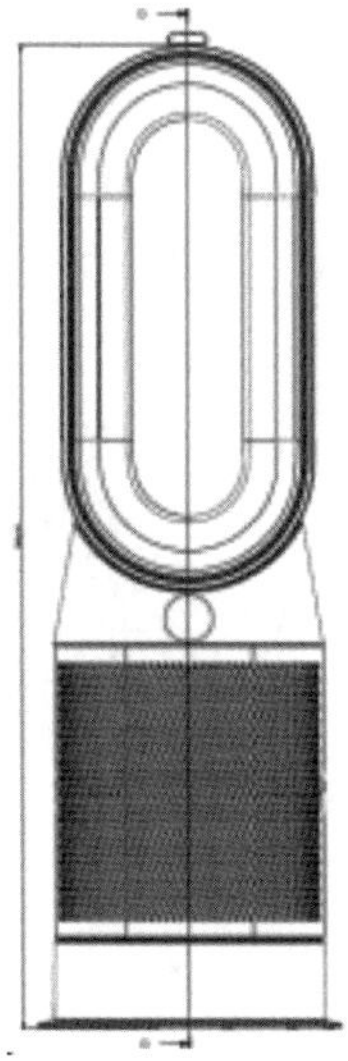

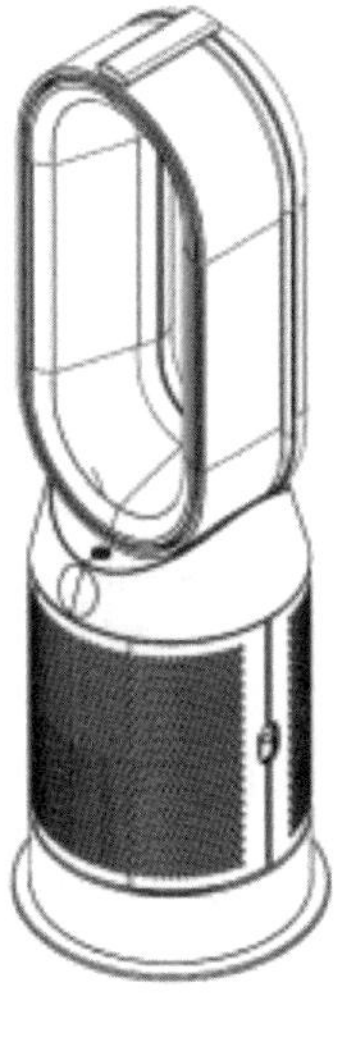

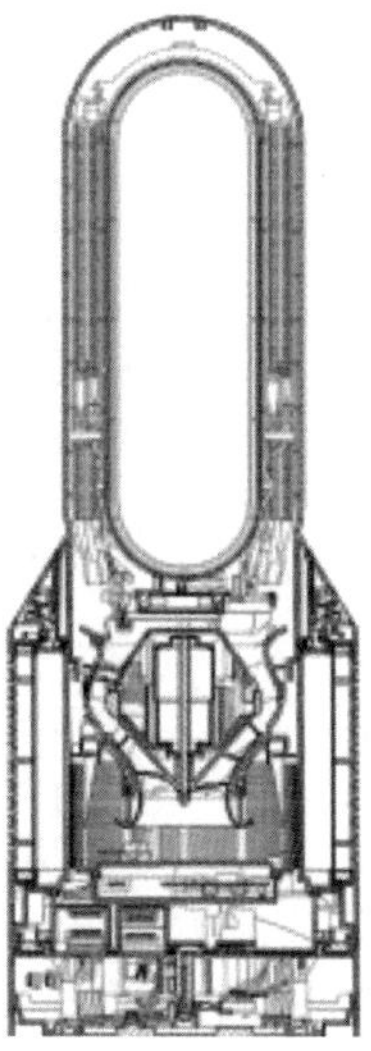

（上）エアマルチプライアー（扇風機）　（下）ピュア ホット+クール空気清浄ファンヒーター

億と開いているのが特徴だ。

人々は一日の大半を室内で過ごすため、室内の空気汚染の有害性は、屋外の五倍にもなりうる。ダイソンのピュアホット+クール空気清浄ファンヒーターは大気汚染物質を除去し、製品とアプリの両方で大気の状態をリアルタイムでモニターする。家の中でのホルムアルデヒドの発生源は、家具や塗料、木のフローリングやアロマキャンドル、料理、掃除用品、インテリア用品、植物など多数あり、大きな関心を集めている。ホルムアルデヒドが皮膚への刺激や喘息などの症状だけでなく、ある種のがんの原因とも見られている中国ではとりわけそうだ。ダイソンの空気清浄機は機能が高く、他の空気フィルターでは提供できない確かな安心感を人々に与えている。

デジタルモーターのプロジェクトに着手したとき、ピートと僕の話題に上ったアイデアの一つが、ヘアドライヤーの中にある大きくて重くて非効率なモーターの代替となる、掃除機用よりさらに小さなモーターを作ることだった。従来のヘアドライヤーのモーターのファンは直径が五〇ミリかそれ以上だった。僕たちは直径がたった二八ミリで重さもわずかなモーターを考案した。これほど小さければ、ヘアドライヤーの持ち手の部分に収納できるため、重心が文字通り手のひらに収まる。他のヘアドライヤーは、重いモーターが役立たずのて、このように作用して、手にかかる重さを大きくしていた。ダイソンのヘアドライヤーのヘッドに収めるものは制御電子回路、ヒーターと、真ん中をエアマルチプライアー効果の気道とする大きな穴だけだった。

ヘアドライヤーもまた、何億人もの人が頻繁に使っているのに、技術面で時間が止まってしまっている製品だった。既存のヘアドライヤーは重くて使いづらかった。ほとんどの製品は過剰な熱で乱暴に髪を乾かそうとしているように見えたし、早朝に使おうものなら家中の人が目を覚ましてしまうくらいうるさいことも経験から知っていた。もっと軽くて、音も静かで、すばやく、しかも傷めることなく髪を乾かせるドライヤーは作れないものだろうか？

よりよいヘアドライヤーを開発するため、僕たちはまず、髪に関する科学を理解したいと考えた。複雑な研究分野だ。自分で試して学べるように、僕は髪を伸ばした。男性エンジニアの多くも、女性エンジニアに後れをとるまいと髪を伸ばしたが、パートナーにはその理由を明かせなかった。ダイソンではいつものことだが、これも秘密プロジェクトだった。毛髪科学者たちがチームに加わる一方、スタイリングの仕方も含め、髪についてもっと学ぶため、我が社のエンジニア数名は大学に戻った。

僕たちは毛髪を構成する二つの層に特に着目すべきだと理解した。表層は「キューティクル」と呼ばれる平たい細胞の層に覆われている。住宅の屋根のタイルのようなこの層が、髪の毛をダメージから守っている。内側にある髪の主要構造——コルテックス——は、角化した有毛細胞でできている。これが髪に強さと弾力性を与えるし、髪の色を作る色素も含んでいる。髪は死んだ細胞でできているため、自己修復は不可能だ。熱でダメージを受けてしまえば、根元から伸びてくるまでダメージを受けたままだ。

過剰な熱は、髪のコルテックス内部の水素結合に不可逆的なダメージを与える。水素結合は、髪に強さや弾力性を与えるだけでなく、さまざまなスタイリングをも可能にする。一五〇度を超える熱に晒されると、アルファケラチンがゆっくりとベータケラチンに転換されていき、だんだん髪が弱くなり、弾力性を失っていく。二三〇度を超えると髪は燃え、強力なジスルファイド結合を急速に起こしながら溶け始める。髪の表面には目に見えない小さな穴が空き、ダメージを受けるとともに、反射性が失われ、つやと輝きが減っていく。

強力な気流と熱の温度を正確にコントロールする必要があった。また、世界中で、髪質は遺伝的相違により強さや弾力性がさまざまに異なるが、健康な髪なら強い力にも耐え、より長く伸びることも学んだ。髪というものは、性質という観点において思っていたよりずっと興味深いものであるだけでなく、複製するのはほぼ不可能なものでもあった。さまざまなタイプ――直毛、ウェーブがかった髪、カールのかかった髪、縮れ毛――とさまざまな太さの髪の毛の束を倫理的な方法で入手し、各タイプの髪が熱やその他のストレスにどのように反応するかを調べた。髪は必ずシャンプーもスタイリング剤も一切使っていないものにしなければならなかった。

高速でコントロールのきいた気流を届けるために、ダイソン エアマルチプライアーで蓄積した気流に関する知識を応用した。これにより、気流を最大化し、高圧・高速のジェット気流を生み出すことが可能になった。しかし、根本的な問題として、ヘアドライヤーには新しい種類のモーターが必要だった。他のヘアドライヤーの場合、髪に近づけると気流が抑え込まれることでファンの温度が急上昇し、髪に対して修復不可能なダメージを与えていた。必要とされていたのは、気流が抑え込まれる状況でも充分な空気を届けることのできる高圧のタービンだった。

ダイソンのあらゆる製品と同じく、「ダイソン スーパーソニックヘアドライヤー」も社内でテストを繰り返した。ダイソンには機械がたてる音だけを録音・解析できる音響試験室があり、半

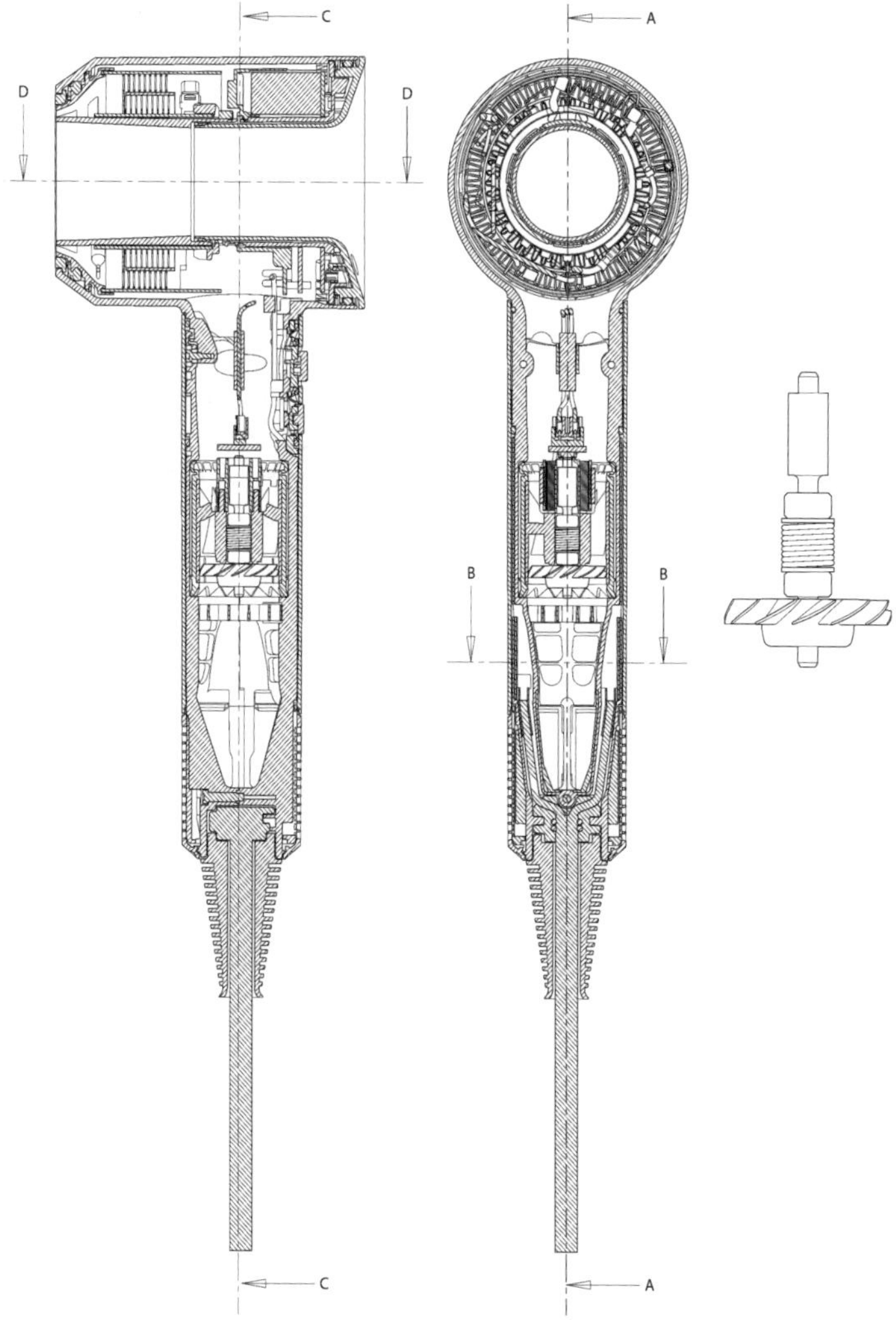

スーパーソニック（ヘアドライヤー）

無響室と呼ばれていた。反響を防止するための標準フォーマットに沿って作られており、壁は並行ではなく、壁と天井がピラミッドを引っぱって伸ばしたようなフォームに覆われている。床も同じフォームで覆えば、完全無響室になるだろうが、そうすると歩いたり作業したりすることができなくなる。静かで反響のないこうした部屋の中で過ごすとめまいがしてくるが、それは音のフィードバックがまったく得られないためだ。

こうしたテストのプロセスを繰り返し、改良を行った結果、僕たちは羽根車《インペラー》の羽根を一三枚に増やした。これは標準より二枚多い。ギリギリに行ったこの変更で、高速モーターがしばしば超音速――音が人間の可聴範囲を超える――になり、消音化を実現した。つまり、ライバルよりもはるかに音が静かなヘアドライヤーを実現したのである。この発明が「ダイソン スーパーソニック（超音速）ヘアドライヤー」と呼ばれる理由もそこにある。

この現象を発見したのは発売のわずか数週間前だったが、航空機グレードのアルミから圧延加工するシングルピースのインペラーの生産ラインを高度にオートメーション化していたおかげで、変更をすぐに適用することができた。シンガポールの生産現場で働いている人のうち、マルムズベリーの研究開発ネットワークから生まれたこの変更に気づいた人はほとんどいなかった。

四年という期間と五五〇〇万ポンドというコストをかけた開発には、一〇三名のエンジニアが投入され、ヘアドライヤーのプロトタイプは六〇〇個ほど作られた。ダイソンではいつものことだが、需要を低く予想していたため、製品はすぐに品薄となった。ダイソン スーパーソニックヘアドライヤーの評判を耳にしたファッションデザイナーのカール・ラガーフェルドから、手に

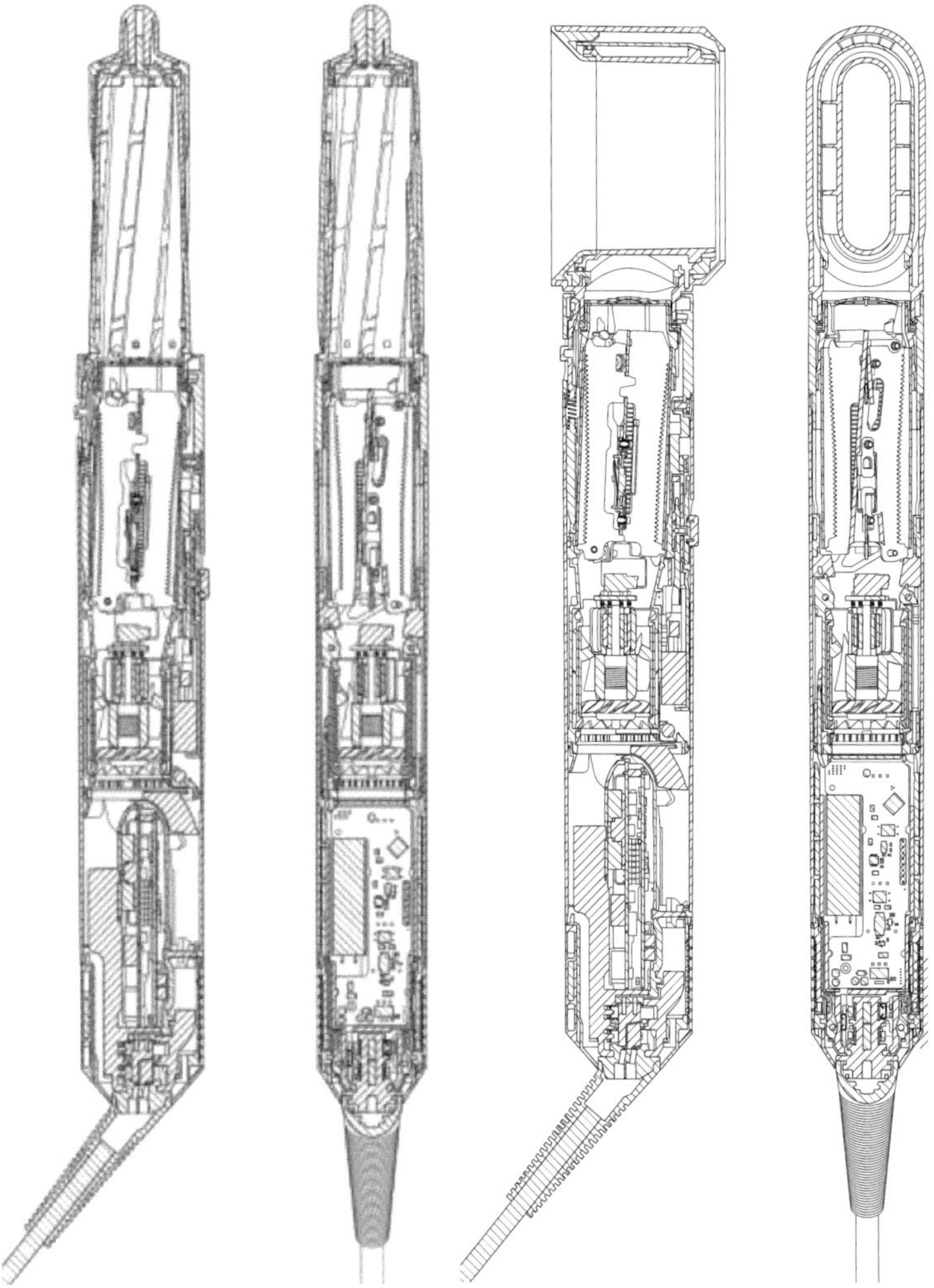

エアラップ(スタイラー)

入れる方法を知りたいという要望が寄せられた。カール本人ではなく、彼の愛猫のシュペット用だった。シュペットは、インスタグラムとツイッターで五〇万ほどのフォロワーを持っていた。

同じ頃、僕たちは気流が曲面に沿って動くコアンダ効果に魅了され、これを使えば円筒に髪を巻き付けてカールを付けられるのではないかと考えた。これが「ダイソン エアラップスタイラー」になり、二〇一八年に発売した。髪を極端に熱するのではなく空気でスタイリングするので、ダメージが少ない。コアンダ効果という名称は、一九三〇年代半ばにこの法則を発見し、航空宇宙産業の応用を目指して発展させたルーマニア人の発明家アンリ・コアンダにちなんでいる。

円形ブラシや機械的な方法を使うのではなく、空気の吹き出す円筒に髪を巻き付けることの特長は、完璧な形がついた髪がスタイラーから難なく離れる点だ。ダイソン エアラップは、さまざまな種類のカール、形、ウェーブ、そしてストレートヘアまで、僕たちがあわせて開発したさまざまなツールやアタッチメントを使って、低温でスタイリングできる。発売時には、ジェイクと僕が、ニューヨーク、パリ、そして東京のステージ上で、実際に髪の毛の房にカールを付け、どれほど簡単に使えるかを実演してみせた。

さらに、僕たちは、ストレートヘアアイロンに目を向け、二一〇度、ときには二三〇度にまで上がる温度が髪に与えるダメージに着目した。従来のヘアアイロンは、熱したフラットなプレートの間に髪の束を挟んで使う。熱と圧力を加えるという考え方だ。問題は、毛束のうち分厚い部分はプレートでしっかりと挟めるが、細い部分はそうはいかない点だ。その結果、毛束の分厚い部分はストレートになるが、しっかり挟めなかった部分はストレートにならないままだった。そのため、すべての髪をストレートにするためには、プレートに何度も毛束を挟まねばならず、温度がどんどん上がる。「ダイソン コラールヘアアイロン」はフレキシブルなプレートを使い、端から髪をとりこぼしてしまうことなく、ブロック分けした毛束をしっかりと挟む。毛束は均一な熱と圧力で処理され、プレートに挟む回数が減るため、熱によるダメージが少なくなる。

加えて、今までよりも二〇度低い温度で、よりすばやく、求められるスタイリングが実現できることもわかった。もう一つ、面白い発見としては、分厚い毛束を挟むときに、プレートに隣接する表面に冷却効果が生じていた。これもまた、極端な高温を防いでいた。

フレキシブルなプレートの開発は難しかったし、製造はさらに困難を伴った。プレートは曲がったりスプリングのように振る舞ったりするベリリウム銅と呼ばれる興味深い銅からできて

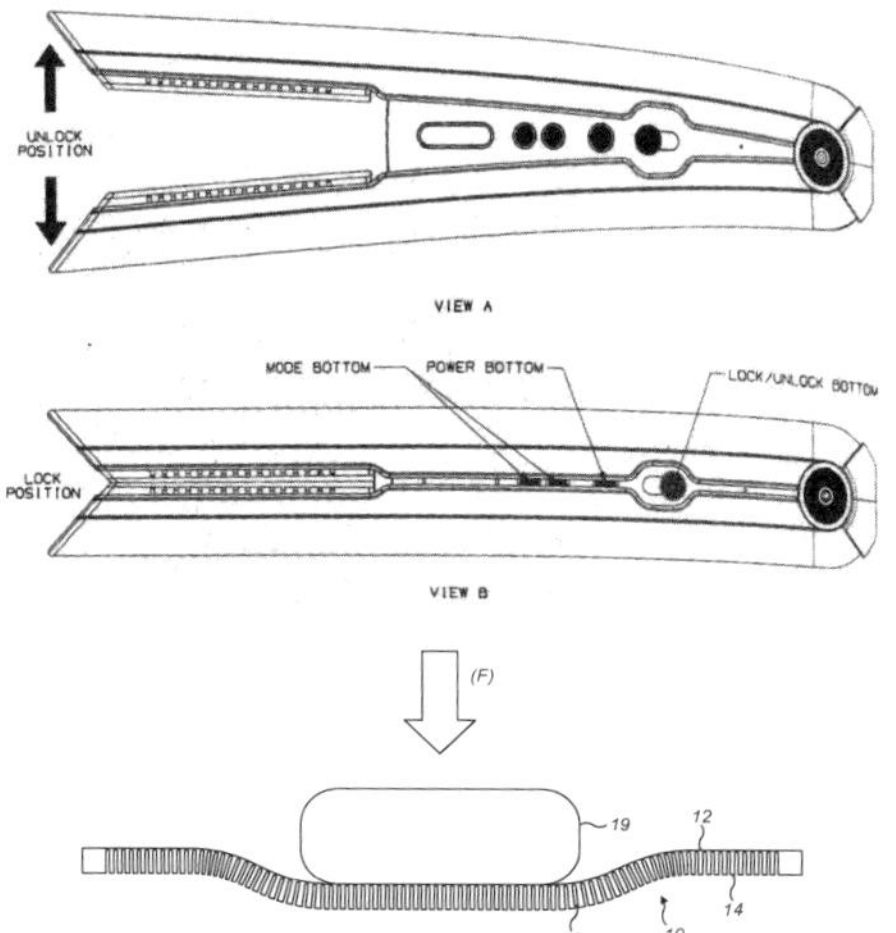

FIG. 6c

コラール（ヘアアイロン）

いた。表面にたくさんの切り込みを入れても曲がるため、厚みを減らせるが、そうするとますます曲がりやすくなった。プロトタイプを機械加工することはできたが、そのプロセスで生産するのはあまりにも時間がかかりすぎた。そこで、ワイヤーエロージョンと呼ばれる技術を採用し、オイルに浸した銅を、高圧電流の流れるワイヤーによって高速でカットしている。その後、ある方法で処理するが、これは知的所有権保護のため明かせない。ダイソン コラールはコードレスなので、ユーザーはコンセントの近くでなくても髪をスタイリングできるし、自宅はもちろん、車内や職場や、おそらくグランピングをしているときも使えて便利だ。バッテリーの分だけ重量と使用中にコストが増えるが、コンセントにつなぐコードに引っ張られることはない。

ダイソン コラールは、ニューヨークで二〇二〇年三月初旬に発売する予定だった。イベント会場も準備していたが、そこへ新型コロナウイルスのパンデミックが直撃した。そのとき、僕はパリにいたので、翌日、豪華なオペラ座に面した新しいパリの店舗からオンラインで発売イベントを行った。毛束をまとめて均等に圧力をかけ、既存のヘアアイロンよりもずっと低い温度で使っても効果が出るダイソン コラールの仕組みを説明する間、カメラが店内で僕の姿を追いかけた。ちょっとしたショーマンシップを発揮したのか、ビジネスのオーナーが自身のテクノロジーを説明する姿を見られてよかった、というコメントをくれた人もいた。

この時期、僕たちはロボティクスやAI（人工知能）、視覚《ビジョン》システムへの関心を深めていた。一九九〇年代には家庭用のガジェットや機械のロボット化が大いに議論されていた。家事や庭仕事をロボットが手伝ってくれるというアイデアは一九二〇年代や三〇年代のSFコミックや一九五〇年代に人気を博した映画まで遡れるが、僕には、発想が突飛過ぎて現実からかけ離れているように思えた。

ダイソンの掃除機をどれほど改良しても、その先に検討すべき段階が必ず一つ存在していた。結局のところ、いまだに人間が掃除をしなければならないのか、ということだ。代わりに、掃除機に掃除を任せることができたなら？　この考えをたどるうちに、ロボティクスという分野に深入りすることになった。二〇〇六年には、ロボット掃除機「DC06」を発売する寸前までいっていた——失敗と呼ぶつもりはないが、おそろしく複雑な製品だった。DC06は床をきちんと掃除したが、リチウムイオン技術はまだ登場していなかったため、八〇年という年季の入ったニッカド電池、多種多様な八四個のセンサー、さまざまなマイクロチップ、それにマザーボード数枚を搭載していた。もしも当時市場に売り出していたなら、値段は一八〇〇ポンドと二〇〇〇ポンドの間になり、高すぎただろう。

僕たちはたくさんのことを学んでいた。他社はろくに掃除もできず、動き方も稚拙で、近接センサーのみを頼りに部屋の中を適当に動き回るだけのマシンを市場に送り出していたが、僕たちはロボット掃除機に再度挑戦する前に、自前の技術を高めることにフォーカスするという決断をした。同じ頃、僕たちは、進むときにはコードが延び、戻るときには元に戻るコード付きのバージョンを試作した。非常にパワフルだったが、コードによって自由が制限された。一度に一部屋しか掃除できず、ユーザーが別の部屋に運ぶ必要があった。操縦面でも、僕たちは思い切って視覚システムに集中し、視覚、録画、解析が可能な三六〇度カメラをダイソン社内で開発した。

ダイソンの三六〇度カメラは、ロボットのてっぺんに取り付けた半球レンズである。床から天井のほぼ全体までを三六〇度の帯映像としてとらえることができ、レンズに取り込まれたこの画像を三六〇度にリング状にし、球状のミラーのある半球の内側の上部中心に向かって映像を投影する。次にこのミラーがその映像を回路基盤上のカメラチップに向かって垂直方向に映写する。カメラは、テーブルの角、ランプ、ドアの角などのウェイポイント（経路上の参照点）を理解し、そこからの距離を判断し、自分の位置を計算する。人間のやり方もこのようなもので、ほぼ同じようにウェイポイントを利用して、テーブルの角を避けたり、ある空間の中での位置を判断したりする。ロボットはこれらのウェイポイントから、自分の位置や、自分が作業を完了した部分、自分がこれから向かう場所を、人間よりもさらに正確に把握する。

視覚技術の最先端を行く世界的研究者であるオックスフォード大学教授アンドリュー・デイヴィッドソンと協働し、僕たちは二〇一六年に「ダイソン360Eyeロボット掃除機」を発売した。四年後にはこれをアップデートして、「ダイソン360ヒューリストロボット掃除機」を発売した。これらの掃除機は視覚をベースとするマッピング、ダイソンが設計したアルゴリズム、ダイソンが特許を所有する三六〇度カメラを利用している。これらは従来にないタイプの最高の掃除能力を持つ掃除機であり、さらにインテリジェンスを有しており、家の間取りを見て、理解し、学ぶことができるので、ダイソンデジタルモーターとリチウムイオン電池を使って漏れなく効率的に掃除を遂行する。これらの掃除機は障害物——人間やペットも含まれる——を避け、電気が少なくなると自分で充電ドックに戻る。ダイソン360ヒューリストロボット掃除機は、

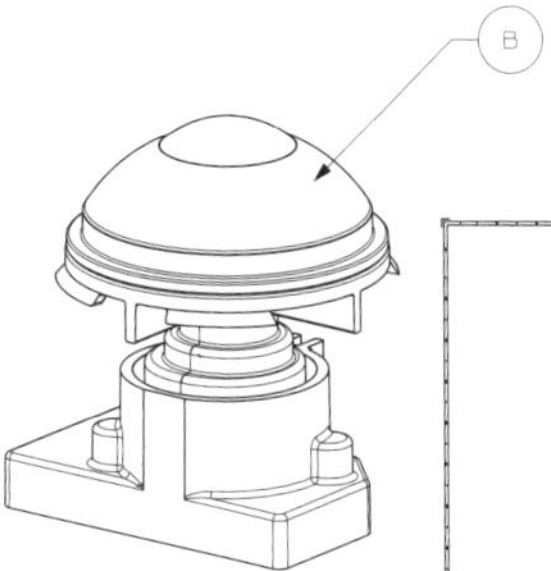
B

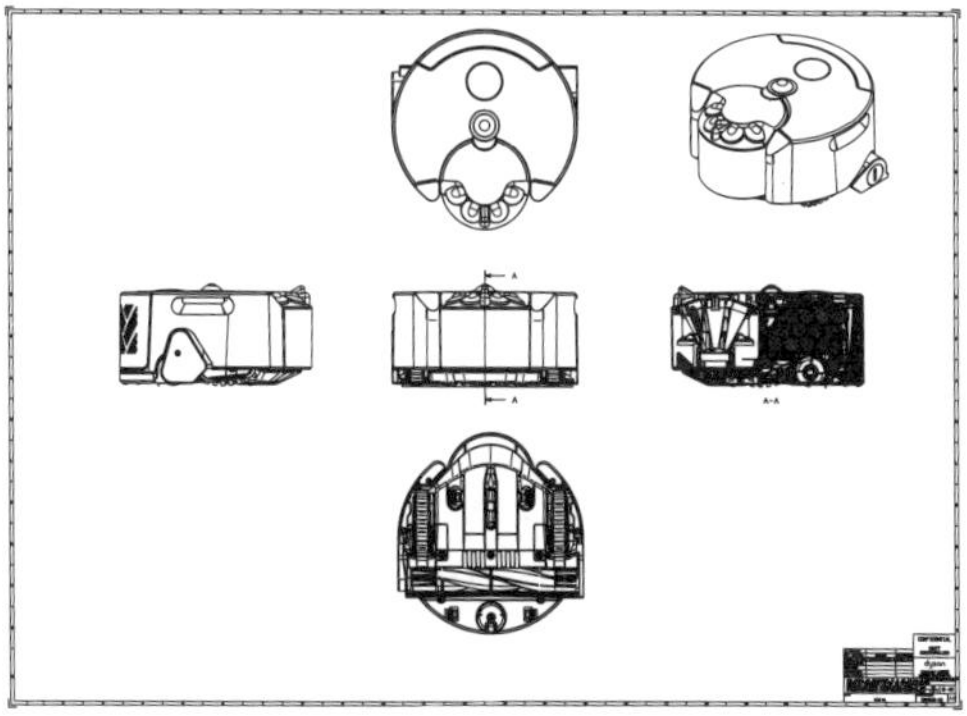

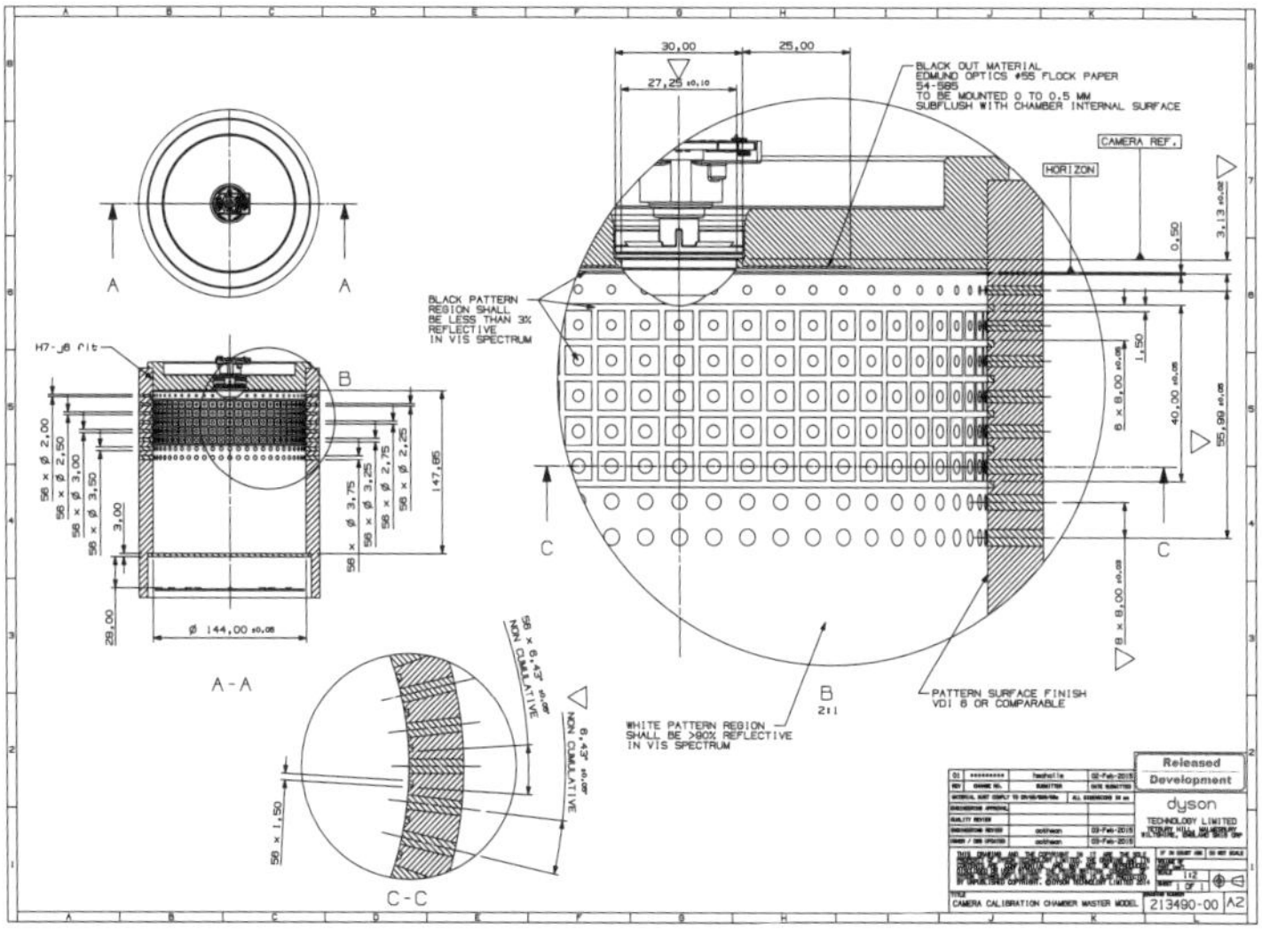
30,00
25,00
27,25 ±0,10
BLACK OUT MATERIAL
EDMUND OPTICS #55 FLOCK PAPER
54-585
TO BE MOUNTED 0 TO 0.5 MM
SUBFLUSH WITH CHAMBER INTERNAL SURFACE
CAMERA REF.
HORIZON
BLACK PATTERN REGION SHALL BE LESS THAN 3% REFLECTIVE IN VIS SPECTRUM
H7-j6 fit
B
147,85
Ø 144,00 ±0,05
28,00
3,00
A-A
C
C-C
WHITE PATTERN REGION SHALL BE >90% REFLECTIVE IN VIS SPECTRUM
PATTERN SURFACE FINISH VDI 6 OR COMPARABLE
B 2:1
0,50
1,50
6 x 8,00
40,00
55,99
9 x 8,00
Released Development
dyson
TECHNOLOGY LIMITED
CAMERA CALIBRATION CHAMBER MASTER MODEL
213490-00
A2

360度カメラ

例えばソファやベッドの下のように暗いところでもマッピングを行うため、三六〇度カメラに合わせてLED照明を利用している。ダイソン360Eyeロボット掃除機は自分で充電ドックに戻り、充電が完了すると自分で掃除を始める。利用者からは素敵な反応も届いた。ある日本人ユーザーは、愛用するダイソン製掃除機のために、小さくて可愛いガレージを自作したという。生き物のように見えることから、掃除機としては初めてこんなにも愛される存在になったのだと思う。

ダイソンは現在、インペリアル・カレッジなど、二〇以上の大学と協働している。同大学にはアンドリューがオックスフォードから移籍し、ダイソンラボを設立した。シンガポールでも大きなプログラムが進行中であり、ウィルトシャー州のハラヴィントン・キャンパスでは、この種の施設としては英国最大となる研究開発拠点を展開している。これらのチームは、ますますグローバルな人々からなるソフトウエアエンジニアの力を活用するようになっており、彼らがロボットに生命をもたらすコードを書いている。僕たちはさまざまなロボットを試作し、家庭内で今までよりずっと使いやすくするために必要なあらゆる技術の実験を行っている。

同時に、ロボット掃除機についてはまだまだやるべきことがある。ロボット掃除機は階段を上れないし、自分で床を離れることはできない。家の中は、この上なく困難の多い、予測できない環境だ。ロボットの多くは、例えばダイソンのデジタルモーター工場など、コントロールされた条件下で仕事をこなしているが、一般的な家の中の仕事をするとなると、環境をマッピングし、把握できたとしても、次の瞬間に何が登場するかわからない。靴下、ラグ、ブロック玩具、階段、充電ケーブル、そしてペットが現れる可能性がある。

ダイソンのインテリジェント性能を備えた製品は、ユーザーの手を煩わせることなく、できるだけ多くの仕事をこなすものであってほしい。例えば、ダイソンの空気清浄機は、空気の臭いを常時検知していて、汚染物質や揮発性有機化合物に反応する。ユーザーとのやりとりなしで、空気をフィルターにかけ、空気の質を診断すべくリアルタイムで反応する。しかし、現在ダイソンのエンジニアの半分がソフトウエアに関わる一方で、ダイソンの製品の成功にとって決定的に重要であり続ける実際的かつ現実的な問題も存在している。これらの問題への取り組みには、手が汚れようが進んで実験する意欲が必要とされる。

ずいぶん前のことだが、ある日本の雑誌が、どんな掃除機であっても床の上に微細なホコリの膜を残してしまうものだと書いて、掃除機全般を批判した。本当だろうか？　僕たちはこのことを見落としていたのだろうか？　この雑誌の報告に駆り立てられた僕とピート・ギャマックは、床の上のホコリ問題に本腰を入れ、原因を探った。僕たちは黒いアクリル板の上にパウダーを撒き、その上にダイソンの掃除機の一つをかけた。日本の雑誌は正しかった。ほとんどのパウダーは除去できていたが、アクリル板の上にごく薄い塵の膜が残っていた。四つん這《ば》いになってみると、この膜を除去するには湿り気のある指か布が必要であることがわかった。参ったことに、静電気で張り付いているのかもしれなかった。僕たちは、かつてビニール製のレコードの静電気をカーボンファイバーのブラシで取り除いていたのと同じような方法を考えた。つまり、ダイソンの掃除機のブラシバーの上にカーボンファイバーのブラシを装着する製造方法を開発したのだ。

問題は解決し、正式に特許も取得した。

プログラミングやAI、蓄電池、音響などさまざまな分野で僕らが取り組んでいる研究はますます深化しており、ダイソンのラボでは今もたくさんの実験が行われている。例えば、弾道学（発射体設計技術）だ。ダイソンは弾道学の研究をさかんに行っているが、弾道学といえば、（結果としてそうなった）テックカンパニーのために働く科学者やエンジニアが注力する分野というより、むしろ第一次世界大戦時代のものに聞こえる。同様に、マルムズベリーにあるダイソンの研究所の奥深くにMRIスキャナー一式を揃えているのはなぜだろう、と思われるかもしれない。

コアテクノロジーを開発し、世界中に何百万台も売れた製品を創り出す間に、僕たちは材料科学や新しい形の擬似プラスチックの研究開発にも注力することになった。これはすべて、省エネルギー、省資源で製品を製造することを目指す僕たちの探究の一部である。

もちろん、やりたいと思ったことを何でもできるわけではない。僕たちは、結局のところ、興味と情熱を追い続ける（家族経営の）一企業にすぎない。それでも、本章で示したように、たいていの人がダイソンは掃除機メーカーにすぎないと思っていた時期に僕たちが取り組んだ研究、開発、成長のすべてをご覧いただければ、我が社がのどかなウィルトシャー州の田舎にとどまることなく真の成長を遂げることができた理由も、すんなり理解してもらえるはずだ。

第 8 章

Going Global

真のグローバル企業へ

ダイソンが単なる英国の掃除機メーカーではなく、テクノロジーカンパニーとして成功を目指すなら、グローバル企業になる必要がある、それも急いでそうなる必要があるのはわかっていた。イングランドも、そして英国の他の地域も、テクノロジーが必要とする継続的かつ巨大な投資を維持するには、単純に言って充分に大きいとはいえない市場だ。これは、国内市場が非常に大きな米国や、猛スピードで驚くほどの成長を遂げている最中のアジアとは、まったく対照的だ。米国の平均的規模の企業は、英国の大企業の六倍の大きさがあるし、投資もそれに従って大きい。これが、僕たちが直面している状況であり、僕もそれはわかっていた。

しかし、初期にはそれが難しかったのは、正直に言えば、オーストラリアや米国、あるいはフランスにすら、出かけていって現地法人を設立する時間がなかったせいだ。新製品の研究開発を行い、急成長中のメーカーに起こる諸問題に対応しながら英国市場に供給する掃除機を製造するという課題だけで、完全に手いっぱいだった。

初期には生産に関する問題が次々に起こった。例えば、サプライヤーの部品に失望したら、代わりとなる、信頼できてクオリティの高いサプライヤーを見つける必要があったし、生産台数が急伸しているときにはとりわけそうだった。生産停止に備えるため、またサプライヤー間の競争力を維持するためには、部品は二つのサプライヤーから調達することが重要になった。同時に、組み立てラインや、新製品に関するトレーニング用のスペースを見つけることが難しくなっていた。また、勤務地がロンドンではなくマルムズベリーになる仕事に若いエンジニアたちをリクルートするのも、一筋縄ではいかなかった。会社が大きくなり、新しいデザインプロジェクトが次々と始まるにつれて、ますます若いエンジニアが必要になった。会社の規模が毎年倍に成長している時期の採用活動は、時間もかかった。事業の急速な成長期には、生産量の予測が決定的に重要だった。僕たちは必要なものを少なく見積もりがちだったが、過剰在庫を抱えるよりはましだ。それに、若くて熱意にあふれるチームとともに、僕たちはこの種の問題を克服する方法を学んでいった。

海外に拡大するためには、僕が取り組んでいることを理解し、テクノロジーで他の人の心を躍らせる能力を身につけられる、本当に優秀な人々を見つける必要があった。しかし、本当に優秀な人々に対して、安定した大手企業を離れて聞いたこともないスタートアップに移るよう説得するのはほぼ不可能だった。それだけではない。ダイソンは英国ではかなりの有名企業になっていたかもしれないが、世界では、どこへ行ってもまったく無名の企業だった。小売業者がダイソンを扱う理由も、一般家庭がダイソンの掃除機を買う気になる理由もなかった。適切に説明しなければ、ダイソンの製品は変わった見かけの高価な製品にしか見えない。他の国にはその国の有名ブランドが存在していて、それが僕たちにとっての問題だった。

オーストラリアは例外だった。第一に、僕が自分で当地に行き、現地法人を経営できる優れた人を見つけたからだ。それがロス・キャメロンで、僕がライセンス契約を結んだジョンソン・ワックスで商用機械を担当していた、才能とエネルギーにあふれるオーストラリア人だった。一九九五年のある夜、彼が僕に電話をかけてきて、やぶからぼうに、「ジョンソン・ワックスを辞めるよ。世界中を飛び回るのに疲れたんだ」と言った。「それなら、ダイソンのオーストラリア法人を設立しないか？　こちらはみんな忙しすぎて何の手伝いもできないだろうけど、でもやろうよ」。ロスは承諾し、実行した。

ロスは最初の年は給料を取らないまま、ダイソンのオーストラリア法人設立のために全力を尽くしてくれた。ロスはエンジニアで、ＢＭＣのシドニー工場で見習いとして訓練を受けた人だったが、天性の素晴らしいマーケターでありセールスマンでもあった。シリンダー型が主流のオーストラリアの掃除機市場で縦型を売るのは少々奇異なことだったが、彼は見事に成功を収めた。

ダイソンが初期にオーストラリアで成功した二つ目の理由は、小売業者の姿勢だ。オーストラリアには二大小売業者がいて、その一つは、進取の精神にあふれる素晴らしいペイジ夫妻が経営する大企業「ハーヴェイ・ノーマン」だった。ケイティ・ペイジの信用を得るには少々時間がかかったが、一度信用を得ると、彼女はダイソンの本質を完全に理解してくれた。製品と技術に対する彼女の熱意に助けられ、ダイソンはオーストラリア市場の六割を獲得するまでに飛躍した。

地球の裏側にあるオーストラリアの仕事はロス・キャメロンに任せていたし、小売業者とも手を結んだから、本国から援助することはあまりなかった。英国で、専門のマーケティング担当者を雇用する時期が来ていた。僕はバース大学に「現代の諸言語を専攻する卒業生で、ダイソンでマーケティングの仕事をしてみたい方はいませんか？」という求人の掲示を出した。奇妙なことに、オックスフォード大学の卒業生がオフィスに現れた。教師の娘だというレベッカ・ブリッグスはビジネスのことは何一つ知らず、マーケティングについてはもっと無知だった。だが、頭がよくて快活な人柄だった。僕は即座に彼女を採用し、彼女は社内で成長中の若手の新卒チームに加わった。彼女の夫であるアランが、ダイソン初の社内弁護士になった。

レベッカのドイツ語能力は、大変役立つ資産であることがわかった。というのも、その頃ライン地方に駐在する英国軍から問い合わせを受けていたからだ。僕は、英国人の営業部員一名とともに、レベッカをドイツに送り込んだ。その後、営業の現場経験を充分得ると、レベッカは本社に戻り、その種の仕事をしたことはまったくなかったにもかかわらず、マーケティングにはまり込んだ。彼女はマーケティングに対する生まれながらの才能と、自分の直感を信じる理性と自信を持ち合わせていた。彼女は店を訪問し、自ら販売した。大事な仕事だが、従来型のマーケティングをしている人たちに同じことをやらせるのは難しかった。ダイソンの技術は他とは違うエキサイティングな技術であり、従来の意味でのマーケティングは不要だった。ダイソンの掃除機を調子のいい広告で売りつけることはしたくなかった。性能がいいものだから買ってほしいと思っていた。シンプルかつクリアに説明し、何も隠し立てせず正直に語れる製品だった。

一九九六年――英国での法人設立から三年後――僕はフランスに現地法人を設立する時期が来たと決断した。続いて一九九八年にはドイツ、ベネルクス三国、スペインに、二〇〇〇年にはイタリアに法人を設立した。これらのベンチャーはどれ一つとして楽勝の成功物語とはならなかった。例えば、フランス法人の経営を任せた最初の人物は、パリ郊外のクレテイユに事務所を構えたが、働くのはもちろん、訪問するだけでも心が荒《すさ》む場所だった。僕はフランス法人に対して不満を伝えた。「ダイソンはこんなところではダメだ、もっと希望にあふれ、楽観的な気持ちになれなくては！」と。

僕はロトルク時代に一緒に働いたアンディ・ガーネットに連絡した。彼もまた、ロトルクを辞めて自分の会社を起こし、成功していた。アンディが最高のオフィスを見つけるのが素晴らしく上手なのには気づいていたし、彼はパリをよく知っていた。僕は彼に、パリでオフィスを見つけてくれないかと頼んだ。そして、ダイソンの事務所をラ・ボエシー通り沿い、シャンゼリゼ通りとサントノレ通りの間に移転した。ショッピング街ではなく、最先端を行く人々の事務所がさりげなく集まっている場所だ。クリス・ウィルキンソンに、通りに面して彫刻ギャラリーがあるオフィスを設計してほしいと依頼した。

二階までを吹き抜けにし、通りの石畳から二階の天井までガラスのファサードが広がるショールームにした。メザニン（中二階）を二カ所作り、ステンレスとガラスのブリッジでつないだ。一階の内装はフランス産石灰岩（ライムストーン）のみとし、白い壁や台座にシリンダー型掃除機とアップライト型掃除機を置いた。製品の説明は一切なし。値札もなかった。製品を台座に置いて展示するだけ。まるでミニマリズム彫刻のギャラリーのようだった。

デスクもライムストーン製で、その後ろに販売アシスタントが座っていた。アートギャラリーのように、ごく少数の選ばれたお客に対応する場所だった。僕たちがこうあるべきと考える方法で、ダイソン製品を展示したかったのだ。これは、電気製品量販店に対する批判ではない。彼らは自分たちのビジネスを熟知しており、確かに売上を最大化するため多くの会社の製品を展示しなければならず、それを実践している。とはいえ、その結果、各メーカーが売り場でのよい場所をめぐって競い合い、ＰＯＰやら割引チケットの条件や掛け売り期間の文字があふれかえることになる。値札がなく、一つの台座に一つずつ置かれ、静けさを感じられる僕たちのパリのギャラリーは、心の平安をもたらした。確かに、これは大変高価な実験であり、僕たちは強く望んでいたけれども、あの段階では他の場所で同じことを繰り返すのは不可能だった。

以来、僕たちが世界中に展開してきた直営店舗ダイソンデモストア——パリのオペラ座地区にある例の大きな旗艦店も含めて——は、ラ・ボエシー通りに開いた最初のギャラリーショップの流れを汲んでいる。店舗はキャンバスであり、僕たちは思い通りの方法でダイソンのテクノロジーを展示し、デモンストレーションを行う。数年後、ニューヨークのソーホーに開店したアップルストアは、フランス産ライムストーンの床、メザニン、ステンレススチールとガラスのブリッジがあり、製品は白い台座に載せ、文字による表示はなしで、同じフォーマットだった。

僕は日本でも現地法人を設立したいと思っており、それにはエイペックスからライセンスを買い戻さないと不可能だったが、一九九七年に買い戻すことができた。このとき僕は、首相に就任したばかりのトニー・ブレアとともに、貿易使節団の一員としてジャンボジェットで東京に向かっていた。僕はダイソンの日本法人の経営を任せられる人物を探していた。ある人材採用エージェンシーを通し、若い人でこの手の仕事の未経験者を探すよう求めたが、彼らが紹介してくる人に若い人はいなかった。別のエージェンシーも試したが、結果は同じだった。当時、日本のビジネス界は非常に伝統的で、歳を取るほど知恵があり、指導力があるとされていた。人材エージェンシーは——僕の代理だというのに——ダイソンの経営をそういう人材に任せるべきだと考えていた。

ついに僕は「自分が何をやっているかわかっている人なんて、まっぴらごめんだ。僕は若い日本人にこの会社を経営してほしい。ダイソンは他とは違うことをする会社なんだから」と言った。日本人にも頭の切れる若者が存在することを僕は知っていた。そういう人に何人か会ったことがあったからだ。しかし、エージェンシーは、僕の気に入る人を見つけることができなかった。最終的に、僕は東京の英国大使館にいたスコットランド人の貿易顧問なら風変わりで面白い人だから、思い切って会社を任せれば日本の大手小売業者の心をつかむことができるかもしれないと考えた。一か八かのチャンスに賭け、彼を雇った。僕の仮説は正しかった。ダイソンはついに日本に法人を設立した。

イノベーションに関して、日本は独自の輝かしい歴史がある。僕は「スーパーカブ」というぴったりな名前で知られるホンダ50を愛用していたし、独創的なソニーのウォークマンからインスピレーションを得ていた。二〇一七年にダイソンが一〇〇万台目の製品を販売したとき、ホンダはその数字を超える累計販売台数を発表し、原動機付きモビリティ生産台数の世界最高記録を打ち立てた。二〇〇四年、僕らは、コード付き掃除機「DC12」を日本市場に投入した。小さくて何もかも揃った日本の家に特化してエンジニアリングを行った製品だ。僕たちはその成功に驚嘆した。日本国内で最も売れている掃除機の一つになった。何年も前に僕自身がGフォースの件を通して発見したとおり、日本人は端正に作られたものや新技術による製品に心から魅了される人々である。

DC12はいわば掃除機の「盆栽」であり、新しいダイソンデジタルモーターで駆動し、出力重量比が同時代のフェラーリのF1カーの五倍にもなるため、そのサイズにはまったく似合わぬほど高性能だった。一般的な日本の住宅サイズを考慮したDC12は、日本専用も同然であり、サンヨー、シャープ、東芝、パナソニック、三菱電機といった日本の有名な家電メーカーが支配する市場のニッチを満たしていた。

僕は六本木ヒルズの広場で大々的な発表会を行うことにした。六本木ヒルズは大物デベロッパーの森稔が建設した巨大な都市型複合施設で、オープンしたばかりだった。僕は森とサー・テレンス・コンランとお茶を飲み、イベントのためにDC12を積み重ねたパビリオンを三つ――立方体、球体、三角形――設営する許可を得た。また、ピート・ギャマックと僕は、(何でも作れる)デレク・フィリップスとともに、透明なポリカーボネートの壁をテンションをかけたワイヤーで支える世界初のシースルーの自転車競技

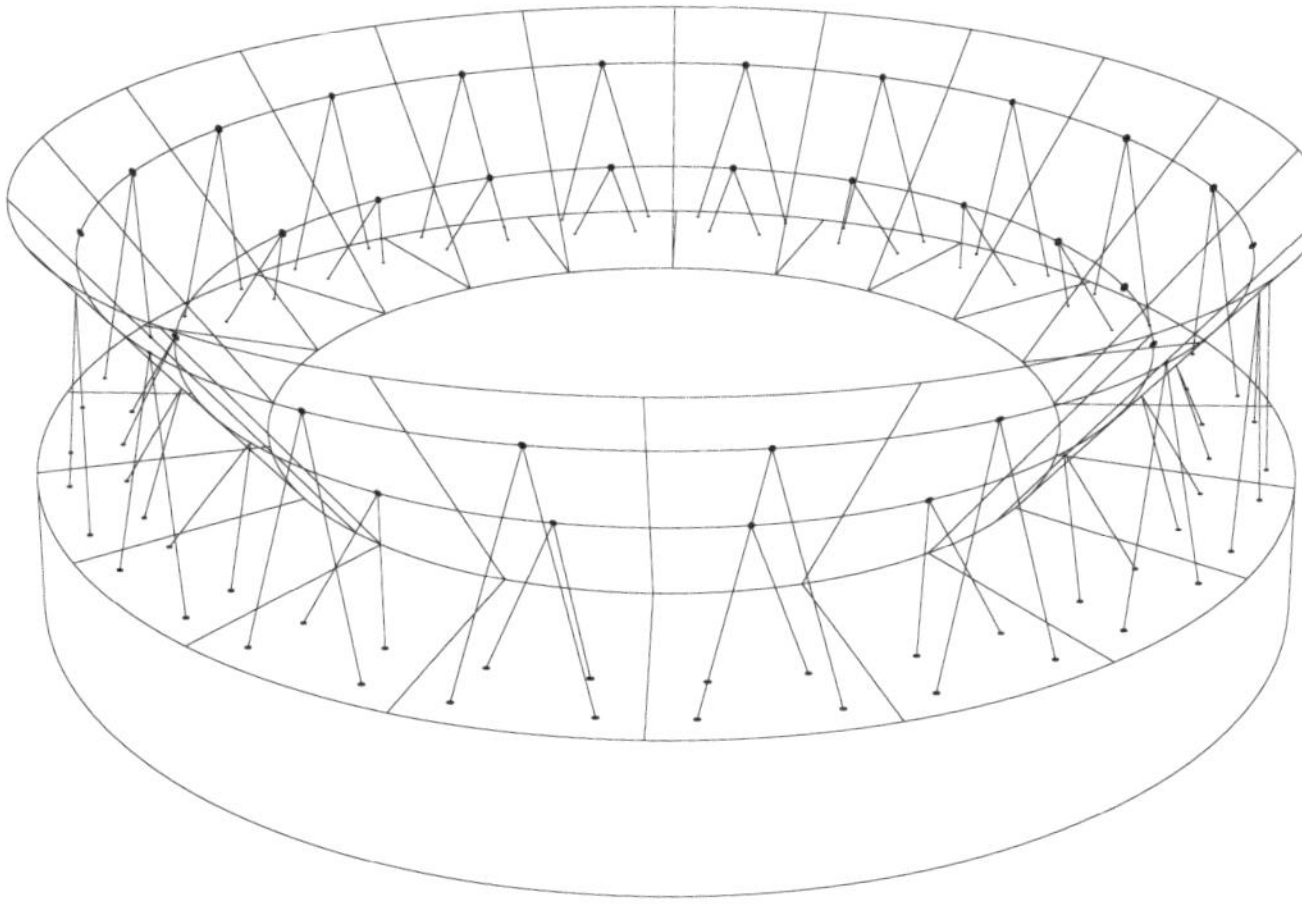

ヴェロドローム(自転車競技場)

場を設計・建設した。透明な「死の壁」を走り回るサイクリストたちの姿がどこの位置からもよく見えた。彼らはダイソンの掃除機のサイクロン内部でダストを分離する遠心力を体現していた。

その数年前に僕がパリのファッションショーをデザインした三宅一生も来てくれたし、大相撲の横綱もやってきた。二人ともダイソン製品のファンだった。いい発表会がどれほどの効果を上げるのかはわからないが、この発表会は非常によいスタートになった。ダイソンは確実に注目を集めた。小売業者はすぐにDC12の販売を始め、売れ行きは上々だった。技術というものに精通している日本は、ダイソンにとって素晴らしい市場であることが証明されたし、僕の技術を真っ先に信じてくれたのだから、僕個人にとっても、とても大切な存在だ。すでに述べたように、一九八五年に日本企業のエイペックスはピンクのGフォースのライセンス契約を結び、他のライセンス供与先が途中で脱落する一方、同社はずっと売り続けてくれた。

二〇〇二年には、次の大きな冒険に出る準備が整った——米国だ。当時の米国市場はウォルマート、ターゲット、ベストバイ、シアーズ・ローバック、コストコ、そしてコールズといった大手小売業者が支配していた。これらは地方ではなく全国規模の業者だった。一地方で徐々に販売を始めるのではなく、最初から五〇州全部をカバーする必要があった。小売業者たちにとっては取引の前に製品が売れるという確信が必要だが、ダイソンは見るからに他とは違う高価な掃除機を作る未知の会社で、実績もなかった。

僕たちは英国で成功を収めていると伝えたが、効果はあまりなかった。「米国は違う市場ですから」というのは控えめな表現である。小売業者はどこも僕たちと取引しようとはしなかった

――ところが、ベストバイのあるジュニアバイヤーがダイソンの掃除機一台を自宅に持ち帰ると、状況が一変した。持ち帰ったのは逆さにしたサイクロンを複数搭載したDC07だった。この勇敢な女性バイヤーは上司たちのところに戻り、ダイソンの掃除機は何から何まで僕たちが言ったとおりだった、と述べた。上司たちは折れ、五〇店舗での取り扱いを承諾した。このお試し販売は成功し、全米向けのテレビ広告を打つという条件で、ベストバイのほぼ全店にダイソンが本格展開した。

僕たちが話をした米国の広告制作担当者たちは、「ジェームズ本人が広告の前面に出るべきだ」と言った。「このシェーバーがとても気に入ったので、その会社を買ったよ」というコピーとともに自社の広告塔になったレミントン社のヴィクター・キアムを思い出し、辟易した。ありがたいことに、彼らが考えていたのは、もっと穏やかな内容だった。

広告は、英国人の素晴らしいディレクター、ニコラス・バーカーが監督し、僕の家の一室で撮影した。製品の素晴らしさを訴えるのではなく、技術をシンプルに説明した。

僕が広告の前面に出ると伝えると、ディアドリーと子供たちは恐れおののいた。「サタデー・ナイト・ライブ」が僕のパロディを放送したとき、合点がいった。パロディでは、研究室に座っている金髪の英国人が、発明を成功させるために数千個のプロトタイプを作らなければならなかった事情を説明していた。米国の消費者に真の意味で刺さったのは、掃除機のプロトタイプを五一二七個作ったという僕の言葉だった。米国人は起業家が好きだし、とりわけ僕が自分で掃除機を作って開発したという事実を好んだ。僕はセールスマンの起業家ではなく、発明家の起業家だった。米国での事業は非常にすばやく軌道に乗った。米国の空港の入国審査官は毎回「あなたがプロトタイプ五〇〇〇個の人ですね」と言うくらいだから、広告は成功したはずだ。人気ドラマ「フレンズ」には、モニカのダイソンの掃除機へのこだわりを題材にしたエピソードまである。

最初の成功に続き、ニコラス・バーカーは僕とともにたくさんの広告を撮影した。英国でも僕が登場する広告を試したが、それほどうまくいったかどうかは確信がない。ヨーロッパでは、うまくいかなかったのは確かだ。ヨーロッパ人は、白衣の取締役が実験室で宣伝するような一流の大企業の製品を欲しがるのだと思う。

しかし、日本ではこの広告を試し、かなりの成功を収めた。その心は、「ダイソンはダイソン氏によって設立された会社であり、ダイソン氏がダイソン製品の責任者である」と伝えることにあった。多国籍な人々が率いる老舗の大企業は、そのほとんどが上場企業であるし、僕たちと同じ調子で一人の個人を前面に押し出すことはできないだろう。信頼や忠誠心は高性能な製品を開発・製造しようと必死に努力し、そして製品を買ってくれた顧客の面倒をしっかりとみることから生まれると僕は信じている。素晴らしいマーケティングキャンペーンが素晴らしい製品の代わりになりうるという理論を僕は信じない。言葉は人なり、でなければならない。

しかし、米国ほどの大市場で売るためには、製造能力も大きく拡大する必要があった。二〇〇〇年に、ダイソンは掃除機八〇万台と洗濯機を製造したが、マルムズベリーでは組み立て作業用スペースを拡大する余地も製造スタッフも足りなくなり、マルムズベリーの失業率は非常に低くなって、ときにはゼロになることもあった。地元の労働力があまりに不足してしまったため、遠くからバスで人を輸送しなければならなかった。さらに重要なのは、プラスチックや部品、電子機器のサプライヤーはすべて東南アジアにあり、オーストラリアや日本と並んで最も成長著しい市場も東南アジアだということだった。経費も膨らんでいたため、ロジスティクス的にも現実的にも、生産拠点を移すほかなかった。

二〇〇二年に、掃除機の製造をマルムズベリーのあるイングランドから東南アジアへ移転すると初めて発表したとき、僕は板挟みの苦境にあった。英国の製造業への支援増強を求める運動をしていたが、工場を拡大するための計画の許可は拒絶されていた。しかし、すぐにでも生産拠点を拡大する必要があった。解決策は明白だった。電機メーカーが中国に安い生産拠点を求めてマレーシアを捨てたため、マレーシア国内には空き工場がたくさんあった。マレーシアとシンガポールの地元の労働力は熟練度が高く、進取の気性に富み、勤勉だった。実際、他に選択肢はなかったし、見逃すには素晴らしすぎる長所があった。僕たちのところで働いてくれた五〇〇人の従業員が職を失うことになるため悲しい決断だったが、会社の長期的な将来のためには正しい決断だった。拡大する余地もなければ、労働力の充分な補充もないため、ダイソンは身動きがとれなくなっていた。サプライヤーは何千キロも離れたところにいた。

このとき以来、ダイソンは英国でも世界でも、あのとき東南アジアへ飛び出していなければ不可能だった規模で拡大し続けている。現在、ダイソンは英国において、移転前よりはるかに多い四〇〇〇人を雇用しており、その多くはマルムズベリーとハラヴィントンの二大キャンパスで働くエンジニアだ。

英国でものごとを動かすために、僕ほど懸命に挑戦を続けてきた人はいないだろう。周囲の土地を買うこと、新しい建物を建てることは、合理的な行動だった。しかし、クリス・ウィルキンソンが設計した、地中に埋まって周囲の田園風景からは見えない新工場のデザインを僕たちが発表すると、保守党議員を含め、地元資本から攻撃を受けた。ダイソンにとっては、万事休すの状態だった。英国が製造業を国内につなぎとめておきたいなら、計画法の改正を始めなければならない。メーカーが大きな新工場の建設に資本を投下するのは将来の売上が見えているからであり、となれば新工場はすぐに必要だ。英国の制度に従い建設許可の確認に四年以上かけ、さらに建設まで二年待つなどということはできない。それなら、同じことが四カ月で完了する国に行くだろう。ちょうどダイソンがアジアに工場を移したように。

ダイソンは現代的な工場や実験室で富を生み出していたけれど、そしてクリスの設計提案は非常に洗練されていたけれど、それでも英国では工場や製造業がいまだに、どうも粗雑で薄汚いものとして見下されていたのではないか、と僕は思わずにはいられない。僕たちの提案に対する反応は確かに、非常に英国的な「うちの裏庭にはやめてくれ」というケースだった。

シンガポールでは、製造や貿易、産業に対する態度は、まったく違う。シンガポールは都市国家で、三大政府系ファンドが科学、技術、文化に投資し、こうした態度を称賛する文化を育んでいる。シンガポールはエキサイティングな場所であり、世界貿易のハブであり心臓である。マレー半島とスマトラ島の間にあり、インド洋と太平洋を結ぶマラッカ海峡は、年間一〇万隻の船が行き交う。ここを通る商船は、世界の商品の四分の一を運んでおり、その量はエネルギーあふれるアジア経済の成長とともに増え続けるだろう。

一九六五年の独立以来、シンガポールはまず、ケンブリッジに学んだ行動力抜群の法律家リー・クアンユーの任期中に急速に発展し、実力主義に基づく非常に成功した多人種社会となり、まさに自由貿易経済のモデルとなった。ダイソンが電気自動車事業を進めていたなら、シンガポールに新品の自社工場を建設したことだろう。シンガポールでの操業開始以来、アジアにおけるダイソンの存在感は大きく増し、今ではグローバル本社機能をシンガポールに置き、あわせてシンガポール、マレーシア、フィリピンにキャンパスや研究所を置くまでになった。

シンガポールは、世界を股にかけて活躍した元ジャワ総督、サー・スタンフォード・ラッフルズによって東インド会社の自由港として一八一九年に建設された。当時の人口は一〇〇〇人ほどだったが、その戦略的な位置、水深のある天然の港、安定した真水の供給量、船の修理に必要な木材が確保できること、そしてラッフルズの啓蒙的なリーダーシップにより、交易や生活に適した土地であることが証明された。五年間でシンガポールの人口は一〇倍になった。五〇年で人口は一〇万人になった。

一九四二年、英国は敵よりも多くの部隊を抱えながら、日本軍による侵攻を阻止できず、シンガポールに痛手を負わせた。僕の父はビルマ戦線で日本軍と戦った英国軍兵士の一人だったが、シンガポールは戦略上の価値が高く、広島と長崎に原爆が落とされてから数週間後の一九四五年九月まで日本軍の手中にあった。ラッフルズがその天才をもってしても、あるいは勤勉な日本人たちですら、二〇世紀後半のシンガポールの発展ぶりを想像できたとは思えない。

空き工場に加え、シンガポールで僕は、大志を抱き、ものづくりをしたい、自分の事業を成長させたいという人々に出会った。彼らは誰にも負けない起業家精神を持っていた。東南アジアに生産拠点を移すことで、僕たちは全サプライヤーがすぐ近くの地元にいるというメリットを手にしたが、これはロジスティクスの観点から重要なことだ。また、品質向上やイノベーションの推進という観点からも重要だ。サプライヤーがそばにいるほうが、一万マイル（一万六〇〇〇キロ）離れた時差のある地域にいるよりも、品質のよい、先駆的テクノロジーのものづくりを行える。

僕たちを助けるために尽力してくれる非常に協力的なサプライヤーもすぐに見つかった。それに、英国内の地方や全国メディアが何を言おうが、僕たちは安い労働力を求めて東南アジアに向かったわけではない。もしそれが目的だったなら、当時の中国ブームに加わっていたはずだ。硬直化した労働市場、工場リースの二一年契約、新工場の計画や建設にかかる時間の無駄といった問題に圧迫され、イングランドでやっていくことが難しくなっていた。英国内に残っているサプライヤーは、ホースを作る一社しかなく、他のサプライヤーはみなアジアにいた。僕たちの発注量があるレベルに達すると、この英国のホースメーカーはもう作りたくないと言い始めた。苦労がさらに増えるし、新工場も必要になるが、彼はそのどちらも嫌がった。僕は彼のすべてを責める気にはなれない。というのも、二一年縛りの工場リースで経営を続け、労働力の柔軟化もできないというリスクは、あまりにも大きすぎるからだ。これがきっかけで、僕たちはマレーシアに代替サプライヤーを見つけることになった。

必要なのは非常に熟練した労働力であり、この点ではシンガポールが抜きん出ていた。こことマレーシアの間では、非常にすばやく、高い品質でものづくりができたし、地元で教育を受けた優秀なエンジニアを雇用することもできた。この地域ではエンジニアリングが受け入れられ、称賛されているから、ものづくりのために当地に赴き、自分の仕事に情熱を持つ地元の人々と本物のパートナーとなって働くことは、本当にエキサイティングなことだった。政治家と知り合いになることもあったが、製造業を知る実業家である人も多く、そのため、僕たちがやろうとしていることに対して、実業の経験がなくものづくりにほとんど、あるいはまったく関心のない英国の大半の政治家たちに比べて、はるかに深く共感してくれた。

東南アジアへの移転によって、アジアの消費者が求めるものについて非常に多くのことを学んだ。アジアは最も成長している市場であり、ダイソンの売上の半分はすでにアジアが占めている。ヨーロッパの市場でもダイソンの売上は急速に成長している――非常に重要で非常に楽しくもある――が、世界各地の市場については公平な目で見なければならない。アジアの成長速度は欧米諸国の三倍であり、世界貿易に占めるEUのシェアが一五%から九%に下がったのに対し、アジアのシェアは一六%から二五%に伸びている。さらに、マルムズベリーにいながらにしてアジアの消費者のためにデザインできると考えるのは、傲慢なことだろう。どの国もそれぞれの傾向やニーズがあり、だからこそダイソンは日本、韓国、中国、シンガポール、そしてマレーシアに、それぞれに異なる市場に向けた製品を開発するエンジニアを抱える必要があった。

実際、シンガポールとマレーシアに拠点を移して以来、僕たちはアジア市場向けの製品研究を、他の市場向けの製品研究と比較し、これを英国にフィードバックし、ヨーロッパ市場にもフィードバックした。シンガポールとマレーシアの人は、つくりのいい製品を評価するのに加え、世界的に見て掃除に熱心だ。したがって、ダイソンの生産拡大は、台湾、フィリピン、インドネシア、マレーシア、韓国での販売を開始して達成した急速な商業的成長と連動していた。韓国はダイソンにとって、最大・最速の成長市場の一つになった。

韓国では、一日に二回掃除機をかける人が多く、すぐに手に取れて使いやすい小型・軽量の製品が求められた。きれい好きであるのに加え、韓国には素晴らしい美容文化があり、アジアの他の地域の消費者に影響を与えていた。僕たちも当初は理解していなかったことだった。けれども、ダイソン スーパーソニックを発売すると、売上は急伸した。二〇一九年には韓国のパーソナルケア製品専門の研究所と協働し、フォローアップ調査を行った。

ここで、ダイソンのエンジニアリングチームとテクノロジーチームは、顧客と実際に対面して仕事をした。ダイソンの「走査型電子顕微鏡とヘア・マッピング分析」は髪の条件を評価し、トリートメント方法を推奨する一方で、データは将来の製品開発に役立てることができる。エンジニアや技術研究者が美容研究所で仕事をするという考えに慣れていない人には奇妙に思われるかもしれないが、こうしたダイレクトな人間の直感がまったく新しいアイデアを生む。その結果、ダイソン コラールのような新技術による製品を発明し続けることができている。

ちなみに、僕は中国への参入については非常にナーバスだった。中国では盗用・盗作された経験もたくさんあったし、僕たちのデザインにとってよい市場になるのか確信もなかったが、杞憂だった。中国人は新技術と最新デザインが大好きだし、中国当局も知的財産保護にますます真剣に取り組んでいて、他国が学べるくらいに進歩を推進している。中国でダイソン製品の偽造に関して行われた刑事訴追の数々により、中国当局はますます知的財産の保護に真剣に取り組み、進歩している。二〇二〇年のある摘発では、三五の偽造業者が逮捕され、ヘアドライヤー二七七個がアクセサリーや包装材や他のアイテムとともに押収された。その後、上海の裁判所は四人の主犯と三一人の共犯に有罪判決を下し、懲役と罰金を科した。

ダイソンは上海に事務所を設立し、元製鉄所で発売イベントを行った。僕は、使われなくなったインダストリアルな建物とダイソンの新しいテクノロジーやデザインに合わせたときに生まれるコントラストが気に入った。僕たちは大手百貨店と取引のあるジェブセン社と手を組んだ。直営店も徐々に増やし、ウィーチャットやアリババ集団、JDドットコムなどを通じた直販も始めた。エンジニアリングチームも設置した。中国はダイソンにとって最大の市場の一つであり、最もエキサイティングにしてどこよりも要求が多く手強い市場の一つでもある。

東南アジアの国々でもそうだったが、中国人も空気清浄機には特に夢中になった。興味深いことに、多くの人の推測に反して世界一の大気汚染レベルが理由ではない。むしろ、その危険性を敏感に意識する教育を受けているからだ。空気の汚染がもたらす危険についても詳しく知っており、ホルムアルデヒドや他の揮発性有機炭素の影響についても意識が高い。もっともなことでもある。他の国はまだ追いついていない。ダイソンが空気清浄機を開発した際には、地元の期待に応えるため、非常に高水準の性能が求められた。

かつて英国企業は輸出市場向け製品を英国内で思い描き、形にして作っていたものだが、今日、ダイソンは輸出先の現地で生活し、働き、人々が求めるものを肌で理解し、研究、開発、生産についても現地の人々と直接協働している。例えば、特に日本、中国、韓国向けに「ダイソンデジタルスリム」と、全方向を掃除できるオムニディレクショナルフラフィクリーナーヘッドがついた「ダイソンオムニグライド」という掃除機を開発した。最初にアジアで発売し、今後はグローバルに販売していくことになる。前にも説明したように、批判に応え、僕たちは床に塵を張り付かせる静電気を放電させるカーボンファイバーのブラシバーを考案した。家の中の床をピカピカに磨き上げる韓国や中国の消費者は、塵や細かなホコリが完全に除去されたことを知りたがるので、僕たちは目視しにくい細かなゴミを照射するレーザー機能を、掃除機が吸い込んだ塵や細かなホコリの大きさと数を正確に示す微粒子測定器・カウンターとあわせて開発した。

シンガポールにいると、世界の見え方が大きく変わってくるのは確かだ。世界地図の中央にシンガポールを置いてみると、中国や韓国、日本、あるいはインドネシアやフィリピンだけでなく、インド、オーストラリア、ニュージーランドとのつながりやすさも即座に理解できる。また、急速な成長と発展が続くベトナムやバングラデシュもそうだ。

シンガポールの目の前には、世界最速の成長を続ける地域と、ますます豊かになり、欲求を抱える国々があり、つまり、ダイソン製品も求められている。シンガポールやマレーシア、そしてフィリピンで過ごす時間が長くなるにつれて、ダイソンはますますアジアにも溶け込むグローバル企業になった。オーナーがたまたま英国人であるだけだ。僕は英国人であることを誇りに思い、イングランドの田舎でダイソンを起業し、そこでも数千人の従業員を雇用し続けてきたが、愛国心から貿易を行うことなど考えたこともない。僕たちは製品の客観的な長所に基づいて、つまり製品機能や省エネ性能に基づいて、自社製品を売る。ダイソン製品は、ダイソンの最新技術、性能、デザイン、そして品質のみに基づいて売れている。英国で行われる研究開発事業は非常に重要だが、しかし、ダイソンがアジアでの事業を拡大するにしたがって、当地での研究開発に大きな投資を続けることになるだろう。いずれにせよ、英国ベースの研究とアジアベースの研究を組み合わせるのはエキサイティングだ。アイデアについても貿易についても、世界がオープンになればなるほど、イノベーションもたくさん起こり、みんなの幸福につながるだろう。

アジアへの生産拠点の移転は、マルムズベリーでの研究開発の成長継続を可能にするものでもあった。かつては掃除機や洗濯機を組み立てていた場所に、今では半無響室やEMC（電磁両立性）研究室、ダストラボ、微生物学研究所、電気モーター研究開発ラボ、新技術バッテリー研究ラボ、そして小規模生産施設がある。シンガポール、マレーシア、フィリピンで僕たちとともに働く人々のスピード、柔軟性、気質があればこそ、僕らは本国のような規制のないこれらの地で成長することができた。ダイソンの製品開発のプロセスは、今では真の意味で二四時間体制になっており、着手から竣工まで、四カ月で新しい工場や研究所の設計と建設ができる。求められる基準は高く、工場は埋立地に建てられることが多く、シンガポールが「ガーデンシティ」という伝統を誇るのももっともなことだ。

研究とエンジニアリングの拠点を設立するにあたり、ダイソンからシンガポールとマレーシアへの数人を送り込んだ。現在はCEOも含め、ダイソンの経営チームの主要メンバーがシンガポール在住であり、ダイソンが長期的にここを拠点にすることを理解している優秀な地元の人々を数千人雇用している。僕たちはここにいるし、喜ばしく思ってそうしている。

アジアでの成長があまりにも速いため、充分な大きさの工場を新設し続けるのが難しくなることもある。そこで、僕たちは工場のオーナーたちと緊密な関係を構築し、彼らの敷地で製品の組み立てができるようにした。金型、組み立てライン、試験施設は僕たちのものであり、僕たちが仕入れや品質の管理を行う。僕たちは、下請け業者にアプローチして「これこれこんなデザインの製品を作ってください」と頼むようなことはしない。掃除機、あるいはヘアドライヤー、ロボット掃除機、扇風機、ヒーター、空気清浄機、照明をこれまで作ったことがない会社に声をかけることが多く、彼らに僕たちの製造方法を使ったものづくりを教え込む。集中と没頭が必要な学習と改良のプロセスだ。

他の工場が必要になるのは、毎年二五%の成長率で事業が拡大していると、シンガポール、マレーシア、フィリピンであっても新工場の計画・建設だけでは単純に間に合わないためだ。それに、新工場は毎年二つか三つは必要になる。今日、社員は一万三〇〇〇人おり、一〇万人がダイソンと仕事で関わっている。しかし、デジタルモーターやヒーター、バッテリーの製造は、自社所有の専用工場で行っている。これらは僕たちが先鞭をつけたダイソンのコアテクノロジーであり、その生産そのものが、一大研究開発プロジェクトである。この製造を自社で行うことで、さらなる進化やブレイクスルーがすみやかに起こる。何年にもわたる研究開発のたまものだ。それらこそ、ライバルたちに量子飛躍的な差をつける製品のデザインや製造を可能にした発明や技術である。

地元のエンジニアの採用数が増えるにつれて、チームの統合が進み、それぞれ独自の推進力を発展させていった。二〇〇九年には、シンガポールの研究開発部門を市内のアレクサンドラ・テクノパークにある大きな敷地に移転した。このクリエイティブ・ハブはセントラル・ビジネス・ディストリクトにほど近く、英国基準から見れば、驚くほど設備もサービスも整っていた。シンガポールが特別である点の一つは、研究、エンジニアリング、製造、商業のすべてが非常に近接していることだ。同時に、コミュニケーション環境も素晴らしく整っており、成長を続ける広大な地域市場に、そして世界各地に物理的につながっている。シンガポール政府は、技術を開発し、製造する企業の運営上のニーズを理解している。シンガポール政府は、新技術のアイデアやベンチャーに特化して投資を行う政府系ファンドを有している。こうしたファンドからの情報が、政府の政策立案の助けになる。シンガポールは小国だが、技術輸出国としては世界第二位である。

二〇一二年に、SAM——シンガポール アドバンスド マニュファクチャリング——というダイソン初の先端・自動製造施設を開業した。自動ラインで作業する三〇〇台の自律型ロボットが、二・六秒ごとに一台のダイソンデジタルモーターを作る。現在ダイソンはシンガポールとフィリピンに一四カ所の生産ラインを持っており、フィリピンの施設はPAMと呼ばれている。ロボットたちが働く姿は驚くべき眺めだ。ロボットたちは一日二四時間、週七日稼働し、休憩は週一回、一時間のメンテナンスのみだ。ロボットたちは極小のドット状の接着剤でモーターを糊付けし、余分な接着剤がごくわずかにあれば吸い戻す。驚くべきスピードで銅線を巻き、最もデリケートなバランスシャフトの取り付けを行う。モーターを製造しながら、テストも行う。ここには人間のオペレーターはいない。

しかし、ダイソンのエンジニアたちは常にプロセスの改良方法を探している。こうしたラインは完全に特注制作しており、保護しなければならない知的財産が詰まっている。構築に一年以上かかるし、実際のところ費用も非常にかかるため、各モーターへかなりのコストの上乗せが生じる。これらの生産プロセスは現在の最新技術を示すものであり、ダイソンが品質と信頼性に関して必要とする正確さを達成するための唯一の方法である。しかし、僕たちは決して満足することなく、バージョンを追うごとにプロセスの改良を繰り返している。フィリピンアドバンスドマニュファクチャリング（PAM）の生産ラインでダイソンが製造したダイソンデジタルモーターは一億台を超えた。

同時に、僕たちが使用するスペースの例にもれず、アレクサンドラ・テクノパークのスペースが手狭になるのに時間はかからなかった。ダイソンスーパーソニックを発売した一年後の二〇一七年、僕たちはサイエンス・パーク・ドライブ一番地にシンガポール・テクノロジー・センターを開業した。シンガポールのスタートアップが集まるコミュニティの中心に位置し、シンガポール国立大学に隣接する場所で、このセンターのエンジニアリングチームは成長を続けるダイソンのパーソナルケアカテゴリーのための共同開発の責任を負っている。イングランドでそうしたように、アジアでもますます多くの大学と緊密に協働している。

二〇一九年一月、僕たちはシンガポールにダイソンのグローバル本社機能を移転する決定を発表した。アジアがダイソンの事業の中心であり、その状態がすでに長年続いてきたという事実を反映したものだ。僕たちは主要市場の近くにいて理解を深めることの重要性をすでに学んでいたし、とりわけアジアの顧客に気に入ってもらえる製品を開発するとなれば、当然の動きだ。ここはダイソンの製造、グローバルビジネス、そしてダイソンにとって最も成長著しい地域のハブになっていた——また、ダイソンのCEOと取締役チームはすでにシンガポールに拠点を置いていた。ダイソンはシンガポールで一二〇〇人の従業員を抱え、マレーシアでも同じ数の従業員がいた。シンガポールにおけるグローバル本社の設立は、これらの国の長期的な商業発展を反映したものだった。しかし、シンガポールがどれほど素晴らしくても、研究はマルムズベリーとハラヴィントンでも続けることになるだろう。

こうした計画を進めながら、ダイソンはハラヴィントンの新しい建物群や試験施設に二億ポンド、マルムズベリーのオフィスのリニューアルに四四〇〇万ポンド、ダイソンだけでなく英国も大いに必要としているあらゆる種類の新世代のエンジニアを育成するダイソン インスティテュートに三一〇〇万ポンドの投資も行っていた。この点を、僕は当時、メディアに対して明確に説明した。シンガポールでは、才能あふれる新卒エンジニアも熟練度の高い労働者も見つけるのは比較的簡単だったが、英国では明らかにそうはいかなかった。

英国メディアの一部からの攻撃は避けられないことだったと思う。彼らは、僕がダイソンの本社を移転するのは、税金も含めて出費を抑えることだけが理由だと主張した。だが、これは単純に事実ではない。『サンデー・タイムズ』紙によれば、個人としても企業としても、僕は英国最大の納税者の一人とのことだが、会社のほうは世界各地でも納税している。シンガポールにダイソン本社を設立しても、会社の売上や利益に対する課税の場所や方法は変わらないし、今でも英国に納めている法人税は他の国より多い。

また、出費も原因ではない。実際、シンガポールは世界で最も物価の高い国である。加えて、僕たちは英国でのダイソンの事業や教育イニシアティブに大規模な投資を続けているが、その理由は忠誠心もあるし、最近は充分な数とはいえないものの、英国は最も独創的で探究心にあふれる知性を世界のどの地域よりも生み出す国だと、僕自身が強く信じているからだ。

僕にとって、本社ビルとは発明、実験、創造性、製造、性能試験が行われる発電所のごときエネルギッシュな場でなければならない。ダイソンの将来にとってのシンガポールの重要性を考えれば、そうした刺激的な場をシンガポールに作るべきときが来ていた。二〇一九年一一月に、ケッペル港とリゾート地であるセントーサ島に向かい合って立つ堂々たる建築、セントジェームズ・パワーステーションをダイソンの新しい本社に転用するという計画に合意した。セントジェームズ・パワーステーションは一九二〇年代に竣工したときには一つの冒険だったし、ここに研究やエンジニアリングの場が開業すれば、同じく冒険になるだろう。

まっさらなガラスの箱のような建物——スマートだが魂がない——に移転したなら、ことがずっとシンプルに運んだのは疑いない。しかし、僕にとって建築は常に重要であり、オフィスは人を刺激するものであるべきと信じている。バースのコーチハウスは、僕にとってサンフランシスコのガレージと同じものだったと思う。シカゴでの最初のオフィスは、モンゴメリー・ウォード・ビルという歴史建築に構えた。米国で最も古いカタログ販売会社の元倉庫で、世界最大の鉄筋コンクリート建築でもある。シドニーでは、ダイソンの社員は長い間運河沿いの倉庫で働いたが、ここはもともと第二次世界大戦中に輸出用ウールの貯蔵庫として利用されていた。上海ではフランス租界だった地区にあり、共産主義革命後は自動車工場になっていた場所からビジネスを始めた。カナダでは、トロントの建築家ボールドウィンとグリーンが設計した、その名も「マニュファクチャラーズ・ビルディング」でダイソンの社員は働いている。また、ハラヴィントンも、顧みられることなく朽ち果てていた時代のさまざまな物語が僕たち全員に刺激を与える場所であり、キャンバスのように想像を掻き立てる存在だ。

セントジェームズ・パワーステーションは、鉄骨造の巨像がボザール様式をまとったかのようなクラシックな建築であり、一世紀足らず前には沼沢地だった場所にローマ風の高窓がある赤レンガの建物がそびえ立っている。一九二三年にシンガポールにやってきて、すぐにアシスタント・ミュニシパル・アーキテクトに着任した若きスコットランド人建築家アレクサンダー・ゴードンと構造設計事務所のプリース・カーデュー&ライダーの協力により設計された建物だ。セントジェームズのプロジェクトのために、ゴードンはイングランドからプレファブの鉄骨を取り寄せ、頑丈なコンクリート基礎の上で組み立てて、それを壮麗にして市民的な建築で包んだ。天井の高い光あふれる建物は、中に入るとカテドラルのような壮大さだ。ダイソンのシンガポールの拠点にまさにふさわしいと思えた。

この火力発電所《パワーハウス》は一九二七年に開業し、一九七六年にその役割を終えた。その後、最初はシンガポール港の自動化倉庫になり、二〇〇六年以降はシンガポールの「ナイトライフ・キング」として知られるデニス・フーが経営するナイトクラブの複合施設になっていた。週末になると、一万五〇〇〇から二万人のクラバーたちが、ここで夜通し遊んでいた。またしてもこの建物はパワーあふれる場所《パワーハウス》になり、タイの新人バンドがその名を馳せ、ディスコに特化したクラブが軒を並べた。フーが運営していた時期に、セントジェームズは国定記念物に指定された。

二〇一九年に僕たちは、期限の切れた賃貸契約を引き継ぎ、デベロッパーのメイプルツリー・インベストメンツと設計組織アエダスとともに、広大な建築の中に建物のような構造物を作り、既存の構造に影響を及ぼすことなく活気ある場所が作れることを示すスキームをまとめあげた。半世紀にわたって――たまの停電は別にして――シンガポールに電気を提供するため、セントジェームズは絶え間なく稼働していた。その後は「眠らない港」の倉庫として二四時間稼働したし、デニス・フーが一つ屋根の下に開いた一一のクラブはオールナイト営業だった。今後は、ダイソンのエンジニアや科学者が電子工学やエネルギー貯蔵、センサー、視覚システム、組み込みソフトウエア、ロボティックス、AI、機械学習、コネクテッドデバイスの研究開発に集中するための、二四時間稼働の本社になる予定だ。

二〇二〇年のコロナ禍のロックダウンに伴い、建設工事の速度が落ち、移転を遅らせることになった。工場も止めなければならなかったし、世界中で急速に在庫切れが生じてしまった。最初、二〇二〇年一月末の時点では中国のロックダウンの効果が見えたが、大きな不況の影も見え始めていた。やらねばならないことはわかっていた――すべてを変えることだ。

すでに三年前から、オンラインまたはダイソンデモストアを通した直販を増やすべく努力を続けていた。二〇二一年の時点では、三五六の店舗があった。世界中に店舗があれば、ベストな方法で顧客にダイソン製品を試してもらえるし、そうすれば、僕たちに製造責任のある製品を買ってくださる顧客と直接的な関係を築くことができるし、僕たちはどうしたら顧客の手助けができるかを知りたいと思っていた。加えて、直営店を構えたのは、世界中で小売業者の数も売上も減りつつあるからだ。インターネットショッピングが隆盛したため、小売業者にも変化が起こっている。ウェブサイトで買いたいなら、ダイソンのウェブサイトで買うのが当然だろう！　メーカーと直接取引しない理由なんてあるだろうか？　今では直販を行い、直販限定モデルも提供できるようになった。オンラインなら、一対一のデモンストレーションも行える。ダイソンデモストアでは、特別デモンストレーションを見たり、特別バージョンを購入したり、無料で髪をスタイリングしてもらうことだってできる。そこで、二〇二〇年二月初旬になり世界中の店舗がコロナ禍のために休業すると、僕たちはウェブサイトでの直販を加速させた。

シートトラックを手がけた頃から、僕は製品やその技術、性能について、潜在顧客や既存の利用者に説明したり話したりするのが大好きだった。だから製品の発売イベントは楽しいし、ジェイクもそうだ。人前に立ち、ダイソンの発明や、技術が違いを生み出しうる理由について説明することは、ビジネスのオーナーである僕の家族にとっては重要だ。僕たちは新技術を開発し、各市場にさまざまな製品を売り出したいという情熱を持っている。それに、僕は反応を直接聞くのが好きだ。幸運なことに、ダイソンのビジネスサイドを運営する社員たちは優秀なので、僕はエンジニアリングに集中する自由を概ね確保できている。

インドでダイソン製品を発売した経験も楽しかった。インドはアジアの中でもダイソンがごく最近になって参入した市場である。インドでは、二〇一七年以来、運転時間が最長六〇分のV11コードレスクリーナーや、ヘアドライヤーとスタイラー、扇風機と空気清浄機、そしてダイソンライトサイクル タスクライトなど、さまざまなダイソン製品を発売してきた。ジェイクがデザインしたダイソンライトサイクルは、その場の条件や個人の好みに合わせて自動的に調整——光の色、色温度、明るさ——する、照明の革命である。独創的な冷却システムにより、LEDが確実に長持ちする。ジェイクが求めるものを実現するため、九〇人のエンジニアが二年をかけて八九二個のプロトタイプを制作した。インドはエンジニアの国であり、高度なエンジニアリングによる製品を大いに評価してくれる。

インドには、専門職についていて、集合住宅に暮らしており、家事に手が回らない若者層という、まったく新しい市場が存在している。ところが、この市場は高度に発展する一方、インドの諸都市の生活環境は、高温多湿な気候と大気汚染により荒廃している。ダイソンにはこの状況にふさわしい製品があるが、在庫を持てるデパートやコストコ的な店が存在しなかったため、僕たちはためらうことなくウェブサイトや直営店を通じた直販を開始した。

インドの諸条件について、僕はある程度の準備をしていた。二〇一六年にはテリーザ・メイ英国首相とともに貿易使節団の一員として同国を訪問した。デリーのホテルの自分の部屋では、涼しくてスモッグのない状態を維持するため、空気清浄機五台をつけっぱなしにした。メイがスタッフの一人を廊下によこし、彼女の部屋用に一台借りられないかと言ってきた。このとき僕は、空気清浄機には勝機があると理解したのだと思う。それに、アジアに拠点を置いていることから、他の文化について継続的に学び、関係を深めている。エキサイティングなことだ。常に刺激を受けている。ダイソンは英国の企業であるのと同時に、同じくらいアジアの企業でもある。製品が世界八三カ国で販売されているから、ダイソンはグローバル企業だといっていいだろう。英国で起業し、着実に成長を続けてきて、今では製品の九五%以上を英国以外のグローバル市場で売り上げている。

こうしたグローバルな見通しに後押しされて、僕は英国のEU離脱を支持した。世界中で競争するために英国は自由になる必要があると僕は強く信じているし、これは常識と個人的体験に根ざした信念だ。二〇一六年には、ダイソンは生産高の一九%をヨーロッパに、八一%をその他地域に輸出した。最もハイスピードで拡大中の市場は海外、それも「未知の海域」の向こうにある。同時に、EUの定める移動の自由の枠組み内では、ダイソンが必要とするエンジニアを英国に連れてくることができなかった。EU出身者でなければ、雇用することは許されなかった。外国人エンジニアを雇いたい場合、内務省の手続きに四カ月半がかかったが、それも運がよければの話だった。おそらく、この状況は変わり、今後はグローバルに採用できるようになるだろう。

英国の大学におけるエンジニアリング専攻の大学院卒の六〇%とエンジニアリングの研究者の六〇%がEU域外の出身であるという事実が複合した結果、こうした英国特有の問題が生じている。彼らが研究を終えた後、英国は彼らをどうするのか？　追放してしまうのだ。すぐにでも利用できる価値ある技術を身につけているのだから、帰国すれば英国との競争に活用するだろうに、いったいどうして英国はエンジニアリング専攻の大卒や研究者や博士たちを追い払ってしまうのか？

英国はＥＵの諸機関との相性がよくないと僕は強く思っている。彼らのロビー活動や仕組みは英国人には理解できない。ＥＵ加盟国は、英国の干渉や、異なる見解の表明を好まない――彼らは自分のやりたいようにやるばかりだ。統合の拡大と各国の力の解体に邁進し続ける彼らの活動を見れば一目瞭然だ。ただし、自分たちにとって扱いづらい合意や取り組みを回避する方法は手放さない。僕たちは法的な独立的主権を重視するが、彼らの方では、自分たちにとって大事な問題について各々が従わなくていい道があるのなら、統合推進に大義ありと考える。端的に言って、うまくいくはずのない結婚だ。

ダイソンは過去二五年間にわたり国際電気標準会議（ＩＥＣ＝電気機器メーカーの業界団体であり、国際標準や標準検査について合意形成に取り組むための委員会）の会員になっているので、ごまかしや好ましくない行為に遭遇した経験がある。例えば、二〇一四年以来、ダイソンはＥＵを相手に法廷闘争を戦っていた。ＥＵ自身の法律に違反し、あるグループ、この場合はドイツの掃除機メーカー団体に、不公平な形で利益を与える省エネラベルの性能データをめぐる訴訟だった。申し訳ないが、これには少々説明が必要だ。

長い間、僕たちはヨーロッパで販売される掃除機の消費電力に上限を課すという分別のある規制を支持してきた――それを最初に実践したメーカーはダイソンだったはずだ。メーカーがよりエネルギー効率のいい機器を作るインセンティブになる名案だ、と僕たちには思えた。企業に使用エネルギー効率化のための研究開発投資を余儀なくさせるだろう、と考えていた。ライバルにあたる他のメーカーたちは、この方法が気に入らなかった。僕の推測でしかないが、彼らにはダイソンのような効率性の高いモーターがなかったせいだろう。そこで、彼らはある省エネラベルの採用に向けてロビー活動を展開した。実験室ベースの試験による複雑な指標内容だったが、塵や細かなホコリのことはまったく含まれていなかった。これに基づいて、掃除機のエネルギー性能は、空で未使用の製品機器の効率性をテストすべきだと定める規制がつくられた。実際に使用される環境とはかけ離れていることは、説明するまでもないだろう。

ダイソンの製品はエンジニアリングによって継続的に性能を発揮するようにできているし、僕たちは多種多様な塵や細かなホコリを使い、現実の生活と同じ条件でテストを行う。他社の製品、とりわけ紙パックがゴミやホコリで目詰まりするとエネルギー性能が落ちる紙パックタイプのマシンでは、こうはいかないのは明らかだった。いったん規制が発効してしまうと、ヨーロッパ中で売られている掃除機の多くが、欧州委員会試験基準に照らしてエネルギー消費と効率がAグレードで環境に優しいことを謳い始めた。しかし、そういう製品を家に持ち帰って使い始めると、紙パックやフィルターは塵や細かなホコリで目詰まりし始めた。僕たちが行った後続試験によれば、これらの掃除機のいくつかは、「使用中」のエネルギー効率がGグレードまで落ちた。要するに、ラベルが約束した——そして掃除機の購入の根拠にもなった——性能は、家で発揮される性能とは違っていた。消費者を騙し、ダイソンを商売上不利な立場に追いやるものだった。

さらには、同時に発効したモーター消費電力規制の上限を都合よく操作しようとするメーカーも現れた。彼らは電子工学を駆使し、空っぽの状態の実験ではマシンの消費電力を確実に抑えられるようにしていたが、実際の生活の中で使ったとたんに消費電力は跳ね上がった――こんなふうに、エネルギー効率を実際よりも高く見せかけていたのである。僕たちは欧州委員会に対して司法審査を求め、ライバル企業に対して複数の訴訟を起こさざるをえなかった。

規制はダイソンを不当に差別するものである、と僕たちは主張した。紙パックを使う掃除機の性能は、パックに塵や細かなホコリがたまり始めると落ち、そのまま落ち続ける、と裁判所で指摘した。つまり、「現実の使用」あるいは家庭内での性能はもっと悪くて、省エネラベルが主張するとおりではない、と。僕たちの苦境が、ヨーロッパの司法の複雑さを示していた。二〇一五年一一月、僕たちの訴訟は、まず欧州一般裁判所に棄却された。塵や細かなホコリを吸い込んだ状態での試験は「信頼できない、あるいは再現不可能である」というIECの非常に奇妙な主張を認めたのだ。世界中の消費者テスト団体やメーカーが塵や細かなホコリを吸い込んだ状態での試験を採用してきたし、IECも長年行っていた事実があるにもかかわらず、だった。

僕たちは控訴し、二〇一七年に欧州裁判所は「一般裁判所はダイソンの立場を明らかに歪曲していた」とした。一般裁判所は「証拠を考慮しそこねており」、「理由を述べる責任を果たさず」、「法律を誤り」、「事実を曲げ、理由を述べる義務を果たしそこねた」とした。裁判所から出た判断としては、非常に強い言葉だった。さらに、判決理由においても、欧州裁判所は、省エネ試験については、「実際の使用状況にできるだけ近い条件下での掃除機の省エネ性能を測れる」技術的に可能な計算方法を採用しなければならない、と指導した。

最終的に、一般裁判所は控訴審においてダイソンと和解し、規制を撤廃した。当初から、揺るぎない論拠があったにもかかわらず、状況は僕たちにとって不利だった。EUの規制が撤回された例は、これまでほんの一握りしかない。

僕たちは製品を守るために辛抱強く頑張り続け、そのプロセスを通していくつかの企業が駆使するうさん臭い方法や、ロビー活動というヨーロッパの闇の魔術を明るみに晒した。必要な調査の一環として、ドイツのメーカーとコミッショナーの間のやりとりを入手するために情報公開請求を行う必要が生じたが、そのやりとりの中で、彼らはライバル企業の犠牲によってさらに利益を上げるべくEUに対してロビー活動を仕掛けていた。一方で、ヨーロッパの消費者団体による意見表明は無視された。

この裁判には数億ポンドの費用がかかったし、本来なら新製品開発に注ぐべき時間や集中力が奪われた。現在ダイソンは、損害補償を求めて別の長期化した訴訟の渦中にある。そう、差別的な規制から自社の地位を守るために訴訟を起こしたのだが、根本的にはEUの官僚たち、そして彼らに対してロビー活動を行うヨーロッパのメーカーたちが結託して生み出した、人を惑わす規制から消費者を守るためだ。

僕にとって、これは氷山の一角だった。EUが英国を卑劣なやり方で弱体化させるのなら、英国がEUに加盟し続ける意味とは何だろうか？　主権国家として自分たち自身のための法律を作り、世界中と自由貿易協定を結ぶほうが、英国のメーカーや消費者にとって幸せではないだろうか？　ダイナミックで気前のいいシンガポールモデルのほうが間違いなく英国気質に合っているはずだ。

一九六〇年代に英国がＥＥＣ（後のＥＵ）への加盟の意向を示したとき、フランスの大統領だったシャルル・ド・ゴールがにべもなく言い放った「だめだ《ノン》」については、これまでも多くのことが書かれてきた。当時は敵対的で無作法に見えたが、彼はただ正直だったのだ。一九四〇年から一九四五年にかけてロンドンで生活していた彼は、英国人を理解していた。英国は幸運な立場にあるし、自由貿易を旨としている。しかし、ＥＵとは、高い輸入関税を課すことでＥＵのメーカーや企業を外国産の輸入品から保護し、一つの閉鎖された市場を創るべく、ドイツとフランスが考案したものである。例えば、焙煎済みのコーヒーや農産物は三〇％、自動車は一〇％、掃除機やヘアドライヤーは六％の関税だ。この輸入税は、英国に輸入される商品に対するものであっても、ブリュッセル（ＥＵ本部）に直行する。一九七二年の英国のＥＵ加盟は、オーストラリア、ニュージーランド、シンガポール、インド、カナダ、米国といったそれまでの自由貿易相手国にとっては、平手打ちのような侮辱だった。

英国がＥＵ加盟国になって以来、ＥＵからの輸入は激増し続け、ＥＵに対する貿易収支は悪化し続けた。言い換えれば、ＥＵにとってはいい取引だったが、英国にとっては悪い取引だった。同時に、英国からＥＵ域外の国々への輸出は、英国が加盟して以来、増え続けている。ＥＵ離脱は英国にとっての自傷行為だと信じる人々が英国内にもいる。僕は逆だ。二〇年前に東南アジアに生産拠点を移して以来、ダイソンはＥＵの域外からＥＵ（英国も含む）に製品を輸入してきたし、つまり六％の関税を支払ってきた。これは僕たちにとって自傷行為ではない。実際、ヨーロッパにおけるダイソンの売上が大きく伸びたのは、この二〇年間のことだ。関税の支払いよりも通貨変動が与える損害のほうがはるかに大きいのは確かだ。

本書の執筆中にも、英国は世界中で六三の自由貿易協定を結び、貿易における英国の地位はEU加盟国であった頃よりずっとよくなっている。僕たちは繁栄の機会を手にしている。英国との自由貿易協定に署名しなければ、EUは一〇〇〇億ポンドを超える対英貿易黒字をリスクに晒すことになり、大きな損害を被ったことだろう。EUがギリギリのところで対英貿易を保護する自由貿易協定に合意したのは、よい前兆だ。EUにはこの協定が必要だし、これを基礎にして、EUは繁栄するだろう。仲間内に閉じ込められるのではなく、外交的にものごとをうまく解決しなければならない対等な関係のほうが、新しい協力的精神につながるだろうという感覚を僕は持っている。そうあってほしいと願う。たくさんの英国の人々と同じく、僕もヨーロッパの国々をめぐる旅やヨーロッパの国々とのビジネスが、今も昔も変わらず大好きだし、言うまでもなく長年フランスに所有している家も大好きだ。

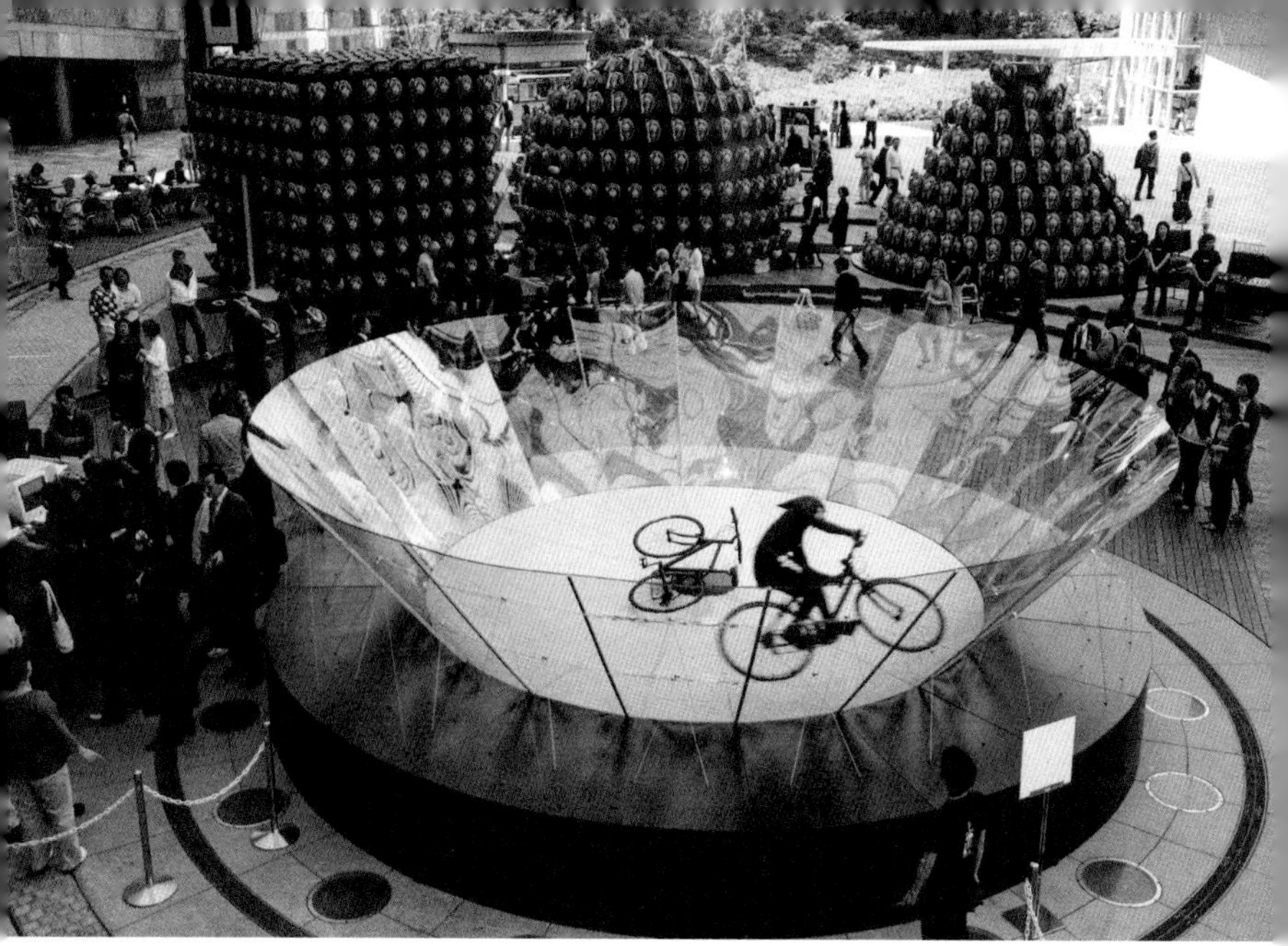

2004年、ダイソン DC12の発売イベントとして、東京・六本木ヒルズに設営した、遠心力をデモンストレーションする透明なポリカーボネート製ヴェロドローム（自転車競技場）

夕暮れ時、デザイン・ミュージアムの前を通り過ぎる「ボール」船を見ていたサー・テレンス・コンランは「ジェームズのお通りだ」と言った。2005年、テムズ川とセントポール大聖堂を望むオクソ・タワー埠頭にて行ったダイソン DC15ザ ボールの発売イベントの一部

セントジェームズ・パワーステーション、メイプルツリー・インベストメンツの建築家による設計図

ダイソン本社兼研究開発施設に改装したセントジェームズ・パワーステーションの外観。シンガポールのウォーターフロント地区にある英国統治時代に建てられたこの建物の窓はシンガポールで最も背が高い

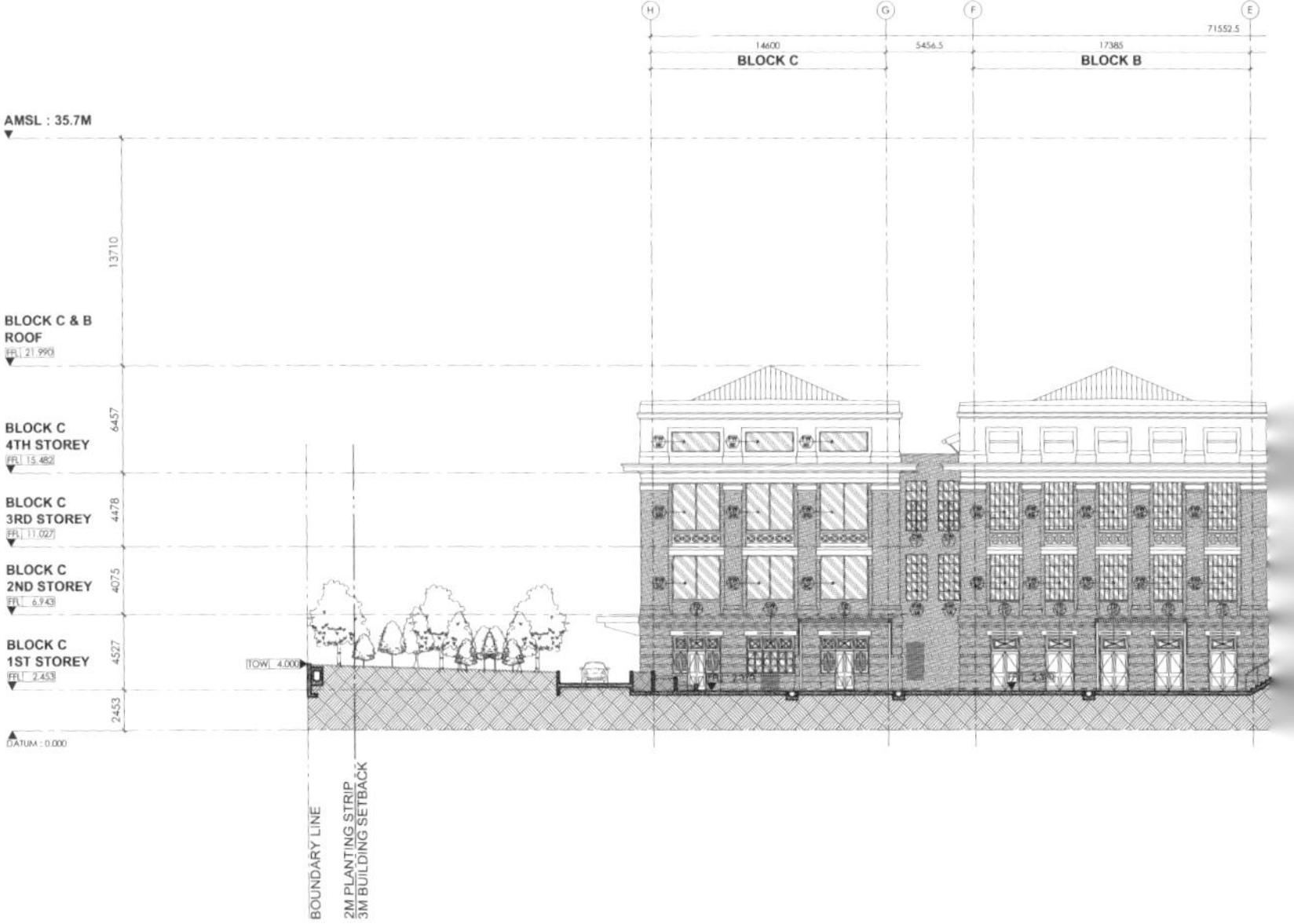

ダイソンで初めて目的に合わせてデザインされた工場の波打つ
ような屋根。現在はマルムズベリーの研究施設となっている

15 階段を上るDC02　**16** DC12　**17** DC11　**18** DC06　**19** DC15　**20** DMX20
21 DC16　**22** DC35　**23** DDM V2　**24** V6 ハンディクリーナー（Non-HEPA）
25 DDM V6

5

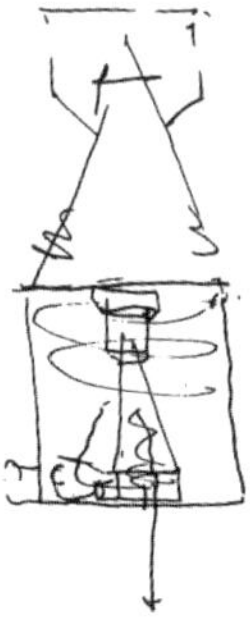

6

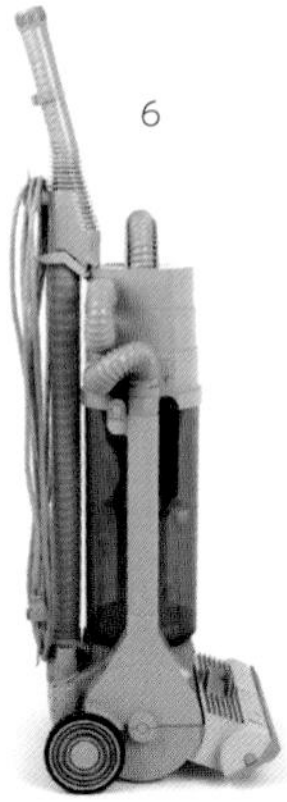

7

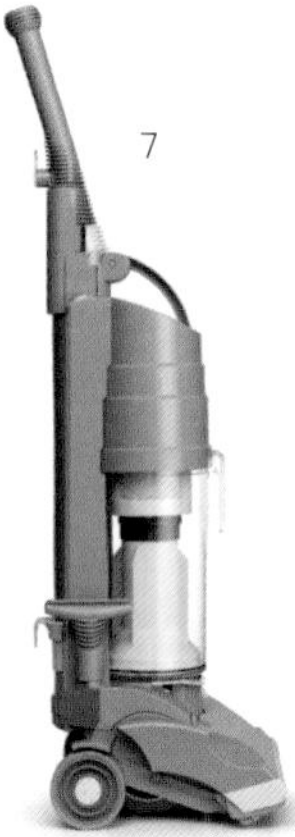

4

8

14

15

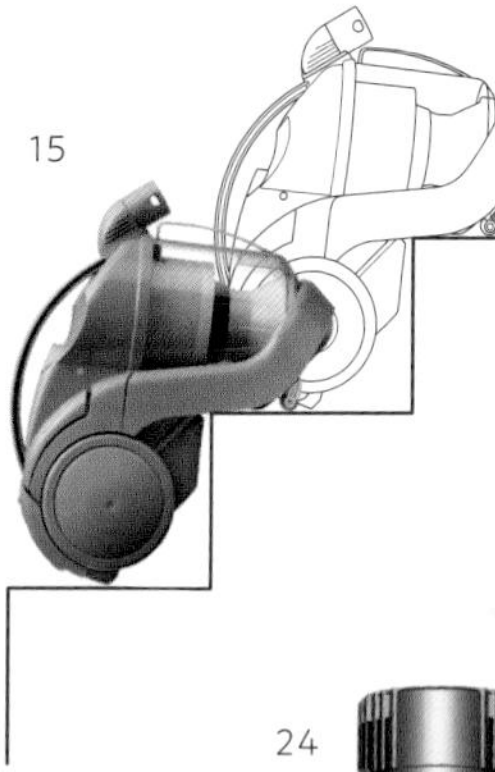

16

21

22

23

24

25

1 シートラック　**2** ホイールボート　**3** トローリーボール　**4** ボールバロー
5 サイクロンのスケッチ　**6** Gフォース　**7** DC01　**8** DC02　**9** DC03
10 DC04　**11** DC07　**12** DC14　**13** DC05　**14** コントラローテイター

1

2

3

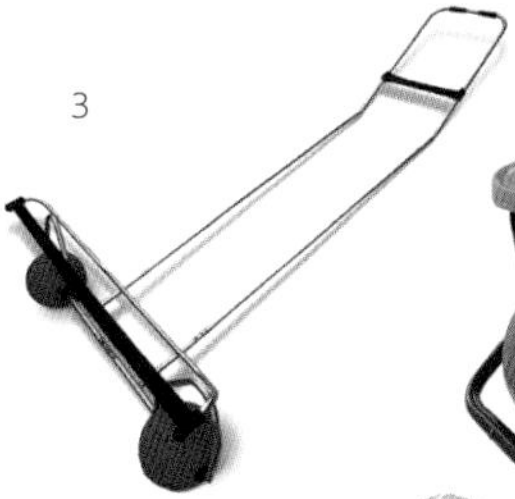

9

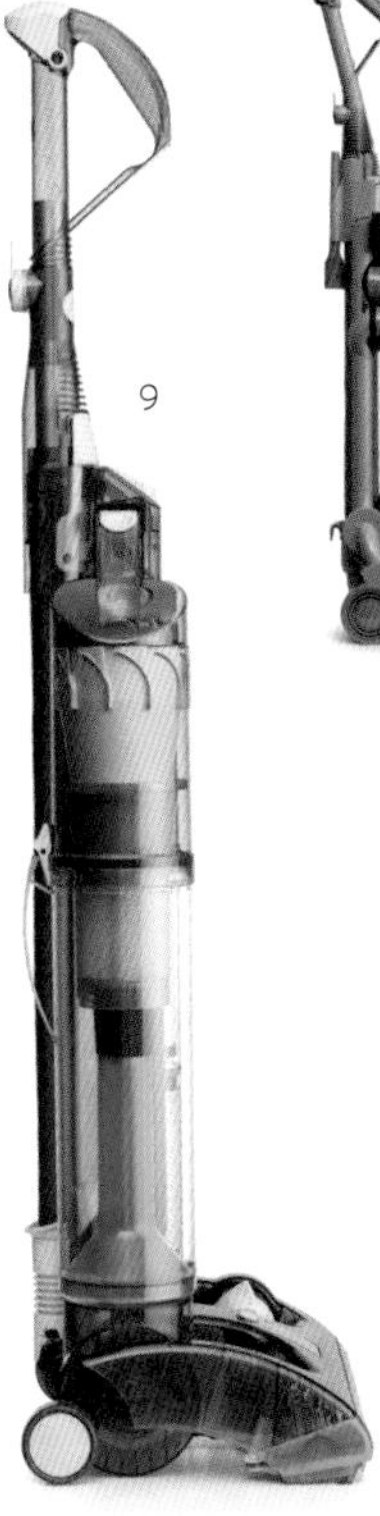

10

11

12

13

17

18

19

20

29

30

31

32

33

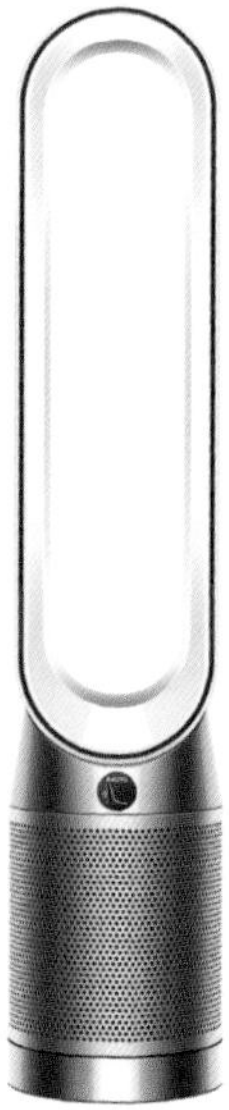

ドライヤー）　**32** ピュリファイヤ ヒューミディファイ+クール (加湿空気清浄機)　**33** ピュアクールタワー（空気清浄ファン）*　**34** マイクロ1.5kg　**35** オムニグライド　**36** DDM V9　**37** キュービーム　**38** 360 Eye（ロボット掃除機）　**39** エアブレードV（ハンドドライヤー）　**40** 360 ヒューリスト（ロボット掃除機）　**41** エアブレード9kJ（ハンドドライヤー）　**42** ライトサイクルモルフ（照明）　**43** エアラップ（ヘアスタイラー）　**44** コラール（ヘアアイロン）　**45** ダイソンEV（試作車）

39

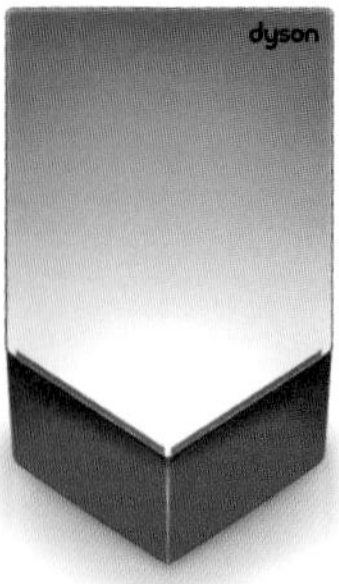

40

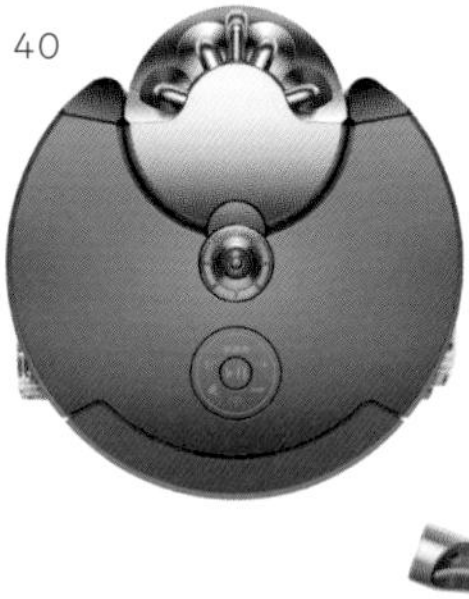

41

42

45

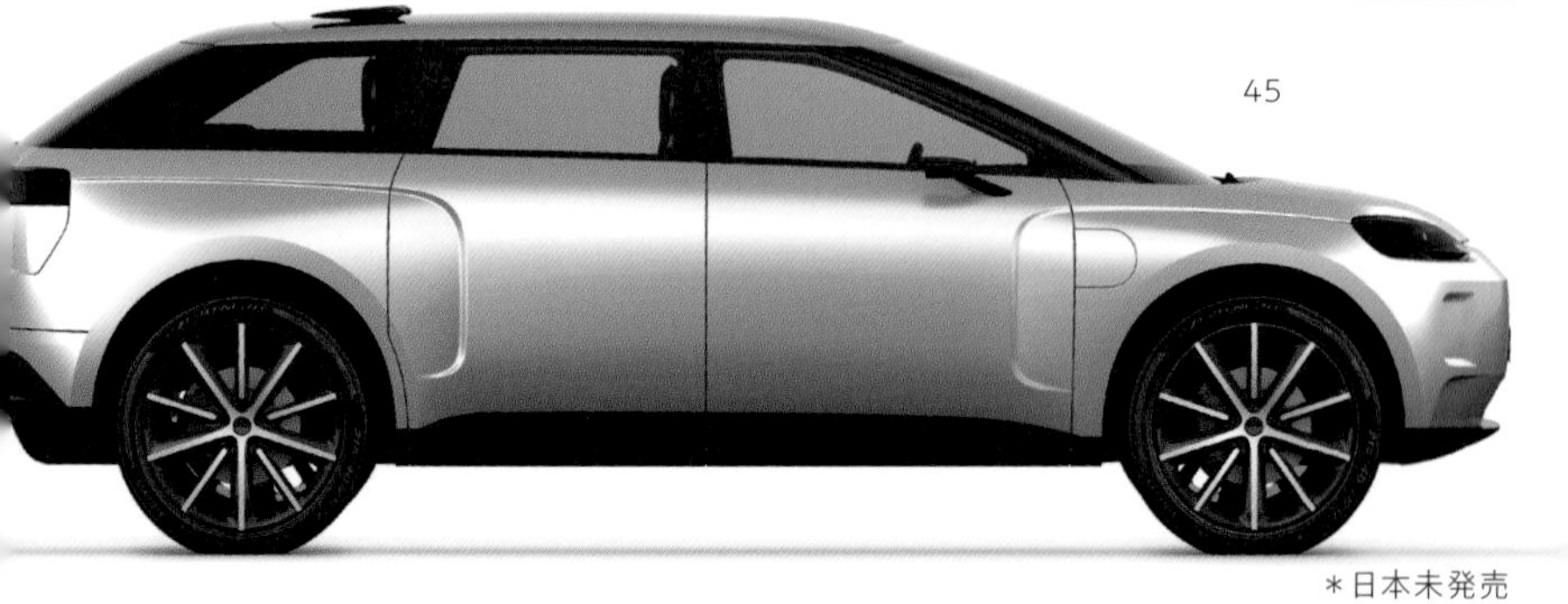

＊日本未発売

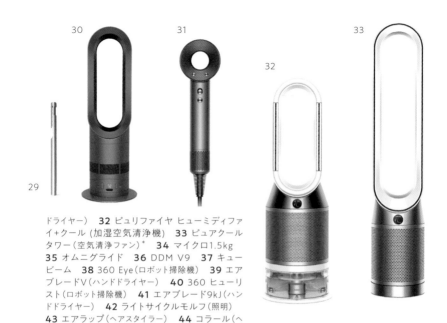

26

27

28

36

37

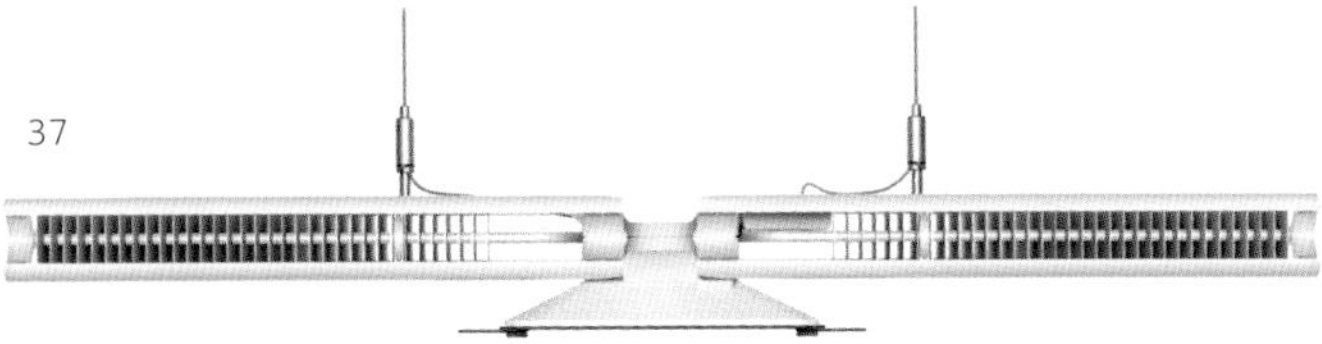

34

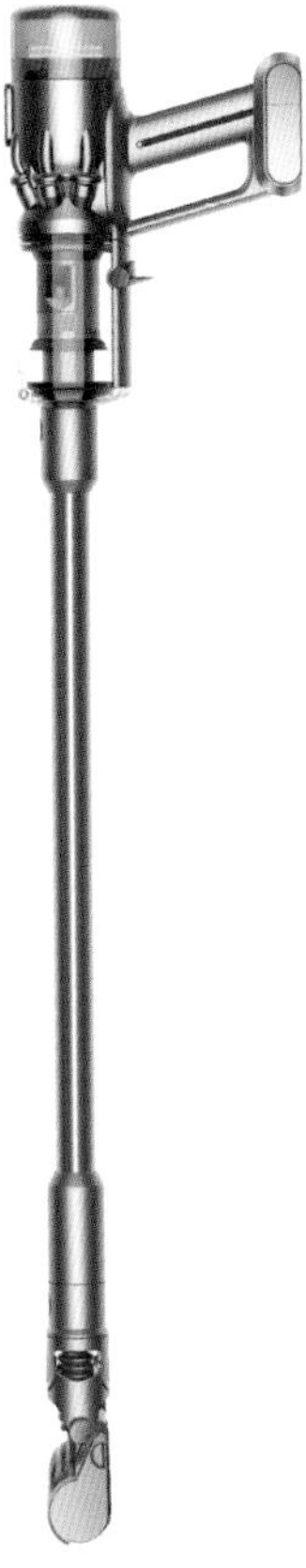

35

26 エアブレード dB　**27** エアブレード ウォッシュ+ドライ　**28** エアマルチプライアー　**29** ダイソンペン　**30** ホット+クール（ファンヒーター）　**31** スーパーソニック（ヘア

43

38

44

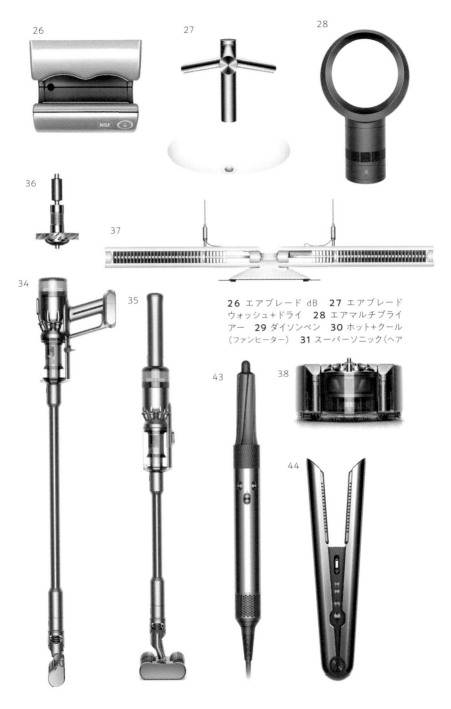

2017年、ニューヨークでのダイソン エアラップ（ヘアスタイラー）の発売イベントにて、髪にカールをつけるデモンストレーションを行う

2016年、東京・渋谷ヒカリエの最上階で行われたダイソン スーパーソニック（ヘアドライヤー）の発売イベントにて

第 9 章

The Car

最高の電気自動車

子供の頃から、車、とりわけディーゼル車の後部からもくもくと出てくる黒い煙が怖かった。歩いているとき、自転車に乗っているとき、あるいはディーゼル車のスリップストリームのすぐ後ろを走る車に乗っているとき、人は大量の汚染物質を吸い込んでいる。英国だけでも、年間三万四〇〇〇人が排ガスを吸ったことが原因で死んでいる。排ガスには発がん性があり、特に肺に影響を与える。僕の父は肺と喉のがんで若くして亡くなったし、おそらくそれもあって、危険な微粒子状物質を出す排ガスは、僕に強い嫌悪を起こさせ続けるのだろう。

一九五二年一二月のロンドンスモッグのさなか、僕はたまたまロンドンに出かけていた。当時の大気汚染の元凶は石炭の煙で、手より先が見えないほどだった。肺の障害で少なくとも四〇〇〇人が、そして血流に微粒子状物質が入って起きた心臓発作で約六万人が亡くなったことを後に知った。本当の統計は依然として明らかにするのが困難だ。近年、英国のような国々では有毒スモッグは過去の記憶かもしれない。ガソリンエンジンもディーゼルエンジンも以前ほど煙を出さなくなったことが大きな理由だ。煙が減ったのは、微粒子状物質がより小さくなったからであり、今日の排ガスは裸眼で見ればきれいになったように見えるかもしれないが、危険なガスがなくなったわけではなく、非常に小さな微粒子状物質を含んでいる。老舗自動車メーカーも政府も、内部燃焼エンジンやディーゼルが吐き出す微粒子状物質に関する根本的な問題をずっと無視し続けている。

気流から微粒子状物質を分離する僕のサイクロン技術の開発初期に、〇・〇一ミクロンという小さな微粒子のサイズを測り、数を数える必要が生じた。当時掃除機を開発していた人で、微粒子のサイズ測定に関心を持っていた人はいない。難しくて専門的な課題だったが、フィルター機能の効率化に意味のある飛躍をもたらすためには、僕自身が理解しなければならないことだった。

一九八三年、僕はミネソタ大学からスピンアウトした企業を訪問した。うってつけのエアロダイナミクス的微粒子カウンターを開発した企業だ。悲しいことに、価格がとてつもなく高く、当時の僕には手が出なかった。しかし、そこで米国人たちが見せてくれた報告書が、ディーゼル排ガスの危険性を研究するという新しい方向に進むきっかけになった。報告書には、実験室のマウスがディーゼル排ガスに晒されると、心臓発作を起こしたり、がんや重大な健康問題が生じたりする、とあった。

コーチハウスに戻ると、サイクロンや他の新技術を使った微粒子状物質捕捉器の開発にとりかかった。僕たちはこの研究プロジェクトを一〇年ほど続け、より洗練された方法を開発した。最終的には、帯電したロッド（棒）で微粒子を捕捉するという、始めた頃とはかなり異なるデザインになった。

うまく作動するものができたので、自動車メーカーと部品メーカーの両方に見せて回ったが、取り付けたいというところはなかった。集めたすすを捨てるのが難しく、彼らも車のオーナーたちも扱いたがらないという感想だった。セラミックのトラップならつけてもいいという声はあったが、それでは掃除機の紙パックと同じく微粒子で目詰まりが起きるだろう。

ディーゼルによる大気汚染は悪化する一方だった。一九九〇年代、英国とヨーロッパではディーゼル燃料のほうがガソリンより大幅に安く、EUや科学的裏付けとされるものの支援を受けたメーカーは、ガソリンエンジンの排ガスよりディーゼルの排ガスのほうがきれいだと主張した。ガソリンエンジンよりディーゼルエンジンのほうが二酸化炭素の排出量が少ないのは事実だが、危険なレベルの窒素酸化物や、微量金属がついた塵や細かなホコリの微粒子を排出することのほうが重大だ。ヨーロッパの自動車業界は、ディーゼルを擁護する説をうまく世間に広めた。ディーゼル車にほとんど乗らない米国や日本とは違い、彼らはディーゼル車の製造に莫大な投資を行っていたため、そうする必要があったのだ。

ヨーロッパの自動車業界のロビー活動は大成功を収め、「ニュー・レイバー」と呼ばれたトニー・ブレアおよびゴードン・ブラウンの労働党政権の首席科学顧問デイヴィッド・キングは、情けないことにEUに同調し、ガソリンよりディーゼルを奨励するほどだった。二〇〇一年に英国政府がディーゼル燃料税を減税すると、ディーゼル車の購入が大きく促進された。危険で間違った決断だった。

汚い排ガスの問題は、僕を悩ませ続けていた。二〇一四年には、ダイソンで、これまでにないほど効率的なバッテリーを開発していた。しばらく前から高性能な電気モーターの開発も行っていた。また、空気清浄機やヒーターに関する研究プログラムも行っていた。ヘアケアなど、多種多様な製品開発の新アイデアを進めていた。僕たちが開発しているのは、合わせれば電気自動車(EV)の開発につながる技術やノウハウなのだ、という考えが僕の頭に浮かんだ。

当時、自動車業界はまだ電気自動車を無視していて、電気自動車の採用に関する業界予測は、二〇三五年でわずか五％の市場シェアという小さなものだった。完全に間違っている、と僕は思った。互いに汚染を撒き散らし合いたい人などいないはずだ。人々はきっと考えを変えて電気自動車を選択するだろうと思ったし、今では実際そうなっている。後知恵になるが、自分が想像したよりもはるかに大きなプロジェクトとなったものに、あれほど多くの時間、エネルギー、思い、お金を投資したのは間違いだった。それでも、既存メーカーが軽視している電気自動車市場に僕たちのコアテクノロジーを活用するという論理には説得力があった。

僕たちは、電気自動車市場で最高であるだけでなく、あらゆる面で最高の自動車を作りたかった。僕たちは大志を抱いていた。

二〇一四年、マルムズベリー・キャンパス内の研究開発棟であるD4を転用し、特別チームづくりに着手した。ここはかつて、掃除機の組み立てラインがあった場所だ。ウィルキンソンエア建築事務所はここを他のプロジェクトから切り離された秘密の事務所兼スタジオに作り替えた。厳重に隠されていたため、僕たちが何をしているのか誰も知らなかった。プロジェクトはやがて大きくなった。何しろ英国で自動車を製造するつもりだったから、これまで以上にスペースが必要になった。続く五年にわたって、僕たちはテクノロジーを搭載したラディカルな自動車を開発した。その取り組みを通して、電気自動車に長年つきまとってきた数多くの問題を解決し、大きな進歩を達成し、効率的で、すぐに生産に入れるオリジナルな車を完成したいと思っていた。学ぶべきことはものすごくたくさんあった。

いつものことだが、徹頭徹尾ダイソンらしい自動車を創り出すため、僕たちは何もかも自前でやりたかった。もちろん、迷いもあった。例えば、最初のうちは、どこかからシャシーを買うか、あるいは開発してもらうことができないか検討しようとした。ロータス社製のロータスの車体を採用したテスラのやり方に少し似ている。取っ掛かりとして賢明で無駄のない方法であるように思えたが、可能性を探ってみると、ふさわしい車体を作っている自動車メーカーなどないことがすぐにわかり、僕たちは一から自由に始めることにした。

自前の車体を開発するコストは莫大だった。しかし、座席とバッテリー用の追加スペースを作るためのレイアウト変更が可能になるという長期的な利点があった。レンジ、すなわち一回のチャージでの航続距離が、おそらく、プロジェクト推進の鍵だった。すでに市場で販売されている最高の電気自動車でも、最大レンジは二〇〇〜三〇〇マイル（三二〇〜四八〇キロ）だった。僕たちの調査によれば、一回の充電での最大レンジが六〇〇マイル（九六〇キロ）以上になれば、ガソリン車やディーゼル車に夢中の人々も電気自動車を真剣に検討するだろう。興味深いことに、人々が車でする長旅の距離は国ごとに同じになる傾向があり、米国でさえそうだった。

一回の充電による航続距離での競争に勝つ必要があることはわかっていた。長いホイールベースを埋める二層のトレーに載ったリチウムイオン電池のおかげで、寒い雨の日にヘッドライトを点け、エアコンやヒーターがせっせと稼働している日であっても、ダイソンEV（開発中のコードネームはN526だった）のレンジは九六〇キロになった。ドライバーの多くは一日あたり四八キロの通勤のために車に乗るのがせいぜいではないかという主張もある。たしかにそうかもしれないが、僕たちが調べたところ、ほとんど全員が少なくとも年に一度は九六〇キロのドライブをしていた。ドライブの途中で車を停めて充電しなければならないのでは、うまくいかないだろう。

充電のスピードは上がっていたが、目標はN526にガソリン車と――ディーゼル車がなくなるまではディーゼル車とも――同じ航続距離と利便性を実現することだった。航続距離九六〇キロをいかに達成するかが僕たちの主要目標となった。それには、モーター、ドライブシステム、ヒーターとクーラー、ホイール、タイヤ、そして航空力学的効率性の最大化が求められた。

この航続距離を実現するには大量の充電池が必要になるが、重いし多くのスペースを占める。結果として、ダイソンのEVは大型で高価になる。充電池そのものが高いだけでなく、バッテリー（充電池）マネジメント、電子機器、充電池関連の冷却システム装置も同様に高価だ。これらの簡素化が進まない限り、充電池の価格が下がれば電気自動車の付随コストも自然に下がるということはないだろう。

ダイソンでは、社内の科学者たちがコンパクトで効率性の高い次世代の全固体電池を作るべく、懸命に仕事をしている。リチウムイオン電池の内部では、電気が電解液を介して正極と負極の間を行き来するが、この電解液が加熱されると、劣化の原因になり、充電速度が落ちるし、発火しやすくなる。従来の充電池はコバルトを使用しており、コバルトは広く受け入れられてはいるが、サプライチェーンに難のあるレアアースであるため、使用すべきではない。全固体電池は、極薄の固体基質の上に蒸着金属の層を重ね、次にその基質を重ねて固体の積層スタックを作る。発火や加熱は過去のものになるはずだ。しかし、極薄固体基質に大量の金属を蒸着して積層するのが問題なのだ。全固体電池ならN526のリチウムイオン電池パックに代わるものになっただろうし、それに――効率性の大きな向上に加えて――車重もプロトタイプの二六〇〇キログラムからの大幅な軽量化ができたはずだ。

電気自動車の歴史は驚くほど長いが、その間ずっと、充電池がアキレス腱になっている。電気で走る車のアイデアは、一八二〇年代末に行われた実験まで遡る。一八五九年にフランス人物理学者、ガストン・プランテが鉛蓄電池の開発の道を切り開き、ちょっとした革命が起こった。一八九〇年代から、電気自動車は人気があった。静かだし、洗練されていて、煙も出ないし、起動も運転もメンテナンスも楽だった。一九〇〇年に米国で製造された四九一二台の自動車のうち、二八%は電気自動車だった。オハイオ州クリーブランドにあるベイカー・モーター・ビークルの自動車もその中に含まれていた。女性ドライバー向けとして、非常に精巧に作られた自動車は、一八九九年から一九一五年まで製造された。最初に時速一〇〇キロの壁を破ったのも電気自動車だったし、一八九〇年代にはすでに油圧ブレーキと四輪操舵を特徴とする電気自動車も登場していた。内燃自動車がこれらを実装する数十年も前のことだ。

しかし、初期の電気自動車の運命は、一九〇八年のヘンリー・フォードによる大量生産型フォード・モデルTの登場と、一九一二年にチャールズ・ケタリングによる電気式セルフスターターモーターの発明と、そして米国においてはテキサスの安い石油が過剰供給されたことが重なって、数世代にわたって見事に封印されてしまった。これらが存在する地域では、以来ずっと、電気自動車はつまらない機械と見なされてしまった。

ダイソンの電気自動車をデザインするとなれば、特別なものでなければならないが、どう考えても「カーマニア」向けの車はありえなかった。僕たちは、所有し、運転し、乗って旅する楽しみを与えてくれる車を求めていた。あらゆる細部が重要だった。バッテリーのプラグイン部分は座席や制御装置、ステアリングホイールのように機能的で洗練されていてエレガントでなければならなかった。ヒーターとヴェンチレーションには、ダイソンが持つ気流や省エネの知識を最大活用しなければならなかった。そして、バッテリーは、ダイソンが提供できる最高のもの、あるいはそれ以上でなければならなかった。僕たちはリチウムイオン電池を全固体電池に置き換えられる日を待ち望んでいた。電気工学におけるこの「聖杯」については、現在も世界中でたくさんの企業によって探究が続けられている。

全固体電池の原理は一九三〇年代のマイケル・ファラデーの時代から知られていたが、自動車業界にとっての課題は、簡単かつ確実に長距離走行の動力を提供するための強靭さと耐久力を持った充電池を作ることだ。つい最近の二〇一二年には、『アメリカ・セラミック学会報』に、現状の開発状況では自動車の長距離走行には一個一〇万ドルの全固体電池が八〇〇〜一〇〇〇個は必要となるだろう、という記事があった。しかし、リチウムイオン電池に比べると、全固体電池はエネルギー密度が高く、耐火性があり、充電が速く、加熱しにくく、重量も小さく、寿命も長い。

二〇一二年に、僕たちは、将来の製品のために僕たちが関心を寄せる分野にフォーカスした新技術のスタートアップにいくつか投資を行った。その一つがミシガン大学から生まれ、アナーバーに拠点を置く企業、サクティ3《スリー》だ。同社は当時、全固体電池の開発を目指す最先端のチームだった。僕たちは開発中の自動車だけでなく、コードレス掃除機のためにも全固体電池の技術を手に入れたいと思っていた。最初は投資家として参画したが、彼らの研究の潜在的可能性の大きさがすぐにわかったので、サクティ3を完全に買収する決断を下した。ダイソンがこのような動きをとったのはこのとき限りである。

僕たちは他社を買収していく形のビジネスはやっていない。会社を大きくしてくれる技術や企業の買収は早道かもしれないが、従業員やものごとの進め方を一致させるのに困難を伴うことがある。たいていの場合、自分の研究、自分の企業を立ち上げるほうがいい。最初はスピードが遅くても、有機的に発展し、そのおかげで強くなるからだ。サクティ3の買収では、それも杞憂だった。サクティ3の才能豊かなチームは、電池の技術におけるダイソンの進歩にたっぷり「充電」してくれた。前からダイソンには電池技術に携わるチームがあったが、当時は日本やシンガポールの新チームが英国や米国のチームとともに開発を加速化させていた。車用の大容量電池パックの組み立ては、重量、社内の乗員用スペースおよび必要とされる堅牢性や衝撃保護を最適化するため、車体の構造と融合した一部分としてデザインされた。アルミ鋳物はフレキシブルにデザインできるので、さまざまなサイズやタイプの電池を開発しても、エンジニアリングの大幅な修正なしで、既存の、あるいは新型のダイソン車に装着できる。

ダイソンデジタルモーターの技術開発の経験に基づき、ダイソンエレクトリックモーターとシングルスピードトランスミッション、バッテリーの性能を妥協せずに電気装置の充電ができる最新型電力変換器《パワーインバーター》を使って、僕たちは一体型の効率的な電気駆動ユニット（EDU）を開発した。このコンパクトで軽量なユニットは、自動車の前部と後部のサブフレームに搭載された。

N526は厳密な意味では自動車というより、プラットフォームとしてデザインされていたため、上に乗せるボディはどんなスタイルにもデザインできた。最初のモデルは七人乗りSUVで、レンジローバーとほぼ同じサイズだったが、車高はずっと低く、リアガラスは広くて傾斜していた。時速八〇キロになると、重心の低さが効いて、車体がサスペンションの上で低くなった。浸水地域や悪路を走行するときには、車体が持ちあがり、最低地上高が大きくなった。水深九二〇ミリの場所を「水中走行」することもできた。カーオーナーの多くは進んで浅瀬を渡りたがりはしないだろうが、洪水に遭遇することはあるものだ。洪水に見舞われても、ダイソン車ならしっかりと安全に家に送り届けてくれるとわかっていれば、安心できる。

社内でデザインした独立型エアスプリングサスペンションは、アンチロールバーに交差接続しており、従来型のアンチロールバーは撤去されているが、コーナーリングでもフラットで安定した状態を維持できる。小さく思えても乗り心地はいつもゆったりしていた。快適性と安定性を達成するため、テネコ社のキネティック・ロール制御を備えたアダプティブダンピングを使用し、ピストン運動を非常に長くした。

全長はきっかり五メートルで、大きな二四インチのホイールに加え、ボトムがフラットであるおかげで、最低地上高は非常に大きくなった。ホイールは、自動車の最も興味深い面の一つだ。ホイールが大きくなるほど、転がり抵抗が小さくなり、路上のバンプや穴にはまりやすくなる。転がり抵抗は充電池の電力を消費するし、効率性や航続距離にも響く。アレック・イシゴニスのミニがそうであるように、ホイールは車の四隅に置かれている。ダイソンEVほどリアホイールが後方にある車は、みなさんも見たことがないと思う。ホイールの位置とサイズは、走行時の快適性、路面の穴やバンプの上を走行するときの快適性や、ロードホールディング（走行時の路面に対する密着性）において、思いがけない長所を生み出した。最高地上高の高さもあいまって、エントリーとブレイクアウトの角度は業界トップレベルだった。これは、例えば道路から横の土手に上っていくときのように、平坦地から急な上り坂へ、あるいは急な下り坂から平坦地へ、車の前方あるいは後方から進む場合の角度である。

ホイールを四隅に置くことには、短所が一つあった。最小回転半径が大きくなってしまうのだ。これは、四輪操舵によって解決した。四輪操舵なら、低速ではリアホイールをフロントホイールとは逆方向に向けることで、最小回転半径を小さくできる。高速走行中は、リアホイールはフロントホイールと限界まで同じ方向に向けられるので、例えば高速道路で路線変更をするときにも、安定性を維持できる。

また、僕たちがデザインした断面幅の細いホイールは、断面幅の広いタイヤよりもハイドロプレーニング現象を起こしにくく、雪面での走行性も優れている。実は、ダイソンEVのホイールは、市場で販売されているどの車よりも大きい。しかし、このホイールに合うタイヤがなかった。僕たちはミシュランに赴いた。ミシュランのエンジニアたちには熱意があり、一緒に新しいタイヤを研究したが、開発費用は五〇万ポンドに上った。ブリヂストンからはアプローチがあり、無料でよりよいタイヤを開発し、より安い価格で提供してくれた。

大きなホイールは最高地上高が充分にとれるだけでなく、見晴らしのいい運転姿勢を可能にした。人々がＳＵＶを買うのは、洪水やフィールドでスタックするのが怖いという理由だけでなく、道路の先に広がる見晴らしを求めるからだという考えが僕にはあった。ダイソンＥＶなら、ランドローバーやレンジローバーにできることは何でもできた。内部空間はゆったり広いが、「チェルシー・トラクター」と呼ばれる４ＷＤ車、つまり本来ならロンドンより農場で乗るべき車のような図体でもなかった。

この車に乗ったときに最もはっとするのは、空間の雰囲気だ。これは、ホイールの位置を極端に四隅に寄せたことで車全体が大きくゆったりとしたプラットフォームになっているおかげでもあるし、でしゃばりなエンジンやギアボックス、ドライブシステムがないせいでもある。車体が巨大化するという欠点なしで、ホイールベースの長いＳＵＶ的な内部空間を手に入れることができる。

インテリアを想像したり見せたりするために、また他の車と比べて見るために、バーチャルリアリティ（ＶＲ）技術を活用した。イシゴニスのミニのデザイン原則を前面に掲げ、僕は完全なフラットフロアの実現を目指した。調整可能でエルゴノミックなフロント座席と同じ座席を二列目およびリア座席にも設置したいと考えた。リア座席の座り心地を妥協すべき理由などあるだろうか？　僕たちはフランスの大手自動車部品サプライヤー、フルシアとともに座席を共同開発した。最初に、キャビン長手方向いっぱいを四輪でスライドする座席をデザインした。

僕は車の座席にありがちな一九三〇年代のアームチェアのような見た目が嫌いだし、木枠で支える車用座席をまだ目にしたことはなかった。僕たちは、もっとエレガントで、構造的で、姿勢を支える配慮の行き届いた座席を求めていた。この座席に座れば、支えられるべき場所をきちんと支えてくれる。車内には座席が三列あって、大人七人がゆったり快適に座れる。それまで快適な車の座席に出会ったことがなかったが、その理由はすぐにわかった。法律が非常に厳しくて、やりたいと思うことのほとんどを禁じる規則だらけなのだ。特に、そうした規則は座席が柔らかさや凹みを持つことを禁じているように思える。また、衝突事故では後方に一〇〇ミリ押されると仮定しており、だから実際のところヘッドレストは衝突事故に遭わない限り役に立たない。

最終的には、こうした規則をなんとか守りつつ、快適な座席を設置することができた。イームズソフトパッドなどの僕のお気に入りの椅子がそうであるように、座席の構造が見えるようにしたいと思っていた。イームズソフトパッドは一九六〇年代後半に生まれた米国のデザイン・クラシックの一つであり、その快適さは今も抜群だ。ダイソンEVの座席は、イームズよりパッドの数が多く、しかも、暑い日に重要となる通気性を高めてあった。陽極酸化処理で明るい色をつけたむき出しのフレームは、軽量で強靭なマグネシウムでできており、底と背にバネを入れていた。重量は二〇キロまで削減しており、少なくとも業界基準の半分という軽さである。これは、車の重量を大きく抑えることを意味しており、ハンドリング、快適性、ブレーキ性能、航続距離にとっても重要だった。

僕は電気自動車の最大の市場である中国で顧客調査をたくさん行った。すると、潜在的購入層はこの車を平日は運転手付き、週末はファミリーカーとして求めていた。そこで、フロント座席とリア座席を同じデザインにして内部空間の長手方向いっぱいを同一トラック上でスライド可能

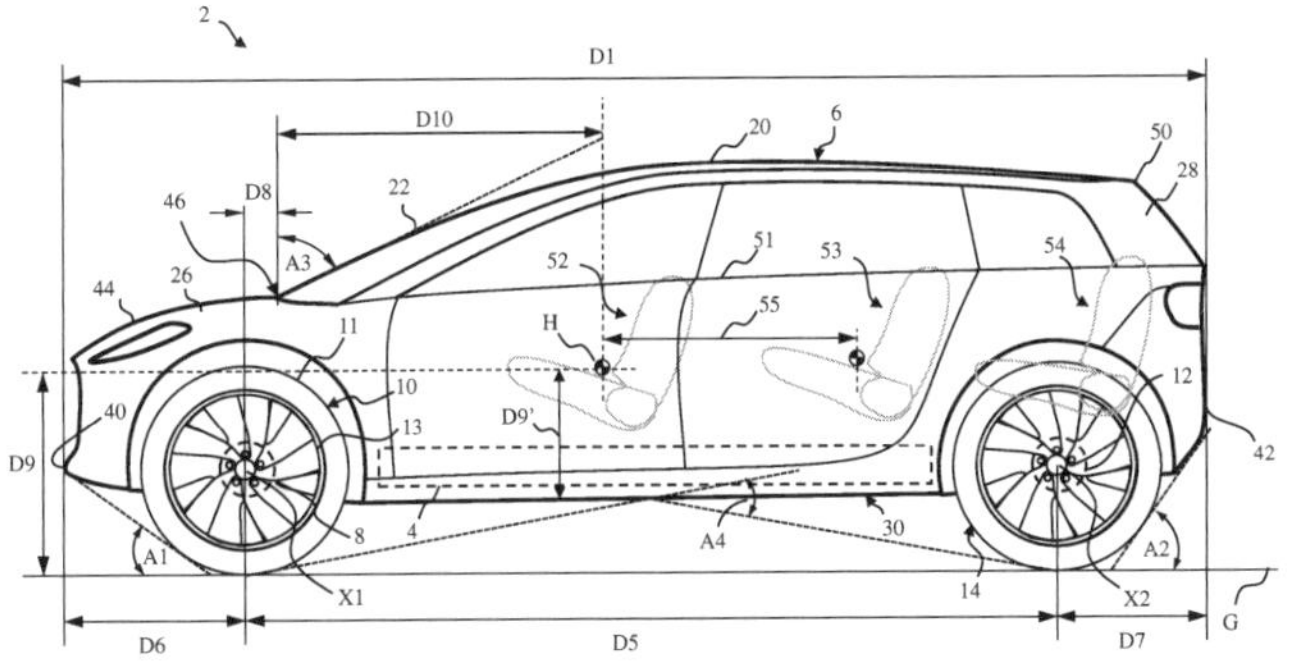

Fig. 1

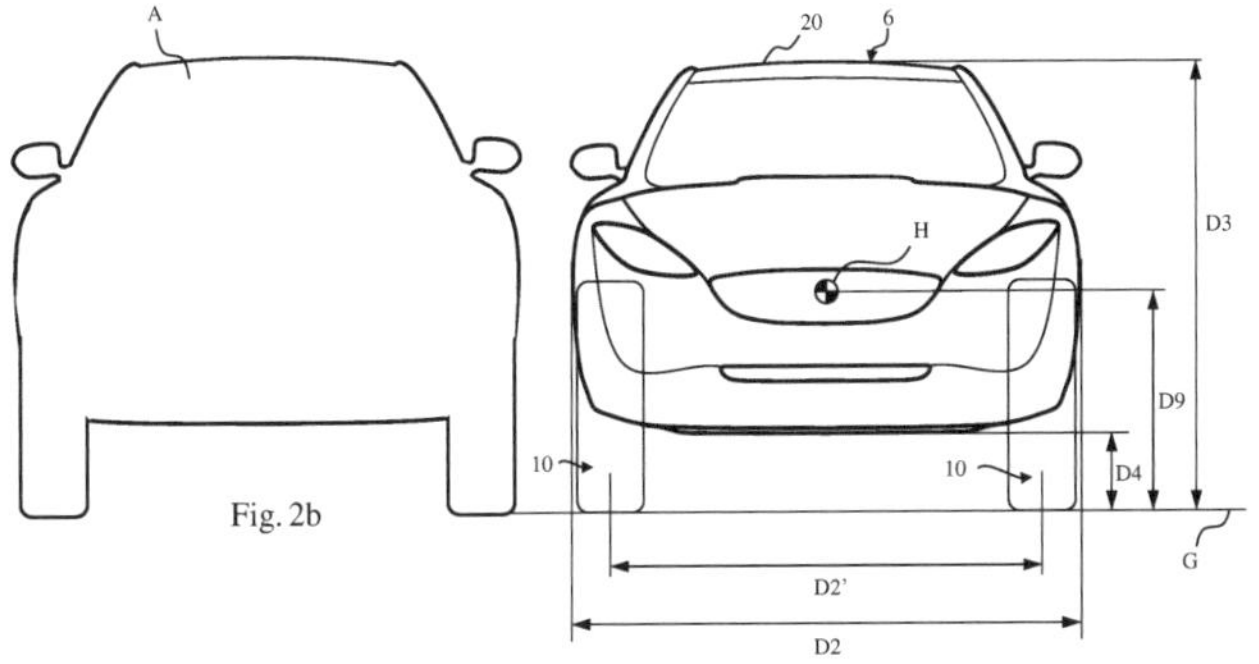

Fig. 2b

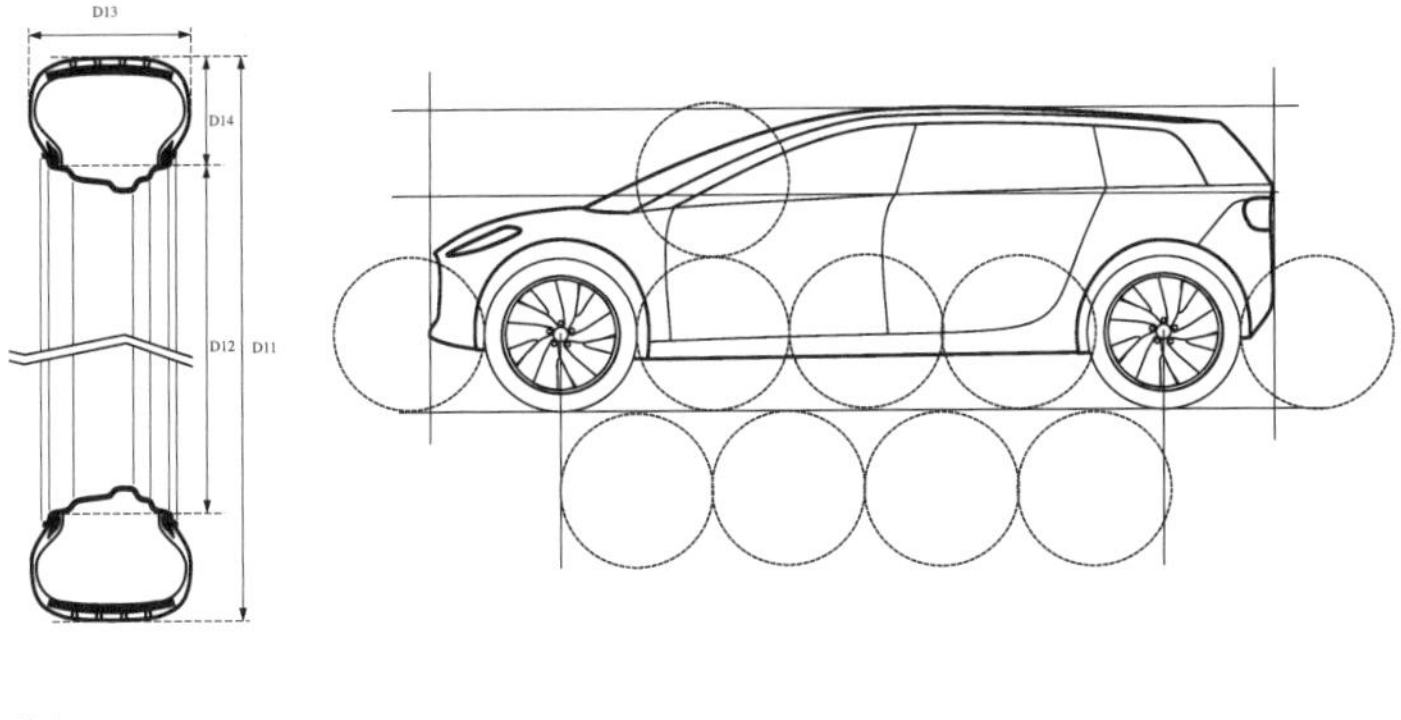

ダイソンEV

にすることに注力し、スペースの使い方の選択肢を広げた。しかし、指を挟む、コインをなくすといったデザインの落とし穴を避けるとなると、課題はきりがなかった。あらゆることを試し、最後には、厄介事や妥協点が多すぎると判断し、従来の固定席に戻したが、僕が望んだフラットフロアは諦めなかった。

窓ガラスは大きく、高さはフェラーリよりも低く、風の抵抗は抑えられ、視界は広かった。見晴らしのいい運転席を実現するため、車高はかなり高かったが、車体の下の空間は広くすっきりしていたし、車の前部は低く、エアロダイナミクス的に優れており、運転席は本当に広く感じられた。ダッシュボードをできるだけ低く抑えることで、この感覚はさらに強まっていた。たいていの車のダッシュボードは突き出していて圧迫感があり、前方を見るには覗き込まないといけない感じがする。僕が望んでいたのは正反対で、広さを感じさせるだけでなく、操縦している感覚も強めたかった。ダッシュボードの下に収める装置の量と耐衝撃構造を念頭に置くと、これを達成するのは難題だった。

僕は内も外も無駄のないすっきりとした車を求めていた。ダイソンのダッシュボードとコントロール機器は、ドライバーの目が道路から常に離れないように設計されていた。ライトや計測器、オーディオ調整など、ドライバーの操作が必要なコントロール機器は、すべてステアリングホイールに配置した。ダッシュボードにはコントロール機器がなく、スイッチに目をやったり操作したりするために、道路から目を離してダッシュボードに目を向ける必要もなかった。

次に、僕たちは機能を強化したヘッドアップディスプレイ（ＨＵＤ）をデザインした。衛星ナビゲーション、スピード、ラジオ、走行可能距離、速度制限などの道路標識、車間距離適応制御、その他の警告を、フロントガラス上のディスプレイに表示するものになる。二〇一六年には、ARとホログラフィーをもとにしたデジタルマイクロミラー装置が加わり、さらに機能が強化された。このHUDがあれば、車内のダッシュボードの上にコンピュータの画面をセットする必要はなくなる。しかし、鬱陶しいことに、法律は、車内中央に画面をはめ込むことを要求していた。そんな画面はドライバーの注意を道路から逸らしてしまうし、不要な出費でもあるのだから、時代遅れな規制は、技術に追いついてもらいたい。

温度調節だけでなく空気を浄化するという観点から、僕たちは車内環境の制御に自社のエアフィルター技術を活用した。電気自動車の電力の三分の一はヒーターとクーラーが消費する。だから、僕たちは基本に戻り、エネルギーを節約するための効率的かつ低電力なシステムを見つけ、放射暖房システムと暖房パネルを考え抜いた位置に設置して活用した。現在のヒーターおよびクーラーのシステムは、車内の気温を測定し、変化させるものだ。しかし、車は温室にそっくりで、日射や屋外気温に大きく左右される。日射と屋外気温は、どちらも車の構造や乗っている人に影響を与える放射温度である。通勤のためのドライブでは、たいていの場合、エアシステムによって車内に取り入れられる暖気や冷気が車体や座席の温度まで変えるのに充分な時間がない。つまり、乗っている人は放射冷気や熱くなってしまった車自体に大きく影響を受けるということだ。車内の空気が車体の室内側の温度を変化させるには、長い時間がかかる。さらに悪いことに、車内で適度な二酸化炭素レベルを維持するために、車内の空気は車の後部から排出されなければならない。お金をかけて冷たい空気を暖めても、一秒あたり七〇リットルの割合でひたすら排出されてしまう。そこで、放射熱の提供に集中し、温風による暖房の使用を減らした。これにより、充電池の電力消費を大きく節約した。

ライトも設計し直した。メインビームは、マトリックスアダプティブ技術によるプロジェクターである。サイドライトとウィンカーは、アクリル製の四角形にして耳をつけた。前から見ると、点灯中は、白またはオレンジの光が四角く光るのが見える。しかし、横からは、四角形のエッジの部分だけが縦に延びる非常に明るい線として見えるはずだ。横から見ると、ウィンカーが独特の表現になっているのがはっきりとわかった。アクリルは、見えないように組み込んだLEDによって光を発する。アクリルの長所の一つは、光ファイバーのように、必要な方向に光を導くことができる点だ。

僕たちは、車に関する独自の基本方針を確立した。ピート・ギャマックはモーターのチームやエアロダイナミクスのチームとともに、フルタイムでこれに取り組んだ。僕たちは、電気自動車の航続距離に関して決定的な影響を与えるエアロダイナミクスを気にしていた。ロンドン西部のウォンテージ近郊にあるウィリアムズ・レーシングの風洞施設で実験を行うため、カーボンファイバーで四分の一モデルを制作した。そして次に、イングランド中部のナニートンにある自動車産業研究協会（MIRA）の風洞施設で、原寸大クレイ（粘土）モデルによる実験を行った。そして、ベッドフォードで高速道路M1を外れて南東に一時間ほどのところにある元はゼネラル・モーターズが所有していたテストトラックに行き、競合する車種一〇台の長所と短所を分析するため、それぞれのペースで走らせた。

スタイル的なデザインはまったくしなかった。エンジニアリングとエアロダイナミクス的条件から自ずと生まれたフォルムだった。他の方法で手を加えるつもりはなかった。チームとともに、ピートと僕は粘土で四分の一モデルを作り、二人ともこの作業を本当に楽しんだ。クレイモデルは量塊性とエアロダイナミクスを確認するためのモデルであり、粘土はすばやくデザインを生み出すのに向いた素材である。このプロセスには、六〇度のオーブンで粘土を焼く作業がある。いったん取り出し、固まっていく間に、基礎——例えば木——の上に温かい粘土の層を加えては、掻き落とし、必要な分だけ少し加えていく。原寸大クレイモデルを制作するため、軌道の上で動かせる大型のフライス盤を購入した。これらのモデルは、通常、重量が四トンあり、ときには本物のホイールが必要になる。四分の一モデルが判断を誤らせることが多いのには驚く。原寸大クレイモデルは、完成した車の姿を明かしてくれる。フライス盤は完成形を切り出すが、変更は手で行うことが多く、粘土を加えたり掻き落としたりして形を整えていく。完成すると、粘土をコンピュータでスキャンして、フライス盤はまた新しい原寸大モデルを切り出す。

クレイモデルは規制、耐衝撃構造やエアロダイナミクスに概ねかなっていた。外形の全部分と冷却のための吸気口が、エアロダイナミクスに影響を与える。車の前部は、空気の枝分かれをできるだけ抑え、できるだけ滑らかでありながら、空気を切る形としなければならない。空気の一部は車の下に流れ込むため、そこの形はエアロダイナミクスとリフトの両方にとって重要だ。空気の一部はフードやフロントガラス、屋根の上を限りなく滑らかに流れていく。車の周囲や側面を流れる空気もあり、ここではホイールのアーチが乱気流を作り出す。最後に、車の後部では、車の速度を落とす乱気流による吸引を防ぐ必要がある。こうした要因すべてが、最終フォルムに関わってくる。

車体は僕がピートとともにデザインした。たしかに経験豊かな自動車関係の人々にアドバイスを求めることはしたけれども、外部のデザインスタジオは関わっていない。自動車のデザインにはありとあらゆる種類のコツや秘訣があり、僕たちはまず、その多くを試行錯誤を通して学んでいった。例えば、車体に長い直線を作ろうとすると、真ん中に弛みがあるように見えてしまう。形のバランスを取るには、ほんの少しカーブをつける必要がある。これについて、僕は古典学の教養から理解していたはずだった――古代ギリシャの建築家たちも同じ効果を求めてエンタシスを活用したのだから。パルテノンなどの神殿の柱は、中ほどがほんの少し膨らんでいて、だから目にはまっすぐに見えるのだ。

僕はカーマニアではない。カーレースやラリーにも行かない。余暇に車雑誌を読むこともない。ただエンジニアリングとデザインという視点から車に関心があるだけだし、初期のシトロエン2CV、ランドローバー、そしてオリジナルの一九七〇年型レンジローバーなど、僕がいちばん好きな車はみな、スタイル的なデザインはまったくなされていない。レンジローバーをデザインしたのはこの車を開発したエンジニア、スペン・キングとゴードン・バッシュフォードだった。ローバーのチーフ・スタイリストであったデイヴィッド・バッシュにプロトタイプを見せたところ、グリル、ライト、ミラー、ドアハンドル、そしてバッジを改良するぐらいで、他にやることはないと彼は言ったのだった。

それと、ロベール・オプロンのデザインにより一九七〇年から発売されたシトロエンSMは、特に気に入っている。エキサイティングな横顔、回転するヘッドライト、スピードを敏感に感じさせるステアリング、ハイドロニューマティックサスペンション——国家憲兵隊《ジャンダルムリ》に配備されたが、時速八〇キロでも静かな走りだった——、病院のベッドタイプの布張り座席、そして感動的なマセラティのエンジンがついたSMは、史上最高の内燃エンジン自動車だと思う。すでに半世紀以上経ったが、乗り心地とオリジナリティの点では他の車に楽勝する。ダイソンの電気自動車開発プロジェクトが始まったとき、自分のシトロエンSMを持ってきてデザインエンジニアたちに見せ、大胆かつ独創的になれと発破をかけた。

二〇一六年にイアン・ミナーズがアストンマーティンからダイソンに転職してチームに加わり、製造に必要なチームや設備の構築に着手する頃には、車についてやるべきことが山積していた。伝統的な自動車業界内で何十年も過ごし、あらゆるスキルを身につけてきた人間と、問題に新しい角度からアプローチするダイソンの人間をミックスするのがベストだろう、と僕たちは考えた。

イアンはアストンマーティンの前はジャガーで働き、ジャガーの最後の車、一九九一年にマイナーチェンジしたXJS（オリジナル版は空気力学者のマルコム・セイヤーがデザインした）と、これに代わるモデルであるXK8に携わった。アストンマーティンでは、V12ヴァンキッシュ——二〇〇二年のボンド映画『007／ダイ・アナザー・デイ』のボンド・カー——、そして二〇一六年に発売された時速二〇〇マイルのDB11など、速くてパワフルな車を追求したが、その頃には新しい挑戦を始める時期だと感じていた。

EVプロジェクトが僕とピート・ギャマックの二人だけのチームから、小さなオフィスに一〇人がひしめく状態を経て九〇人のエンジニアからなるチームに成長した頃に、イアンが入社した。九〇人のうち半分はモーター、半分はA／Cシステム担当で、シャシーに関わっているのは未経験者が二人だけだった、とイアンは振り返る。チームは五〇〇人に膨れ上がり、二〇一九年半ばには、床下に一五〇kWh（キロワットアワー）のリチウムイオン電池を二層にして搭載した、堅牢なアルミモノコックボディとシャシーによる、非常に納得のいく車ができていた。動力源は二六四馬力のダイソンデジタルエレクトリックモーター二台で、一つは前部、もう一つは後部に搭載し、四輪駆動だった。トルク偏向とトラクションコントロールにより静止状態からの立ち上がりがよく、スムーズに順調に加速していくドライブを確実なものにしていた。重量は二・六トンあったが、このEVは静止状態から四・六秒で時速六〇マイルに加速できた。最高速度は時速一二五マイルと見積もられていた。

素晴らしい出来だった。オリジナルで、美しくエンジニアリングされていて、上品で、路上のどんな車にも似ていない。僕たちの電気自動車は、マシンを超えた何かだった。未来のさまざまな製品の開発に使える新しい技術を生み出したいという僕たちの強い思いが創り出したものだった。それでいて、初めてこの車を運転したときには、ダイソンのヘアドライヤーのプロトタイプや、いちばん最初に手がけた掃除機を初めて使ったときとまったく同じ感覚を持った。使い心地はよかったが、エンジニアの本能ゆえ、すぐに改良点を探し始めていた。

二〇一八年までに、自動車を組み立てる場所を決めなければならなかった。ハラヴィントン・キャンパスでも可能だったが、政府の支援が必要だった。僕は自動車開発プロジェクトの主要メンバーたちとともに、ビジネス・エネルギー・産業戦略大臣のグレッグ・クラークに会いに行った。僕たちは計画と、どこに支援が必要かを説明した。面談中に、何らかの支援をしてもらえるだろうかと僕たちが尋ねると、大臣は拒絶した。大臣はつい最近ジャガー・ランドローバーには新型ディーゼルエンジン工場用に二億五〇〇〇万ポンドの支援を行ったばかりではないですか、と指摘したが、ダイソンへの支援は行わないとして譲らなかった。

翌週、僕はシンガポールにいた。長年首相を勤めるリー・シェンロンとの面会に招かれたが、彼はこれ以上ないほどの支援を申し出てくれた。紹介してくれた首相チームのメンバーは、すぐに用地探しと、工場建設のための開発補助金の交付に着手してくれた。この出張から英国に戻ると、僕はテリーザ・メイに面会を申し込んだ。彼女は面会を拒絶した。英国政府の態度や、EVの主要市場が中国である事実を考えると、英国で自動車を作り、何千キロも離れたところに運搬するのが少々愚かしく思えてきた。ハラヴィントンで作るにしても、新しい工場を建てる必要はあるだろうし、どんなにうまく設計したところで、あののろのろした計画許可手続きのせいで身動きがとれなくなってしまうだろう。それに、英国内では充分な数のエンジニアを採用するのに苦労していた。

どう見ても向かうべきはシンガポールだった。シンガポールは中国を主要市場とするASEAN自由貿易地域の一員でもあった。僕たちは新港地区の埋立地に建てるシンガポール工場の計画を開始した。大規模な工場を設計したのは、車の大部分を自社で製造するつもりだったからだ。ブレーキ、車用ガラス、ドアファスナー、ワイヤリングルーム、シートフレーム、座席など、専門性の高い部品のメーカーを含め、サプライヤーの手配も準備万端だった。

そう、ダイソンは自動車業界の新参者であり、サプライヤーは老舗自動車会社が相手のときよりも高い代金を請求してきた。僕たちは彼らが求める発注量を保証できなかったし、それに、必要な部品はすべて特注品だったからだ。これにより、サプライヤーから購入する部品の代金は既存のメーカーが支払う代金より二五%ほど上がり、車の製造が高くつくことになる。経費は莫大だった。原材料費もとてつもなく高かった。それに、ディーラーを通さず直販する計画だったから、販売を行う国のすべてで保管設備や金融関係の取引が必要になる。加えて、製造台数が少なくなるほど、一台あたりの価格は高くなる。生産台数が比較的小さいため、販売価格は一五万ポンド（約二四九〇万円）にせざるをえなくなるが、この値段で車を買う人は多くない。

しかし、すぐにはっきりと気づけなかったことがある。電気自動車の生産に乗り出した既存の自動車メーカーが大きな損失を抱えていた事実だ。電気自動車は手頃な価格で作れないが、電気自動車を加えると製品リスト全体で排ガス規定を達成する助けになるから、既存の自動車メーカーは電気自動車を進んで製造する。つまり、赤字の元だとしても電気自動車を作っていれば、高潔なふりをしながら、排ガスで汚染を撒き散らす車で利益を上げることができる。一方、テスラは株主の金、補助金、その他もろもろで二三〇億ドルを調達した。僕たちにはわずかですら手にできない類の補助金だ。本書執筆中にも、イーロン・マスクはさらに六〇億ドルを調達した。

ビジネス上の潮目の変化から、僕たちは土壇場で自動車製造から撤退する決断を下した。N526は見事な車だった。非常に効率的なモーター。空気力学にかなったデザイン。運転しても乗せてもらっても素晴らしかった。問題は、充分な利益を上げるのは厳しいということだけ。プロジェクトに対する情熱がどんなにあっても、自動車以外のダイソンの事業をリスクに晒すわけにはいかなかった。

大手自動車メーカーが突然、急ピッチで電気自動車の開発を加速させたいちばんの理由が「ディーゼルゲート」だ。排ガスをめぐるこのスキャンダルが、ほとんど一夜にして状況を一変させた。二〇一五年秋、ある独立研究調査機関による研究結果から、米国環境保護庁がフォルクスワーゲン社の不正を発見した。約一一〇〇万台のターボチャージャー付き直接噴射式ディーゼルエンジンが路上ではなく実験室内のテストにおいて排ガス制御装置を作動し、規制基準を満たすように、不正にプログラムしていたのだ。ディーゼルは基準を超えるレベルの窒素酸化物や微粒子状物質をこっそりと排出していた。巧妙な実験報告書はもちろんのこと、メーカーや政治家が、どんなに「グリーンウォッシュ」を行ったところで、ディーゼルエンジンは根本的に汚くて健康に危害を与えるものであるという事実を隠せはしなかった。

「ディーゼルゲート」に加担していた自動車メーカーはフォルクスワーゲンだけではない。二〇一五年の不正発覚で、すべてはおしまいになった。これで、自動車メーカーはEVにシフトする以外選択肢がなくなった。ノルウェーは二〇二五年、中国とドイツは二〇三〇年までに完全EV化するとしており、英国も期限を二〇三〇年に前倒しした。二〇二〇年一二月の時点で世界の自動車の二五〇台に一台がＥＶになり、その半数は中国にあった。これは始まりにすぎず、ＥＶの製造、ＥＶのためのインフラ整備、そして充電池をチャージするために必要な電力生産の方法など、まだ先は長い。

僕たちにしてみれば、「ディーゼルゲート」のおかげで自動車業界と自動車オーナーがディーゼルに背を向けたのはよかったが、今度は大手メーカーが必死の形相でＥＶの生産に突進してくることが予想できた。となると、価格を大幅に下げざるをえない。ガソリン車やディーゼル車を有害排出物ゼロのＥＶに置き換えれば環境基準目標を達成したことになるのだから、大手メーカーには価格引き下げも可能だ。つまり、製造にずっとお金がかかる電気自動車は、販売するとたいてい損になる。テスラは売上にテコ入れするため、自社のカーボンオフセット枠を内燃エンジンメーカーに数百万ドルで売ることまでやっている。こういう取引が倫理的といえるのか、僕には確信が持てない。二〇一九年には、「ディーゼルゲート」に対する遅ればせながらの反応として、既存の自動車メーカー各社がＥＶへと思い切って一八〇度の方向転換を行ったことが明らかになっており、つまりはダイソンが高価な製品で競争を挑むのは困難になり、このまま進むにはリスクが高くなっていた。

一つのプロジェクトを中断せざるをえない場合は、本当につらい。関係者全員が、この仕事に刺激を受けていたし、バッテリーとモーターにとてつもない進歩をもたらしたのだから、エキサイティングで重要な仕事に取り組んでいると感じていた。僕たちの決断により、突然すべての夢が砕け、たくさんの人々――このプロジェクトに関わった人だけでなく、その製品を買いたいと思っている人たち――を失望させていることに気づいた。人的コストも大きかったし、僕たちも人生の終わりにさしかかった時期に取り組んでいたことを実現できず、大きな失望が残った。

僕たちは余剰人員の数をできる限り絞っていたが、EVプロジェクトの中止を発表するとすぐに、ハイエナのような連中がやってきた。自動車メーカーと人事採用エージェンシーが地元のホテルに臨時オフィスを構えて、ダイソン社員を相手に転職の勧誘を始めた。全員が行くべきところにすみやかに収まり、ダイソン残留を希望した人は今も社内の別のプロジェクトで働いていると思う。こうしてダイソンという組織にさまざまな才能が流入したことにより、社内の新プロジェクトを加速することができたし、ダイソンに残った人々の多くは今では大きなチームをリードしている。

遡って二〇一四年の時点では、競争の激しい分野に参入したことは認識していたが、ライバルたちはEVへの需要をほとんど無視していると信じていた。「ディーゼルゲート」も、それによって景色がこれほど一変してしまうことも、予測できなかった。幸いなことに、ダイソンは五億ポンドの費用を捻出し、生き残ることができた。バッテリーやロボット工学、空気清浄、照明という分野で多くを学ぶべく奮闘した。また、デザインのプロセスにおけるツールとしてのバーチャルエンジニアリングを身につけ、究極的には、もっとすばやく、そしてコストをもっと抑えて製品を作る方法を大いに学んだ。何もかもが、将来のための価値ある学びだった。

このプロセスで、僕たちはハラヴィントンを取得した。マルムズベリーの近くにある広大な元空軍基地で、自動車の開発、テスト、ひょっとしたら製造も行う場所としてここを購入した。ここは特別な場所であり、進行中および将来の開発作業に使える広大な空間を僕たちにもたらした。マルムズベリーから遠くない場所に、ほとんど使われていない飛行場が三カ所あった。当時、僕たちは自動車プロジェクトを開始しようとしており、スペースが必要だとわかっていたため、三つの飛行場のうち一つをダイソンが購入するか、あるいは貸してもらえないかと打診するのは名案に思えた。国防省はウェールズ全体と変わらぬ土地を所有していながらそのごく一部しか使用していないのだし、何しろ国防省は財政難なのだから、地方の飛行場三カ所のうち一つを競売にかけてもらうのは簡単なことだろうと僕は思っていた。

当初僕は、王立空軍ラインハム飛行場に目をつけていた。今はソーラーパネルに覆い尽くされてはいるけれど、三本の長い滑走路は車のテストにとって理想的だった。しかし、滑走路は二本だが複数の誘導路があり格納庫も大きいハラヴィントンのほうがよさそうだとわかった。国防省の回答はノーだった。三カ所の飛行場のどれもノーだった。理由は今でもよくわからない。僕は食い下がり、最終的にはハラヴィントンの購入に向けた企てを進めることができた。

企て、と僕が言ったのは、二年に及ぶ紆余曲折の過程になったからだ。ハラヴィントン飛行場の主要部分は、一九三〇年代に五軒の農家から強制収用された土地だった。彼らの子孫は多数おり、英国でクリチェル・ダウン法と呼ばれる制度に従って、僕たちは全員の居場所を突きとめて交渉しなくてはならなかった。つまり、どんなに昔のことでも、過去の所有者を見つけ出し、彼らから時価で土地を購入しなければならないのだった。一九三〇年代に当時の時価で収用代金が支払われていたが、それでも、信じられないことに僕らは、子孫に割増金を支払わねばならなかった。ダイソンがこれまで経験したなかで最も複雑な交渉だった。

子孫のなかには家族で意見が割れるケースや、急いで売りたくないという人もいた。一方で、僕たちには時間がなかった。二〇一七年二月に、ついに飛行場のさまざまな部分の自由保有権を購入した。以来、王立空軍ハラヴィントン飛行場周辺の他の所有者が僕たちに所有地の売却を申し込んできたので、それを購入し、僕たちの所有地は七五〇エーカー（約三平方キロ、一エーカー＝約四〇四七平方メートル）になった。

次に、敷地と建物の修復とリノベーションに着手したが、骨の折れる仕事だった。現在、英国のいたるところで飛行場が掘り返されているが、僕はハラヴィントンをそのまま保存したかった。ハラヴィントンはダイソンの新しい研究開発拠点になる予定だった。最先端技術の開発を行う一方、僕は現役の飛行機をこの地に取り戻す計画を立てていた。それを人前で話したところ、地元から猛反発があり、八〇〇キロも離れたアバディーンからの公式な異議申し立てさえ届いた。少なくとも週に一度のペースで第二次世界大戦時代の戦闘機一機に離着陸させたいと今でも思っているし、歴史的戦闘機コレクションを現在のダックスフォードからここに移転させたいと望んでいる。

ハラヴィントンの修繕強化事業は、商業的な事業でもあるが、好きでやっている仕事でもある。例えば、格納庫は素敵な建物だが、放置されてひどい状態になっていた。竣工した日から僕たちが買った日まで、修繕されたことはなかったのではないかと思う。クリス・ウィルキンソンは四つの格納庫をエレガントで光あふれるハイテクな空間として、現役復帰させた。リノベーションと同時に二酸化炭素排出量を削減するのは、ここに新築のビルを建てるよりも高くついた。

ハラヴィントンの大きな魅力は、建築、エンジニアリング、デザインの物語であり、それは一世紀後の僕たちにとって直接的な価値はなくても一九三〇年代には特別な存在だったイノベーティブで広大な建物群によって示されている。僕たちにとって重要なことは、当時の王立空軍の飛行場が、クオリティの高いデザインとエンジニアリングを人々に展示・紹介する場所として作られたということである。

第二次世界大戦に向かう五年間に、航空省の庇護のもと、作戦・営繕局とともに、王立空軍は一〇カ所ほどの飛行場を新築すべく投資を行った。一九三一年から一九三五年にかけて首相を務めたラムゼイ・マクドナルドは、王立美術委員会にそのデザインと計画を監督するよう要請した。大型かつ技術主導型の計画だったため、英国の田園地帯になじませる方法や、もたせるべきイメージについて、懸念があったのだ。

その結果、スコットランド人建築家のアーチボルド・バロックが二〇世紀の偉大な英国古典様式の建築家エドウィン・ラッチェンスとレジナルド・ブルームフィールドのスタイルでデザインし、ボザール式計画または田園都市《ガーデンシティ》計画に従って配置されたネオジョージアン様式の兵舎および管理棟と、最先端の設計・建設技術を体現する格納庫および技術棟からなる建築群が、ハラヴィントン飛行場の誇りとなった。ハラヴィントンでは、デザインに筋が通っていた。新規飛行場は現代性と伝統の両方を表現していた。三階建ての将校宿舎はライムストーン張りで、ロビーとメインホールには上品なオーク材が張られていた。飛行機の格納庫は、当時の最先端のヨーロッパのエンジニアや建築家のデザイン思考と同じくらいに最新式であり、そのうち二棟はウィルキンソンエア建築事務所のリノベーションによりダイソンの事務所およびアトリエになっている。

例えば、飛行場の周縁部分には、一九三〇年代後期のタイプE格納庫がある。芝屋根が実に優雅なカーブを描くコンクリート造の建物だ。道路、あるいは空中から眺めると、新石器時代の古墳と見違えそうだし、ここウィルトシャー州はそうした古墳があることで名高い。古代エジプトのピラミッドの英国版である。

小石がびっしりと張られたハラヴィントンのタイプE格納庫の防弾扉を開けると、フーゴー・ユンカースの考案したシステムを活用した独創的なコンクリート屋根の下に、目を見張るような無柱空間が広がっている。このドイツ人発明家兼実業家は、デッサウのユンカース工場で生産された急降下型爆撃機Ｊｕ87シュトゥーカをはじめ、飛行機の設計者としてよく知られている。左寄りの平和主義者だったユンカースは、バウハウスの主要なパトロンの一人だった。彼は、デッサウのこの新しいデザイン学校の設立において、重要な役割を果たした。飛行機の設計を手がける前は、バスルーム用ガス湯沸かし器やファンヒーターを発明・製造していた。一九二五年、ユンカースは木造の「ラメレンダッハ（弓形屋根）」をプレファブ鉄骨構造システムとして開発し、特許を取得した。ユンカースが開発したネットのような鉄骨構造は、飛行機の格納庫を作るのに理想的だった。「ラメラ」格納庫は、イノベーティブな構造や建設期間の短縮だけでなく、建築美という強みもあったからこそ売れたのだ。

ドイツ起源のデザインを簡略化した建設システムによるハラヴィントン飛行場のコンクリート

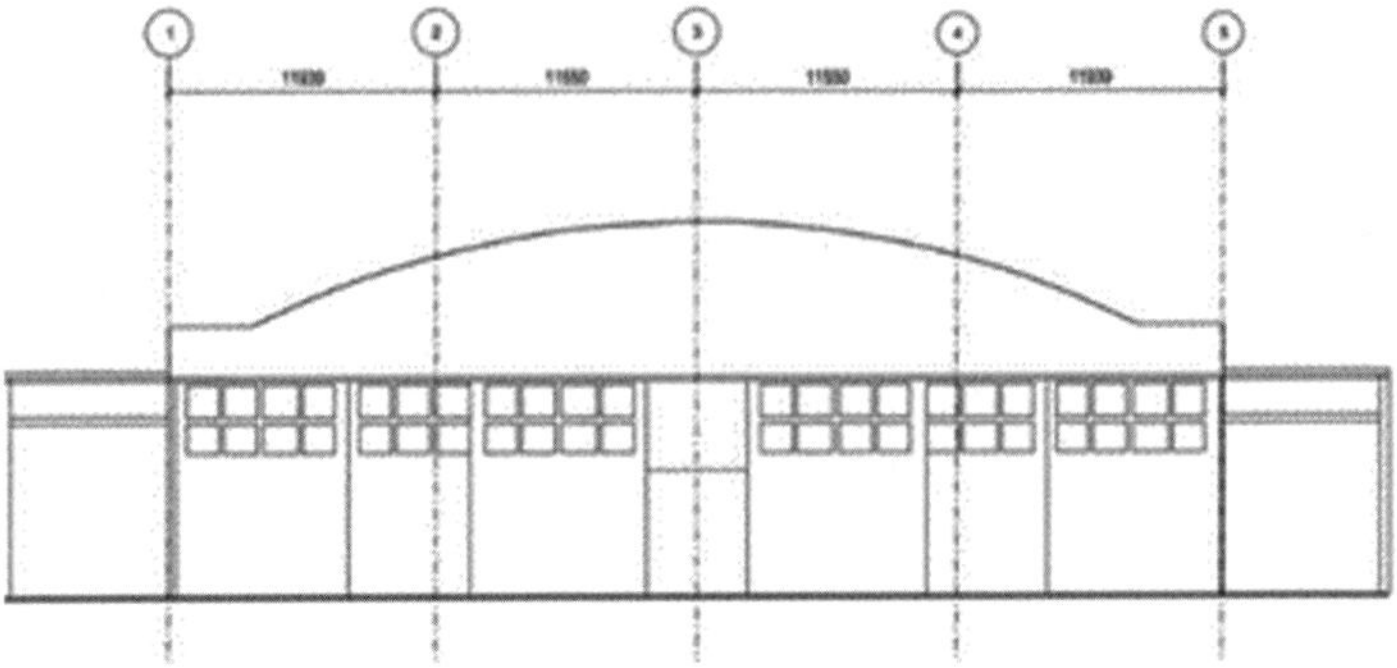

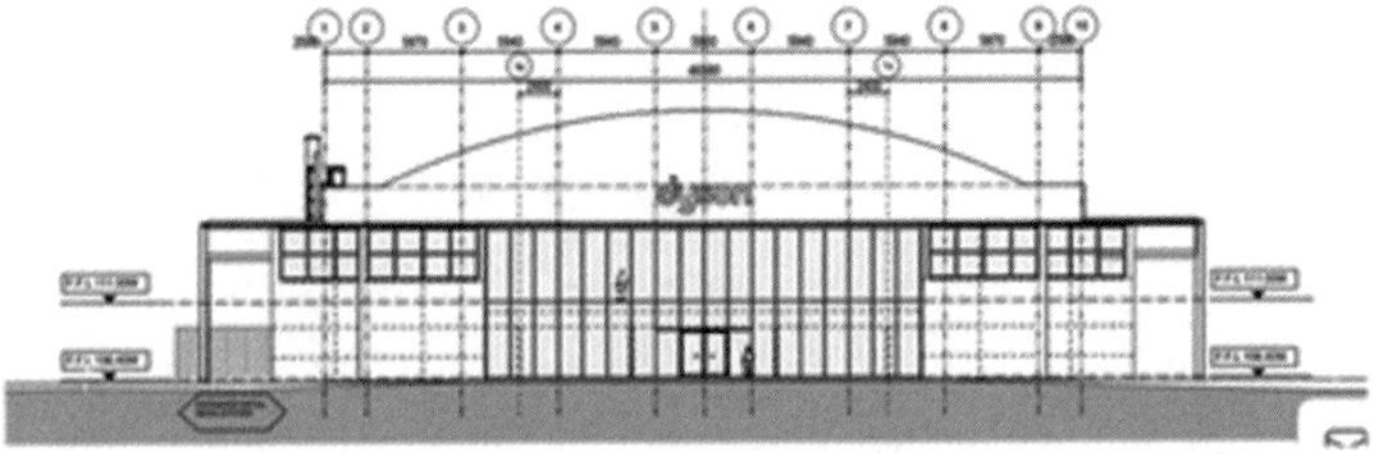

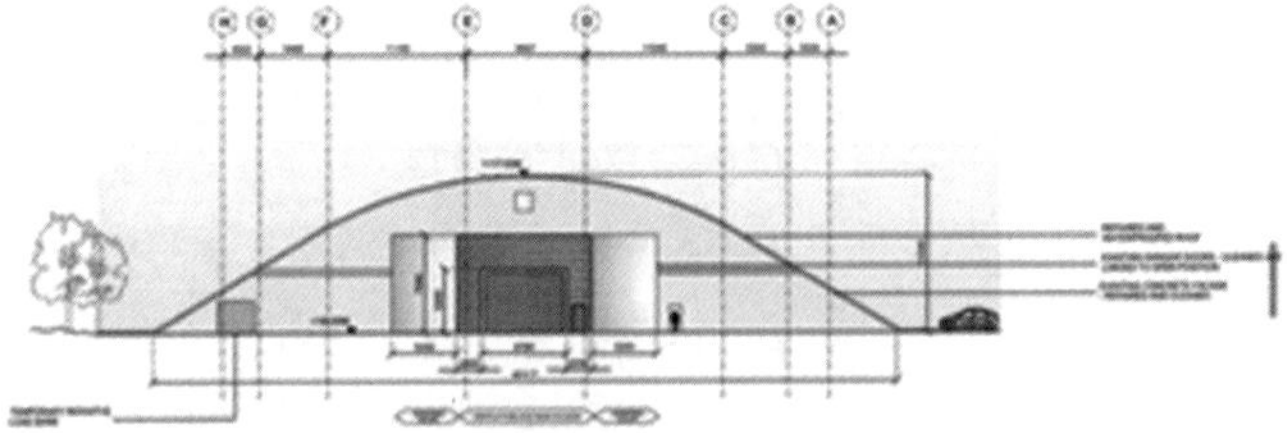

(上)ハンガー(格納庫)85　(中)ハンガー86　(下)ハンガー181

造「タイプE」格納庫――草屋根に覆われたカーブ屋根の格納庫――は、航空技術と建築の関係の進化だけでなく、やがて破滅的な戦争の中で対立し、和解不能な政治信条を持つにいたる陣営の間で実現した、エンジニアリング的関心に基づく技術移転をも示している。ハラヴィントンのタイプE格納庫は、一九三八年にキアー社が建造したものだ。八〇年後、キアーグループは、ダイソンのタイプD格納庫二棟の修復に関わった。

　主に飛行機を格納するタイプD格納庫は、屋根を形成する弓の弦のようなコンクリート製肋材、あるいはトラスをRC（鉄筋コンクリート）の柱が支えるつくりになっている。一五柱間《ベイ》の壁は約三五センチ厚のRCで、上部に大きな鉄骨製の窓がある。扉は六枚の鉄板でできており、開放すると建物の両側に突き出したコンクリート製の扉台の上に載る。こうした格納庫の施工法はフランスで開発された。フランスでは、最先端のコンクリート工学が、トゥールーズ近郊のモントードラン飛行場に代表される新しい飛行場建築だけでなく、オーギュストとギュスターヴのペレ兄弟の作品も生み出していた。兄弟の手がけたノートルダム・デュ・ランシー（一九二二～二三年竣工）は、今でもコンクリート建造物の傑作の一つである。光の当たり具合では、タイプDも聖堂に見まごうかもしれない。

　ハラヴィントン飛行場は一九三七年六月に開設され、当初は草地の滑走路だったのを、後に実験的にタールマック舗装にした。初めて飛んだ飛行機は複葉機だった。一九四〇年代の最盛期にハラヴィントンを訪れることができたなら、モスキート、スピットファイア、ランカスターからダグラス・ボストン、ノースアメリカン・ミッチェル、そしてGAL48ホットスパー部隊輸送用グライダーまで、多種多様な王立空軍機が一堂に会する姿に感銘を受け、圧倒すらされただろう。ハラヴィントン駐留飛行中隊はバースとブリストルの防衛に参加していたが、この飛行場の主要目的は飛行士の訓練および飛行指導教官の育成、そして飛行機の保管だった。

また、元空軍基地で自動車を開発することは、バックミンスター・フラーの作品と彼が一九三三年に制作した一種の公道走行可能飛行船であるダイマキシオン・カー、飛行船デザイナーのポール・ジャレーがハンス・レドヴィンカのダイナミックなタトラ・カーのために設計した無駄のないすっきりとしたボディ、そしてスウェーデンにおいて元空軍パイロットのエンジニアであるシクステン・セゾンがサーブのために手がけた先駆的な仕事など、航空産業と自動車産業の興味をそそるつながりと協力関係を思い出させた。

こうした発明家兼デザイナー兼エンジニアたちはみな、航空産業の要請として、無駄のないデザイン、風洞実験、手段の経済性、ますます重要性を増す人間工学、そして、あるいはまだ空を飛ぶ車にはいたらないまでも、掃除機から飛行機まで、人間の生理機能と認知能力に合わせて製品をデザインする方法に関心を傾けていた。僕たちが風洞で電気モーターターービンを開発したときは、横にロールス・ロイスの航空機エンジンを置いていた。ロールス・ロイスのエンジンはダイソンの小さな電気モーターよりずっと大きくてパワフルかもしれないが、うまく動かすには気流の法則が重要であることに変わりはない。

二〇二〇年三月一三日、あたかも偶然であるかのように、ボリス・ジョンソン首相が僕に電話をかけてきて、コロナ禍に対応するため、六週間以内に五万台の人工呼吸器が必要だと述べた。このプロジェクトは、数日後に公表された。僕たちは、車の開発専用にしていたハラヴィントンの研究開発施設を活用した。このような医療用製品の製造に使えるまっさらな工場があったのは幸いだった。臨床的要件と人工呼吸器の仕様を理解しているエンジニアとデザイナーからなる比較的小さなチームで仕事にとりかかった。最初の週末には、精巧さのレベルを変えたさまざまなプロトタイプを大量に制作した。

供給問題が生じる可能性から、従来型の人工呼吸器を意図的に避け、代わりにダイソンならではの信頼性のある技術を使用することになった。間もなくチームが英国とシンガポールで四五〇名ほどを擁する規模に成長したので、二四時間体制で製造し、ダイソンのグローバルなサプライチェーンと知識を活用できるようになった。英国のエンジニアリングチームとシンガポールのエンジニアリングチームが交代で働いたわけだが、まだ日の長い時期だったので、深夜まで残業することもよくあった。

これはとてつもないプロジェクトだった。臨床医たちからのフィードバックはよく、二週間以内に新しい人工呼吸器を臨床試験にかける準備が整った。プロジェクトを進めながら、手元になかった必要な部品をわずか六週間で手元に揃え、医療用製品の製造条件も達成し、ハラヴィントンの格納庫の一つをまるごと医療用品製造施設に転用して、ダイソンの社員がソーシャルディスタンスをとりながら機器の組み立てを行った。

チームはやる気に満ちていた。通常はダイソン製品の研究開発プロジェクトに関わっている人材を転用したため、そちらのほうは遅れが出た。人工呼吸器の製造はコストが出ていくだけ——

金が儲かるというよりもむしろ——だろうと思ったが、危機に対する国を挙げての取り組みに協力するという正しい理由のためにそうしたのだった。チームの対応にも驚きはなかった。僕たちはいつもこういうふうに働き、行動しているのだ。パンデミックが猛威を振るうなか、チームは家族と離れ、昼夜なく働き、このプロジェクトを完遂してくれた。無私の行動であり、エンジニアが力を合わせれば短期間でどんなことがやり遂げられるかを示したのだった。社内中の素晴らしい人々がこのプロジェクトに貢献してくれた。エンジニアたちだけではなく、僕たちのために食事を用意しにきてくれた人たち、ウイルスから僕たちを守るために掃除をしてくれた人たち、数時間ごとに室温を調整してくれた人たち、セキュリティチーム、格納庫を製造工場にする準備をしてくれたチーム——リストにすればきりがない。あれほどのスピードでこの装置を完成できたのは、みんなが懸命に働いた証である。

このプロジェクトの運営を難しくしていた要因の一つが、常に変化する仕様だった。僕たちはダウニング街一〇番地の首相官邸からの要望と発注を受けて、人工呼吸器をデザインし、製造していた。最初は、官邸にいる公務員が仕様を伝える担当者だった。僕の知る限り、この人物は臨床医でもなければ、公共医療部門で医療機器の承認に関わっているわけでもなかった。彼は当初、僕たちに自給型のポータブル人工呼吸器を作るようにと言ってきた。電池で動く空気ポンプでHEPAフィルターが必須とされた。呼吸数に連動して患者の呼吸支援または人工呼吸を行うものにするようにとのことだった。

この時点で、初めて外部のコンサルタントが官邸に招かれた。彼らは毒性学を理由に空気ポンプで人工呼吸器に大気を供給するというアイデアを非難した。有毒物質除去のために組み込まれた五枚のＨＥＰＡフィルターの存在は無視していた。デザインは変更を余儀なくされ、コンセント電源とし、病院内の圧縮空気供給を利用することになった（コンサルタントたちに対して、病院内の圧縮空気供給の毒性についてのコメントが求められなかったことに、僕は気づいていた）。この仕様に合わせてデザインを完成すると、今度は蓄積された汚れを肺から吸い出す真空機構を組み入れよという指示があった。僕たちはこれをデザインに組み入れた。するとと、人工呼吸器は呼吸支援だけでなく人工呼吸もできなければならないと言われた。僕たちはそれも組み込んだ。違いは、麻酔下の患者の喉に挿入できるパイプがついているということだった。呼吸支援装置は酸素マスクに似たフェイスマスクで機能し、患者は自力呼吸を続けることができるので、回復の可能性が高まる。僕たちの装置はどちらも両方できなければならなかった。

プロトタイプの制作とテスト、そして部品の調達を含め、この開発全体に六週間かかった。並行して、僕たちはハラヴィントンとシンガポールに医療用機器製造施設を準備した。シンガポールの工場は東南アジアに人工呼吸器を供給すると同時に、世界中からダイソンに寄せられる必死の問い合わせに応えるための工場だった。

ダイソンの人工呼吸器は従来の人工呼吸器よりもずっと小さく、書類ケースくらいの大きさで、ベッドサイドテーブルやワゴンの上に置くことができる。アルミ製のボックスにポリカーボネート製のパネル一枚がついているだけだった。かつて洗濯機のために初めて開発したコントロールパネルに似ていた。「透明な」ポリカーボネートのシートの裏側に、プリントが施されていた。

つまり、プリントが剥《は》げることはないし、表面は衛生的で拭き取り掃除が可能で、防水性があった。ポリカーボネートパネルには小さなドーム型の膨らみがあり、押すとこれがスイッチになって、内側にあるPCボードの物理スイッチを作動させる。文字や図は透明なポリカーボネートの中のクリアな丸や線として余白部分を残しながらポリカーボネートパネルの裏側に印刷されていて、内部のPCボード上のライトが光ると、測定値が光ってはっきり見えるようになっている。

四月半ばには、できるだけ患者を人工呼吸器につながないほうがいいことが世界中の臨床医たちの間でわかってきた。人工呼吸器は最終手段としてのみ使われるべきものとされた。すでに病院にストックされているものは別として、それ以外の人工呼吸器の必要性は一夜にして消えた。官邸が僕たちの努力が無用のものであったことを認めるのに数週間かかった。僕たちは自ら進んで二〇〇〇万ポンド（約三三億円）のコストの負担を決定した。

官邸が僕たちに対して求めたのは、ほとんど不可能なことだった。大量の人工呼吸器を数週間で設計し、開発し、生産してほしいという話だった。求める仕様にも大幅な変更を繰り返したのに、医学界の見解が変わるとすべて必要ない、いらない、というわけだ。官邸は一流のコンサルタントを雇い入れたが、僕の見るところ、彼らは余計な口出しをして不要な障害や遅延を作り出すことで、高額な生活費を稼いでいた。

僕が英国で観察してきたのは、官公庁の人間が民間セクターの人間に対して憎しみに近い深い不信を抱いているという現象だ。富を生み出す民間セクターの納税者、まさに彼らが見下す人々によって彼らの給料が支払われているのだから、これは奇妙なことだ。彼らの給料は業績の良し悪しにかかわらず保障されているし、不況でも仕事は安定している。官公庁のそうした安心感が、民間セクターを見下す態度につながっているのかもしれないが、民間企業では、支払いを受けたり、仕事があったりするのは、誰かがお金を払おうと思う価値のあるものを届けたときだけ。民間セクターにいる僕たちの行動には基準があるし、顧客に仕えているが、公務員には顧客もいないし誰に仕えているわけでもない。

政府のヒエラルキー的組織とは異なり、ダイソンではフラットなマネジメント構造を採用している。そのおかげで、すばやく決断を下して遂行する権限を個人に与えることができる。ダイソンでは、ふさわしい人材が任務につき、誰もが自分の役割を理解していた。誰かがウイルス感染により体調を崩す可能性もあるため、社員同士がお互いの役割や責任を詳しく把握し、任務が重なるように配置していた。こうした明

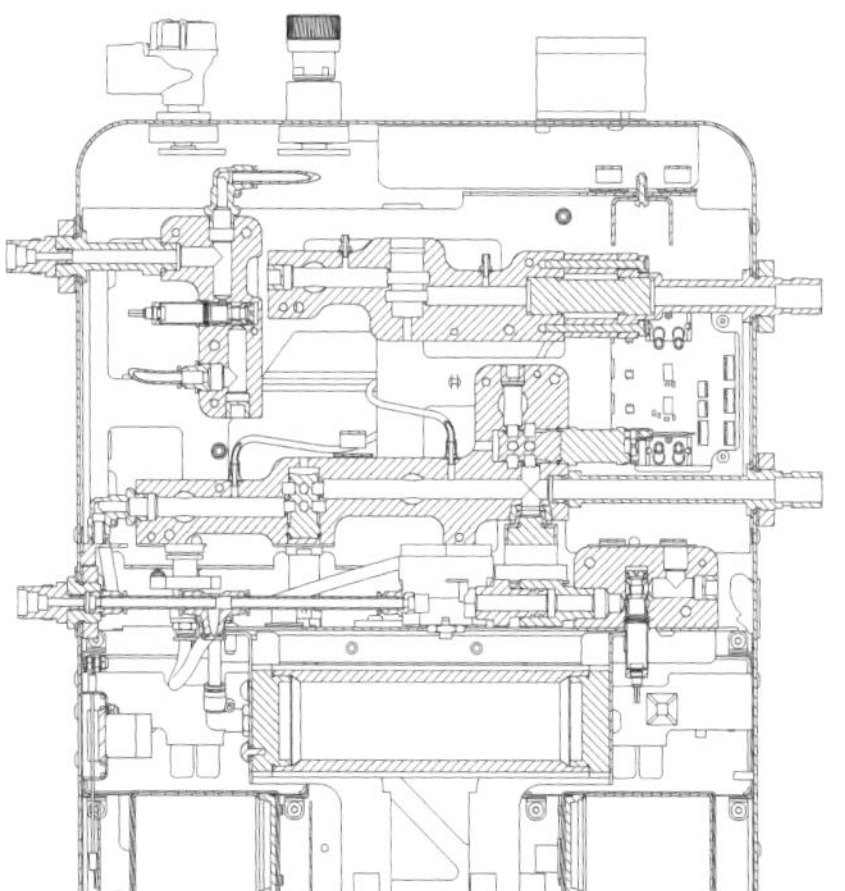

人工呼吸器

確な目的や理解、指示があればこそ、ダイソンの社員は自分の専門知識や知見を最大限に発揮できたのだ。

多くの意味で、これがダイソンの通常オペレーションである。組織の構造はフラットにし、一つの製品チームに所属する全員が全力を尽くして、製品を期日までに納品する。ソフトウエアや電子工学のエンジニアなど、必要な専門家が各チームに配置されている。問題解決を支援するために投入できる他の専門家もたくさん用意している。常に今までにはないやり方を模索している。日々問題を解決し、すばやく動き、試行錯誤を繰り返しながら前に進む。政府からの人工呼吸器製造の要請に応えたのは、なすべき正しいことだと僕自身が信じたからだ。

悲しいことに、二〇二一年四月末、僕たちの善意に対し、BBCは疑義を呈した。彼らは事実を歪曲し、その結果、首相と僕自身が不正を行っているかのような印象が生じた。BBCの政治部長であるローラ・キューエンスバーグによる報道は、重要な地方選挙——政府与党の過半数に試練を与えるもの——のタイミングで出た。報道は、財務大臣に対して本プロジェクトに携わる英国人以外の従業員に対する英国の税制の適用の明確化を求めた後で、僕が首相に送ったショートメッセージに注目していた。

BBCの見立てでは、僕が首相に「ロビー活動」をしているとのこと——僕に接触してきたのは首相のほうだから逆なのに——であり、英国ではロビー活動は不正がつきものなので、どうやら僕が不当に何らかの形での特別扱いを求めたようだ、としていた。彼らの見立てを支えるために、僕は「著名な保守党支持者」ということになっていた。

しかしながら、僕が首相から引き出そうとしていた特別扱いが正確なところ何なのかは、誰にもわからなかった。人工呼吸器プロジェクトはダイソンにとって二〇〇〇万ポンドの出費となり、利益からはほど遠いものだった。内密なやりとりどころか、僕は発言の記録として、官邸や財務省の役人複数名にもメッセージのコピーを送っていて、それがBBCの目に留まったのだった。それに、ショートメッセージは確立されたコミュニケーションの手段の一つであり、BBCの記者たちも当然使っているはずだ——秘密裏のやりとりなどできるはずがない。

最後に、僕を「著名な保守党支持者」としたのは、明らかに間違っていた。僕は保守党の交流イベントに参加したことなど一度もない。EU離脱キャンペーンにも一ペニーたりとも寄付したことはない。僕はあからさまな政治的意思表示をするのは好きではないし、そういうことはしない。ローラ・キューエンスバーグは僕が保守党の会合でスピーチをしたと言っており、たしかにそれはそうだが、僕は労働党の会合でもスピーチをしており、どちらも、英国の政治家にエンジニアリングの重要性やエンジニアを増やす必要性をもっと理解してほしくて行ったものだ。

続いてBBCは、僕が「著名な保守党支持者」とする主張は慈善寄付金に基づいた事実であるとして、選挙管理委員会の登録にある、ジェームズダイソン財団からウィルトシャー・エンジニアリング・フェスティバルへの一万一四五〇ポンドの寄付を取り上げた。これはエンジニアリングのキャリアに進むよう学生たちを励ますイベントへの寄付だった——政治的な寄付でも、保守党への寄付でもなかった。登録慈善団体は、政治的主張のための寄付は許されていない。僕の見るところ、この報道は単純に僕と首相を貶めることだけが目的だった。

僕は人工呼吸器プロジェクトへのダイソンの貢献を誇りに思っている。当時、僕も、危機の真っ最中に全力を傾けてくれた何百人ものダイソン社員も、自分たちの努力に対する誤った説明がまかり通り、命を救うためではなく政治的な中傷のために使われることに、非常に落胆した。社員の信用のためにいうと、メディアの一部がBBCの主張を調査し、完全な誤りだと結論付けた。政治的不正というストーリーによってダイソンと僕を陥れようという試みは失敗した。報道が事実ではなかったからだ。少し時間はかかったが、最終的にBBCは不正確な報道を謝罪した。

サー・ジェームズ・ダイソンへの謝罪　二〇二一年四月二一日水曜日

サー・ジェームズ・ダイソンから首相に宛てたショートメッセージを私たちが報道したなかで、彼が著名な保守党支持者であると述べられていましたが、それが事実ではないことを私たちは認めます。ジェームズダイソン財団は学童のためのウィルトシャー・エンジニアリング・フェスティバルを支援するために寄付を行いました。これがいかなる政党への連帯を示すものではないことを私たちは認め、私たちは記録を正したいと思います。サー・ジェームズは、私たちの報道の他の側面の正確性についても懸念を表明しました。サー・ジェームズが首相官邸に接触したのは、人工呼吸器の切迫したニーズに関して首相が彼に直接発した支援要請に応えたものであり、二〇〇〇万ポンドのコストが発生しましたが、国家的危機を支えるために彼の会社が自発的に負担しました。また、彼から首相に宛てたショートメッセージは後に官僚たちにも送られていました。こうした事実が私たちの報道に常に反映されてはいなかったことを申し訳なく思いますし、事実を報道しなかったことを謝罪します。

コロナ禍は僕の人生において、ビジネスや国民と向き合う上で最も困難な状況を作り出した。世界が回復し始めるにつれて、多くの国が暗い将来に直面しているが、欧米諸国の業績とアジアの新興国・発展途上国の業績には大きな差がある。二〇一九年一二月の時点で、欧米諸国の国家債務は対GDPで一〇三%であり、翌年には一二四%に上昇した。アジア諸国の債務はGDPの五三%から六三%に上昇し、パンデミックの影響があったとはいえ、欧米よりもはるかに統制がとれている。二〇一九年一二月から二〇二〇年一二月の間に欧米諸国の経済は五・八%縮小したが、アジア諸国の縮小は一・七%であり、IMF（国際通貨基金）によれば、アジア諸国は二〇二〇年代半ばまでに平均五・九%の成長が見込まれており、欧米諸国の成長見込みを大きく上回っている。

ビジネスにとっては楽な時期ではなかった。リモートワークに引きこもってしまった企業もあるようだ。ダイソンの場合、リモートワークでは非常に不満が大きくなることがわかった。実体のあるものづくりをしているからだ。こうした事業にはフィジカルなやりとりや専門的な装置が必要であり、そのためロックダウンによってプロジェクトの一部に大きな試練や遅延が発生した。ダイソンのあらゆる製品はトレーニング、研究、デザイン、テストの年月から生まれるものであり、自宅でできる仕事ではない。研究所や装置が必要だし、これらへのアクセスが断たれ、プロトタイプを目の前にしたエンジニア同士の対面での議論や交流がなくなれば、進歩の速度は落ちる。コロナ禍の間もずっと、英国内のキャンパスは人工呼吸器に携わる人々のために操業していたし、サポートスタッフの協力、数千台の新規デスクを導入した上でのソーシャルディスタンスの実践、政府のアドバイスとは異なる当初からのマスク着用の義務化を頼りに、プロジェクトのペースを維持すべくベストを尽くしていた。

僕たちはたった三〇日でまったく新しい人工呼吸器を開発した。残念ながら英国では無用となってしまったが、国を挙げての取り組みに貢献できたことを一瞬たりとも後悔してはいない。人工呼吸器は僕たちが製造しようと思う製品ではないため、ベンチャー的取り組みはここで終わりである。ダイソンはこのプロジェクトに二〇〇〇万ポンドを費やした。危機の渦中、ダイソンが操業している各国の政府は助成金の提供を申し出てくれたが、僕たちは公的資金を一切受け取らなかったし、スタッフのレイオフも行わなかった。

人工呼吸器プロジェクトが終わったとき、成長のためのスペースを与えるために、いくつかの開発プロジェクトをマルムズベリーからハラヴィントンに移転した。ありがたいことにハラヴィントンのキャンパスはよく活用されており、ロボット工学や環境への配慮、照明といった分野での新規研究開発に多くのスペースを割けるようになった。ダイソンはここで将来たくさんのエキサイティングな発見をし、文字通りとはいかなくても、空に達するほど成長すると僕は確信している。

第10章

Farming

農業を再生する

生まれつき好きだったというわけではなく、僕の農業《ファーミング》への情熱は次第に大きくなってきた。現在では、リンカンシャー州、オックスフォードシャー州、グロスターシャー州、そしてサマセット州に収穫が多く品質のよい三万六〇〇〇エーカーの農地を所有している。ダイソンの農場は、農業で利益を上げる方法、農業によって輸入食材への依存を減らす方法、そして農業を長期的にサステナブルなものにする方法を明らかにするため、最新科学技術を活用しており、ダイソンのファミリービジネスと切り離せない事業になってきている。

工業製品と農産品の両方で、業績とサステナビリティを高める新しい方法を見出すという希望を掲げ、農業とテクノロジー事業――エンドウ豆と掃除機、ジャガイモとヘアドライヤー――の共生を実現できると考えるのは奇妙に思えるかもしれないが、農業は製造業とそれほど変わらないものだ。農業とは、何か――この場合は食べ物――を作ることであり、工場と同じく、環境をしっかりとデザインし、構築し、先端技術を使った最高のマシンのように、効率的かつサステナブルに仕事をしなければならない。最初のうち、農業はダイソンの本業とは別に静かに進め、改善を重ねた。そして今、農業とテクノロジーの事業を近づけることで相互利益が見えてきている。

ダイソンは常に、使用する資源を減らしながらより高い性能を実現し、長く使える製品を作ることにフォーカスしてきた。新テクノロジーの開発とフォーマットの工夫で軽量化すれば、消費エネルギーを減らせるし、地球に優しいだけでなく使う喜びも増すものだ。例えば、ダイソンのコードレス掃除機には、従来の掃除機に比べれば重量も消費電力も非常に小さいものがある。新しい技術、モーター、電池を従来とは違う方法で土台から開発することでもたらされた成果だ。

物質科学、創エネ、蓄エネがこうしたものづくりの核心にあるが、僕たちの製品に使える素材を育て、エネルギーを作る点で、農業が与えてくれるものはたくさんある。同時に、ロボット工学、視覚認識、AI、エネルギー貯蔵などのダイソンの技術は、僕たちの農場にますます技術革新をもたらし、効率性と作物の品質を高めるだろう。

二つの企業――ダイソンとダイソンファーミング――は、どちらも未来は研究開発と継続的な改良にかかっているという点で、パラレルな部分が案外大きい。ダイソンファーミングが田園地帯を保護しながら、農業に必要な変化に貢献し、サステナビリティにおいて意義のある進歩を実現していくだろうという希望を僕は抱いている。

サステナブルな食料生産と食料の安全保障は、国家の健康と経済にとって非常に重要だ。英国は現在食料の三〇%を輸入している。これは不必要だ。なぜなら、英国ではさまざまな農作物を育てられるし、そうすれば食料輸入のための燃料や輸送の二酸化炭素排出量も削減できるからだ。農場を自然に戻したがる環境保全活動家たちは、飛行機で運ばれてきたアボカドやその他の輸入食料を消費することについて何も考えていない。英国の肥沃な土と充分すぎる降雨量があれば、温室の中で必要な食料を育てることができる。同時に、農業がテクノロジーの革命を推進し、テクノロジーが農業の革命を推進する本物のチャンスも存在している。先に述べたように、ダイソンはすでに農業由来の素材を製品に使用している。今のところは企業秘密だが、研究内容は魅力的で、着々と進んでいる。

「グリーンウォッシュ」に頼ることなくサステナブルな農業を行うには、エネルギーと材料の循環《サイクル》や再利用《リサイクル》が非常に重要になる。製造業にとっても同じことがいえる。リーンエンジニアリングや役目を終えた製品の再利用を通して材料の使用量を最小化する文化へ、僕たちはこれまで以上に近づいていかなければならない。二酸化炭素排出量を体よく相殺すればいいわけではない。ものごとの根源から取り組まなければならない。これはダイソンが常に意図してきたことではあるが、農業には単に改良するだけでなく、発明《インベンション》やイノベーションを通じてラディカルな変化を起こせる余地がある。口先のパフォーマンスではなく、エンジニアや科学者が、変化を生み出し続ける。

農業とは、本能や直感から行うものづくりであり、僕たちにたくさんのことを教えてくれる。しかし、大きな規模で反復してものづくりを行うときは常にそうであるように、すべての基本が正しくなければならない。水はけであれ、水路であれ、農道、生け垣、壁、土壌、木立、雑草の管理、野草の育成、昆虫、鳥、そしてそれ以外の野生動物、農場の建物の質、機械、作業場、農業従事者やスタッフの幸せであれ、ここでともに仲良く働くすべての人々とすべてのもののクオリティを最大限に高めなければならない。農場や農業機械、農道、水路、作業場が泥まみれで散らかった状態でいいはずがない。高い基準を常に維持すべきである。

僕たちがこれまでに購入した農場のうち、一つを除けばすべてが過小投資とメンテナンス不足の状態だった。農場が荒廃し、非効率化するのはこれが理由だ。排水が詰まり、水路には雑草がはびこり、農道は荒れ果て、穀物貯蔵庫が不足し、有害な雑草が小麦や大麦をしのぐほど伸び、不適切な輪作が行われ、生け垣に隙間ができ、壁が崩れていた。多くの農家は農場への関心をなくしてはおらず、情熱を持っている。農業セクター全般で不足しているのは、資本や利益だ。現代的な穀物貯蔵庫がある農場は一つもなかったため、穀物の貯蔵や乾燥を外部に委託しなければならず、すでに小さな利幅がさらに削られる一方、穀物を高品質で保管・貯蔵することで生まれる付加価値を失っていた。農場を効率化して利益が上がるようにするためには、最初の何年かはインフラにかなりの費用を注ぎ込まねばならなかった。

少々フライングしてしまったようだ。少し遡って、ノーフォーク北部での子供時代に戻ろう――当時は北海に面した突端にある辺境の地で、郡内の他の地域からも隔絶されていた。ここに別荘を持つという風潮が出てきたのはもっと後の時代の話であり、地方の鉄道路線が廃止されるにつれて、ノーフォーク北部の人のつながりも衰えていった。一九六〇年代には、国鉄のコスト削減のために政府が招いたビーチング博士が大鉈《おおなた》を振るい、何千キロもの地方路線を廃止し、多くの町や村が孤立することになったが、僕の子供時代はそれよりも前の話である。

僕はホルトにあるグレシャム校に通っており、生徒の中には農家の息子たちもたくさんいた。僕たちの暮らす小さなマーケットタウンのまわりには農場がたくさんあった。一〇代だった頃には、毎日農地を横切ってランニングをしていた。学校が休みに入ると、地元の農場で働いたし、大学時代にはディアドリーも一緒に働いた。その後は農業と無縁の生活を送るようになったが、サイクロン掃除機を開発したバスフォードのコーチハウスやマルムズベリーの工場はどちらも田園地帯にあった。農業に貢献できることがあるかもしれないと思えたのはつい最近のことだが、僕はずっと農場を持ちたかったのだと思う。

まるで名誉なことであるかのように、農地に投機したり、投機のために農地を所有することには、一度も興味を持ったことはない。そういう風潮が急に広がったのは、僕たちが二〇一三年にリンカンの数キロ南にある、ヒースの茂る原野と湿地が広がる古いノクトン所領地《エステート》八〇〇〇エーカーを購入した後だ。ここの黒色土は肥沃で、エンドウ豆やジャガイモといった作物を育てるのに理想的だった。

かつてのリポン伯爵の所有地ノクトンは、その後何度も所有者が代わり、三つの農場に分割されていたが、僕たちはすべて購入し、一つにした。このエステートの歴史の中で僕の関心をとらえたのが、屋外での農作業に技術を導入して機械化しようとした試みだった。一九一九年、ノクトン・エステートの管理者だったメイジャー・「ジョック」・ウェバーは、フランスのパ＝ド＝カレー県アラスにあった軍の放出物資店から鉄道の線路と車両を買うというアイデアを思いついた。ウェバーは第一次世界大戦中、西部戦線の兵士としてかの地にいたことがあった。彼は、水びたしの原野で軽量の狭軌鉄道が効率的に運行する様子を目にしていた。この鉄道はフランス陸軍大佐プロスペール・ペショが、鉄道および機関車エンジニアのシャルル・ブールドンとポール・ドゥコーヴィルとともに一八八〇年代後半から作り始め、発明したものだ。軽量鉄道は、戦時下のフランスで部隊、装備、補給、武器、弾薬および負傷者の輸送に使用されたが、のどかなリンカンシャーの畑でも使えそうだった。

はたして、そのとおりになった。最終的に、ノクトン鉄道は全長三七キロになり、元は食料や傷病者を運搬していた貨車が、近隣の農場の畑から集めた収穫物を載せて走っていた。さらに、この鉄道は、僻地にある農家の作業小屋に郵便物や食料品や飲料水を届けていた。ジャガイモを収穫する労働者たち、家畜用のエサや水、肥やしや湿地の水を汲み出すポンプ場用の石炭も運びながら行き来した。最も重要なのは、この鉄道が何千トンもの獲れたてのジャガイモを畑から直接、本線であるスリーフォード線のリンカン駅に運んでおり、そこから英国中に配送できたということだ。

貨車はシンプレックス社製の小さなガソリン機関で畑を行き来し、後にディーゼルに転換したが、一九三〇年までは本線の駅へ向けて、蒸気機関車二台の後ろを重い貨車が走っていた。蒸気機関車のタンクは日中に給水塔から水を補給していたが、僕たちはその一つ――美しい丸溝ひだのある古典建築の柱に似せた姿をしていた――を修復して元の場所に戻した。蒸気機関車はこの給水塔を、耕作や脱穀や荷車の牽引に使用される蒸気エンジン車と共有していた。

一九三六年にスナック菓子メーカーの「スミス・クリスプス」がノクトン・エステートを購入した。ポテトチップスに対する全国からの渇望に応えるため、鉄道は全力で走り続けたが、新しい農業道路が建設されるとトラック輸送が始まって、一九六〇年には鉄道が廃止された。その鉄道の機関車庫が、エステート内のなんとも素敵な名前のついた集落、ワスプス・ネスト（「蜂の巣」の意）での僕たちのカンファレンスセンター「ザ・ハイヴ（巣箱）」だ。リノベーションした建物の中に狭軌鉄道の新線を引き込んだのは、単なるノスタルジアではなく、技術革新がノクトンの歴史において果たした重要な役割を思い出すためだ。

何百万袋ものポテトチップスといえば、一九五〇年代に僕が父とノーフォーク北部のブレイクニーポイントでセーリングをしていた頃には、帰りにモーストンのアンカー・インに寄って、ジンジャー・ビア・シャンディとビール、そして、あの塩の入った耐油紙の小袋付き「スミス・クリスプス」をつまんだものだった。ポテトチップスはロンドンのスミス氏が発明したもので、氏はジャガイモをノクトンで買い付けるだけでなく、シドニーにも工場を造り、あちらでは今もスミス・クリスプスの名で売られている。今では「ウォーカーズ」になってしまったがっかりな英国とは大違いだ。

　海から東へ約三二キロのところにあるノクトンとキャリントンのダイソンファームは、肥沃な土壌の恩恵を受けている。このあたりはフェンランド（湿地）である。このフェンランドは、イングランドが定めるグレード1《ワン》という最高品質の農地の約半分を含んでいる。しかし、一七世紀に干拓事業を支援するために僕の先祖であるオランダ人技術者たちが招かれるまで、このあたりは水浸しで、農業にほとんど向かない場所だった。一七世紀のオランダ人技術者は必ずしも干拓に成功したわけではないが、彼らの先駆的な試みの後、一八世紀後半から一九世紀初頭にかけて、銅像になっている地主や技術者たちと、スコットランド人の農家の息子、ジョン・レニーの発明により、湿地を一変させる本物の進歩が達成された。人工河川、運河、水路、そしてポンプ場――一八二〇年代からは蒸気機関、一〇〇年後にはディーゼル、そして現在は電気――を備えた堤防が、ここをエンジニアリングの力を活用した地に変え、心に染みる景色はそのままに豊かな食料を生産するという、僕たちの関心にかなう地になっている。この土地に欠かせないポンプ場は全部で二八六カ所あり、洪水を防ぐため、完全自動化により二四時間稼働している。これらのポンプ場は、二四時間でオリンピック用プール一万六〇〇〇杯分の水を汲み出す能力がある。

一九五〇年代には、水を大きな排水路に排出するため、畑に土管を通し、周囲に排水溝をめぐらせるための補助金が農家に支払われていた。五〇年が経ち、土管は詰まり、水路は土や茂みや木立で埋まってしまっていた。排水がうまくいっていないため、生産高が落ちたり収穫物が傷んだりしていた。僕たちは排水溝を掘り返してきれいにし、畑の中を通る土管から排水溝に排水されるようにした。同時に、畑を通る土管の掃除や取り替えも行った。また、ステンレススチール製のモール鋤を牽引して畑を縦横に走る排水路を作った。

年間を通して農場全体の水量レベルを維持するため、ノクトンに約一九万リットルの貯水池を建設すると同時に、ミクロのレベルでは、灌漑用ドリップテープを使ってジャガイモなどの作物の育成に必要な水分を点滴補給した。フェンは湿地だ。毎年葦を刈るなど、農家が自腹を切って常に監視し、手入れして水路が詰まるのを防がねばならないが、技術とインフラが正しく整備され、環境をもっと効率的かつ優しく扱えるようになれば、何一つ——水一滴すら——無駄にはならない。

貯水池の縁には特別なデザインを施しているため、野生動物が水を飲むこともできるし、このあたりにはミヤコドリ、カワセミ、白サギといった野鳥がたくさん生息している。貯水池のまわりには一五ヘクタールもの野生の花畑があり、ミツバチやチョウといった花粉媒介昆虫の保護区でもある。エンジニアリングによる景観への介入は、負担になるどころか、完全に環境と融合している。

発明と、それがもたらすイノベーションは、一七世紀後半以降、英国に農業革命を起こしてきた。ジェスロ・タル子爵が一七〇一年に発明した馬曳きシードドリル（種まき機）やスコットランド人エンジニアのアンドリュー・メイクルが一七八六年に発明した脱穀機など、機械の力は英国の農場の生産性を何倍にも高めた。ノーフォークでは、地元の農民たち――レイナム・ホールのチャールズ・「カブ」・タウンゼンドが有名だ――が小麦、大麦、クローバー、カブを四年間、順番に育てる輪作を採用し、土壌を革命的に改善した。これらの作物は土壌にさまざまな作用をもたらし、収穫に好影響を与え合うのだった。

英国の農場は極めて生産的になった。人口が急増した。食料と労働力が潤沢に供給されると、新しい世代の工場経営者たちは野心的なアイデアを抱くことができた。一七世紀から一八世紀にかけての英国の農業革命は羊や牛の品質も大きく向上させ、無意識にではあるだろうが、これが産業革命を大きく下支えしたのである。

翻って、産業革命のほうも農場の生産性をますます高めた。一八五〇年代、ケント州ロチェスターの作業所で農機の修理をしていたトーマス・アヴェリングは、六頭の重そうな馬が定置蒸気機関を農場から農場へと運んでいるのを眺めていた。彼はこの様子を「六隻の帆船が一隻の蒸気船を曳航《えいこう》しているようだ」と喩《たと》え、「機械科学に対する侮辱だ」と考えた。一八五九年、農家にして修理工でもあった三五歳のアヴェリングは、蒸気牽引自動車を発明し、これが内燃エンジントラクターにつながり、最終的にはデジタル技術と融合し、ダイソンファーミングが今日使用している新世代の機械につながった。

僕が農場を購入するきっかけは、ニック・ワーボーイズとの会話だった。ニックは農家の息子で、ノクトンの一部が売りに出される一〇年前に僕が荒れ果てたグロスターシャー州の邸宅を自宅として購入したとき、ドディントン・パークのエステート管理人として働くようになった。英国一の農地はリンカンシャーとノーフォークにある、とニックは熱っぽく語っていた。当時すでにニックはノクトンの土地を購入していて、僕たちが農業で成功を収めるにはどうしたらいいだろうかと考え始めていた。

ノクトンの三つの農場を購入して一つにすると、資本と労力を投入して、インフラの近代化と再建に手をつけた。修復作業にいそしむ姿を見て、まわりの土地の所有者たちは、僕たちが彼らの土地も買いたがるのではないかと考えた。僕たちの方から農家にアプローチしたことは一度もない。いつも逆だった。ときには値段をふっかけられることもあった。最も手入れが行き届いている農場の一つは、マイケル・コーニッシュの所有だった。僕は彼のことも、僕がボールバローを手がけていた頃にパッケージ企業リンパックのオーナーだった彼の父のことも知っていた。マイケルは引退を考えており、僕たちなら彼の大事な農場を大切に育ててくれると考えた。

これらの農場を再生し、生産量を上げることができれば、おそらく英国の輸入食料への過剰依存にもインパクトを与えられるのではないか。大きな目でとらえれば、僕たちが買う食品のエネルギーコストや二酸化炭素排出量も削減できる。同時に、農場の廃棄物からエネルギーを生み出すことができれば――今の最新技術があれば――英国の電力網であるナショナル・グリッドに電気を売る側になれるかもしれない。

ますます面白くなってきた。新しいアイデアというわけではないが、農場から食料を直販できれば、中間業者――スーパーマーケットのバイヤーたち――を通さずにすみ、近年英国の農場が収穫に対して得ているよりもずっと多くの稼ぎを上げることができるだろう。例えば、ウェイトローズ（英国の大手スーパー）の一ポンドのエンドウ豆一袋の価格のうち、農家の取り分は約二〇ペンス、五分の一だ。スーパーに何千トンものエンドウ豆を供給しているので、よく知っている。スーパーがエンドウ豆を買うのは、必要なときだけだ。僕たちはそれを先読みしてエンドウ豆を植える。収穫し、あらゆるリスクを背負い、まるでスーパーのための銀行であるかのように働く。僕たちはエンドウ豆の収穫機を三台持っているが、これだけでも一八〇万ポンドした。エンドウ豆づくりはうまくいっているかもしれないが――僕たちはイングランドで最大のエンドウ豆農家だと思う――儲けは雀の涙だ。この一〇年は毎年平均一〇万ポンドの赤字だった。自然は一筋縄ではいかない。

食品市場には根強い歪みがあるため、僕たちはビジネスモデルの転換に取り組んでいる。消費者への直販で成功すれば、補助金への依存も減らせる。英国がEUから離脱したため、補助金なしではやっていけない農家への批判の声が強まっているが、補助金が削減されると大規模農家が大きな打撃を受ける可能性がある。農業は気候と環境に優しいことが実証済みの事業だが、ほとんどの農家は赤字であるため、こうした補助金は彼らを支援するためにある。補助金に反対する人々は、農家に金を渡して農場を自然に返し、みんなが使える場所にすればいいと言うが、そうすれば食品はすべて輸入が頼りになるという事実から目を逸らしている。大規模農家が農業補助金を着服していると思っている人もいるが、規模の大小を問わず、食料の生産で赤字を出さないのは困難だという事実を無視している。

これから、史上二番目となる大規模な補助金改革が行われるだろう。一九九二年より前は、EUのどこでも、農家は作物の「買い支え（価格維持）」を受けていた。所有する土地に対する定額補助金が導入されると、農業の救世主だと見なされた！　農家は最新の提案のいいところしか見ておらず、補助金の行き届いたEUの農家より商業的に不利な立場に追いやられているのではないか。僕は経験から知っていることだが、スーパーマーケットはいちばん安く買えるところから買うし、為替が変動すればEUの農家に乗り換えることも珍しくない。英国の農家に対して補助金なし、ハンデなしの経営を求めれば、思考の一新、発明《インベンション》、イノベーションに拍車がかかるかもしれない。しかし、農家が食料の生産をやめてしまうかもしれないし、そうなれば英国はもっともっと食料を輸入しなければならなくなるだろう。

食料生産において、小売業が最大の分け前を取っていくのは、昔からのことである。僕が掃除機のビジネスを始めた頃の事情にそっくりだ。当時は卸売業者と小売業者が儲けのほとんどを持っていったし、だから今日、ダイソンの売上の多くは直販がもたらしている。自社農場の全収穫物を直販にするのは簡単ではないだろうが、取り組んでいる最中だ。レストランには直接卸している。宅配やマーケットも検討中だ。現在、ダイソンのエンドウ豆、ダイソンのジャガイモ、ダイソンのビーフ、ダイソンのイチゴはインターネットで直接買えるようになっている。

穀物と野菜の生産に加え、僕たちは発電と売電も手がけている。リンカンシャー州の農場は、嫌気性消化装置で発電した電力を一万戸以上に供給している。現行価格より安く一般世帯に売電できれば、それほど嬉しいことはない。だが、請求はナショナル・グリッドから直接くるわけではない。政府の規制当局であるはずのガス電力事業規制局から優遇された電力「小売業者」たちが配電を独占しており、コンピュータプログラムをいじって請求書を準備・投函する以外まったく何もしていない大量の中間業者が、ナショナル・グリッドの電力需要を伝えてくる。彼らは発電もせず、リスクもとらず、インフラの維持もしていない。中間業者や、何の価値も生まない連中をカットすれば、全国的運動として支持を集めるはずだ——そうなれば、リスクをとる人たちと発電業者に利益がもたらされ、消費者向けの電力価格が下がるだろう。規制当局であるガス電力事業規制局は、なぜ発電業者からユーザーへの電力直販を阻むのだろうか?

一方で、僕たちが農業を始めた頃には、ノクトンの栄光の日々ははるか昔のものになっていた。この規模のエステートなら中心に素晴らしい邸宅があるはずですが、どこにあるんですか、と訪問者に聞かれても、廃墟のようなノクトン・ホールを指さすしかない。ちょうど僕たちが地方自治体と修復を協議していた頃、この邸宅に不審火が上がった。

今は廃墟となったこの邸宅は、チューダー様式だったが、実際には一八四一年築だった。ジャコビアン様式とカロリアン様式の邸宅が焼けた跡に建てられた家だった。前の家は、伝わるところによればそれは見事なものだったが、一八三七年に全焼していた。第一次世界大戦中は、米国兵の病後療養所として使われた。第二次世界大戦中は再び軍の病院になり、一九八三年までは王立空軍が、その後一九九五年まで米国空軍が運営した。二〇〇〇年にデベロッパーが購入するまで、短期間だが住宅として使われた。おそらくいつか、僕たちはこの廃墟を購入して修復し、何か新しくて面白い目的のもとでノクトン・ホールを特別な存在にすることができると思う。僕たちはここや他のエステートで農業を営み、長期的な管理者となっているので、じっくりと時間をかけていい関係を築いていくつもりだ。

ノクトン・ホールの近くには古くからの森があるが、長年にわたりツツジ属の木々がはびこってしまっていた。この森には立派なオークの木があり、なかには樹齢六〇〇年を超えるものもある。初めて足を踏み入れたときも素晴らしい場所だったが、やるべきことはたくさんあった。幸運なことに、僕たちはたっぷりと投資できる立場にあった。投資の一部は、熱意あふれる大卒の農業従事者と専門家のチームづくりに注いだ。彼らの多くは関連する分野を専攻しており、一人は熱心な森林管理人だった。

羊飼いや農場管理人と同時に、農学者や研究者、エンジニア、ドローンパイロット、それからテクニカルデータアナリストも雇った。雨の日も晴れの日もリンカンシャーの強い風が吹く日も、耕したばかりの畑の真ん中で膝まで埋まっている人を見かけたなら、その人は土壌研究の博士号を持っている可能性が高い。ノクトンでは最先端の機械にも投資するが、化学肥料への依存を減らしていくため、最良かつ最も自然な土壌改良法も開発中だ。

多くの人は農業に縁がなく、農業と科学の組み合わせをいぶかしがるのも分かるが、今日のイノベーションはますます自然そのものから生まれており、土地や野生動物に対して破壊的であるどころか利益をもたらすものである。

農業と科学がイノベーションをもたらす、その合理性が重要だ。ここノクトンでは、「緑熟」と呼ばれる方法で育てる作物や、土壌の肥沃化を促進する植物を育てるために使う土壌の改良を行うことが可能である。これは「被覆《ひふく》作物」と呼ばれるもので、通常は夏の収穫から春の種まきまでの間に植えると、土の中に窒素を蓄え、土壌侵食を減らし、雑草を抑制して土壌を改良するので、除草剤も使わずにすむ。最も効果的な被覆作物の組み合わせを考案するため、かなりの研究と試験を行った。化学薬品や肥料を使わなければ、植物相や動物相は繁栄する。健康的で美味しい食べ物を大量に育てながら、自然が繁栄するよう、僕たちは健康的なバランスの確立を目指した。

ノクトンを歩いていると、野ウサギたちが畑を駆け抜け、ハヤブサやチョウゲンボウがそれを追い、夜になれば僕たちが作った何百という巣箱からフクロウが姿を現し、僕たちの森をコウモリやトンボが飛び交い、そしてさらにたくさんのシャイな動物たちが僕たちと仲良く暮らしているのがわかるだろう。

不快な虫——特にアブラムシ——を近寄らせないために、ジャガイモ畑に殺虫剤を撒くのではなく、ジャガイモを植えた列の間をあけ、草花を植えた「トラムライン」——トラム（路面電車）の轍《わだち》のように見える——を作っている。これでジャガイモの収穫量がいくぶん減るかもしれないが、野の花がテントウムシを惹きつけ、テントウムシがアブラムシを食べて、よりたくさんのジャガイモが守られる。花はミツバチなどの大事な受粉媒介者や、虫を食べる鳥を惹きつける。

同時に、リンカンシャーの平地を吹き抜ける強風から表土を守るため、生け垣を植えた。生け垣は鳥たちの避難所にもなるし、魅力的でもある。目に美しい農地が最も生産的でサステナブルな農地でもあるという事実を、僕は喜ばしく思う。

グロスターシャーとサマセットの農場では、「石垣づくり保存協会」の力を借りて、コッツウォルズの石垣約二五キロメートルを再建した。我が社には、片側にとどまりながら石垣を積む技術を持つ唯一の人間がいる。どうでもいいことに聞こえるかもしれないが、石垣の両側を行き来するために上り下りしたり、両側に充分な石の山を準備していく面倒を想像すれば、その意義がおわかりいただけるだろう。こういう職人の技を僕は尊敬する。モルタルを使わずに造る石垣は費用がかかる。もちろん、技術を身につけている人が足りないからだ。

コッツウォルズに住んでいた頃、ディアドリーと僕は高さ一・八メートルの石垣を造ろうとしたことがある。きちんと作り直す前に、暴風雨で崩れてしまった。石垣づくりの繊細な構造を理解していなかったためだ。僕たちは石垣づくりを学び、あの石垣を作り直した。石垣は青銅器時代から、境界を定める役割を果たしてきた。焼け付く太陽や強風、雪から羊たちを守るシェルターでもある。苔や地衣類、小さな鳥、哺乳類、無脊椎動物、トカゲ、昆虫、そして野の花の住まいになる。生け垣を造るのが難しいどころか不可能そうな地域にも、石垣はある。石垣は、美しく、働き者で、忍耐強いものとして、英国のランドスケープにとけ込んでいる。コッツウォルズやヨークシャー・デールで見かける石垣には、築数百年のものもある。

効率的な農業を可能にする自然なバランスを維持しながら、野生動物を保護することは、よき土地管理の一部であり、僕たちが従う行動基準である。例えば、巨大なコンバイン収穫機が働く眺めはエキサイティングだ。最新デジタル技術を活用しており、つい最近まで農家にとっては夢でしかなかった正確さで畑の仕事をすることができる。GPSとビーコンシステムを合わせて活用しており、一つひとつの畝《うね》の種まきや畑仕事にミリメートル単位の正確さを与えてくれる。ドローンは畑を隅々まで、一平方ミリメートル単位で測量し、マッピングしている。このデータに基づいて、コンバイン収穫機は地面の上のシャクシギやタゲリ、つい最近まで絶滅寸前だった珍しいヨーロッパチュウヒの巣を迂回するようプログラムされる。ノクトンとキャリントンでは、ヨーロッパチュウヒの大幅な増加が見られているが、これは最新技術によって達成された。僕たちは、農業の効率化と鳥類の繁栄を両立できている。

鳥たちの間で、僕たちのトラクターと収穫機が種をまき、肥料を与え、作物を刈り取るが、正確さゆえに無駄はほとんどない。農業のさらなる効率化と自然の繁栄は両立できる。僕にとって、こうしたすべてが当たり前のことだ。僕は決して、苦行僧のような自然保護活動家でも、熱烈な再野生化活動家でもない。僕たちのエステートにオオカミを放つつもりはない。むしろ、できる限り大量の作物を育てて、生産的で採算のとれる農家を目指している。発明やイノベーション、技術の助けがあれば、仲間と一緒に、人間が求めるものと自然が求めるもののバランスが取れた農場を運営することができる。

最新の農業機械には感銘を受けずにはいられない。例えば、収穫機は、機械技術とデジタル技術をかけ合わせた巨大で複雑な機械だ。僕たちは、ドイツのクラース社のコンバインを数台持っている。実は、クラースはヨーロッパ初のコンバイン収穫機を発明、建造した会社だ。しかし、一九三〇年代初頭、クラース兄弟――四人兄弟でビジネスをしていた――のアイデアは、ドイツの農家からの支持を得られなかった。彼らは、あの「ヘンリー・フォードの難問」に直面していた。フォードは「人々に望むものを尋ねていたら、もっと速い馬が欲しいと答えただろう」と言っていた。だが代わりに彼が、頼りがいがあって手の届く価格の自動車を実際に差し出すと、農家の人々はこれを進んで活用した。ドイツの田舎でより速い馬を求める人々のリーダーだったアウグスト・クラースは「それなら、フォードのやり方を自分たち流にやってみよう」と言った。クラース兄弟はナットとボトル一つひとつまで、すべて自分たちでデザインし、作った。クラース兄弟のコンバイン収穫機の能力を目の当たりにした農家の人々は、みんなこれを欲しがった。

僕は既存の掃除機メーカーに紙パックのないサイクロン掃除機の試作品を却下された経験を思い出す。自分の発明に自信があるなら、それがいいアイデアであることを自分に証明するため、また市場に革命を起こすという望みを持って、突き進まなければいけない。クラース兄弟はヨーロッパの農業に革命を起こした。一九四三年、ナチスが台頭し、戦闘機や戦車などの武器のほうが最新農業機械よりも重要だとされて、兄弟は製造中止を余儀なくされた。フェルディナント・ポルシェのラディカルな空冷フォルクスワーゲンを目にしたナチスと同じように、英国人はクラース兄弟のコンバイン収穫機の重要性を見抜いており、ナチス政権が崩壊すると、英国からの注文でクラース社は元通り再建された。

クラースの農業機械は効率的で頼りがいがあるが、安くはない。僕たちの機械は投資した一億一〇〇〇万ポンドの一部で購入したもので、すでに土地の購入代金を上回っている。ちょうどその頃、二〇二〇年八月に『タイムズ』紙に少々癪《しゃく》に障る記事が出た。僕が税金逃れのために農地を購入したといういいかげんな主張をしていた。

著名な軍事史家のサー・マックス・ヘイスティングスは、「田園地帯に投機するだけの億万長者たちは、石油先物や掃除機に張り付いているべきである」と書いた。僕は同紙に対し、このような言説は「私が農場で雇用している一六九名の知性にあふれる献身的な人々を侮辱するものである……彼らは最先端の職務をさらに進化させることに全身全霊を傾けており、彼らが達成している大きな進歩は称賛されるべきである」と書いた手紙を送った。英国の農業を、消費者、田園地帯、そして農家自身にとってよりよいものに変えるため、僕たちが懸命に取り組んでいる方法を書き綴った。

「もし税金逃れのためなら、これほど面倒なことをするだろうか？　はるかに簡単な方法があるだろうに！」と僕は書いた。僕は多額の税金を払っているが、問題は、わざわざ金をかけて生産的な新しいビジネスの冒険に乗り出し、これほど多くの人を雇用しているなんてイカレていると思われた点だ。立派なことに、『タイムズ』のジョン・ウィザローは僕たちの取り組みを取材するため特集担当記者のアリス・トムソンを送り込み、結果としてダイソンファーミングを生き生きと正確に伝える記事が掲載された。

ダイソンファーミングは急速に成長し、この種の事業としては英国最大級になっている。大きくなることを目指してきたわけではないが、規模の経済の恩恵は目指してきたし、おそらく心のどこか、僕のロマンティックな部分が、イングランドの農地をできる限り救い、守り、育てたいと望んでいる。

規模は可能性と責任の両方を大きくする。例えば、大家業をするつもりは僕にはなかった。農場を買い始めた頃は、居住用不動産のない土地を求めていた。しかし今では、農場にある三〇〇ほどの不動産物件のうち、一八〇は賃貸住宅だ。使われていない農地のまわりにある納屋、あるいはレンガやフリントでできた建物を修復し、一つひとつを高いレベルにリノベーションしていった。ノーフォーク北部にあるフリントやパンタイル瓦を使った農家の建物を思い出すと懐かしい気持ちになる。リンカンシャーの農家の建物もそれらに似ており、修復し、僕たちの古い農場で働く家族の住まいにしていくのは喜ばしいことだ。

リンカンシャーの農場では、嫌気性消化システムによる発電施設を二カ所建設した。トウモロコシや農場の廃棄物からバイオガス——大部分はメタンガス——を発生させ、オーストリアのGEイエンバッハ製一五〇〇馬力エンジンを動かす。また、このとき発生する熱を穀物の乾燥や温室の暖房、およびナショナル・グリッドに提供する電力に使用する。常時監視し、定期的に修理する必要があるものの、エンジンは二四時間稼働している。嫌気性消化装置は、農場で使う有機肥料も生み出す。キャリントンの嫌気性消化装置からの余剰熱とガスは、畑の排水とともに、新しい大型温室で季節外れのイチゴを育て、穀物貯蔵庫で穀物を乾燥させるのに使っている。

オランダの施工業者が建造した温室の構造は金銀細工のように繊細で、ジョセフ・パクストンが第一回ロンドン万国博覧会のために手がけたクリスタル・パレスの軽量な現代版のようだ。この温室は、七〇万株から年間七五〇トンのイチゴが収穫できるよう設計されている。これが何を意味するかというと、冬場に英国の家庭、レストラン、ホテルにイチゴを届けるために、小売業者が海外で買い付けをして飛行機で何千キロも運ぶ必要は、もはやない。ダイソンでは、大地にはいつも必ず優しく触れ、少ないものから多くを生み、循環型生産システムを作るよう、努力を重ねている。その一環として、農場であれ工場であれ、使うものはすべてリサイクルすることを目指している。

もちろん、まだまだやるべきことはたくさんある。視覚認識システムとロボット工学の研究は全力で進めているが、ダイソンファーミングでは今のところ、ジャガイモの仕分けやイチゴの選別には熟練者による手作業が必要だ。今はまだ、機械よりも人の手のほうが、未熟なイチゴや緑のジャガイモを見つけるのが速い。

農場からダイソンの他の事業が学べることがあるのかという大きな疑問への一つの回答が、毎年何百万個も製造している製品のための新素材開発の可能性だ。ダイソンの科学者やエンジニアたちは、長期的な解決策を目指して懸命に働いている。少なくとも、一つの答えが土の中にある。コーンスターチだ。コーンスターチは土そのものではなく土で育つ植物から作られる。コーンスターチからポリ乳酸（ＰＬＡ）が抽出できるようになってすでに何年も経つが、ダイソンではテンサイからＰＬＡを生産している。ＰＬＡはカーボンニュートラルで生分解性であり、石油系プラスチックの代替品になる。有機プラスチックを農場で育てることができるというアイデアは、エキサイティングだ。しかし、まだ始まったばかりである。食品容器やパッケージからティーバッグ、さらには３Ｄプリンターまで、ＰＬＡは汎用プラスチックと呼ばれるものにますます使われるようになっているが、例えば、掃除機やヘアドライヤーの製造に使われる産業用プラスチックには適さない。

楽観的になれる理由はたくさんある。同様に、今手がけていることのいくつかについては不安もある。エネルギー生産が食料生産に勝ってしまうのではないかといったことだ。例えば、僕たちのエネルギーや投資は、どこまで発電に向けられるべきか？　バイオ発電が可能だと思えば満足な気持ちになる一方で、トウモロコシは、食用よりもむしろバイオ発電の燃料としての栽培を優先すべきという考えには、疑問がある。副産物の熱や廃棄物を活用するとしてもだ。

それに、僕自身の好き嫌いもある。僕は風力タービン（発電用風車）が嫌いだ——景観を損ない、鳥たちを殺し、昆虫も大量殺戮されてしまう——が、リンカンシャーの海岸沖には大量の風車が設置され、ダイソンの農場から強制的に買い上げた土地の下を通る管を通ってナショナル・グリッドにつながっており、僕たちはどうすることもできない。

ソーラーパネルにも同じ感情を持っている。ソーラーパネルは建物の見た目を台無しにするし、メガソーラーが広がる土地は食料を育てるために使うほうがいいはずだ。英国の田園地帯は作物の代わりに花を植え、人々が歩き回って自然に浸れるアウトドアレジャーセンターにすべきという主張が流行しているが、これにも僕は当惑している。そんな目的のために、何百万エーカーという土地を誰が維持管理するのだろうか？　食料の自給という課題こそ、間違いなく最重要ではないだろうか？　英国はものづくりをする必要がないし、したくもないという例の主張にも似ている。英国がその気になれば、本当に良質な食料を自給できるのは確かだが、エキゾティックなフルーツや野菜はともかく、大量の輸入を止めても主食がありあまるほどの規模にはならない。

それに、自国のために食料を生産すべき貧困国、とりわけ水不足に苦しむ国や食料輸出で森林破壊が進む国が、僕たちのためにずっと作物を育て続けてくれると期待できる理由はあるのだろうか？ 英国人が工場や農場で働くのを嫌がるのはいつものことだ。しかし、ここで、発明やイノベーション、技術が僕たちを助けてくれる。農業は今後ますますデジタル技術やロボット工学を頼るだろうが、自然と調和し、自然から学びながら農業を営み続けるのは可能だ。僕にとって、英国の農業が英国の製造業と同じ道をたどると考えるのは、単純に耐えがたいのである。

第11章

Education

教育を変える

コーチハウスで掃除機を作るために作成したサイクロン技術のプロトタイプ五一二七個のうち、最後の一つ以外はすべて失敗作である。それでも、辛抱強く問題を解決しながら、僕は独学と学習のプロセスをやり遂げた。一つひとつの失敗は僕に何かしら教えてくれたし、それが実用化できるモデルへ近づく一歩になった。以来ずっと、毎日欠かさず、ものごとに疑問を投げかけ、学び続けている。エンジニアとはそういうものだし、必ずしも元に直せるわけではないのに、好奇心に駆られてオモチャや時計、ラジオ、そしてその最新技術をバラバラにしてしまう子供時代に端を発することもしばしばだ。

エンジニアリングを学び、実践してきたが、テストの失敗を目の当たりにすることほど多くを教えてくれるものはない。だから、ダイソンには小手先の技術屋はいない。ダイソンのエンジニアは自分でプロトタイプを作り、精力的にテストを行うし、だから、失敗がなぜ、どのように起こるかを理解する。テストを行うために部品を作るという作業も重要だ。いろんなやり方を試す機会になるし、改善の機会もきっと生まれるからだ。

実践による学び。試行錯誤による学び。失敗からの学び。どれも教育の効果的な形である。あらゆる分野において、学校教育に始まる未来のエンジニアたちの教育は、変化や競争が激しくなるなかで非常に重要だと僕は考えている。頭を使うばかりで応用性がないアカデミアに関心を持てない若者たちがいるが、彼らに手を差し伸べなければ、僕たちは巨大なチャンスを失う。

子供はものを作るのが大好きだし、多くの場合、生まれつきの好奇心や実験精神は手を使って表現されるが、生まれもった創造性に価値を見出さない教育システムからは弾き出されてしまっている。親たちも学校も子供たちを大学まで行かせることに必死だし、学校制度は——特に、産業革命をもたらした国である英国では——頭を使う科目ばかりに力を入れていて、子供たちが受験に直面する頃になると、ものづくりは時間の無駄だと思われてしまう。

こうした姿勢のせいで、デザイン（設計）と技術は、学校カリキュラムの中で適切に扱われていない。学校の設備は乏しく、資格のある教師は非常にまれだ。結果として、エンジニアがひどく不足しているだけでなく、どうしたものか、エンジニアや技術者を銀行員やユーチューブのインフルエンサーやブランドマネージャーよりも低く見るのが英国の常識になっている。米国は同じ状況ではないと思う。

しかし、グローバル経済は、ますます加速的に変化している。新技術の登場により、ロボット工学や視覚認識システム、信号処理、機械学習、コンピュータ建築およびシステム、さらに空気力学、音響学、熱力学、そして構造解析といった分野で働く、熟練技術と独創性を兼ね備えたエンジニアが大量に必要になっている。僕たちはこうした新しい世界には関わらず、代わりに農場を世話することにしたが、第四次産業革命がすぐに雲散霧消することはないだろう。

産業革命時代にも、工業製品を広く届ける鉄道を建設するのに必要なスキルを持つ職人やエンジニアの確保は、やはり厳しい課題だった。技術教育という点で、英国政府の対応は遅かった。鉄道会社とその社員たちに事態への対応を任せてしまっていた。一八三〇年代に、スコットランドに機械工協会《メカニックス・インスティチュート》が設立された。一八四〇年代にはスコットランドより南にも設立された。一八五五年には、グレート・ウェスタン鉄道がスウィンドンに自社の機械工協会を設立した。この協会のゴシック・リヴァイヴァル様式の建築が産業用の作業所というより教会に似ていたことには、おそらく意味があった。というのも、この頃には、鉄道は一種の熱烈な宗教だったからだ。

機械工協会は学び、娯楽、そして社会福祉の場だった。スウィンドンの機械工協会の自慢は、英国で初めて本を貸し出すライブラリーを備えていたことだし、同協会の包括的な医療保険制度は、第二次世界大戦後に設立された英国の国民健康保険のモデルの一つになった。僕の名付け親は、戦時中しばらく、グレート・ウェスタン鉄道のこうした組織を運営していた。運営は、すでに世界的に有名な鉄道エンジニアだったロバート・スティーヴンソン、スチーム・ハンマーと杭打機の発明者であるジェームズ・ナスミス、機械工具技術者のジョセフ・ホイットワースなど、実業家兼慈善家たちの資金にも支えられていた。機械工学の進歩を目指して設立された「ホイットワース奨学金」は今でも優秀な学生に授与されているが、その資金は一八六八年にホイットワースが政府に寄付した一二万八〇〇〇ポンド（二〇二〇年の七〇〇〇万ポンドに相当）を原資としている。

英国民は、鉄道の敷設だけでなく、国民の三分の一が訪れたという一八五一年の大博覧会——史上初の万国博覧会——においても、新しいエンジニアリング技術の躍進を目の当たりにした。ジョセフ・パクストンの設計によるクリスタル・パレスという革命的な建築物で開催された博覧会には、英国からの多様な輸出品とともに、製造プロセスや機械も展示していた。展示品は一〇万点に上り、家のトイレといえば庭にある臭い小屋だと思っていた数百万人の人々が、一ペニーコインを入れると動く水洗トイレを知ることになった。

博覧会がもたらした利益によって、現在のヴィクトリア・アンド・アルバート博物館、自然史博物館、科学博物館およびインペリアル・カレッジ、ロイヤル・カレッジ・オブ・アート、王立音楽大学、ロイヤル・アルバート・ホールが造られた。つまり、最新式の公立専門教育機関が前代未聞の規模で次々と設立されたのだ。僕も数年間委員を務めた「一八五一年博覧会委員会」が授与する大学院生向け奨学金の受給者からは、これまでに一三名のノーベル賞受賞者を輩出している。

対照的に、二〇〇〇年に開催された博覧会「ミレニアム・エクスペリエンス」はまったく見どころがなく、恥ずかしいものだった。ものすごく入場料の高い博覧会なのに、リチャード・ロジャースの設計による広大で感じのよいグリニッジの「ドーム」の内部には、とりたてて新しいものも価値あるものも皆無だった。大いに盛り上がっていた新千年紀（ミレニアム）に、あの万博をもう一度というつもりだったのだろうが、展示には何の深みも、何の産業も、魔術的魅力のかけらもなかった。知的な刺激はほとんど見あたらず、未来のノーベル賞受賞者を鼓舞する可能性もほとんどないミレニアム・エクスペリエンスは、政治家の野心に振り回された虚《むな》しいプロジェクトだった。全体で一〇億ポンドもかかったというのに、学びも刺激もなく、レガシーを残すこともなかった。

一八五一年の万博は英国民の三分の一が足を運んだが、ミレニアム・ドームを訪れたのはその一〇分の一にも届かなかった。発明に勤しみ、革新的なアイデアやよりよい製品を形にし、世界中の何百万もの人々に幸せな生活をもたらすべく奮闘している若者たちへの奨学金にあのお金を使ったほうが、はるかによかったのではないだろうか。一九九七年にトニー・ブレアの新労働党政権が発足したときには、前政権から引き継いだミレニアム・エクスペリエンスを中止し、代わりにもっと必要とされている新しい病院を建ててくれるのではないかと期待していたのだが。

ミレニアム・エクスペリエンスは、ある意味で、英国の新ミレニアムに必要な規模の科学、エンジニアリング、テクノロジー教育の欠如を反映していた。この問題は、教育法が新世代の子供たちがどう教えられるべきかを細かく定めた第二次世界大戦末期に遡る。選ばれたグラマースクールだけが大学に進学する若者を育成し、学業で劣る若者たちはセカンダリースクールに通わせ、一九三九年から一九四五年にかけての戦争で命を落とした数千人のエンジニアや熟練技術労働者の穴埋めをすべくテクニカルスクールで育成するというしくみがつくられた。

実際には、テクニカルスクールはほとんど作られなかった。なかには、グラマースクールもどきの教育に時間をかけすぎる学校もあった。女子に料理や家事を教える学校もあった。いずれの場合も、適した教師が不足していたし、学校もカリキュラムも、当時は力のあった組合の敵意に直面していた。組合は「テックス（テクニカルスクールのこと）」を、徒弟修業と競合するから無用だと見なしていた。テクニカルスクールへの進学者は三％に満たない。

テクニカルスクールが衰退する一方で、新しい世代の総合教育スクールではデザインや技術の科目はほとんど教えなかったし、今も事情はほとんど変わっていない。リソース不足でステータスもない科目「デザインとテクノロジー」は、外部からできる限り援助する必要がある。

英国の学校や大学は、哲学、倫理学、純粋数学、音楽、そしてアートといった科目を必修としている。一方で、知識集約型で複雑に連携する経済を機能させるためには、実践的なエンジニア不足への対策が必要だが、学校には未来のエンジニアを育成する教育がほとんどない。残念ながら、試験の成績を上げることばかりが教育の目的になってしまっている。試験で事実を繰り返し書けたら、その後は忘れていいという考え方は間違っている。それでいい職業もあるのだろうが――僕には思い浮かばないけれども――問題解決に携わるエンジニアリングのような職業の場合、単純にそれではうまくいかない。学校の試験で優秀だった人が、職場でも優秀だとは限らない。学生は、教科書にある思考パターンに従えば褒められる。自分で考えたり、教科書にある知識に疑問を呈したりすれば、試験官は本来その学生が受けるべき評価を与えない。

音速旅客機の設計の初期段階で、理想的な翼のアイデアを試すため、製図室で紙飛行機を飛ばしていたというコンコルドのエンジニアたちの物語が僕は好きだ。当時の模型のいくつかは、サウス・ケンジントンの科学博物館の金庫にあるが、教師や試験官が認めないようなやり方だったから数人の若者たちが史上最高のデザインに行き着いたのかもしれないと思わせてくれる事例だ。

子供たちはものを作ったり、実験したり遊んだりする欲望や能力を持って生まれてくるようだ。あまりにも多くの人が大人になると失ってしまう才能だが、とりわけ未来のロボット工学の世界では、今まで以上にクリエイティブになる必要がある。機械のアルゴリズムでは創造したり形にしたりできないものを思い描き、発明し、作るためだ。フランク・ホイットルは、世界を変えるためには学校の試験で優秀である必要などないことを示す好例だ。一五歳で学校を離れたフランク・ホイットルは、テストパイロットになった。生涯学び続ける、粘り強い人で、ケンブリッジ大学に進んで二つの専攻で同時に優等賞をとり、その後ジェットエンジンを開発し、航空学の流れを変え、僕たちの生活も変えてしまった。

教育は、試験に合格するための知識の詰め込みではなく、問題解決が主眼であるべきだ。問題解決は、当然ながら若い人のほうが優れている。英国ではエンジニアが非常に不足しているのだから、若い人たちにその素晴らしさやエキサイティングな面白さが伝わる教育方法が必要だ。英国だけでもエンジニアが六万人あまり足りないが、理由の一つは学校でエンジニアリングという科目が教えられておらず、あまりにも多くの若者が自分は向いていないと思ってしまうせいだ——たしかに、思い浮かぶのは橋やトンネル、おそらく飛行機ぐらいなのだから。それは違う。そうしたものもエキサイティングな仕事ではあるが、今日のエンジニアリングは、ソフトウエア、ロボット工学、視覚認識システム、仮想現実（VR）なども取り込んで、非常に幅が広くて多様な分野になっている。高齢者や障害者、病気の人を支える仕事でもある。海や環境をきれいにしたり、サステナブルな材料を開発したり、消費エネルギーが少ない製品を発明したり、エネルギー生産の材料を考えたり、いまだ存在しないものを発明することも、エンジニアリングの対象だ。

悲しいかな、メディアには意欲的な若いエンジニアの心を躍らせるような報道が少ないし、英国には、いまだに製造業を蔑む俗物根性《スノビズム》が残る。プラグの取り替えや芝刈り機の修理、あるいは壁の絵の掛け替えができないことは、文化的洗練と社会的優位性の印であるというわけだ。とはいえ、人間の形をした僕たちの祖先は、三〇〇万年ほど前に道具を発見し、発明やものづくりという物語を紡ぎ始め、食料や衣服を手に入れる新しい方法や、新しい住居の形を作り出す方法を見出したのだ。青銅器時代までは、進歩の速度はゆっくりだったようだ。ギリシャとローマの偉大な文明を通じて進歩は速度を増し、数度の中断の後に発明の時代が怒涛のように始まり、産業革命につながった。以来、発明がさらなる発明を複合的に起こしやすくなっているが、善意が技術的進歩をもたらすという魅力的な思想は、戦争やテロ、そして時代錯誤なイデオロギーによって繰り返し揺るがされることになった。

数百万年前、手で持つ道具の発明につながる最初の発見がなければ、電気照明も電話も自転車もバスも電車も自動車も飛行機も、もちろんコンピュータも人工重力も宇宙船もこの世にはなかっただろう。となれば、発明《インベンション》とは、人間に不可欠なものなのだ。そして、発明の物語は失敗にまみれているが、新しい何か——印刷であれ蒸気機関車であれ電話であれテレビであれジェットエンジンであれワールドワイドウェブ（WWW）であれ、そして紙パック不要の掃除機であれ——を成功させるという決意はそれ自体が素晴らしいものだし、決意こそがこれまで知られていなかった便益を数十億人の人々にもたらすものである。

発明に無我夢中で取り組む人は、発明への衝動に抗《あらが》えない。金儲けが目的で発明に乗り出す発明家はめったにいないし、もしそうなら、その発明は夢物語に終わることが多い。子供たちの学びには、実験や遊びが必要だ。ときとして、子供たちが学校や家庭で便利に使えるものを作ることもある。もちろん、面白そうだがあまり意味のないもの、あるいは少なくとも今のところは意味のなさそうなものを作ることもある。

今日、若者たちはサステナビリティと地球環境への配慮を自らの行動指針にしている。僕たちはジェームズ ダイソン アワードの審査を通して、若いエンジニアたちに解決策を生み出す能力があることを知っている。僕たちには、次々現れる代わり映えのしない目立ちたがりの活動家より、問題を解決するために科学やエンジニアリングを学ぶ若者が必要だ。だが、若者たちには想像力を発揮して、従来とは違うものの見方をしてほしい。成功する保障はないが、破壊的なアイデアは、直感や想像力、リスクをとることを通して、企業とその財政に革命を起こす。市場調査や事業計画、戦略的投資とは真逆だ。

僕がロイヤル・カレッジ・オブ・アートの学生だった頃、政府は製造業を、創造性のるつぼではなく、政治的に右にも左にも動く卑しい連中として扱っていた。失業者が多すぎる地方では、失業率を吸収するという意味で、工場は便利な道具だった。雇用問題のある場所に工場を新設する場合、中央政府は補助金を惜しみなく出した。しかし、これが大問題をもたらしていた。企業にとっては自社のコアビジネスの拠点から遠く離れた場所に新工場を造ることが魅力的になり、地元の労働者に必要なスキルが備わっていない地域、あるいは技術教育への投資が不十分な地域に工場が建てられてしまうのだ。

例えば、一九六三年、ルーツ・グループはグラスゴー近郊にリンウッド工場を新設した。アレック・イシゴニスのミニのライバルと目されたヒルマン・インプを製造するための工場で、六〇〇〇人の職を創出するとされたが、ひどい成り行きになった。リンウッド工場を作ったことで、ルーツは財政難に陥った。長い伝統を持つ英国の自動車コングロマリットだったが、米国の巨大自動車メーカーであるクライスラーに買収された。リンウッド工場は一九八一年に閉鎖され、数千人が失業した。製品化を急いだため、ヒルマン・インプはエンジニアリング的に不備があったし、クライド川沿いの余って使われなくなった造船所から移ってきた労働者による組み立て作業は雑だったせいだ。工場で最初に完成した自動車をエジンバラ公が運転した日には、すでに労使関係が悪化していた。リンウッド工場の物語は、政府がビジネスも人間もほとんど配慮せず、エンジニアリングや製造業を理解せず、産業を政治の駆け引きの道具にすることの危険性を示している。今日、議員の中で工場で働いたことのある人はごくわずかだ。フルタイムの政治家以外のまともな職に就いたことがある人は、驚くことにほとんどいない。

エンジニアリングへの認知度や理解を高めるため、また僕自身の教育への関心から、二〇〇二年、僕たちはジェームズダイソン財団を設立した。エンジニアリングの世界に対する僕たちの熱い思いを共有するため、さまざまな学校に赴き、若者たちを鼓舞するのが目的だ。

僕たちは地元の学校を訪問し、ダイソンの若いエンジニアたちが「マスタークラス」を行うことから始めた。ウェストンバート校を訪ねたときにまず気づいたのは、学校にはデザインや技術のクラスで実験を行うための製品がないことだった。僕たちは学校に掃除機を贈り、学校のカリキュラムをもっと面白くて現実と関連付けられるものにするため、自分たちでクラスを運営し始めた。問題を解決してほしいと頼むと若者の心に火がつくことに、僕たちは気づいた。この発見は大きなターニングポイントだった。若者たちの思考とエンジニアリングを結びつける鍵になった。僕たちが送り出した一〇〇〇個あまりの「ローディー」ボックスには、「まず問題を見つけよう」というラベルが貼ってあった。また、「チャレンジカード」も入っていて、マーブルランや風船カーレース、水中火山といった人気のゲームに挑戦するよう働きかけた。同時に、独創的な発明家やエンジニア、そして発明の世界を生徒たちに紹介していった。「道路鋲《キャッツアイ》」——夜間走行中、ヘッドライトを反射して光り、運転者の安全を守る役目を果たす——のほか、モールトンの小径自転車、ケブラー、テスラコイル、ジオデシックドーム、コンピュータプログラム、低反発形状記憶素材、トーマス・エジソン、「スグルー」(成形可能粘着剤)、車のワイパー、イザムバード・キングダム・ブルネル、ベルクロ(面ファスナー)、ジッパー、そして「スマート・フォーツー」車といった発明を取り上げた。

二〇〇〇年にトニー・ブレアが「アカデミースクール」構想を発表して間もなく、僕にもこの構想に関わらないかという打診があった。アカデミースクールは教育省から独立した国立の学校で、都市中心部の教育水準を高めることを目指し、企業が管理し、一部の資金を出す仕組みだった。僕たちには課題も見えたし、関心もあったことから、「ええ、喜んで」と僕は応え、プロジェクトに一二〇〇万ポンドを委ねた。

僕たちは地元の大学——バース大学とブリストル大学の工学部には優れた教授陣がいる——に学生を送り込むシックス・フォーム・カレッジ(中等教育修了後に大学進学希望者が進む学習課程)のようなものを作り、若者にデザインや技術、エンジニアリングを教えたいと考えていた。そこへ、バース市議会から、ストザート&ピット社の古い港湾クレーン工場を購入して再開発しないかという提案があった。この工場で製造された革新的な蒸気クレーンや電気クレーンは、かつては世界中に売られたヒット商品だった。一九六〇年代にジェレミー・フライがロトルク本社を建てた場所にも近く、エイヴォン川に面したローワー・ブリストル・ロード沿いにあった。バース市は、ヴィクトリア朝時代築の工場の解体に乗り気だった。僕たちはクリス・ウィルキンソンに、跡地に造る建築を設計してほしいと頼んだ。元の工場を設計した建築家、トーマス・フラーは、バースからカナダに移住し、オタワでカナダの下院議事堂を設計した人物だった。僕たちはカナダ人や他の人々から、解体に対する抗議の手紙を数通受け取った。

僕は当該の建物をイングリッシュ・ヘリテージ（歴史的遺産）に登録しないよう説得するため「リストアップ」を担当する組織のサー・ニール・コッソンズに会いに行った。登録されてしまうと、解体できなくなり、苦労してオリジナルの状態に戻さねばならなくなるからだ。コッソンズは僕に、バース市議会、つまり工場は解体すると言っていた本人たちが、二年前には登録申請を出しているのだが、と告げた。

そこで、ウィルキンソンは、元の工場を組み込んだ別の建築案を設計した。新規の護岸堤防や道路沿いの歩行者用アーケード、歩道、そしてエイヴォン川にかかる消防車用の橋を含め、市の条例すべてに一つひとつ適合させていく間、時は刻々と過ぎ、コストがかさんでいった。ようやく素晴らしい設計ができたところで、妙なことにバース市議会が前言を撤回し、僕たちは敷地をバース・スパ大学と共有しなければならないと言ってきた。敷地には充分な広さがない、と僕は言った。すると、敷地全体に対して封印入札をするよう頼んできた。最高額の支払いを自ら申し出る人がいるだろうか？　僕たちはバース・スパ大学に競り負け、六カ月後にバース・スパ大学が脱落して、また僕たちだけが残った。

まさにたらい回しにされていた。しかも、状況は悪くなるばかりだった。プロジェクトに対する市議会の公共計画許可審議会で僕が発言する——法律により発言は二分限りである——前に、環境庁が敷地とシティアーキテクト（地方自治体に雇用されている建築士）を非難し、僕たちの建築計画に反対票を投じるよう出席者に促す長い演説を聞かされた。票は僕たちを支持していたが、敵対的なシティアーキテクトの主張により、エステル・モリス大臣に計画の調停を付すことになった。市議会からは、シティアーキテクトの助言が間違っているという連絡があった。だが中国出張中にエステル・モリスが電話をかけてきて、残念だけれども調停は覆せない、と言った。

プロジェクトに四〇〇万ポンドを費やし、大量の時間と精神的エネルギーを費やしたが、下院議員でブレア政権の教育大臣エド・ボールズに面会したとき、万事休すとなった。僕はバースのアカデミースクールについて、政府にまだ真剣に取り組むつもりがあるのかを知りたかった。大臣は「ノー」と言った。そんなことだろうと思った。

二〇一〇年、労働党政権から保守党と自由民主党の連立政権に交代し、新任のマイケル・ゴーヴ教育大臣はバースのアカデミースクールを実現したいと語った。デイヴィッド・キャメロン新首相の声がけにより僕が書いた提言書「創意工夫あふれる英国《インジェニアス・ブリテン》：英国をヨーロッパ最大のハイテク輸出国にしよう」が発表されたすぐ後のことだった。「生まれながらの発明の才と創造性」を呼び覚ます方法を述べた提言書だ。

提言書では、英国が産業、科学、技術によって職と富を生み出す新技術を生み出してヨーロッパをリードする存在になる方法について、一流の実業家たち、科学者たち、エンジニアたち、学者たち、そして僕の意見を提示した。当時の英国は不況の底にあり、金融サービス業に過剰に依存していたが、それでも一一六名のノーベル賞受賞者を生み出してきた国である。米国——二〇二〇年時点で三二〇名——に次ぐ世界二位の数だが、米国の人口は英国の五倍である。

政府にとって最大の課題は、科学、技術、そしてエンジニアリングが高く尊敬される文化を育てることだった。これは、教育の問題だ。高等教育において科学、技術、エンジニアリング、そして数学——英国のカリキュラムにおけるＳＴＥＭ科目——を選択するクリエイティブな知性を持った若者たちを育成する必要があったし、一〇年後の今、ますますそうなっている。

見つけられるなら一晩で三〇〇〇人のエンジニアを雇うつもりだ、と僕は言った。だが、エンジニアがいないのだ。調査では、小中学生の将来の夢はファッションモデル、ユーチューバー、有名人《セレブリティ》、あるいは単にお金持ちになることだ。理系科目を情熱的かつ創造的に学ぶ機会が増えれば、子供たちはエンジニアリングや科学の世界や、研究開発志向型企業で働くのも楽しそうだと思うようになるだろう。

また、世界最先端の製品を作るためには、政府が「一見すると非現実的で無価値に思える」研究の実用化を促し、英国内にある世界有数の大学の知識をビジネスに活用する必要があった。ハイテク企業等に斬新かつ献身的なサポートを提供して研究開発を促すためには、新しい投資資金の調達方法が必要だ、と僕は書いた。政府による長期的ビジョン、フォーカス、そしてサポートがあれば、この国の才能は英国を不況から脱出させる推進力になる。世界経済は二〇〇八年に垂直降下したが、英国には輝くような才能たち、そして頑固な粘り強さがたっぷりある。

これを受け、キャメロン首相とジョージ・オズボーン財務大臣は、レポートにある財政提案を法制化した。主眼は研究開発費に対する大幅な税控除で、支出額に対して最大二二〇％が控除される。これは、政府が勝者を優遇せざるをえなくなる状況を避けるための策だった。政府は勝者優遇に走ることで悪名高いが、そうではなくて、すでに自腹を切って投資してきた人々を支援しなければならない。技術開発型の起業家が研究に自己資金を投じた場合、たとえまだ課税されていなくても、課税年度末に研究に投じた資金一〇〇％を取り戻すことができる。税控除は技術開発型スタートアップに投資する人々にも適用される。スタートアップは必ずリスクを伴うものであり、こうした方策は投資家による起業家支援や、起業家間のマッチファンディングを促進するために開発されたものだ。この優遇税制が導入された二〇一〇年から二〇一八年までの間に英国企業の研究開発支出が倍増したと報告できて、僕は嬉しく思う。

とにかく、バースの学校についてマイケル・ゴーヴの支援を得られたのはよいことだった。僕たちは市議会に戻り、立地の問題や市議会による消防車用の橋、堤防の自転車専用道路の他、たくさんの追加項目のせいで異常に高額な計画になっているとしても、教育大臣からのゴーサインが出ている、と伝えた。市議会の答えは「ノー」で、学校ならすでに充分あると言った。以来、エイヴォン川沿いの敷地では何も起こっていない。しかし、ジェームズダイソン財団はバースを捨てはしないと静かに決意している。地元自治体や国政の政治家たちとやりとりした経験は、丁寧な言い方をすれば、残念なものだったが、学校教育におけるデザインや技術の価値を証明するために、本当に何とかしなければならないという気持ちが僕にはある。

二〇一二年、僕たちは財団の活動をバース市内の五つの学校に集中することに決めた。ラルフ・

アレン校、チュー・ヴァレー校、ヘイズフィールド女子校、ウェルズウェイ校、そしてリスリントン校である。学校の支援――費用の四分の一を負担した――もあり、3Dプリンターやレーザー・カッターといったハイテク装置を使い、エンジニアリングをクラスルームで実演することができた。このプロジェクトは六年間実施され、その間、GCSEの選択科目として新設された「デザインとテクノロジー」をバースの学校において選択する生徒は二三%から三一%に増えた。二〇一二年にデザインとテクノロジーを選択した女子生徒は一六%だったが、二〇一八年には三八%になっていた。

このプロジェクトは、エンジニアリングとは何をするのかを生徒たちに紹介し、男子だけでなく女子にもキャリアとしてのエンジニアリングの可能性を広げるものだった。女子の選択者が増えるなかで、エンジニアになることに関心を示す女子の数は三倍になった。実際、このカリキュラムが成功した理由の一つは、自分が将来就く仕事はまだ発明されていないという考えが、学生たちを刺激したからだ。彼らが大学を出る頃には、技術は飛躍的に前進しているはずだ。プロジェクトは現実社会での問題解決も扱っており、生徒たちの日常生活にもつながっていた。教師たちも楽しんでいたし、この科目が生徒の数学や物理といった理系科目の実力向上に一役買っていると見ていた。

三年目には、成果が表れ始めているのを実感した。学校も、生徒たちも、教師たちも、全国平均を上回る成績を上げていた。全員にとって非常にエキサイティングなこと、僕たちと学校の双方にとって一つの冒険であるように思われた。しかし、二〇一五年に僕たちが政府と話をした頃、教育大臣のマイケル・ゴーヴは全国の学校で行われている「デザインとテクノロジー」を軽視する発言をせっせと繰り返していた。その結果、その年は「デザインとテクノロジー」を選択する生徒数が一時的に下落したが、生徒たち自身の姿勢というより、大学進学にあたってこの科目は最善の選択にはならないのでは、という親たちの心配のほうが大きく働いたのだと思う。二〇一七年から二〇一八年にかけて、数字は戻った。財団がバースの学校五校に関わった六年の間に、英国全体における「デザインとテクノロジー」の選択者数は五四％も下落した。非常に腹立たしいことだったから、僕はこれを広く世間に訴えた。

英国の経営者の四〇％が科学、技術、エンジニアリング、数学専攻の学生不足を報告している――エンジニアリング専攻の大卒を増やす切迫したニーズは明白にあるのだが、マイケル・ゴーヴは「デザインとテクノロジー」を犠牲にして、「イングリッシュ・バカロレア（EBacc）」や必須科目への集中を推進した。財政カットにより、状況はますます悪化した。「デザインとテクノロジー」には道具や装置が必要となるため、教科書だけで学べる科目に比べて費用がかかる。学校にしてみれば、「デザインとテクノロジー」を放棄すれば相当の予算を簡単に削減できてしまう。政府の方針もあり、英国の大学の工学部を志望する学生にとって「デザインとテクノロジー」のAはもはや不要になった。これは、学問と実地研究や製造業のさらなる乖離を意味した。まるで「デザインとテクノロジー」は男子向けの古臭い「技術の木工」のようなもので、学問的な厳密さも難しさもないといっているようなものだった。

二〇一〇年、デイヴィッド・キャメロンから首相のビジネス顧問グループに入ってほしいと言われ、僕は五年間この任務を務めた。三カ月に一度ダウニング街一〇番地の首相官邸に集まり、ビジネス界が直面している諸問題を議論した。当然ながら、僕はエンジニアリング、技術、ものづくりに携わる立場を代表し、エンジニアを増やす必要性や、輸出を増やすためにはテクノロジーがどれほど重要かを強調し続けた。また、民間企業を代表しているのは僕だけだった。政府周辺では国有企業やロビー団体である英国産業連盟の声が大きく、民間企業は常に見過ごされていた。

あるとき、首相のビジネス顧問グループの会合にマイケル・ゴーヴが参加した。僕ははばかることなく、「デザインとテクノロジー」軽視に対する落胆を表明した。僕も財団も、途方に暮れましたよ、と。二〇一六年、大学・科学大臣のジョー・ジョンソンに面会するため、僕はウェストミンスター（英国の官庁街、日本の霞が関に相当）に行った。面会は出だしからひどい展開になった。というのも、トイレに行ったとき、大臣が、彼の庁舎で、外国製のハンドドライヤーを使っているのを見てしまったからだ。ダイソン製ではなく、僕の両手は乾ききらなかったため、本題とは別の苦情から話を始めることになった。その後、彼がハンドドライヤーを取り替えたかどうかは知らないが、ご立派なことに、ジョンソンはエンジニア不足対策を放棄した。エンジニアリング専攻の大卒の数と質を向上させようにも、この国の教育制度ではどうにもならない。ならば、自分で大学を設立するしかないではないか？

当時、ジョー・ジョンソンは、彼が発案して論議を呼んだ高等教育・研究法案を国会に通そうと目論んでいた。成立すれば、新設の教育機関にも学位授与権限が与えられることになる。であれば、ダイソンにも可能性がある。一から大学を作るという考えには興奮したが、僕はジョンソンの法案の危険性も認識していた。英国学生連盟もこれを「教育の市場化」と呼び、反対していた。貴族院内でも、オックスフォード大学総長のパッテン卿が率いる相当数の勢力が同じ理由で反対していた。バース大学、ケンブリッジ大学、オックスフォード大学、そしてインペリアル・カレッジ・ロンドンもジョー・ジョンソンの法案に憤っていた。

僕もこの法案が大学を大規模なビジネスにしてしまう危険性を認識していた。副総長たちがCEOのように振る舞い、彼らの新たな野望に従って動く経営スタッフが給料を稼ぐようになる。拡大を続ける英国の大学が、文化や知識ではなく金のために外国人留学生を受け入れるべきであるとは思わない。政治家たちは聞く耳を持たないと思うが、間違ったことだ。

政治家とのつきあいが概ねよくない結果に終わってきたため、拭い去れない疑念はあったものの、僕は大学設立に前向きに取り組むことにした。ダイソンにはジョンソンの挑戦に応じる充分かつ重要な理由がたしかにあった。長年、新卒を高い比率で採用してきたし、マルムズベリーのキャンパスを歩けば、企業というより大学のような雰囲気がある。ダイソンのスタッフの平均年齢は若く、ハードワークだが楽しい職場だ。

僕たちがエンジニアリングという狭い分野で操業してきたのであれば、大学をつくるというアイデアもうまくいかないだろうが、これまでも分野を超えて多種多様な事業と研究を進めてきたし、流体力学、新型電池、ソフトウエア、新型電気モーター技術、タービン開発、AI、アルゴリズム、電子工学、ロボット工学、そして空気力学を含めたあらゆる分野で、将来性のある大学生に教えられるだけのしっかりとした経験があると僕は考えた。学生ビレッジを造れる余分の土地もいくらかあった。

最初の数年間は大学と称することができず、正式な学位を出せないため、パートナーを組む相手を求めて、たくさんの大学にアプローチした。どこも答えは「ノー」だった。僕たちの教育セクターへの参入について、ラッセル・グループ——研究型公立大学の団体——加盟大学の間に懸念が広がっていた。僕たちが小物であることを考えれば、奇妙なことだった。しかし、ウォーリック大学のWMG（ウォーリック・マニュファクチャリング・グループ）学科は、僕たちと協働する度量があった。産業界の研究・教育プログラムと緊密に連携している、規模が大きく影響力のある学科だ。同学科の重要な創設者の一人であり、英国系インド人のエンジニア、教育者、政府顧問であり、後には学科長になったクマール・バタチャルヤ教授は、僕たちの苦境を一転させた。以来ずっと、僕らがウォーリック大学への称賛を惜しんだことはない。

何もかもすばやく展開した。ジョー・ジョンソンとの面会から一年半後、財団が最初の資金三五〇〇万ポンドを提供し、ダイソン インスティテュート オブ エンジニアリング アンド テクノロジーに第一期生四〇名が入学した。インペリアル・カレッジ、オックスフォード、ケンブリッジといった名門大学を蹴って、新しいベンチャーである僕たちの学校を選んだ学生たちだ。マルムズベリーで若者たちの輝くような生き生きとした顔を見ていると、畏れ多い気持ちとスリリングな気持ちを同時に感じた。二〇一七年にBBCラジオ4でダイソン インスティテュートの設立を特集した番組が一枠だけ放送されたときには、四四人の定員に九〇〇人という予想外の応募者が押し寄せた。

僕たちにはたしかにいくつかの魅力があった。授業料は無料だ。学生たちは週に三日、ダイソンで若いエンジニアたちとともに実際の研究プロジェクトに携わり、正規の給料を稼ぎ、残りの二日間は僕たちが教育を行う。二〇二一年に初の卒業生を送り出したが、彼らに（奨学金などの）借金はないはずだ。大卒の多くが社会に出た瞬間から莫大な借金を負わされる状況は、異常だし、悲しいことだと僕は思う。ダイソンインスティテュートの卒業生はしっかり学び、生活費を稼ぎ、普通ではできない経験を得る。ダイソンに縛られるわけではない。好きなところに行ける。彼らはダイソンに対して何ら金銭的な借りを負ってはいないが、できるだけたくさんの学生がダイソンにとどまってくれることを望んでいる。

大学を一から作るというアイデアによって、運営の実際面から田園地帯ならではの問題まで、たくさんの問題が生じた。学生たちはどこに住むのか？　マルムズベリーの敷地内に学生用宿舎を造る計画を考えてほしい、とクリス・ウィルキンソンに依頼した。最初に出てきた提案は、学生寮だった。しかし、僕としては、マルムズベリーの一員となったら、自分の場所だと思える家に暮らし、独立した個人であるという自覚を持ってほしいという思いがあった。僕たちのものづくりの世界を象徴する存在である工場内に、そうした住まいがあってほしいと思っていた。

僕は、モントリオール万博（一九六七年）の展示の一つだった「アビタ67団地」を思い出していた。モシェ・サフディの設計による集合住宅は、コンクリートの箱をカンティレバーにして互い違いに重ねたものだった。僕たちの施設は床、天井、壁をCLT（直交集成板、サステナブルな材料だ）で作った直方体のボックスで造ることにした。断熱材をボックスの外側に張り、建物全体はアルミ張りにする。木材は大気からの二酸化炭素を通さないし、建材の断熱性能が素晴らしく、ほぼ暖房いらずとなり、サステナブルな学生用宿舎になる。

クリスと僕は新しいもの、すなわち工場組み立てのポッドでクラスターを作ることに同意した。ウィルトシャーの田園風景を見渡す場所に、差し込むように配置したフル装備のポッド一つひとつが家になる。多数のポッドは規則的な間隔で並べられている。ポッドの中には学生たちが料理をしたり一緒に食事をしたりできる（素晴らしいミシュラン三つ星料理長、ジョー・クローンが料理を教えてくれる）キッチンと、簡単に洗濯ができるコインランドリーもある。学生がオンラインで注文した品物を受け取るための専用ポッドもある。各ポッド用に厚い曲木で一体型のデスク・収納・ベンチを設計するのは実に楽しかった。

ポッドはクレーンで持ち上げて半円を描くように配置され、円弧の中央にはクリス・ウィルキンソンが手がけたラウンドハウス・カフェ、ライブラリー、クラブハウス、そして飛行機の格納庫の形をした体育館（別棟）がある。そして、すぐ後ろには、ダイソンのカフェや研究開発施設が並んでいる。僕たちが世話をする若者たちの多くは、生まれて初めて家を離れて生活する。さらに、彼らの学生生活は楽ではない。三分の一を女性が占めるインスティテュートの学生たちは年間四七週間就業している。他大学の学事日程である二二週間よりはるかに長いが、彼らはその挑戦を進んで受けて立ったのだ。

二〇二〇年には学生数が一五〇人になり、新規学位授与権限（ＤＡＰｓ）を付与された英国内初の教育機関になった。権限を手に入れるまでは苦難の連続だったが、若者の将来に欠かせない

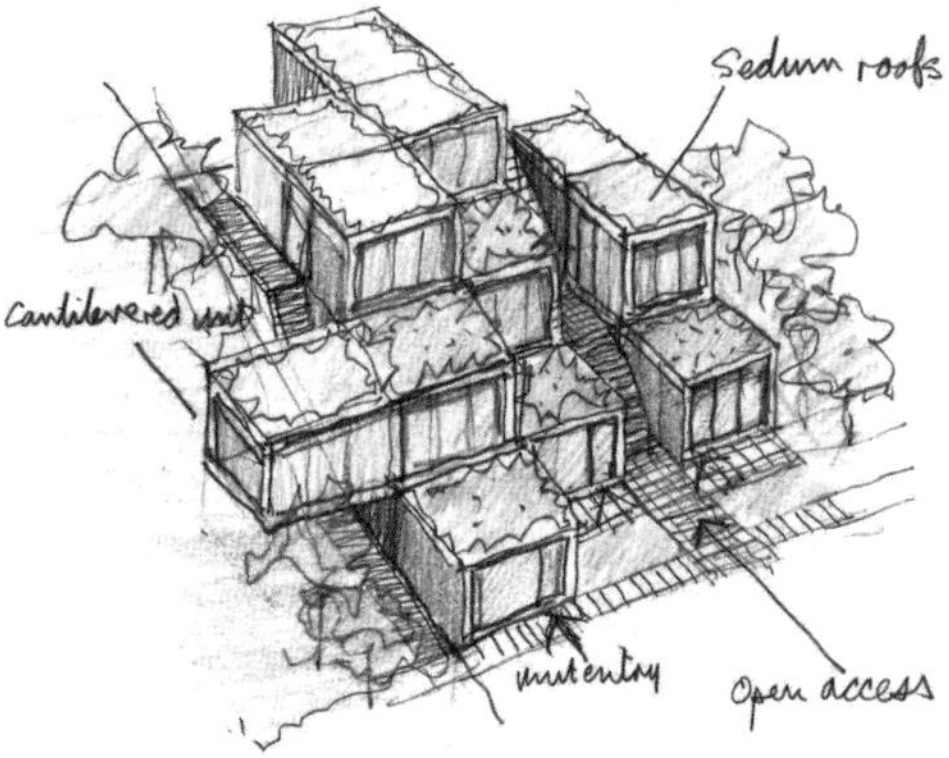

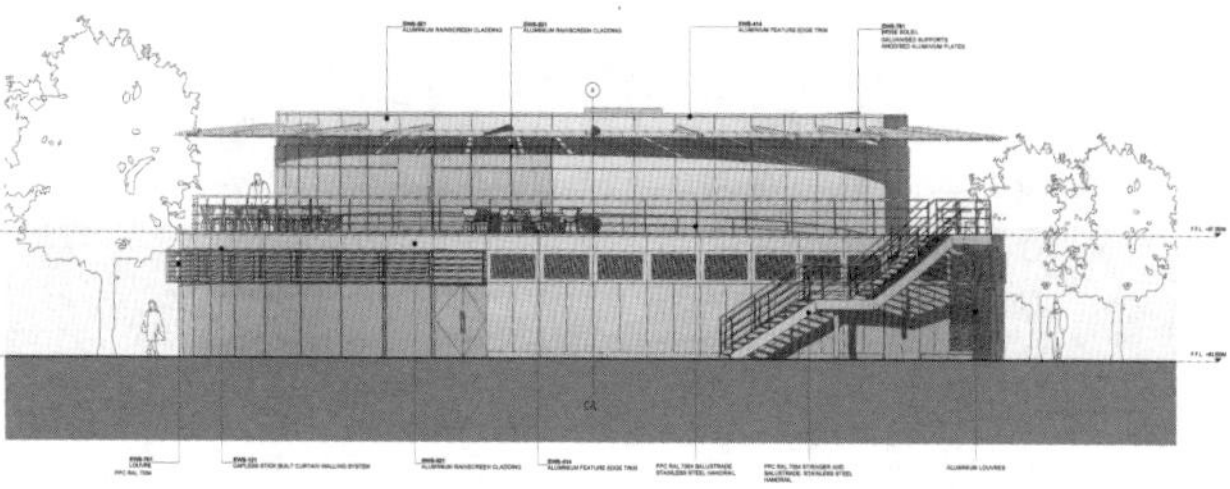

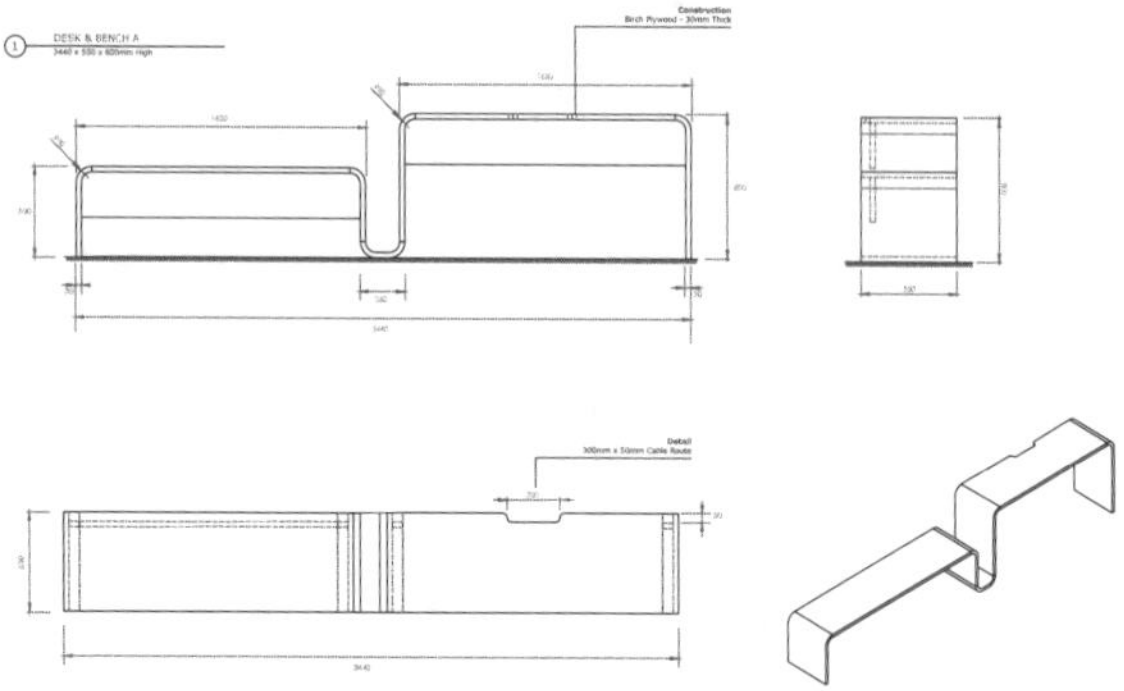

（上）DIETポッド／ウィルキンソンエア　（中）ラウンドハウス／ウィルキンソンエア
（下）デスクベンチ

ものを提供する機関として信頼されるためには当然のことだった。僕たちは、若いエンジニアたちを、そして彼らが将来生み出す革命的な技術を信じている――だからこそ、彼らに投資し、リスクをとり、新しいアイデアの創出を促進・支援する環境を作って彼らを支えている。卒業後もここに長くとどまることを選択し、早くビジネス界のリーダーになってもらうのが、僕らの希望だ。ダイソン インスティテュートは実際の仕事の世界に関わる近代的で未来志向の二一世紀型教育を体現している、と僕は信じている。

ダイソンでは、学生たちはユニークな教育を受ける。世界最高のエンジニアたちや科学者たち――現場で働く人たち――とともに働くのだ。彼らのそばで学び、発明する。アイデアのすみやかな製品化を目指し、製品およびリサーチに関して、幅広い分野を経験する。弱気な人には向いていない。四七週間の就業期間に加え、三年ではなく四年を過ごす。僕の推計では、従来の大学の二・五倍の学びを提供している。さらに、学生たちはリアルな、生きたプロダクトに取り組む。常識に逆らい、新しいアイデアを考案することが積極的に奨励される。学位だけでなく、学生たちがクリエイティブに羽ばたいていくための翼を授けるのが目的だ。訓練を受ける立場ではあるが、彼らは一日目からプロフェッショナルなのである。

ダイソン インスティテュートは今後何をしていくのですか、という質問をよく受ける。拡大するのか？ 学生数を増やすのか？ キャンパスを大きくするのか？ 僕としては、やがて「大学」と呼ばれるようになるこのインスティテュートを小さく維持したいと思っている。拡大に必要なスペースはハラヴィントンに充分あるが、大きくすると、学生がここで得ている特別な経験

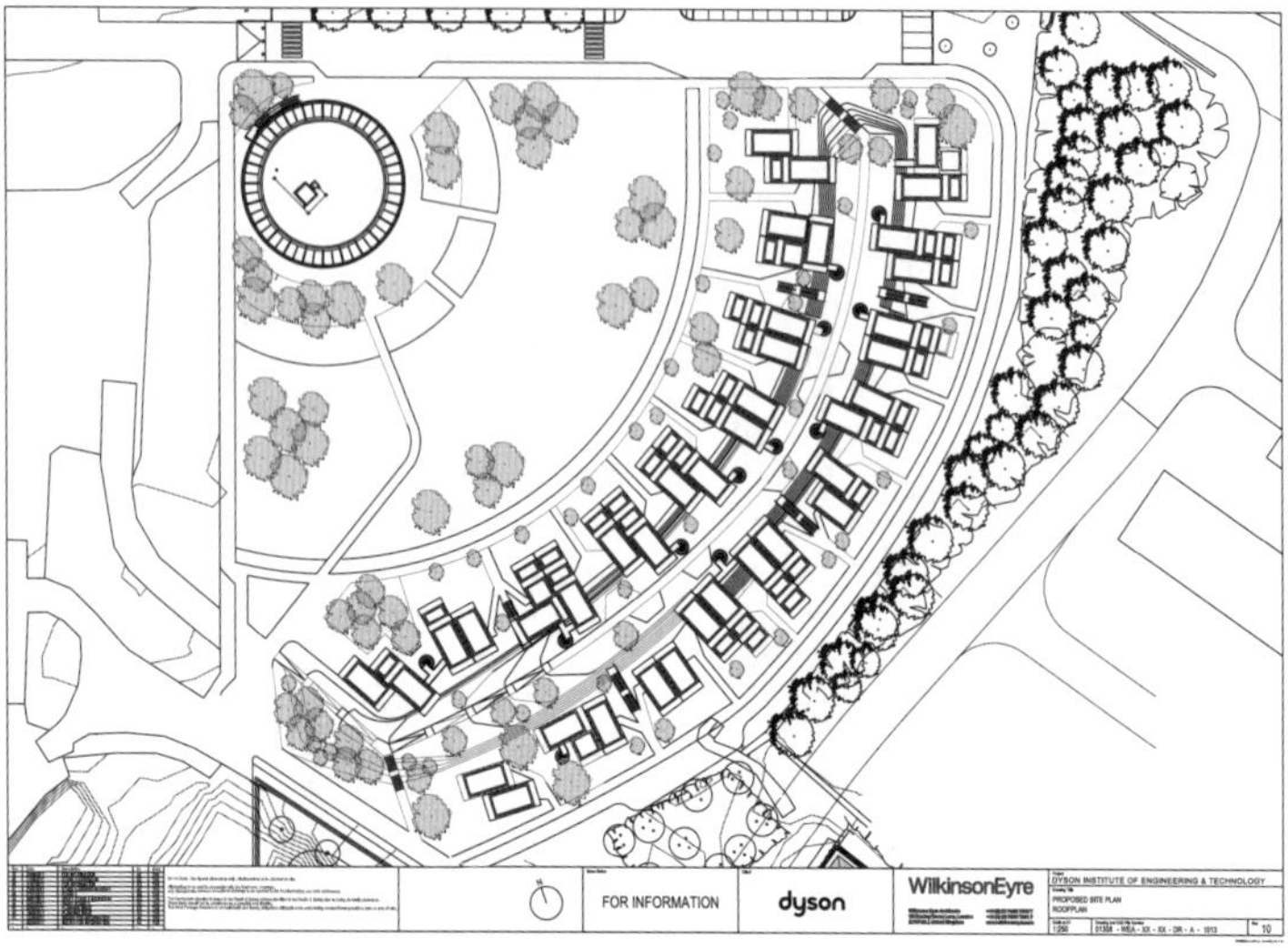

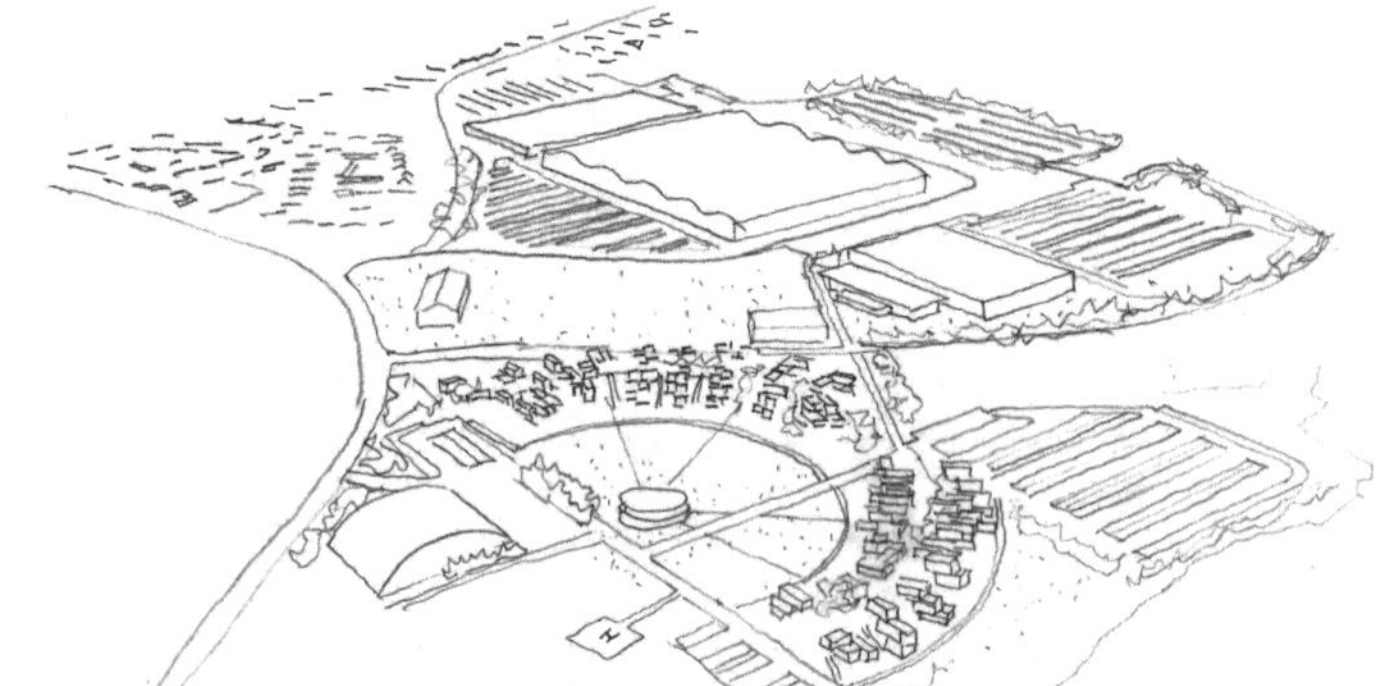

（上）DIETヴィレッジ／ウィルキンソンエア　（下）マルムズベリー・キャンパス／ウィルキンソンエア

が損われると考えている。ダイソンのエンジニアに対する学生の人数の比率が狂ってしまう危険性があるだろうし、僕たちがここで享受しているエキサイティングな感覚を失いたくないと思っている。

しかし、はやく修士号と博士号を授与できるようにしたいし、ゆくゆくはシンガポールでも同様の取り組みを始めたいと思っている。学生には、ダイソンの海外拠点で働く経験もしてもらいたい。学生たちは非常に楽しみにしていたのだが、二〇二〇年、コロナ禍が起こり、政治的にも実際面でも、少なくとも一時的には無理ということになってしまった。

ダイソン インスティテュートはこの上なく価値ある存在になっている。二〇二〇年一〇月のある日、僕宛てに一通のメールが届いた。ここに共有するが、理由はおわかりいただけるはずだ。

> ジェームズさん、
>
> おはようございます。
>
> お褒めの言葉をありがとうございます。そして二〇一七年にこのインスティテュートを設立してくださったことに感謝します——私は素晴らしい時間を過ごしています！
>
> 以下に、今年、私が達成したことを簡単にまとめます。

●ウォーリック大学のエンジニアリング学位取得のための初年度の学習における、平均一位。
●ダイソン モーターズのアドバンスドテストシステムズおよび評価チームのために自動システムを設計、構築。
●LabView Core 1と2の認定を取得。
●AWSの認定クラウドプラクティショナーになり、同時にダイソンのクラウドインフラのコスト削減改善策を実践――ダイソンのブリストル・オフィスにて。
●ダイソン モーターズのメカニカルチームで働きながら、ローター力学を学び、CADを使ってヴィジュアライゼーション装置を構築。
●水路でのマイクロプラスチック捕集に関するダイソンのサマー・シリーズ・プロジェクトをリードし、プレゼンテーションを行った。このプロジェクトは「国連のSDGsへの関連性が最も高いプロジェクト」賞を受賞。

ウィリアム・ソバーン
学生エンジニア
ダイソン インスティテュート オブ エンジニアリング アンド テクノロジー

僕は学生向けにデザインについてのレクチャーを行う。ジェイクもそうだ。僕はエンジニアリングとデザインが一体化による素晴らしいプロダクトを学生に見せるのが好きだ。例えば、一九六二年にアキッレ・カスティリオーニがフロスのためにデザインした「トイオ」がそうだ。「日常のなかで見出した」部品を中心にデザインされた製品だ。釣り竿の垂直材を釣り糸で調節し、防塵処理をした車のヘッドライトがつけてある。変圧器は露出させることで加熱を防ぐと同時に、バラスト（重し）の役割も果たしている。エンジニアリングをそのまま表現したデザインであり、同時にエレガントにして巧みな芸術作品になっている。目にするたびに僕を笑顔にするデザインだ。優れた照明器具であり、六〇年経っても斬新に感じる。学生たちにトイオの現代版を作れというわけではない。デザインとはプロダクトの中にあるエンジニアリングやテクノロジーを表現することであって、スタイリングや、見ためを今風にするためのものではないと理解してもらいたいと思っている。

ダイソン インスティテュート以外にも、財団は長年、純粋に利他的な理由から、名門大学の研究資金調達に関わってきた。財団の指針は、次世代のエンジニアをインスパイアすることにある。ケンブリッジ大学、インペリアル・カレッジ、そしてRCAとは緊密に協働している。また、ダイソンのモーター開発チームの多くの出身大学であり、研究プロジェクトに資金を提供したサウサンプトン大学、リーズ大学、ニューカッスル大学、そして最近では、シンガポール、マレーシア、フィリピンの大学とも広範な関係を築いている。

ニコラス・ヘア・アーキテクツが設計した、ケンブリッジ大学のジェームズ ダイソン ビルディング フォー エンジニアリングは、大学院生のエンジニアたちが世界最先端の研究を行うスペースを提供している。建物自体が、建築技術と性能の試験台になっている。基礎杭、コンクリート柱、床の一部の中に設置された光ファイバーのセンサーが温度と構造ひずみのライブデータを測定し、建物の振る舞いを図にして提供する。「その結果、不活性素材の塊ではなく、生き物のような建物になっています。建物にそのときの気分を尋ねられるし、建物も答えを伝えられるのです」とニコラス・ヘアは話す。

僕たちはこれまでケンブリッジ大学に研究所や設計・製造ワークショップの建設費用八〇〇万ポンドを、さらに流体力学の研究講座に一〇〇〇万ポンドを寄付してきた。熱流体とターボ機械を専門とするエネルギー学科ホイットル研究所とは緊密な協力関係にある。この研究室は僕にとって特別な存在だ。一九七三年にサー・フランク・ホイットルが開設したという理由ももちろんだが、家庭用ターボ機械であるダイソンの小さな電気モーターを強大なロールス・ロイスの航空エンジンの隣に置いて実験した場所でもあるからだ。ロールス・ロイスは、シーメンス、三菱重工業、そして、未来の駆動力博士課程センターとともに、ここの産業パートナーである。

二〇一九年五月、その五年前にインペリアル・カレッジに創設されたダイソンスクール オブ デザイン エンジニアリングが、サウス・ケンジントンのエキシビジョン・ロードとインペリアル・カレッジ・ロードの交差点にある、元は郵便局だったハンサムな四階建てエドワード朝バロック建築に移転した。この建物は、大英帝国がその絶頂にあった時代の産物だ。第二次世界大戦後、英国は帝国としての力を放棄したが、先端エンジニアリングとデザインにおけるグローバルな影響力は今もかなりのものである。赤レンガとポートランド産石灰石のビルは、科学博物館のすぐ隣にある。何十年にもわたって、英国のたくさんの子供たちがここで科学と技術に感動を覚え、中にはインペリアル・カレッジに進学した子供もいただろう。

通りを越えれば、ロイヤル・カレッジ・オブ・アートと学術研究的つながりのあるヴィクトリア・アンド・アルバート博物館がある。実際、RCAの創立の地はここで、その後、通りをまっすぐ行った先にあるケンジントン・ゴアのアルバート記念碑の向かいに移転した。インペリアル・カレッジの新しいダイソンスクールは、四年間のフルタイムでデザインエンジニアリングの工学修士号が取れる。すでに何度も志願者が定員を超えており、合格者の半分は女性だが、この事実が政治家たちにエンジニアリング教育の重要性と魅力を伝えてくれることを願う。

建物やプロジェクトに僕の名を冠しているため、個人的な虚栄心からの行動にも見えるかもしれないが、こうすることで、他の人も進んで寄付を行う気持ちが起きることを願ってそうしている部分もある。既存の大学への寄付であれ、ダイソンインスティテュートのような新規ベンチャーであれ、目的は教育の民営化ではなく、英国に不足する、可能な限りの支援を必要としている教育分野への投資である。

僕は一九六九年にロイヤル・カレッジ・オブ・アート――八割の学生がアートではなくデザインを学ぶのだから、むしろ間違った名称だ――を卒業したが、その後もつながりを持ち続けた。特に、「デザインエンジニアリング」コースにおけるエンジニアリングとデザインの先進的な教育は、僕自身の指針となったし、キャリアを通してその素晴らしさを訴えてきた。一九九〇年代のダイソンの初期のエンジニアはみなここから採用したし、最終学位の審査官も務めた。それがきっかけで数年後、スノードン卿の学長時代に教授会に推薦された。スノードン卿の後をサー・テレンス・コンランが継いで学長になり、その後二〇一一年に僕が引き継いだ。

自分の母校であることに加え、僕はRCAが好きだし、誇りに思っている。産業革命の絶頂期に、製造されるモノのデザインを改良するため、一八三七年にアルバート王配（女王の夫）によってガバメント・スクール・オブ・デザインとして設立された国立の学校だ。王室とのつながりは、デザインの良し悪しを見極める鋭い目を持ち、デザインエンジニアリングを誰よりも知り抜いていたフィリップ殿下の特別な関心を通じて続いている。RCAの中心は、ケンジントン・ゴアにある一九六〇年代築の古典主義建築、カッソン・コンダー・ビルである。ここは大学院大学でもある。毎年恒例の卒業制作展は、未来のデザインやスターたちが見られる場と考えられており、ロンドンで最も来場者の多い、人気の催しの一つになっている。RCAは長年、世界トップの芸術デザイン大学の地位を維持している。

RCAがバターシー・キャンパスを拡張する必要が生じたとき、ダイソン財団は喜んで支援した。バターシー橋の近くに新築するジェームズダイソン・ビルのために五〇〇万ポンドを寄付し、その一部には「インキュベーターユニット」を設置し、卒業間近のデザイナー兼エンジニアたちが卒業制作プロジェクトの開発を続け、それを製品化し、さらに販売できるようにした。ここで彼らは作業場を持てるし、特許やビジネスの世界の助言を得ることもできる。早期の資本を提供するため、RCAは彼らと投資家のつながりも作っていく。

施設ができて数年間は、大学のこの領域を運営する「イノベーションRCA役員会」の会長を僕が務めた。インキュベーターユニットは非常に大きな成功を収めている。シリコンバレーの投資家たちは支援したスタートアップの一割が成功すれば幸運だというが、インキュベーターユニットの成功率は九割だ。実際、RCAから生まれるスタートアップの数は、この分野で二番手であるケンブリッジ大学の同種のコースの二〇倍である。製品のアイデアとは、運を頼りに起業家になる人たちではなく、自分の製品に対して燃えるような情熱を持った、想像力あふれるエンジニアやデザイナーから出てくるものだと僕は信じている。

あるとき、僕は当時財務大臣だったジョージ・オズボーンにインペリアル・カレッジの学内や学生のプロジェクトを案内した。僕が彼にエンジニアリングや技術の重要性を語っていると、「デザインの重要性はどうだ？」と言うので、僕は説明した。さて、RCAにチェルシー・エステートのそばのバタシーの一ブロック全部を買う機会が舞い込んだが、購入には五四〇〇万ポンドが必要だった。そこで、僕はインペリアル・カレッジでジョージが言ったことを思い出し、万が一の可能性に期待して、最大数のスタートアップを輩出しているのはRCAです、とだけ書いたごく短い手紙を送った。五四〇〇万ポンドを提供するという返事が届いたときには、この上なく驚いたし、嬉しかった。

RCAインキュベーターユニット発足を支援するという僕の関心は、ジェームズダイソンアワード（JDA）への僕の思いにも通じている。この賞は、主に大学生を対象に、テクノロジーとデザインの相互活用による問題解決策の開発を後押しするものだ。RCAのユニットとジェームズダイソンアワードの受賞者たちの成功は、プロダクトや技術において若者が素晴らしい変化を生み出すこと、そしてそれは研究とデザインという二つの分野を組み合わせることで生まれるということの証左になっている。また、エンジニアやデザイナーは起業や経営には向いていないという神話を打ち砕くものだ。

掃除機の会社を立ち上げるための資金調達に苦労していた頃、ベンチャーキャピタリストたちはみな僕の提案をはねつけ、中には「家電業界出身の経営経験者を迎えるなら投資を検討してもいい」と言う者さえいた。当時、製品に総じて魅力がないせいで、家電業界は英国から消えつつあったのに。

二〇二〇年には、ジェームズダイソン財団が支援する学生は年間二〇万人に達し、慈善事業に一億ポンドを寄付した。世界各地でエンジニアリングを学ぶ学生たちを支援するにあたり、僕にとって最も満足度が高い方法の一つがＪＤＡである。二〇〇二年に創設されたこの賞は、もちろん、デザインが発明や問題解決をもたらすにはエンジニアリングや技術に統合されているべきであるという僕の主張に沿ったものである。ＪＤＡは、大学生を対象に、商業生産化の可能性があるプロダクトを通じ、身近な問題を解決するよう促すものだ。

応募数の多さ、世界中の学生たちの素晴らしいアイデアの数々、そして世界をよりよい場所にしたいという彼らの強い思いには驚く。初期の頃から、障害者や病気で身体が弱っている人々、高齢者のための問題解決に取り組む提案がたくさんあった。近年では、サステナビリティを高めるためのアイデアが増えている。受賞者を選ぶとき、より大きな信念から生まれた壮大なプロジェクトとサステナビリティにフォーカスしたプロジェクトの比較は公平ではないため、広いカテゴリーを対象とする賞とは別にサステナビリティを対象とした新しい賞も創設した。

二〇二〇年の時点で二七カ国で賞を運営し、二〇〇〇人を超える学生たちを金銭的に支援してきた。各国の優勝者と次点二名に賞を贈り、二種の国際賞は世界一位の応募者とサステナビリティにフォーカスした世界二位の応募者に送られる。いずれも賞金三万ポンドと奨学金五〇〇〇ポンドが贈られる。賞金は、多くの受賞者がそうしてきたように、懸命に取り組んできたプロダクトを作ってビジネスを始めるのに使われるか、あるいはさらに研究を続けるために使われる。信じられないことだが、優勝者の六割が、アイデアを商品化し、成功している。

例えば、二〇二〇年にはスペインのタラゴナ出身のジュディット・ベネット・ジャイロが「ザ・ブルー・ボックス」を開発した。家庭で使える生物医学的乳がん検査装置で、尿検査とAIのアルゴリズムを使って初期の乳がんを発見する。不幸にも、僕は乳がんがもたらす悲惨さを自分の家庭で目の当たりにしたことがあり、科学者やエンジニアとして、僕たちはこの恐ろしい病気を克服するためにはどんなことでもすべきだと思っている。ジュディットは、犬には人間のがんを発見する能力があるという記事を読んでプロジェクトにとりかかった。装置はクラウドにあるアプリにリンクしており、このアプリが数百万人のがん患者のデータを照合し、がんや乳がんのタイプを見つけ出す。この装置によって、より正確な治療法を選択できるようになると同時に、世界中にあるがんの知識が拡張される。ユーザーへのコミュニケーションをすべてコントロールしており、検査で陽性反応が示されると即座に医療専門家に連絡をとらせる。ブルー・ボックスにより、女性は家庭内で検査を行えるようになり、あらゆる女性にとって進行がんの診断を避けられるチャンスが生まれ、日常生活の一環として検査ができるようになり、社会が乳がんと闘う方法が一変する。

これは非常に重要だ。なぜなら、疾病管理・予防センターによれば、女性の四割がマンモグラフィによる乳がん検査を飛ばし、その結果、患者の三人に一人は発見が遅れ、生存確率が低くなっているからだ。マンモグラフィを受けていない女性の四一％が、検査に伴う痛みを理由に挙げている。残念ながら、コロナ禍により、ジュディットは長い間カリフォルニア大学アーバイン校での研究を中断しているが、僕はそのせいで彼女の成功に長期的な影響が出ることはないと希望を持っている。

二〇二〇年のサステナビリティ賞の優勝者はフィリピン・マニラのマプア大学に通うカーベイ・エーレン・メグだ。彼は発電に野菜の廃棄物から作ったフィルムを窓ガラスに貼って活用した――つまり、普通の窓ガラスがソーラーパネルになるのである。カーベイの素材に含まれる粒子は、紫外線を吸収して光を発する。粒子がある限り、余分なエネルギーを取り除く。この余分なエネルギーが素材から可視光を発し、それが電気に変換される。紫外線で作動するため、太陽が照っていなくても発電可能だ。カーベイについて特に僕が感銘を受けたのは、彼の決意の強さだった。二〇一八年に国内最優秀賞を逃したが、それでもこのアイデアにこだわり、開発を続けた。これは、製品化に向けた長い道に乗り出すとき、重要な特質になるだろう。

先に述べたように、カーベイはガラスに貼るフィルムが作物の廃棄物から作れることを発見した。これは豊かな資源だ。なぜなら、フィリピンは気候災害に苦しみ、農民の多くが収穫の多くを廃棄しているからだ。カーベイは、作物を腐らせるままにしておくより、自分の研究する紫外線吸収化合物の生成に利用したいと考えた。地元の作物の八〇種類近くをテストして、九種類が長期的利用に関して高い可能性を示した。

二つとも明るい飛躍的進歩である。発明が才能ある若者の知性にひらめきを与え、僕たちが日常生活で活用したり、職やさらなる収入を創出したりする製品に結びつく例を、もう二、三例あげなければならない。彼らは、口先や格好だけではない、本物の変化をもたらす人たちだ。

二〇二〇年の英国の受賞者は、ザ・タイヤ・コレクティブといい、重大だがほとんど議論されていないタイヤの摩滅によるマイクロプラスチックの問題に取り組むために、四人の学生が結成したグループだ。車がブレーキをかけたり、加速したり、コーナーを回ったりするたびに、タイヤは擦り減り、微細な破片を撒き散らす。タイヤ由来の粒子の量はヨーロッパだけで年間五〇万トンにもなる。この粒子は空中を舞うほど小さく、健康にも害を及ぼす。水路や海にも流れこみ、最終的には食物連鎖にも入ってくる。

タイヤ・コレクティブがデザインした装置は、ホイールに取り付けて、回転するホイールのまわりに生じるさまざまな気流を利用し、粒子が発生すると同時に静電気によって粒子を集める。テスト装置の制御された環境下では、プロトタイプはタイヤから飛散する粒子の六〇%を集めることができている。集めた粒子は新しいタイヤや他の素材としてリサイクルする。

オーストラリアでは、メルボルンのスウィンバーン工科大学に通うエドワード・リナカーが、灌漑システム「エアドロップ」を創り、二〇一一年に受賞した。エアドロップは地面に埋めたパイプを通して乾燥した土地にポンプで空気を送り込み、露点まで温度を下げる。結露により生じた水が、極度の乾燥と熱によってしぼみ、枯れそうになっていた植物の根に届き、栄養を与える。エドワードは、地球上で最も乾燥している場所の一つに生息する器用な甲虫、ナミブ砂漠カブトムシを研究していた。年間降雨量が一センチにも満たない場所で、このカブトムシは背中の親水性のある皮膚で集めた朝露を飲んで生き延びている。世界一乾燥した大気中にも水の分子は存在しているし、バイオミミクリー（生物や自然を模倣すること）はエンジニアにとって強力な武器になる。エドワードの研究によれば、最も乾燥した砂漠の大気一立方センチから一・五ミリリットルの水がとれるという。

他にも記憶に残っているプロジェクトがいくつかある。アイシス・シファーの「エコヘルメット」は、紙を折ってハニカム構造にしたラジアル（放射状）なヘルメットで、レンタル自転車会社向けにデザインしたものだ。ジェームズ・ロバーツの「ＭＯＭ」は、難民キャンプにおける未熟児の死亡を減らすために作った電気制御の保育器で、空気で膨らませて組み立てる安価なものだ。ルーシー・ヒューズの「マリーナテックス」は、一回きりしか使えないプラスチックに代わる生分解性素材で、廃棄された魚や地元でとれる赤い海藻で作られている。このアワードを通して、受賞者のジェンダーバランスが真の意味で達成されているのを見ると、励みになる。

ディアドリーと僕の健康への関心は、財団による医療研究への貢献に反映されている。二〇二〇年までに、「ブレイクスルー・ブレスト・キャンサー」、子供のがんのチャリティ団体「ＣＬＩＣサージェント」、メニンジティス研究財団、「キュアＥＢ」（表皮水疱症は、皮膚がただれる遺伝性疾患で世界に五〇万人以上の患者がいる）、元F1王者のジャッキー・スチュワートが設立した団体で、脳組織を生かし続けるための画期的な研究を行っている「レース・アゲインスト・ディメンチア」など、医療という本当に重要な取り組みに対し、三五〇〇万ポンドを寄付している。

ジェームズダイソン財団およびダイソン家が設立した慈善団体ジェームズアンドディアドリートラストを通して、王立バース病院に二〇二〇年に設立されたダイソン新生児ケアセンターへの寄付も行っている。病院からディアドリーに絵を描いてほしいと依頼があり、彼女はエントランスに面した壁を覆い尽くす大きな三連の絵画を寄贈した。フェイルデン・クレッグ・ブラッドリー・スタジオが設計した光あふれる優しい建物が、新生児だけでなく特別な医療が必要な少なからぬ未熟児に対する新しい治療の形を可能にしている。子供たちは回復するにつれて建物の周囲を動き回り、幸福感に包まれながら世界や家に向かうという計画に大変満足している。僕たちが資金を提供した研究によれば、研究対象となった赤ちゃんのうち、新棟で回復した九〇％は家でも母乳を続けているのに対し、旧産科棟では六四％だった。また、旧棟に比べて赤ちゃんの平均睡眠時間が二二％長く、よりしっかりと休息していた。

この研究では、周辺環境に対する反応を観察するために、世界で初めて加速度計を採用・利用して赤ちゃんの呼吸および睡眠パターンを測定した。低出力、自給型のワイヤレス装置で、通常は飛行機やスマートフォンに使われているが、スポーツや運動での使用がますます増えている。例えば、バース・ラグビー・クラブでは、選手のトレーニングテクニックや健康状態を分析するのにこの技術を使っている。心エコー検査や人工呼吸器回路からの情報など、こうした測定に通常使われる他の煩わしい方法よりもはるかに侵襲が少ない。

赤外線トラッキング技術は、建物内のスタッフの動きを正確にとらえ、設計の効率性を確認するのに使われた。調査の結果、新棟では看護師たちが新生児室で過ごす時間が以前よりも二〇％増えており、新生児のケアにより多くの時間が使われていることがわかった。

照度計は、特定の時間帯、日付、外の天候条件による光の変化を測定するために使われた。新棟で測定したところ、自然光が五〇％増加していた。体内リズムがより自然に機能し、赤ちゃんも両親もスタッフも一日の移り変わりを知覚しながら、赤ちゃんの睡眠や食事の習慣を補助することができる。

音圧計も使用され、毎時の平均騒音レベルがデシベルで記録された。特別治療ユニットにおける雑音レベルは旧棟から平均で九デシベル以上低下した。赤ちゃんの睡眠増加という観察結果は背景雑音の現象と相関関係にあることを示していた。

産科クリニックが僕たちを人生の始まりに連れ戻すのだとしたら、グレシャム校は僕が思い出せる最も古い記憶に僕を連れ戻す。二〇一九年、ディアドリーと僕はグレシャム校が新たにダイソン・ビルを建てる資金一八七五万ポンドを寄付した。生徒たちにはSTEAMビルと呼ばれている。「蒸気《スティーム》」とはずいぶん古臭い名前に聞こえるが、「科学・技術・エンジニアリング・アート・数学科」を示しており、この学科が母校の科学の成績を急伸させてくれることを願っている。つまり、科学とさまざまな技芸《アーツ》の融合だ。C・P・スノーの「二つの文化」――理系と文系――を和解させ、エネルギーあふれる若者の知性において、そして勤勉で才能ある教師たちの知性において、発明《インベンション》・創意工夫《イノベーション》の才、技術革新《デザイン》、設計《エンジニアリング》、工学《テクノロジー》、技術を織り合わせていくことが目標だ。

ディアドリーと僕は、人の心を鼓舞する力のあるリーダーたちが熱意を持って取り組む新しいアイデアを喜んで支援してきた。グレシャム校のダグラス・ロブ校長と話したとき、この学校をここの生徒たちにエンジニアリングや科学を奨励する最前線にしたいと話していた。このビルがきちんとその役割を果たすことを望んでいる。子供というのは六歳くらいからさまざまな関心を発揮し、熱中していく。子供は独創的《インベンティブ》だし、夢のようなアイデアを思い描き、好奇心がいっぱいで、ものを作る方法を知りたがる。ところが、こうした特質はやがて一掃されてしまう。制度のせいでもあるし、学校でのこうした科目の教え方が技術の変化のペースについていけていないせいでもある。新しい校舎に特別なスペースを新設することで、より多くの才能あふれる若者たちを育み、刺激し、教えられるようになってほしい。

新スペースには、ロボット工学からプログラミング、ＡＩ、機械学習まで、最高レベルの教育を確実に実践できるよう、最新技術を実装することになるだろう。また、この校舎は、グレシャム校が地域の学校とともに運営する数々のアウトリーチプログラムを大きく改善する機会も提供するだろう。また、グレシャム校はダイソン インスティテュート オブ テクノロジーとの関係性を深めていくことになる。クリス・ウィルキンソンが設計した校舎は、この学校の中心であり、芝生のある広い四角い中庭を挟んで向かい合うアーツ・アンド・クラフツ様式の礼拝堂とのつりあいが見事だ。この素晴らしい礼拝堂は僕が一〇年にわたってのコーラス隊で歌を歌った場所であるし、一九四七年に僕はここで洗礼を受けたのだった。それに、祭壇の隣には、僕の父を記念するラテン語の可愛らしい飾り額もある。

新校舎は、大胆な鉄骨梁と、大きなガラスパネルで構成される。エンジニアリングを表現する建築だが、植栽が印象を和らげる。中には、集まる場所と座る場所の二役を兼ねる大きな階段を備えた講堂など、思いがけないスペースがある。気鋭の若手科学者とアーティストが一緒に教える場になるかもしれない。

ロンドンの美大に進学してからは、グレシャムをあまり訪問していなかった。以前、校長を務めていたジョン・アーケルの招待で、終業式で賞を渡したことがある。教師たちの歓待を受け、なかには僕の恩師もいたし、生徒たちはブラスバンドの楽器にダイソンの掃除機三台を加えてマルコム・アーノルドの曲を演奏してくれた。終業式は通常、大きくてロマンティックな屋外劇場で行われる。僕たちが親たちの前でシェイクスピア劇を何度か上演した場所だ。

寄付をして間もない時期に、素晴らしくて懐かしい校長、ロージー・ブルース＝ロックハートに会うことができて、とても嬉しかった。悲しいことに、ロージーは亡くなり、ＳＴＥＡＭビルに案内することはかなわなかった。家族にとって大切な友人だったし、僕も彼のようにありたいと思う。それこそが、父を亡くした僕に惜しみなく愛を与えてくれた彼とノーフォークのこの学校に報いる方法だからだ。

グレシャム校は僕にとって何より大切なものだった。学び始めた場所であるだけでなく、僕はここに暮らし、校庭や設備を大いに利用させてもらったからだ。ロンドンに旅立つとき、ここのすべて——のどかな風景や少年時代の友人たち——を後にするのはつらかった。僕の両親は僕よりも長くここで暮らしたのだから。

グレシャム校は俳優、音楽家、詩人、農家、スパイに加え、平均以上に多くの科学者、発明家を輩出してきた学校である。ダイソン家の慈善活動のモットー——父がきっと望んだように、もちろんラテン語だ——は、「*Numquam Tendere Cessa*」、つまり「挑戦をやめるな」である。これがグレシャム校で学ぶ若者たち、そして大学や研究所、そして工場に対する僕の望みである。あ、それに英国と世界中の美術大学にも！　モットーは「*Custodiant Currit*」——「走り続けろ」——にしようかとも思ったが、「挑戦をやめるな」がぴったりだと僕は思う。

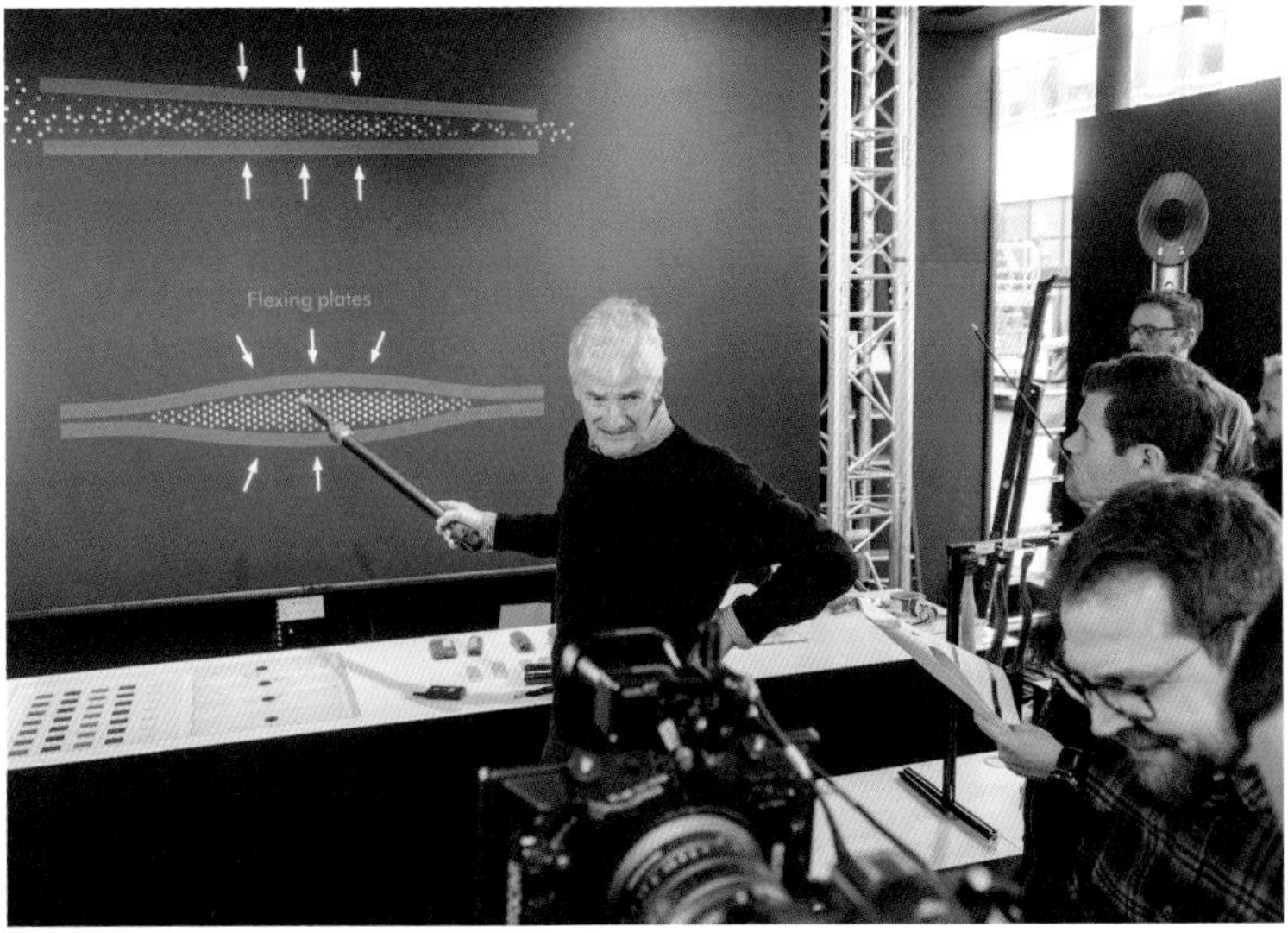

2020年、コロナ禍によって世界の動きが止まる中、パリのダイソンデモストア（直営店）でダイソン コラール（ヘアアイロン）の発売イベントを行った

2018年、ロンドンのカドガン・ホールにて「ダイソン シンフォニー」による渾身の演奏。オリオン・オーケストラ、ダイソンのエンジニアたち、ダイソン製品の部品を使って作られた「サイクロフォン」などの機械の実験的な出会い——失敗する許可もあり——から生まれた「音響の解剖学」を演奏した。デイヴィッド・ロッシュが作曲し、トビー・パーサーが指揮した

ハラヴィントンから再充電なしの1000キロのドライブに出発しようとするダイソンEVのCG

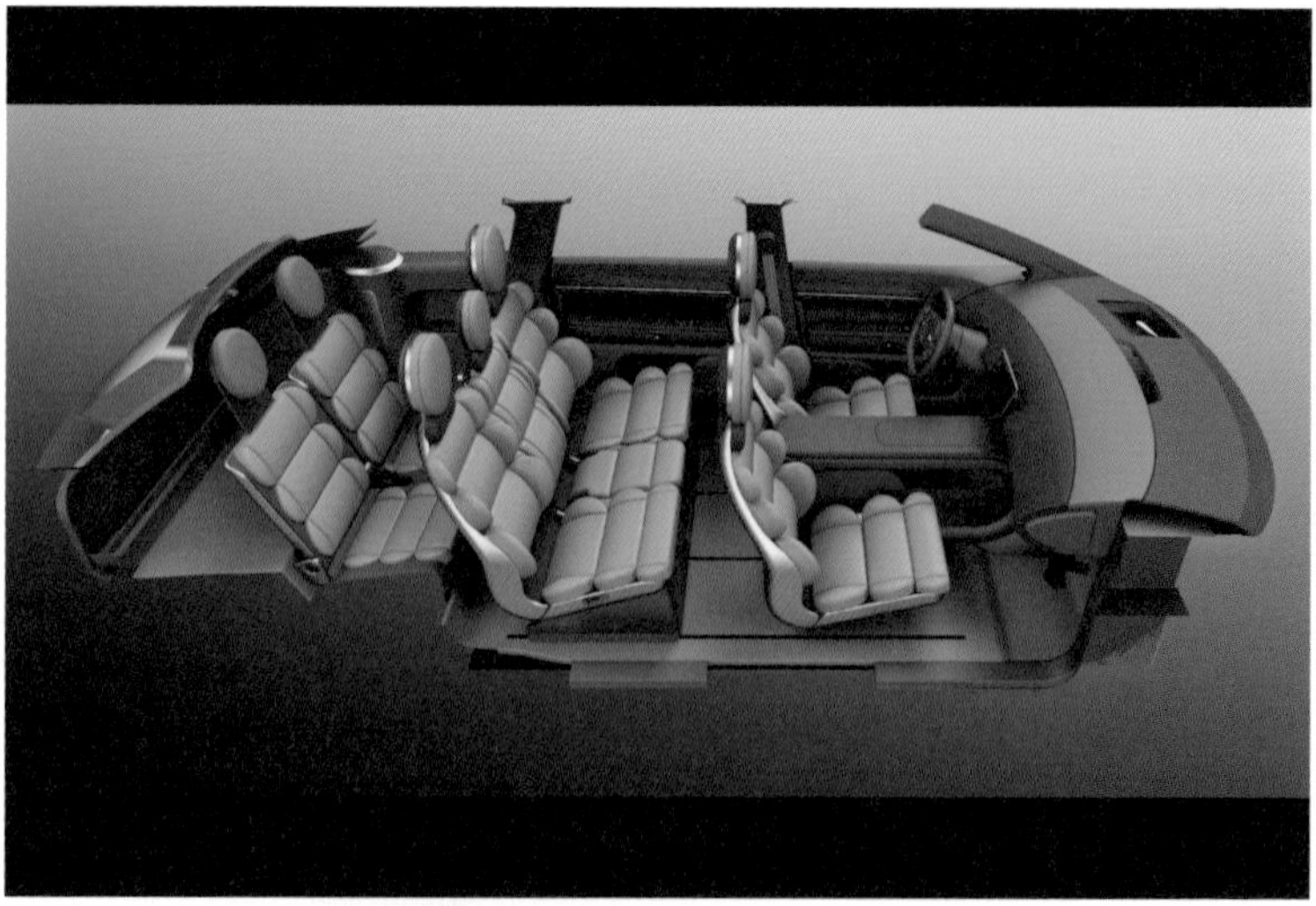

ミニのように車輪を各コーナーに寄せることで、車内空間をできるだけゆったり大きくとったダイソンEV。サポート部分に木を贅沢に使った座席は、敬愛するチャールズ&レイ・イームズ夫妻が手がけたソフトパッドチェアへのオマージュでもある

THE SUNDAY TIMES

RICH LIST | INTERVIEW

"I BLEW HALF A BILLION QUID...
...ON A CAR"

Sir James Dyson spent £500m developing an electric car to rival Tesla's. Then he scrapped it before the first prototype took to the road.
He tells *John Arlidge* why

UNPLUGGED
Sir James with the Dyson electric car at his firm's research centre in Wiltshire

自動車プロジェクトから撤退する決断を伝える『サンデー・タイムズ・マガジン』の記事。ハラヴィントンの格納庫の中で、クレイモデルの前に立つ著者

クレイモデルを整える

ダイソン デジタルモーター、電子工学、前輪・後輪にトランスミッションを組み込んだ、コンパクトでエネルギー効率の優れたエレクトリック・ドライブ・ユニットの断面図

リンカンシャー州ノクトンのダイソン ファーミングにて、耕し、畝を作り、苗床を作って、種芋を植える光景

ノクトンにて、エンドウ豆の収穫機3台が作業中。何十億粒もの豆は収穫後120分以内にフリーザーに入る

リンカンシャー州キャリントンでは、農場の嫌気性消化装置が生み出す電気と熱を使い、イチゴをオフシーズンに750トン生産

組み立て前の学生用ポッドの室内。ウィルトシャー州マルムズベリーのキャンパスにあるダイソン インスティテュート オブ エンジニアリング アンド テクノロジーの学生宿泊施設の壁と天井は、CLT(直交集成板)でできている。デスクとベンチは筆者がデザインし、セントリアムという英国企業が製造

中と下
円弧を描くように配置された学生用ポッドはトラックで運び込み、クレーンで所定の位置に下ろして連結した。各ポッドは上下左右で他のポッドと隣接しながら絶妙に組み上げられている

フィリピン・マプア大学の学生カーベイ・エーレン・メグは、果物の廃棄物を活用した紫外線を吸収する窓で発電し、建物を太陽発電ファームにする革命的なシステムを考案し、2020年ジェームズ ダイソン アワードのサステナビリティ賞を受賞した

常に楽観主義を貫く。2019年、ちょうどコロナ禍が始まったときに、ハラヴィントン・キャンパスのハンガー85（格納庫）を6年かけて整備する計画を発表した

右ページ上：2017年9月に入学した、ダイソン インスティテュートの第1期生。才能あふれる若きエンジニアたちは2021年9月に卒業した

右ページ上から2つ目：クリス・ウィルキンソンが設計したラウンドハウスにはカフェ、ライブラリー、映画館、レクチャー・シアターがある

右ページ下から2つ目：2021年9月、ノーフォークにある母校グレシャム校にオープンしたダイソン ビル。STEAM（科学、テクノロジー、エンジニアリング、アート、数学）教育の新しい中心となり、学際的な教育を展開する。軽量鉄骨構造に植物をまとわせた建築

右ページ下：トップライトからの光が照らす講堂の中央には大きな階段がある。マレーシアの開発センターで初めて実践した手法

息子のジェイクと筆者。2015年、ジェイクがダイソンに入社したとき、マルムズベリーにある真っ二つにカットしたミニの中でミーティングをした。二人ともイアン・ペイリー（筆者の義理の息子）の服を着ている

ディアドリーはラグを作るだけでなく今も絵筆を握る。1996年、南仏プロヴァンスで絵を描いているところ

第 12 章

Making The Future

未来をつくる

いろんな意味で、僕は矛盾しているように見えかねない人生を送っている——これからも、これまでもだ。起きている時間のほとんどはダイソンの研究開発拠点で社内のエンジニアや科学者に囲まれながら、五年、一〇年、あるいはもっと先に形になればと思うアイデアを研究している。難しい課題とフラストレーションだらけの生活だが、そのすべてが実にやりがいに満ちた道楽でもある。しかし、僕は過去——僕たちの世界を形作った物語や芸術品、空間——についても、執念に近い関心を持っている。古いものを修理したり新しいものを加えたりすることは、未来を発明するのと同じくらい僕の人生の重要な部分をなしている。現代のデザイナーやエンジニアがリノベーションに熱中するとは、奇妙に聞こえるかもしれないが、過去や僕たちの前に世界を形作ってきた先人たちから学べることはたくさんある。ノスタルジーを語っているのではなく、むしろ逆だ。これまで達成されてきた進歩を理解し、称賛し、そこから学び、その上に新しいものを構築する、ということだ。

おそらく、僕の生い立ち——早くに父を失い、キャリアの初期にジェレミー・フライから僕の年齢には不相応なほどの責任を与えられ、僕を支え、自信やアイデアを追い続ける信念を与えてくれる妻や家族を得る幸運に恵まれた——がそうしたのだ。僕はものづくりが本当に楽しいし、可能なときは必ず自分でやってみる——そのプロセスでは常に学び続けている。職場でも家でもそうだし、僕たちが家に持ち込んださまざまな「プロジェクト」でも明らかにそうだ。さまざまな局面で配管工や左官、電気工事士の仕事をせざるをえなかったし、とりわけ最高だったのはJCBのドライバーだった（JCBは英国で最高かつ最も万能な掘削機だ）。それに、新しい家具や建具をデザインしたこともある。

　ディアドリーと僕がもう一九年がかりで取り組んでいるドディントン屋敷のリノベーションは、最大の例だ。入手したとき、一七九八年から一八一八年にかけてジェームズ・ワイアットが設計したこの家はすぐにでもリノベーションが必要な状態だったが、一つの施工業者に丸投げしてしまうのではなく、ＤＩＹで段階的に進め、その過程で学びながら、本物の情熱や専門知識を持ち、その仕事や職人技に長けた人のチームを構築していくことにした。これは、時間がかかるが得るものが多く、そして終わりのない挑戦だった。一九三〇年代のヨットを海から引き上げて、さらにひどい破損状態《レック》——文字通り沈没《レック》していたわけだ——からリノベーションしたときも、まさにそうだった。

　仕事に近いことでいえば、僕たちの手で愛情を込めてオリジナル仕様に修復し、ときどきマルムズベリーの駐車場で点火するホイットルのジェット・エンジンも、過去の修復の一例である。相当手をかけてやる必要があったものの、ホイットル・エンジンはただの古めかしい遺物ではなかった。フランク・ホイットルの革命的アイデア、一九三〇年代の同時代の飛行機よりも高く、速く、滑らかに飛ぶ飛行機を作るにはどうしたらいいのかという問題解決の方法を体現している。ホイットルが二三歳で考案した新型航空エンジンのアイデアは、非凡だが脆弱だった。それに、ホイットルが正しいと信じたい人がいただろうか？　もちろん政府の専門家たちは信じなかった。彼は自分のプロジェクトを一人で追求し続け、そうすることで、世の中の飛行機に革命を起こし、第二次世界大戦の流れも変えた。

ホイットトル・エンジンは僕を最も刺激した存在だが、同様のデザインやエンジニアリングを象徴するアイコンがキャンパスのあちこちにたくさんあり、その一つひとつに物語がある。キャンパスのカフェの一つには天井から、イングリッシュ・エレクトリック・ライトニングF．1A・ジェットが吊るされ、オフィスの一つにはコンコルド・エンジンがあり、別のオフィスには縦に真っ二つに切断したミニがある。中でも、僕がつい立ち寄らずにはいられないミニは、市場調査に耳を傾けるべきではないことを示す好例だ。ＢＭＣ（ブリティッシュ・モーター・コーポレーション）は、市場調査からのフィードバックを受けて、二つ作るはずだったミニの生産ラインのうち一つを取りやめた。こんなにホイールが小さい車を買う人はいない、と言われたのだ。結局、ＢＭＣは発売後に大流行したミニの需要に一度も追いつくことができなかった。他にも、ここでは触れない例がたくさんあるが、こうした品の一つひとつが、予想や抵抗に逆らった物語や、自分のアイデアを強く信じることと進歩を信じることがどれほど大切かを示す教訓を持っている。

歴史的な製品が示すのは、新しいアイデアを他人に理解してもらったり、夢中になってもらうことの難しさである。これには、発明家側に自信や信念が求められる。新しい技術を発明し、製品をデザインして製造し、さらにそれを世界に売り出すという挑戦やスリルが関係者でない人に理解しがたいのは、僕にも理解できる。恥ずべきは、ドナルド・トランプの「アプレンティス」のようなテレビ番組で起業家やビジネスを野蛮な企てとして描くやり方だ。ビジネスに対する最悪の印象をますます悪くするだけだ。

起業家になるということは、必ずしも手っ取り早く金を稼ぐことではない。新しい製品や新しい機会を創出し、その過程で満足感の得られる雇用や機会を生み出すことだ。起業家は、現状を刷新し、進歩を推進するサイクルの一部である。簡単なことではない。利益と損失、成功と失敗の間にある余白は小さい。周囲の状況が変化すれば、ビジネスを変更したり作り直したりする必要があるかもしれない。状況やものごとの仕組みが理解できたと思った頃に、予告なく変化が起こる。落とし穴はいたるところにある。

僕などは、何もかもスムーズに進んでいると心配になるという境地に達している。ちょうど、昔の米国の西部で騎馬警官が「巡査、気に入らないな……静かすぎる」と言ったとたんに胸に矢が刺さる、あの感じだ。毎日が冒険であり、思いがけないことへの対応だ。たとえものごとがある種の均衡状態にあるように見えても、企業は進み続けなければならない。生き残るためには、改善し、進化し、向上しなければならない。慢心ほど大きな危険はない。

ダイソンが成功を収めたとたん、英国の人々は、いつ会社を売るつもりなのかと聞いてきた。まるで僕が一時的に自分を貶めて、創造性とは無縁の暗くて薄汚れた製造業の世界にいるにすぎないのだろうと言わんばかりだった。最初の一〇〇万ポンドを稼いだときは、汗まみれ、汚れまみれできつい工場生活から逃げ出し、隠遁した地主になり、鴨小屋を建て、家のまわりの堀を掃除して過ごすのにうってつけのタイミングだったのは確かだ。いずれにせよ、どうやら学のあるらしい人間ならオフィスやスタジオで「クリエイティブ」なことをやっていられそうなときに、僕が工場の中を駆けずり回っているのはなぜなのか？

起業家たちが、できるだけ早い機会に会社を売却したり、あるいは株を公開したがるという意味で、英国は僕の知る唯一の国だ。このことに僕はいつも当惑し、悲しく思っている。企業は株を公開すると何かを失うと僕が信じているのも一つの理由だが、こうした企業の多くが最終的に外国の手に渡り、道を見失い、ついには隷属的企業に落ちぶれてしまうからだ。他方、家族経営による企業は、世代を通して受け継がれていく。英国は他国に比べてその数が驚くほど少ない。

例えば、ドイツには有名な「ミッテルシュタント」がある。中堅民間企業を指し、何世代も受け継がれてきた企業も多いし、ＢＭＷや僕たちのライバルであるボッシュのような巨大企業もある。フランスには同族オーナーによるファッション産業の大企業があるし、イタリアやスペインも同様だ。米国は家族経営企業が世界一多く、大手食品企業のマースや穀物メジャーのカーギルもそうだ。しかし英国では、建機のＪＣＢを除けば、起業家が創業した重要な民間企業の名を挙げるのは難しい。これが英国を不利な立場に追いやっている。というのも、家族経営の利点は長期的に考えて投資ができることにあり、これは株式公開企業にはできないことだ。また、家族企業には精神や良心、そして哲学があるが、株式公開企業ではしばしばこれが欠けていると僕は考えている。

英国の起業家ができるだけ会社を早く売却してしまいたがるのは、最初から金目当ての起業であったり、あるいは続けるうちに何もかも失うのが怖くなるからだろう。金のためなら、自分のやっていることにも、ビジネスにも、同僚にも、そして顧客に対してすら情熱を傾けてはいまい。彼らの情熱は短期間で金持ちになることにあり、現金化する前に企業を失う恐怖に支配されている。

自分のやっていることに対する確信の欠如、信念の欠如は厄介だ。他の起業家はそう感じないのに、英国人がそう感じるのはなぜか？　英国人は産業革命を起こしたが、それを他の国々のようには続けることができなかったせいだろうか？　歴史的に、英国企業は商品を大英帝国に提供することができたため、売上を簡単に上げることができた。一方、他の国々は世界のビジネスと競争するために産業力を活用するしかなく、長期的により大きな成功を収めてきた。英国の貴族は相続財産があるため働いたことがなく、充分な金を稼いだらもう二度と働かなくていいという心理が埋め込まれてしまっているのだろうか？　英国人は、素晴らしい製品を作り、人をたくさん雇って支えるのが企業だとはとらえていないのだろうか？　オーナーとして、雇用した人々の幸福のために事業を育成し、持続していく義務があるのがわからないのだろうか？　最後に、英国人は何世代にもわたって企業を経営する長期的なスタミナや努力よりも、瞬間的な才気のひらめきや簡単に手に入る成功を評価するせいなのだろうか？

魅力的な買収提案が二つ、三つ舞い込んだとき、賢明な友人の多くは、早い時期に事業を売却するようにというアドバイスをくれた。彼らは、僕がいずれすべてを失うかもしれないと恐れていたか、あるいは達成すべきものをすべて達成してしまったと感じていたのだろう。同族経営の場合、家族の富のほとんどが経営している会社に投資されてしまっているため、経営を続けることにはリスクや責任を伴う。しかし、競争したり、ビジネスを構築したりしながら、予断を許さない状況を生きるのが、僕は好きだ。新しい技術を開発し、僕のそばにいる素晴らしくてクリエイティブなチームとともに働くことが、僕の情熱の対象だ。失敗しても、「オボレロノロマハノロマデナケレバオボレナイ」のだ。

忠告をくれた親切な人々は重要な点を完全に見落としていた。僕は金儲けのために掃除機のプロトタイプを五一二七個も作り、ダイソンという会社を作ったわけではない。「そうしたい」という燃えるような思いがあったから、そうしただけなのである。それに、数千人の僕の同僚たちと同じく、僕は発明すること、研究すること、実験すること、デザインすること、ものづくりや製造することをクリエイティブでやりがいがあると感じている。そして、教育を通じて未来の子供たちがそうするように励ますことができさえすれば、彼らが発明やエンジニアリング、ものづくりや製造業のキャリアや人生に熱中するだろうとも思っている。

掃除機の開発の初期にクリアビンを使うと決めたのは、僕らが我が道を歩んだ「明白《クリア》な」な一例だ。自分たちの直感を信じ、調査や小売業者が言うことは無視した。ピートと僕は掃除機を開発している間、集めた塵やホコリを見るのが好きだった。僕たちは機械の懸命な働きぶりを隠したくないと思った。

評価の定まった専門家の声の逆をいくのは、とてつもないリスクだった。いいアイデアだと支持する人は誰もいなかった。実際、誰もが反対した。データもすべて僕らの思いとは逆を支持していた。しかし、あのとき「科学」や自分の直感を信じなければ、僕たちはつまらない迎合の道を歩んでしまったはずだ。クリアビンは成功を収めたし、以来、掃除機メーカーの世界にやってくる新米たちも、みんなクリアビンを装備するようになった。クリアビンが成功した新技術の象徴だったから、コピーしたわけだ。

人と違う道を行く先駆的なメーカーの前には障害が立ちはだかるものだが、創造性を発揮し、解決できない問題を解決していくプロセスは、むしろ驚きにあふれている。先駆的な取り組みは、成功するかどうかわからないのだから大変だ。つまずいても、きっと成功すると信じ、立ち上がらなければならない。怖いことだ――僕は常に恐怖を抱いている。しかし、恐怖はアドレナリンとやる気を出させるものだから、よいものでもある。アスリートたちなら、きっとわかってくれるだろう。

永遠に学び続け、科学やエンジニアリング、技術を探求する人生は、魔法のような、やりがいに満ちた冒険であり、テクノロジーを応用し、楽しく面白く使える製品に改良していくことには静かなスリルがある。エンジニアにとって、クリエイティブな衝動、ものを改良したいという欲望、そして問題を解決しなければという思いは、いっときたりとも途切れることがない。職場にいようが家にいようが、常にそうだ。不満や問題を発見し解決する製品やシステムの開発は、知的な挑戦である。

科学者とエンジニアが一緒になれば、現在の問題が見えてくるし、彼らには新しい解決法を提供する能力もある。歴史が繰り返し証明していることだ。未来の課題は、現在は若い人たち、僕たちが直面する問題を見抜くことができる人たち、問題を解決したいという本能――衝動――を持つ人たちによって解決されるだろう。世界は若者たちのものだし、世界の終わりを大げさに騒ぎ立てる人々や、お題目を唱えるばかりの政治家たちや、彼らにあれをしろこれをしろという僕のような老人さえ必要ない。最も重要なのは、活動しやすい支援の枠組みを提供しつつ、彼らの取り組みや、その途中での失敗の経験を促すことだ。

もっとサステナブルで効率的な製品から、よりよい食品やよりサステナブルな世界づくりまで、科学と技術はさまざまな問題を解決できると僕は強く信じている。この世界をリードしていくのはテクノロジーと科学のブレイクスルーであり、終末論的なメッセージなどではない。終末論者たちが語る闇だとか人類の創造性の終わりなどではなく、光を目指し、明るい新しい思考を携えて、楽観的に未来を目指す必要がある。

うまくいってしまえば、革命的な新しいアイデアがものすごく当たり前に見えるものだ――誰も疑問に思わなかったのだろうか？　と思うのだ。しかし、着想の時点では、当たり前すぎて目に入らないのである。新しいアイデアは繊細だから、懐疑主義者の群れ、知ったかぶり屋たち、そしていわゆる専門家たちにつぶされないよう、大切に育む必要がある。フランク・ホイットルが経験したように、人は新しいアイデアを簡単に否定したり、退けたりするし、新しいものを嫌ったり、悲観主義者、あるいは皮肉屋になったりする。予期せぬものの成功を見極めるのは、思いの外難しい。

楽観主義者や問題を解決する人々よりも終末論や暗い未来を吹聴する人々のほうが世間の耳目を集めるのを見ていると、気が滅入るものだ。進歩は受け入れ、後押しすべきものであると僕は強く信じているし、進歩を目指すアイデアを触発し、それを活用してよい目標を達成するのは政府や企業の義務である。地球がいくつかの大きな問題に直面しているのは否定しようのない事実だが、だからといって人々を後ろ向きにさせたり、進歩を後戻りさせたりするのは無意味だ。僕たちは自信を持ち、人類の創意工夫の才を信じながら前進することで最大の課題を克服するはずだ、と僕は確信している。解決されるべき問題は目の前にあるし、だからこそわくわくするし、やる気を掻き立てられる。

僕たち自身についていえば、ダイソンは幸運にも、世の中をよくしたいという強い思いとあふれんばかりのアイデアを持つ若者たちをたくさん採用している。大学院卒が多かったが、今は学部卒も増えているし、義務教育修了後にダイソン インスティテュートに進み、未来に貢献しながら学ぶ人もいる。

同時に、若者以外の僕たちは常に若々しい心を持ち続け、決して探究心をなくしてはいけない。例えば、ダイソンで最も独創的《インベンティブ》なエンジニアは八〇代だ。彼は少年のような好奇心を持っている。不屈の楽観主義者であり、挑戦すべきことにはどんなことでも挑戦している。熱中する心を持ち、いつでも進んで新しいことに挑戦する。クリアでクリエイティブな目と心で今よりもずっとよくなる未来を見すえていくなら、僕たちに希望はある。僕たちは本当に魅力的な人類史の岐路にいるのだし、未来を切り開いていかねばならない。

ダイソンは「成長しきって」立ち止まったことは一度もない。ときにそれが面倒を生むこともあるし、ダイソンが変化し続けなければならない理由を誰もが理解してくれるわけではない。Gフォースとのライセンス交渉のために初めて東京へ向かったとき、僕は世界を受け入れることにわくわくしていた。グローバル化には、あらゆる人々を高める潜在的可能性がある。世界各地での成功が研究やよりよい技術に投資する手段となり、僕たちの世界を前進させる。

今日、マルムズベリーのキャンパスには五五カ国からやってきた人々が働いているし、ダイソンの社員は世界八三カ国にいる。それがダイソンを強くする。彼らは目的やグローバルな視点だけでなく思考や文化の多様性も共有している。スタッフのほとんどは若者だが、ダイソンでは年齢は障害にならない。みな自由で気さくだし、天真爛漫な知性で他にはない発想を生み出している。彼らはダイソンの未来だ。彼らの楽観主義や創意工夫の精神が世界のために活用されたら、と想像してほしい。

こうした若者たちは、恐れることなく新しいアイデアを探求し、通説に挑み、自分の信念を持つからこそ、力を発揮する。僕は万人向けのアドバイスをするのは好きではないが、冒険的であれと人を励まし、自分にもそう言い聞かせる。自分が歩むべき道を歩むのだ。

三人の子供たちはまさにこれを実践していて、ディアドリーと僕はうれしく思っている。たまたまだが、家族全員それぞれがある種のデザイナーでもあり、世界観を共有している。ジェイクはデザインを学んだものの、デザインエンジニアとしてテクノロジーの道に向かった。彼の卒業制作は大型排水管に設置して家庭の排水や雨水で発電できる水力タービンだった。僕たちはこれをダイソン社内に設置し、社を訪問したチャールズ皇太子から大きな称賛を受けた。ジェイクは旋盤の使い方を独習し、今では自宅で金属加工に取り組み、自分で考案したものを機械で作っている。

サムは生まれながらのエンジニアであり、学校のガス管の支柱で支えるアイロン台をデザインし、後にダイソンのエンジニアになった。その後、自分の情熱、すなわち音楽の道に進んだ。恐れを知らぬ表現者であり、彼がピーター・シェーファーの演劇『エクウス』で主役を演じたときには、家族のほうが度肝を抜かれた。七歳でフルートを習い始め、その後ドラムとピアノを独習し、最後にメインの楽器となるギターを習得した。エンジニアリングの知識も大いに活用し、音楽を作ったり、オンラインで音楽を作る方法を考案したりしている。自分のバンド「ザ・ラモナ・フラワーズ」とレーベル「ディスティラー・レコーズ」を運営している。自分の音楽を愛し、音楽ビジネスが苦難の時代を迎える中でも、この道を順調に歩んでいる。

エミリーは才能あふれるファッションデザイナーだ。ポール・スミスでキャリアをスタートし、才能豊かな同僚のデザイナー、イアンと出会い、結婚した。エミリーは一九九九年、自分がデザインしたベッドウェアやベッドリネンを扱う店「クーヴェルチュール」を開業した。最初の店はキングスロードにあった。彼女のデザインはとてもオリジナルだ。封筒のような掛け布団カバーは、目を閉じたエリザベス女王の寝顔がポイントになっている。このデザインは、女王の横顔の切手を独占販売している郵便局の弁護士たちの逆鱗に触れたのだった！　現在、エミリーとイアンはロンドンのノッティングヒル地区で三階建てのショップ「クーヴェルチュール・アンド・ザ・ガーブストア」を経営している。「クーベルチュール」がウィメンズウェアとインテリア小物を扱い、「ザ・ガーブストア」がメンズウェアを扱う。ジェイクと僕のワードローブは、イアンの個性的なデザインによるものだ。エミリーとイアンがこれほど競争の激しい業界で自分たちのデザインを切り開き、フォローすべき対象として認められている様子を、ディアドリーと僕はわくわくしながら見ている。

子供たちにダイソンへの入社を強制したことはもちろん、頼んだことさえないが、全員が会社を家族の手で経営し続けたいと考えている。二〇年にわたって自分のものづくりを続け、革新的な照明機器の会社を創業し成功していたジェイクは、二〇一五年、自分の技術を携えてダイソンへ入社することを決意した。会社に彼がいて、彼の発明の才能や未来へのアイデアを活用できるのは、ダイソンにとって幸運なことだ。ジェイクと仕事をするのは大好きだし、彼の仕事ぶりを大変誇らしく思っている。

ディアドリーと僕にとって、三人の子供たち全員がクリエイティブな先駆者となる道を選んだこと以上にわくわくすることを想像するのは難しい。子供たちはそれぞれに可愛らしい子供たち、僕にとっての孫たちを持ち、愛情深く献身的な親でもある。ホリデーに集まると、子どもたちの成長、人生への意欲、勇敢さ、互いを慈しむ心が伝わってくる。家族の悲劇やつらい時期もあったが、みな新しいものを生み出したいという思いや楽観精神を持ち続けている。

どこまでがダイソン家でどこからがビジネスなのか、その線引きは難しい。ダイソンとともに、その中で育ってきたディアドリー、エミリー、ジェイク、そしてサムは、ダイソンという会社に対して情熱を持っており、創業時からダイソンの精神的な支柱となり、発展を推進してきた冒険の哲学を持ち続けたいと考えている。もちろん、変化し、進化していくだろう。未来は今とは違うだろうし、会社が進む方向が変わることすらあるかもしれない。しかし、重要なのは、僕たちが冒険精神を持ち続け、オリジナルで、先駆的で、エキサイティングであることを恐れずにいることだ。

僕たちが確かに理解しているのは、企業はその行動、計画、そして将来の夢の内容さえ、常によいものに変えていかなければならないということだ。確実なのは変化だけ、という格言は真実だし、つまり、社会を強くするためなら築き上げてきたものを壊すことを恐れるな、よりよい製品を作るためなら成功した製品を廃番にすることを厭《いと》うな、ということだ。ちょうど、ダイソンがコードレス（スティック）掃除機を生み出したときのように。

過激なまでに新しいコンセプトや製品の場合、最初のうちは人々が理解してくれないかもしれないが、ダイソンがサイクロンや新型コードレス掃除機を世に出したときのように、その利点をしっかり主張し、見せていけば、やがて人々は理解し、僕たちとともに未知の旅路を歩み出してくれる。家族経営の未公開企業である利点の一つは、こういうやり方ができる――リスクをとることができる――ということだ。株式市場の気まぐれに振り回されずにすむからだ。そう、未公開企業も公開企業と同じ規律を持たねばならないが、さまざまな意味でダイソンは公開企業よりずっと大きなリスクをとっている。

デジタルエレクトリックモーター、洗濯機、電気自動車、そして固体電池の研究において、僕たちは大きなリスクをとった。すべてが商業的に成功したわけではない。そこが重要だ。当たり前のことだが、先駆的な取り組みは必ず成功するとは限らない。でなければ、もっと楽なはずだ。ダイソンは、成功が確実だからベンチャーに乗り出すわけではない――失敗の可能性が充分にあることも、強く認識している。ダイソンの最終目的地を僕は知らない――それは誰か別の人が決めることだ。僕はただ、それがエキサイティングであることを望む。

何より、ノロマになることを避ける方法などあるだろうか？　五一二七個のプロトタイプを作る羽目になったとしても、一心不乱に問題解決に取り組み、挫折にめげることなく、自由な発想を持ち続けると、道が開ける。不満な状態がずっと続いたり、恐怖を感じたりするのはまったく悪いことではないと覚えておいてほしい。自分の興味や直感に従い、専門家の意見を疑い、人生とは学ぶこと、それもしばしば間違いから学び続ける一つの長い旅なのだと理解すべきである。

僕たちは走り続けなければならない。そうすればもっと素晴らしいことを成し遂げられるのだから！

あとがきにかえて

ジェイク・ダイソンより

父さんは他の父親とは違っていた。いつも個性的で、常識に逆らい、目立っていた。やると決めたことには全力で取り組む意志の強さであれ、学校に迎えにきたときに着ていたちょっと変な服やバラバラの靴下であれ、父さんは特別だと思わせる何かがあった。子供時代、父さんが変わっていることを恥ずかしく思ったことは一度もない。それに、いつか必ず成功すると僕らは思っていた。父さんの仕事に対する意欲や情熱を僕らは感じていたし、それを信じていた。

初めの頃、父さんは家で仕事をしていたから、僕らはいつも父さんの活動の一部だった。僕らは最初から、一つの家族経営企業だった。学校をサボって、泡立ったプラスチックから漂う臭いで具合を悪くしながら、ボールバローが生産ラインから出てくるのを眺めていた日々を僕は覚えている。規模はとても小さかったけれど、父さんの仕事を誇りに思ったし、わくわくしていた。父さんがボールバローの会社から追い出されて帰ってきた日のことも、よく覚えている。母さんと父さんにとっては、大変な時期だった。

それでも、子供にとっては何もかもが素晴らしい冒険だった。僕は父さんとジェレミー・フライが開発した車椅子に乗って動き回るのが大好きだったし、開発中はスノードン卿が様子を見にしょっちゅうやってきたのを覚えている。あるいは、プール・ハーバーに行って外輪船のプロトタイプのテストを見たり、外洋をフルスピードで進むシートラックに乗ったこともある。

父さんは、明らかに危険を伴いそうなときでも、ものを作って実験した。バスフォードの自宅の地下室《セラー》で真空成形機を作っていた父さんの姿をとてもはっきりと覚えている。プラスチックを成形する機械だ。大きなコイルに数キロワットの電気が流れる危険な機械だ。父さんが何週間もセラーにこもっていたのを覚えている。ガチャガチャという音と罵《のの》り言葉がたくさん聞こえてきた。でも、父さんはやってのけたし、家を壊すこともなかった。機械はちゃんと動いた。

それから、掃除機だ。それまでは薪置き場として使っていて、僕が友達と一緒によく隠れていたコーチハウスを、父さんが作業場に改装する姿も覚えている。僕は夏休みをまるっと使い、模型メーカーと一緒に掃除機の実動プロトタイプを一〇個作った。その間、父さんは二階で製図板に向かい、金型屋に渡す実生産用の設計図を描いていた。全員が重労働に追われていたが、雰囲気はハッピーだった。父さんと一緒にコーチハウスで働くためにやってきたＲＣＡ卒の若者二人も楽しい人たちだった。二人とはランチタイムにテニスをした。

父さんは何でも自分で作り、何でもやっていたのを覚えている。家でも仕事でもだ。僕はよく庭でクリケットをやり、何度も窓を割った。うんざりした父さんは、僕に窓の直し方とガラスの切り方を教えた。何度も直すうちに、今度は僕のほうがうんざりして、窓ガラスをポリカーボネートに変えていったが、窓の面が白っぽくなるまで父さんは気づかなかった。僕は父さんから何でも自分でやることを学んでいた。父さんは過保護ではなかったし、意見を押しつける人ではなかったが、僕らの学校とはよく議論をしていた。教師たちに、考え方が古い、とよく言っていた。特にディナーパーティでは、わざと対立的な態度をとって、会話をもっと面白くする意見を思いつくのだった。ある年の新年パーティでは、壁を懸垂下降したこともあった。父さんは子供思いの父親で、工夫を凝らしたジップラインなど、いろんなものを作ってくれた。父さんは夜や週末には家中の配管や配線の手入れをし、同時に僕らと遊び、世話してくれた。父さんはエネルギーにあふれていた。

米国企業とライセンス契約を結んだと言ってシャンパンを開けたこともよく覚えている。でも、契約はすぐにこじれた。アムウェイとの戦いは長引き、苦しかった。父さんは自分の発明のために、それは長い間、それは懸命に働いたのだった。父さんの感じていたストレスや痛みはありありとわかった。家の中はお金のことで張り詰めていた。母さんは家計の足しにしようと写生教室を開いた。一一歳だった僕は、事情がわかり始めていた。

アムウェイとの戦いの間、父さんが訴訟文書の一字一句を読み込んでいた姿を覚えている。ものすごい熱意だった。普通なら弁護士に任せてしまうだろうが、父さんは少しでも勝つチャンスを得るため、一字一句理解したいと考えていた。おそらく、弁護士と力を合わせつつ、しかし自分で一字一句を理解していたことが、父さんが勝利した理由だと思う。自分が手がけることは何でもいちばん細部まで目を向けるのが、まさに父さんの性格の一部である。しかし、最終的に訴訟に勝ったときに何かお祝いをした記憶はない。父さんの関心は、掃除機の製造と販売を始める方法に集中していた。

この後、父さんは掃除機を売るため、よく旅に出た。日本には六週間滞在したし、他の国にも行っていた。父さんも書いていたように、父さんが日本にいる間に、リスが屋根裏の水槽のパイプをかじって水もれが続き、数カ所の天井が落ちた。二週間にわたり、僕らはみんなリビングルームで寝ていた。父さんが仕事に邁進する間、母さんが耐え忍んでいたことが伝わると思う。父さんは、六週間、働きすぎてへとへとになって帰ってきたが、それからわずか六週間後には、ショッキングピンクのGフォースが家にあった。

僕がいちばん誇りに感じたのは、父さんが作ったものが売られているのを目にしたり、雑誌の記事で読んだりしたときだった。その後、状況が激変し始めた。僕がロンドンのセントラル・セント・マーチンズに通い始めると、周りはみんながスタイリッシュなデザイナーたちの話をしていた。三年生になる頃には、デザインとビジネスをものづくりに融合した例として、プロジェクターが父さんの写真を映写していた。圧倒される出来事だった。ものすごく誇りに思ったし、面白いことが起こり始めているのがわかった。

何につけても父さんは立ち止まることのない人だった。しかし、マーケティングを含め、何でも自分で実験してしまう姿には驚いた。DC03の発売イベントは、コヴェント・ガーデンにあるザ・サンクチュアリというファッショナブルなスパを会場にして、プールの中から掃除機を登場させた。イカれた演出だったが、注目を集めた。ダイソンは他とは違うし、父さんもずっとそうだった。発明し、エンジニアリングを手がけ、ラディカルな製品を作る方法を独学し、同時に法律家やセールスマン、さらには広告やマーケティングのプロの技まで身につけた。ミクロな細部とビッグピクチャーの両方にこだわっていた。

成功を収めても、父さんはほとんど変わっていない。ダイソン流のやり方を生み、成功に導いた人たちを信頼している。父さんはメンターとしてさまざまなことを教えてくれたジェレミー・フライにずっと敬意を払い続けている。父さんが僕や僕の兄姉、そして父さんと働いているみんなに教えてくれたことは、「やればできる」の一言に要約できる。その挑戦がまったく新しい何かを作ることであれ、家の配管の修理であれ、あるいは手強い多国籍集団との戦いであれ、関係ない――父さんならすぐにとりかかってやる。父さんは恐れない。これこそ、ダイソンの文化の中でしっかりと掲げるべき事柄だ。恐れを知らぬ文化、常に冒険的であること、である。ダイソンのビジネスは今日かなりの規模になっているが、リスクをとり続けることができるよう、家族としての僕らは利益を会社に再投資する選択をしている。二〇一五年にダイソンに入社するまでは、父さんに比べれば小規模だが、僕も同じよう自分の照明会社を立ち上げ、まったく新しい製品で大きな照明会社に対抗していた。

父さんにはダイソンの若いエンジニア全員に行き渡らせられるほどのエネルギーがある。父さんは彼らに、自分の頭でものに向かえ、保守的な考え方を避けろ、と発破をかける。父さんは彼らに、新しい発明や製品を成功させるには、従来とは桁違いでなければならないことを理解してほしいと思っている。エンジニアはリスクをとらねばならない。自分のやり方で、恐れず進まなければならない。

「進みながら学べ」は父さんが生涯を通して実践し続けたもう一つの原則だ。まずアイデアを発案し、ものを理解し、学び、改良すること。これがダイソンインスティテュートが指導する原則だ。ダイソンではこれまでたくさんの新卒を雇用しており、若者が実地研究や製造プロジェクトで働きながらアカデミックに学べる、つまり働きながら学べるカリキュラムづくりについて、しっかり配慮してきた。彼らには、本当に厳しいエンジニアリングの原則に取り組むと同時に、実験を行う自由も与えられている。

企業として、長期的視点に基づいた技術投資が非常に重要であることを、僕らは理解している。しかし、年間二五〇〇万点の製品を製造するプロセスでは、企業の他の部分の支えが必要であることも理解している。この点について参考にできるものはない。なぜなら、ダイソンのような製品を作っている企業はないし、同じスケールや品質の企業もないからだ。製品の品質管理や直接的な関係を通して顧客をサポートする新しい方法を絶えず考えていかなければならない。そのためには、独自の技術が必要になる。ビジネスを運営するための技術は、ダイソンを前進させるためのイノベーションが求められる領域にますますなっている。

また、ダイソンには、スタートアップの精神、すなわち実験し、学び、冒険する自由を持ち続けてほしいと考えている。僕らには階層的マネジメントは不要だ。無難な方法かもしれないが、僕らは週単位で変化・進化する協働的企業である。システムやチーム間の協働を改善する方法に常に取り組み続けている。マネジメントの口出しは少ない方がいい。マネジメントがやりがちな、上から目線の指図も無用だ。やることは自分で見つけたいし、直接話をしにきてくれる人々――クリエイティブな個人――にはどこまでもオープンに接する。

企業が順調に成長すると、それに合わせて何もかもデザインし直していかなければならない。

父さんもまったくそのとおりにしている。父さんは、よりよいバージョンを作るため、あるいはよりよいものを作るためなら、うまくいっているもの、自分が作ったものを一から全部作り直すことを恐れない。家族経営の企業として、僕らは長期的視点を信じているし、将来有望なものや若い才能への投資や再投資が重要だと考えている。そして、こうした技術に取り組むチームを準備して忍耐強く支えるべく投資を行っている。新しい領域への進出についてはとても前向きだし、ファミリービジネスだから、行けると思ったらどこでも行く自由がある。早期利益を求めて圧力をかけてくる株主がいないからこその自由だ。ダイソンの精神は、市場の期待に沿うモノではなく、僕らが信じるモノをつくることにある。家族として、僕らはクリエイティブになり、経験を積み、そして新しいもの、人とは違うもの、常識に逆らうものを作るよう育てられてきた。そして、父さんがいつも励ましてくれたように、「とにかくやる《ジャスト・ドゥ・イット》」人間になるんだ、と。

ディアドリー・ダイソンより

ジェームズと私は同じ（バイアム＝ショー美術学校の）基礎コースにいて、地下鉄で何度かばったり出くわした。しばらくすると「二両目ね？」と言い合うようになった。ロマンティックな気配はなかったけれど、おしゃべりが楽しかったし、他の二人の学生も交えてランチタイムを過ごしたりした。私は苦労して美術学校に通えるようになった身だったので、当時は誰ともつきあうつもりはなかった。ずっと働きづめだった。

スケッチの授業でロンドン動物園に出かけたとき、ジェームズが私の手を握ったので、本当にびっくりした。「まあ！　でも手は離せないわ。だって、できたばかりの友達を怒らせてしまうかもしれないし」と、困ってしまった。アトリエへの帰り道もジェームズはずっと私の手を握っていて、その頃にはもう成り行き任せにするしかないだろうと思っていた。そして、その年の終わりには婚約してしまったのだ！

◇自信があって、感じがよくて、熱意があって、魅力的

ジェームズと私はずいぶん違っているが、共通点もたくさんある。私が惹かれたのは、美しい青い瞳と優しさはもちろんだが、ジェームズの並外れた自信だった。美術学校に飛び込み、未来が真っさらなキャンバスのように不確実でも、まったく動じなかった。それに、難しいプロジェクトが課されてもまったく平気だった。私の方は、どうしてこういう課題が課されたのだろうか、そこから私たちが何を学ぶことが想定されているのだろうかと、理由を分析しようとしたものだ。彼も私も真面目さは同じだったが、どんなプロジェクトでも進んでとりかかり、できてくるものを楽しんでいた。

ジェームズはどんなものに対しても何にでもひとかどの意見を持っていたし、人を説得するのが上手だった。彼は議論するのが好きだったし、今でも好きだ。たとえ心の中で反対意見に同意しているときでも、そうだ。最初のうちはそんな彼の姿勢に戸惑ったが、人々を心から納得させてしまう彼の魅力と熱意を尊敬していた。その後、こうした姿勢がとても大切な才能であることが明らかになっていった。

◇失うものは何もない

二年生のとき、私はバイアム＝ショー美術学校で学び続けるための奨学金を与えられ、ジェームズはＲＣＡの編入試験に合格した。私たちは一緒に暮らし始めた。片方の奨学金で家賃を払い、もう片方の奨学金を生活費にした。二人とも裕福な家庭の出身ではなかったから、生活費のやりくりにはいつも苦労した。失うものは何もなかった。二人とも休みに仕事を見つけるスキルは身につけていたので、もしアートの世界でうまくいかなくても、普通の仕事を見つけてやっていけるだろうと踏んでいた。

私はウィンブルドン・カレッジ・オブ・アートに編入し、三年で学位を取った。二年生のときに結婚し、二人は同時に学校を卒業した。ジェームズがバースにあるロトルクに入社しないかとオファーを受けた頃、私はすでに個人でグラフィックの仕事を請け負い始めていたが、家族として暮らし始める新しい街では新しい仕事が見つかっていなかった。バースに引っ越したとき、エミリーは生後六週間で、これもまた大きなリスクだった。

◇リスク／勇気

ロトルクで船舶の仕事をしていた時期にジェームズはデザイン、製造、販売を学んだが、彼はコントロールを握るのが好きだし、そうせずにはいられない質《たち》——これも彼の特質だ——だから、ボールバローのアイデアは独立するのにうってつけのプロジェクトだった。ジェームズがスタートアップを立ち上げてすぐの頃は生活も安定していて、幼児二人と赤ちゃんがいたので、引っ越しもした。私は時間をやりくりして小さな絵を描いて何枚か売り、ホテルのグラフィックデザインの仕事や本のイラストを描く仕事をした。しかし、ボールバローの会社の株主たちに煮え湯を飲まされ（ほんとにひどい目に遭った!）、住宅ローンと二人の子供と小さな赤ちゃんを抱え、振り出しに戻されてしまった。

◇実践的

私たちは二人とも実践的な人間だし、できることは何でも自分でやろうとする。新しい家についても、ジェームズは掘削機を借りてきて、自分で運転してプールを作った。半エーカーの土地に魚を飼う池や菜園も作った。週末はほとんどそれに費やした。悲しいことに、ボールバローの危機の後、この土地は最初に手放すことになった。半エーカーの土地はなんとか建築許可をつけて売ることができた。

私はこの災難にひどく傷いた。何しろジェームズが週末もなく働き、三〇人の製造チームを立ち上げ、生産ラインに新デザインを追加したばかりだったのに、株主たちの決定により、すべて会社に取り上げられてしまったからだ。つまり、ジェームズがつくったデザインがもはやジェームズのものではなくなってしまったのだ。

何もしてあげられず情けなく感じていたけれど、やがて夜にアートの教室を始め、それで少しお金を稼ぐようになった。また、毎月ロンドンに出かけていって『ヴォーグ』のコラムを書いた。そして、日夜ずっと悔しさを噛みしめる時期がしばらく続いた後、とうとうジェームズが「もう充分だ！　僕は掃除機を開発するぞ！」と言った。すでにサイクロンのアイデアを温めていた彼は、それを株主にプレゼンテーションした。彼らは興味を示さなかった。「僕は二度と株主を抱えないし、自分のデザインの権利は誰にも渡さないぞ！」。失敗から得た教訓だった。このつらい時期には親しい友人たちに大いに助けられたし、彼らは今でも私たちの親友である。

◇倫理

私は厳しい倫理観を持つよう育てられたから、ボールバローの事件は本当にショックだった。長年、さまざまな従業員を雇ってきたが、本業の陰でこそこそと副業に精を出す人もいたし、会社の秘密を握ったまま退社した人もいた。会社が大きくなるほど、そういう事故は増えるし、無縁ではいられないことだ。ただ、私は善悪の線引きを信じている。

ジェームズが初めてボールバロー社を設立したとき、どんな取引においても高潔であることがとても重要だと話した記憶がある。だからこそ、私は訴訟中も常に彼を支援した。特に、掃除機をめぐって五年かかった米国での訴訟でもそうした。彼を二度もひどい目にあわせるわけにはいかなかった。そうなれば彼の魂は本当に破壊されてしまうだろう。だから、破滅しかねないほど訴訟費用が膨れ上がっていたにもかかわらず、間違いを正す努力を続けるように、と彼を励まし続けた。

◇意志の強さ

続く五年間はひたすら試行錯誤の日々だったが、断固とした決意によって、ジェームズは早い時期に掃除機の開発に漕ぎつけた。諦めることなく、すべてを適切に行い、ごく細部にいたるまで注意を払っていたおかげだ。そうでなければうまくいかない。私も頑固で意志の固い人間だが、ジェームズの粘り強さには及ばない。

◇競争心

仕事でも生活全般でも、ジェームズは競争心が非常に強い。ビジネスの世界では、本当に重要な特質だし、彼は非情な競争の世界にいる。私なら、衝突はできるだけ避けるのに！　私は毎日、クロスワードパズルを隠れてやっている。というのも、もし彼に見つかれば、すぐにやり始めて、いちばんに完成しようとするからだ。子供相手のテニスでも決して手加減しないから、よく泣き声や不満の声が上がったものだ。子供たちが今どう感じているかはわからないが、あれはジェームズが三人きょうだいの末っ子で、学校でも自分の居場所を主張しなければならなかったせいだと思う。

ジェームズはいまだに全力で働いているが、自分がコントロールを握ることを楽しんでいるし、今ではビジネスや財務、法務について、才能あふれるアドバイザーたちからの素晴らしいサポートも得ている。コントロールせずにいられない性分は、彼の整理能力や身の回りの整頓ぶりにも反映されている。私は自分の散らかったアトリエのドアを、いつもしっかり閉じている！

◇助言

ジェームズは助言を与えることを避ける。なぜなら、間違った助言になるかもしれないからだ。私たちは二人とも、人間には、特に世界に乗り出していこうという若者には、励ましが必要だと信じている。それに、成功するためのチャンスも必要だ。だから、ジェームズと同じく私も教育に非常に関心がある。教育は、私たち二人に、自分が得意なこと、うまくできることを見つけるチャンスを与えてくれた。何千人もの子供たちが、自分の才能を見つけられないままでいる。才能を無駄にすることのもったいなさを思うと、私の心は空恐ろしさでいっぱいになる。創造性は本当に大切なものだ。

若者たちが勉強にも仕事にも創造的に取り組む、ダイソンインスティテュートの活気ある様子を目にすると本当にわくわくする。彼らは借金も負っていない。冒険と創造にあふれる仕事の世界に飛び立つ準備ができている。特に、ダイソンインスティテュートの学部生たちが、アカデミックな教育と実践教育に、どちらも大変なハイレベルで、しかも授業料なしで取り組んでいる様子を見ると、わくわくする。私は、学校教育において才能やスキルへの敬意が欠けているという現状を変えたい。才能やスキルこそ、製品の創造や問題解決に最も必要なものだからだ。

この旅路が私たちをこんなに遠くまで連れてきてくれるとは、想像もしなかった。子供たちはそれぞれのキャリアを持ち、それぞれに創造的な人間になっているし、ダイソンは私たち家族全員の人生の一部になっている。ダイソンは、いわば味方のモンスターであり、ファミリービジネスだから、家族全員が会議に出席し、あらゆる分野の進行状況を把握している。私は財団のチームにいるが、このチームは年々大変な成長を続けており、世界中のデザイン教育やテクノロジー教育の学校を援助し、ジェームズダイソンアワードのスポンサーにもなっている。大きなプロジェクトの中には、いきなりジェームズのところに持っていくのをためらって、最初に私のところに持ち込まれるものもある。

◇楽観主義

ジェットコースターのような人生を送りながらも、私は自分の道を歩んできた。二人の旅が始まるとき、ジェームズが言った「僕らが一緒に取り組む限り、どんなに大変でも大丈夫だ」という言葉を忘れたことはないし、その通りになっている。

楽観主義は、ジェームズが持ち合わせている気質のうち、最も人に愛と支えを与える特質だ。彼は最善を望むだけでなく、何もかもきっとうまくいくと素直に信じる人である。

謝辞

二〇〇九年、財務大臣に就任する直前のジョージ・オズボーンを訪ねたとき、僕はそこでインターンをしていたオリバー・ブレアに会った。僕はすぐに好印象を持ったし、彼はその後ダイソンに入社した。一一年後、彼の発案で本書の制作が始まった。オリ、変わらぬ知性とエレガンスで制作を進めてくれて、ありがとう。テーマから離れないようしっかりと規律を維持しなければならない僕を相手に、それは興味をそそる会話を引き出して、最高に楽しい共同作業を実行してくれた、長年の友人であり素晴らしいライターであるジョナサン・グランシー、百科事典なみの広範な知識に裏打ちされた鋭い質問と素晴らしい提案を繰り出してくれたサイモン・アンド・シュスター社の担当エディター、イアン・マーシャル、原稿段階で計り知れないほど有益な意見と洞察を提供してくれたディアドリーにも、大変感謝している。

長男であるジェイクは、自ら画期的なLED照明を発明し、数種類のデザインを展開して独力でビジネスを成功させていたが、ダイソンに加わってくれた。勇気ある一歩を踏み出し、優れた発明とデザインの才能をダイソンにもたらしてくれた、心から尊敬する人物であり、愛する息子である。次男のサムと長女のエミリーは、それぞれの素晴らしいビジネスでクリエイティブな才能を発揮しているが、ファミリービジネスであるダイソンを支え、助言を与え、育成するためにたくさんの時間を割いてくれている。エミリー、ジェイク、そしてサムという愛する子供たちがローラーコースターのような人生を耐え、可愛らしい孫たちをもたらしてくれて、僕はこの上なく幸せ者だ。僕たちの結婚生活を通して、どんな疑念を感じたことがあったとしても、絶えず支え、励ましてくれた、愛する友人たちにも感謝している。

この一八年間、僕が横道に逸れぬよう、昼夜問わず仕事をしっかりとにこやかに支えてくれているパーソナル・アシスタントのヘレン・ウィリアムズ。彼女がいなければ、職業人としての生活を送ることは不可能だったろう。思慮深さと熱意を兼ね備えた最高のエンジニアであり、過去三三年にわたりあらゆる製品とデザインをめぐる冒険の立役者であるピート・ギャマック——テニスをしていて水平方向に飛行しながらボールを打ち返せる人は、彼以外にお目にかかったことがない。一九九二年に入社したアレックス・ノックスは、ほぼすべての製品をデザインし、パンデミック中にわずか六週間で人工呼吸器を開発した英雄だ。

僕たちのファミリービジネスを導いてくれる魅力と才能にあふれるサー・ジェームズ・バックノールにも感謝している。イアン・ロバートソン、トニー・ホブソン、ジョン・クレール、アラン・レイトン、ボブ・エイリング、アンディ・ガーネット、ティアン・チョン・グ、ブン・ヘ・コ、キシン・RK、ウォレン・イースト、ロドニー・オニール、セバスティアン・プリチャード＝ジョーンズ、デイヴィット・ファースドン、マイク・ブラウン、マーク・スレイター、サー・リチャード・ニーダム、ジョー・ケディー、ジョン・チャドウィック、クリス・ウィルキンソン、トニー・マランカ、マーク・テイラー、マーティン・ボウェン、ジム・ターナー、レナード・フーアニク、ローランド・クルーガー、ジョーン・ジェンセン、スコット・マグワイア、ジョン・チャーチル、ニコラス・バーカー、ガイ・ランバート、ジョン・シップシー、そしてこれまでダイソンと僕たち家族を巧みに支えてくれたみなさんに感謝している。僕たちを励まし、導いてくれた、ワイリー・エージェンシーのサラ・チャルファント。僕のホコリだらけのアーカイブ室に勇ましく飛び込み、イラストや写真を集めてくれたピッパ・バージェス。そして最後に、グローバルなテクノロジー企業を作りあげ、この冒険をこんなにわくわくするものにしてくれた、ダイソンとウェイボーンの僕の楽しい同僚たち全員に、最大の感謝を捧げたい。

ジェームズ・ダイソン

付録
appendix

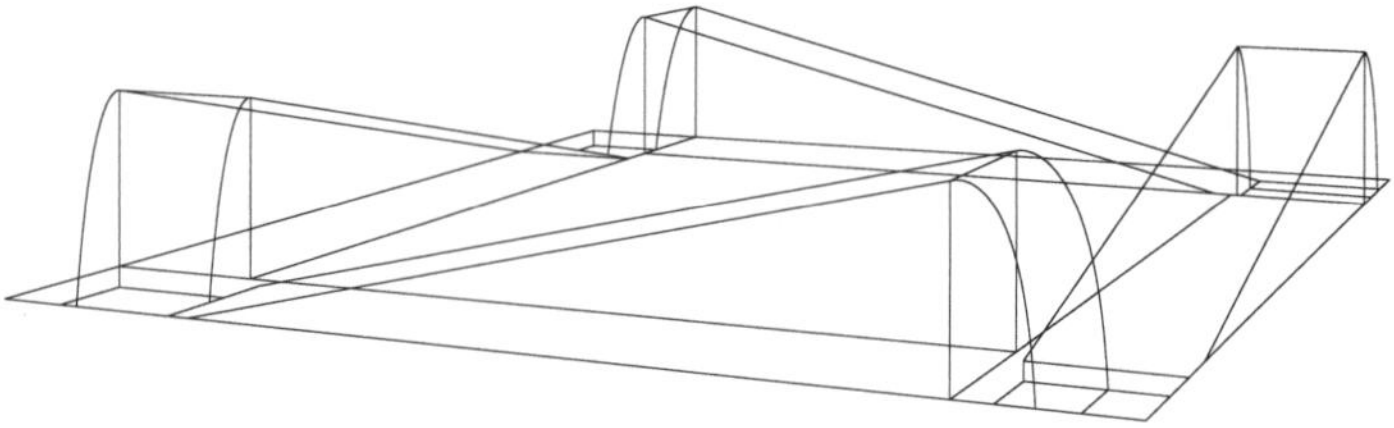

ガラスのベンチ

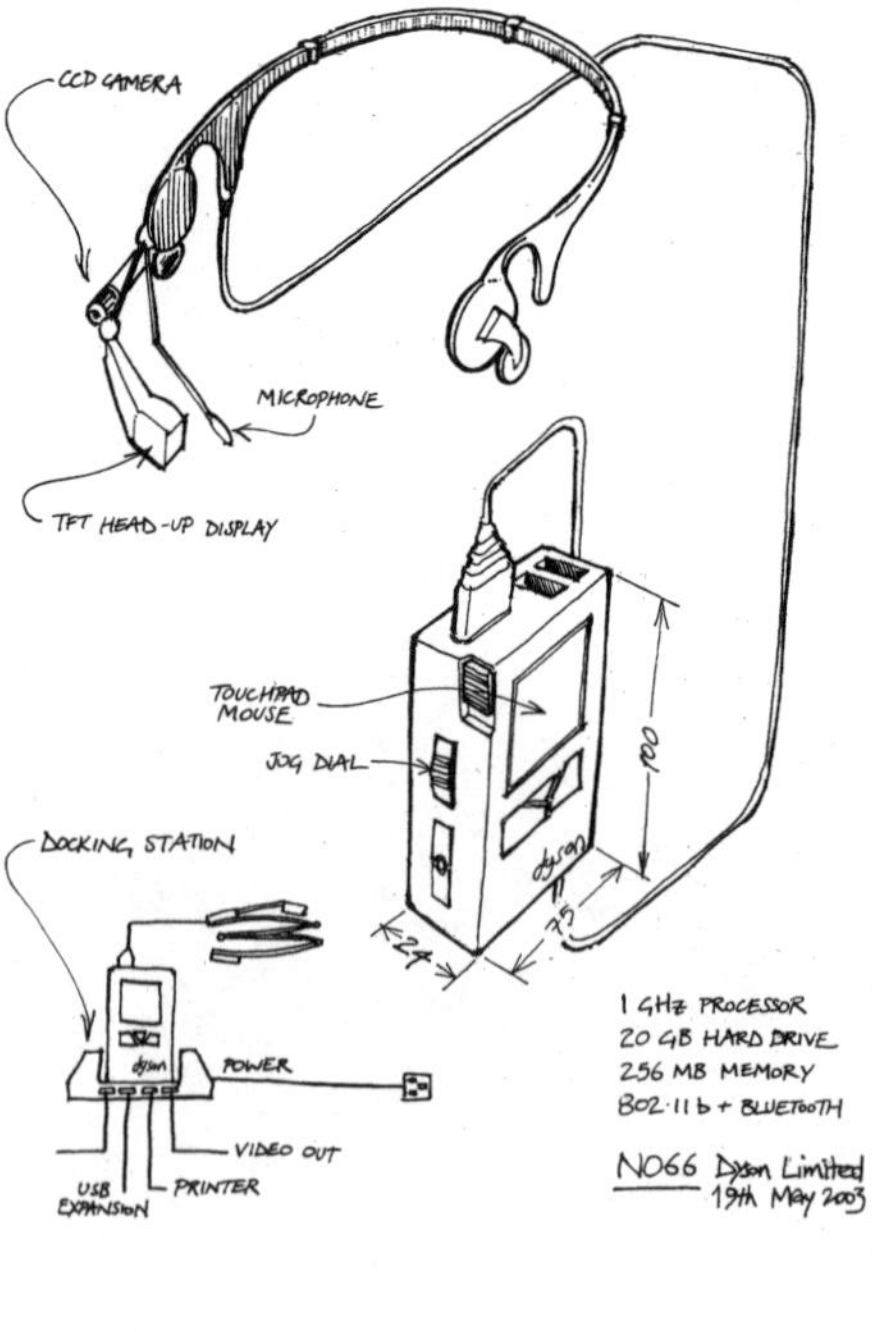
CCD CAMERA
MICROPHONE
TFT HEAD-UP DISPLAY
TOUCHPAD MOUSE
JOG DIAL
700
dyson
75
24
DOCKING STATION
POWER
VIDEO OUT
USB EXPANSION
PRINTER
1 GHz PROCESSOR
20 GB HARD DRIVE
256 MB MEMORY
802·11b + BLUETOOTH
NO66 Dyson Limited
19th May 2003

ヘッドセット

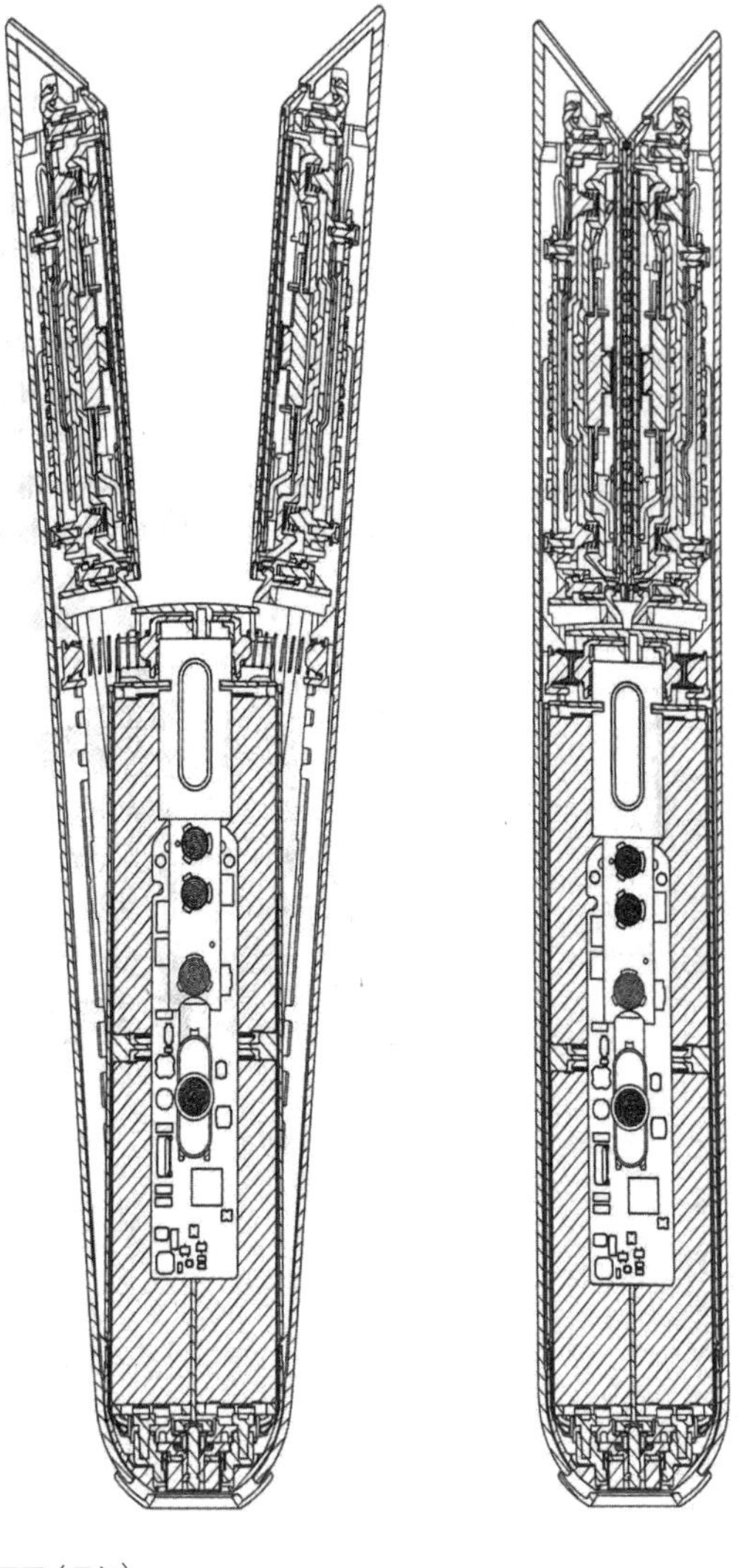

コラール（ヘアアイロン）

グラビア写真クレジット

・マルムズベリーの研究施設　Photograph by Mike Cooper.
・コントラローテイター　by Mike Cooper.
・DC01, DC02, DC03, DC04, DC05, DC06, DC07, DC11, DC12, DC14, DC15, DC16, DC35　Photographs by Mike Cooper.
・ダイソンシンフォニー　Photograph by Martin Allen Photography.
・『サンデー・タイムズ・マガジン』の記事　Image courtesy of *The Sunday Times / News* Licensing.
・Dyson EVのCG　by Daniel Chindris.
・DIET デスクポッド　Image courtesy of WilkinsonEyre.
・マルムズベリー・キャンパスの学生用ポッド　Images courtesy of WilkinsonEyre.
・ラウンドハウスおよびダイソン STEAMビル内外装　Images courtesy of WilkinsonEyre.
・ジャガイモ、エンドウ豆、イチゴの各農場風景　Images courtesy of Dyson Farms.
・カーベイ・メグ　Photo courtesy of The James Dyson Foundation.
・著者とDIETの学生　Photograph by Mike Cooper.
・著者とジェイク・ダイソンのミーティング風景　Photograph by Laura Pannack／Camera Press London／アフロ

上記以外の画像は、著者個人のコレクションもしくはダイソン社が権利を所有します。

編集担当　三田真美

著者について
ジェームズ・ダイソン（James Dyson）は、自身の名を冠した企業であり、革命的なサイクロン掃除機で最もよく知られるダイソンの創業者兼チーフエンジニアである。彼の製品は世界中で販売され、その革新的な技術、デザイン、効率性で高く評価されている。
1947年英国ノーフォーク生まれ。ロンドンのロイヤル・カレッジ・オブ・アートでデザインを学んだ後、ロトルク社に入社し、ジェレミー・フライとともに上陸用高速艇「シートラック」のエンジニアリングと製造に携わった。1993年ダイソン社を設立。ダイソンはエンジニアと起業家が世界をよくすると信じ、ダイソン インスティテュート オブ エンジニアリング アンド テクノロジー、ジェームズダイソン財団、毎年授与されるジェームズ ダイソン アワードを通じて、未来のエンジニアや起業家を育成・支援している。

著者関連動画URL
https://www.dyson.co.jp/JamesDyson.aspx

訳者紹介
川上純子（Junko Kawakami）
津田塾大学学芸学部国際関係学科卒業後、出版社勤務を経て、シカゴ大学大学院人文学科修士課程修了。フリーランスで翻訳・編集の仕事に携わる。訳書に『危機と人類』（共訳、日本経済新聞出版）ほか多数。

インベンション　僕は未来を創意する

2022年5月24日　1版1刷

著者　ジェームズ・ダイソン
訳者　川上純子
発行者　國分正哉
発行　株式会社日経BP
日本経済新聞出版
発売　株式会社日経BP マーケティング
〒105-8308 東京都港区虎ノ門4-3-12
デザイン　坂川朱音（朱猫堂）
組版　キャップス
印刷・製本　中央精版印刷

ISBN978-4-296-11306-4

本書籍に関するお問い合わせ、ご連絡は下記にて承ります。
https://nkbp.jp/booksQA ／ Printed in Japan

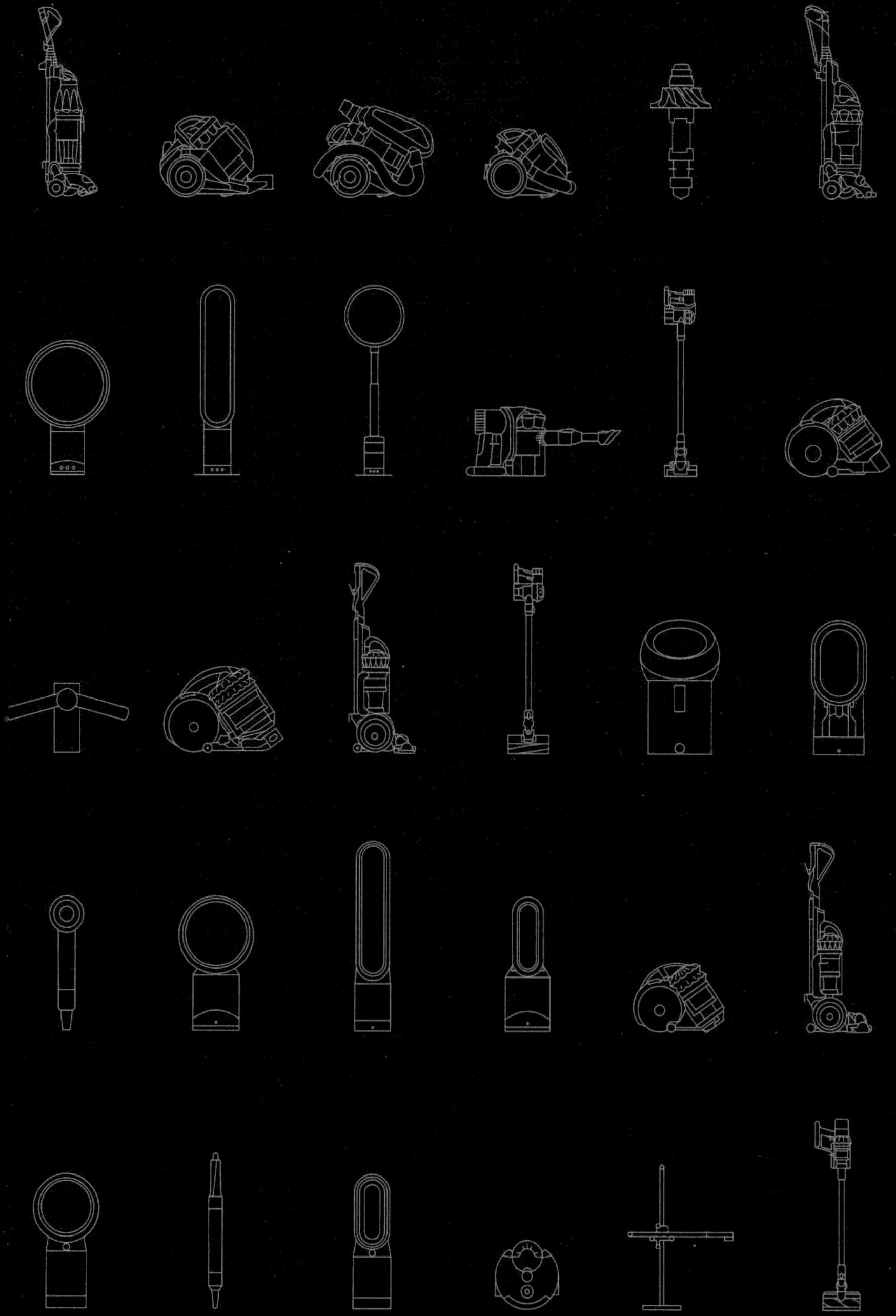

dyson